水利水电工程建设
技术标准汇编
质量验收卷

（上册）

本书编委会　编

·北京·

图书在版编目（CIP）数据

水利水电工程建设技术标准汇编. 质量验收卷 : 上、中、下册 / 《水利水电工程建设技术标准汇编》编委会编. -- 北京 : 中国水利水电出版社, 2019.10
ISBN 978-7-5170-8096-1

Ⅰ. ①水… Ⅱ. ①水… Ⅲ. ①水利水电工程－工程施工－质量检验－技术标准－汇编－中国 Ⅳ. ①TV5-65

中国版本图书馆CIP数据核字(2019)第231327号

书　名	水利水电工程建设技术标准汇编　质量验收卷（上册） SHUILI SHUIDIAN GONGCHENG JIANSHE JISHU BIAOZHUN HUIBIAN　ZHILIANG YANSHOU JUAN (SHANGCE)
作　者	本书编委会　编
出版发行	中国水利水电出版社 （北京市海淀区玉渊潭南路1号D座　100038） 网址：www.waterpub.com.cn E-mail：sales@waterpub.com.cn 电话：（010）68367658（营销中心）
经　售	北京科水图书销售中心（零售） 电话：（010）88383994、63202643、68545874 全国各地新华书店和相关出版物销售网点
排　版	中国水利水电出版社微机排版中心
印　刷	清淞永业（天津）印刷有限公司
规　格	140mm×203mm　32开本　62.25印张（总）　1670千字（总）
版　次	2019年10月第1版　2019年10月第1次印刷
印　数	0001—2000册
总定价	**360.00**元（上、中、下册）

前　　言

为了深入贯彻落实中央关于加快水利改革发展的决定和国务院《质量发展纲要（2011—2020年）》，进一步加强水利工程质量管理，保障大规模水利建设的顺利实施，本书编委会对2019年底现行有效水利工程建设技术标准进行整理，编辑成本标准汇编。

近几年，在中央对水利重视下，在水利部领导对水利标准化工作的重视下，一大批水利行业标准得以制定和修订并颁布实施，这些标准的颁布实施为水利工作提供了有效支撑。水利水电工程质量和验收有关标准的发布，为工程建设质量提供了有效的技术支撑，保证了水利水电工程建设的验收，提高了水利水电工程的质量，促进了国民经济稳定发展。

本汇编主要汇集了水利水电工程建设有关质量验收的标准，由于篇幅有限对部分不常用标准没有全文汇编，只列名录。由于编者经验不足和水平有限，欢迎广大读者批评指正。

本书编委会

2019年9月

目　　录

下 册

水利基本建设项目竣工财务决算编制规程

SL 19—2014

2014－03－28 发布　　　　　　　　2014－06－28 实施

前　　言

根据水利部水利行业标准制修订计划，按照《水利技术标准编写规定》（SL 1—2002）的要求，编制本标准。

本标准共5章和5个附录，主要内容包括：竣工财务决算的编制主体、编制依据、编制条件、编制内容、编制程序和编制方法等。

本次修订的主要内容有：

——增加竣工财务决算的编制方案；

——增加非工程类项目竣工财务决算报表格式；

——增加非工程类项目竣工财务决算报表编制说明；

——删除竣工财务决算审查等与编制不直接相关的要求；

——调整竣工财务决算说明书的内容；

——调整报表格式；

——细化竣工财务决算的编制方法。

本标准为全文推荐。

本标准所替代标准的历次版本为：

——SL 19—90

——SL 19—2001

——SL 19—2008

本标准批准部门：中华人民共和国水利部

本标准主持机构：水利部财务司

本标准解释单位：水利部财务司

本标准主编单位：水利部淮河水利委员会

本标准参编单位：安徽省淮河会计学会

本标准出版、发行单位：中国水利水电出版社

本标准主要起草人：王念彪　高　军　潘祖华　马　茵

刘建基　张李平　郑红星　蔡　泓

本标准审查会议技术负责人：全万友

本标准体例格式审查人：陈　昊

目　　次

1 总　　则

1.0.1 为规范水利基本建设项目竣工财务决算（以下简称竣工财务决算）编制工作，提高编制质量，综合反映竣工项目概（预）算执行成果和资产形成价值，根据国家有关规定，结合水利行业实际情况，制定本标准。

1.0.2 本标准适用于基本建设投资和财政专项资金安排的水利基本建设项目（以下简称项目）。

1.0.3 竣工财务决算由项目法人或项目责任单位（以下简称项目法人）组织编制。设计、监理、施工、征地和移民安置实施等单位应给予配合。项目法人可通过合同（协议）明确配合的具体内容。

竣工财务决算批复之前，项目法人已经撤销的，撤销该项目法人的单位应指定有关单位承接相关的责任。

1.0.4 项目法人的法定代表人对竣工财务决算的真实性、完整性负责。

1.0.5 竣工财务决算是确认投资支出、资产价值和结余资金，办理资产移交和投资核销的最终依据。

1.0.6 竣工财务决算应按国家相关要求，整理归档，永久保存。

1.0.7 竣工财务决算编制除应符合本标准规定外，尚应符合国家现行有关标准的规定。

2 编制依据和条件

2.0.1 编制依据应包括以下内容：

1 国家有关法律法规等有关规定。

2 经批准的设计文件。

3 年度投资和资金安排文件。

4 合同（协议）。

5 会计核算及财务管理资料。

6 其他资料。

2.0.2 编制竣工财务决算宜具备以下条件：

1 经批准的初步设计、项目任务书所确定的内容已完成。

2 建设资金全部到位。

3 竣工（完工）结算已完成。

4 未完工程投资和预留费用不超过规定的比例。

5 涉及法律诉讼、工程质量、征地及移民安置的事项已处理完毕。

6 其他影响竣工财务决算编制的重大问题已解决。

3 编制内容

3.0.1 竣工财务决算编制内容应全面反映项目概（预）算及执行、支出及资产形成情况，包括项目从筹建到竣工验收的全部费用。

3.0.2 竣工财务决算应由以下4部分组成：

1 竣工财务决算封面及目录。

2 竣工工程平面示意图及主体工程照片。

3 竣工财务决算说明书。

4 竣工财务决算报表。

3.0.3 竣工财务决算说明书应反映以下主要内容：

1 项目基本情况。

2 财务管理情况。

3 年度投资计划、预算（资金）下达及资金到位情况。

4 概（预）算执行情况。

5 招（投）标、政府采购及合同（协议）执行情况。

6 征地补偿和移民安置情况。

7 重大设计变更及预备费动用情况。

8 未完工程投资及预留费用情况。

9 审计、稽察、财务检查等发现问题及整改落实情况。

10 其他需说明的事项。

11 报表编制说明。

3.0.4 工程类项目竣工财务决算报表应包括以下8张表格：

1 水利基本建设项目概况表。

2 水利基本建设项目财务决算表。

3 水利基本建设项目投资分析表。

4 水利基本建设项目未完工程投资及预留费用表。

5 水利基本建设项目成本表。

6 水利基本建设项目交付使用资产表。

7 水利基本建设项目待核销基建支出表。

8 水利基本建设项目转出投资表。

3.0.5 非工程类项目竣工财务决算报表应包括以下5张表格：

1 水利基本建设项目基本情况表。

2 水利基本建设项目财务决算表。

3 水利基本建设项目支出表。

4 水利基本建设项目技术成果表。

5 水利基本建设项目交付使用资产表。

3.0.6 竣工财务决算封面格式、工程类项目竣工财务决算报表格式、非工程类项目竣工财务决算报表格式、工程类项目竣工财务决算报表编制说明和非工程类项目竣工财务决算报表编制说明分别见附录A～附录E。

4 编制程序和要求

4.1 编 制 程 序

4.1.1 竣工财务决算编制宜遵循以下程序：

1 制定竣工财务决算编制方案。

2 收集整理与竣工财务决算相关的项目资料。

3 确定竣工财务决算基准日期。

4 竣工财务清理。

5 编制竣工财务决算报表。

6 编写竣工财务决算说明书。

4.1.2 小型工程、非工程类项目可根据实际情况适当简化编制程序。

4.2 制 定 编 制 方 案

4.2.1 项目法人应制定竣工财务决算编制方案，具体指导和规范竣工财务决算编制工作。

4.2.2 竣工财务决算编制方案宜明确以下事项：

1 组织领导和职责分工。

2 竣工财务决算基准日期。

3 编制具体内容。

4 计划进度和工作步骤。

5 技术难题和解决方案。

4.2.3 竣工财务决算编制的职责应分解落实到部门和人员。

项目法人财务部门负责竣工财务决算的编制工作，涉及多部门的工作应在方案中细化和落实，相关部门应按职责完成竣工财务决算编制的相应工作。

4.3 收 集 整 理 资 料

4.3.1 竣工财务决算应收集与整理以下主要资料：

1 会计凭证、账簿和会计报告。

2 内部财务管理制度。

3 初步设计、设计变更、预备费动用相关资料。

4 年度投资计划、预算（资金）文件。

5 招投标、政府采购及合同（协议）。

6 工程量和材料消耗统计资料。

7 征地补偿和移民安置实施及资金使用情况。

8 价款结算资料。

9 项目验收、成果及效益资料。

10 审计、稽察、财务检查结论性文件及整改资料。

4.3.2 收集整理工程量和材料消耗、征地补偿和移民安置实施及资金使用等涉及其他参建单位的资料，项目法人应与资料提供单位进行核实确认。

4.4 确定基准日期

4.4.1 竣工财务决算基准日期应依据资金到位、投资完成、竣工财务清理等情况确定。

4.4.2 竣工财务决算基准日期宜确定为月末。

4.4.3 竣工财务决算基准日期确定后，与项目建设成本、资产价值相关联的会计业务应在竣工财务决算基准日之前入账。

4.4.4 关联的会计业务应包括以下主要内容：

1 竣工财务清理的账务处理。

2 未完工程投资和预留费用的账务处理。

3 分摊待摊投资的账务处理。

4.5 竣工财务清理

4.5.1 竣工财务清理应包括以下主要内容：

1 合同（协议）清理。

2 债权债务清理。

3 结余资金清理。

4 应移交资产清理。

4.5.2 合同（协议）清理应包括以下主要内容：

1 按合同（协议）编号或类别列示合同（协议）清单。

2 在工程进度款结算的基础上，根据施工过程中的设计变更、现场签证、工程量核定单、索赔等资料办理竣工（完工）结算，对合同价款进行增减调整。

3 清理各项合同（协议）履行的主要指标：

——合同金额。

——累计已结算金额。

——预付款支付、扣回、余额。

——质量保证金扣留、支付、余额。

——履约担保、预付款保函（担保）。

4 确认合同（协议）履行结果。

5 落实尚未执行完毕的合同（协议）履行时限和措施。

4.5.3 债权债务清理应包括以下主要内容：

1 核对和结算债权债务。

2 清理坏账和无法偿付的应付款项。

4.5.4 清理结余资金应包括以下主要内容：

1 逐一盘点核实并填列构成结余资金的实物清单。

2 确定处理方式，办理处置手续。

4.5.5 清理应移交资产应包括以下主要内容：

1 按核算资料列示移交资产账面清单。

2 工程实地盘点，形成移交资产盘点清单。

3 分析比较移交资产账面清单和盘点清单。

4 调整差异，形成应移交资产目录清单。

4.6 编制报表

4.6.1 编制竣工财务决算报表应采用以下主要数据来源：

1 概（预）算等设计文件。

2 预算资料。

3　会计账簿。

4　辅助核算资料。

5　项目统计资料。

6　竣工财务决算编制各阶段工作成果。

4.6.2　编制竣工财务决算报表应根据项目特点完成以下主要事项：

1　计列未完工程投资及预留费用。

2　概（预）算与核算口径对应分析。

3　分摊待摊投资。

4　确认交付使用资产。

5　分摊建设成本。

6　填列报表。

7　编制竣工财务总决算。

4.7　编写说明书

4.7.1　竣工财务决算说明书应做到反映全面、重点突出、真实可靠。

4.7.2　项目基本情况应总括反映项目立项、建设内容和建设过程、建设管理组织体制等。

4.7.3　财务管理情况应反映以下内容：

1　财务机构设置与财会人员配备情况。

2　财经法规执行情况。

3　内部财务管理制度建立与执行情况。

4　竣工财务决算编制阶段完成的主要财务事项。

4.7.4　年度投资计划、预算（资金）下达及资金到位应按资金性质和来源渠道分别列示。

4.7.5　概（预）算执行情况应反映以下内容：

1　概（预）算安排情况。

2　概（预）算执行结果及存在的偏差。

3　概（预）算执行差异的因素分析。

4.7.6 招（投）标、政府采购及合同（协议）执行情况应说明主要标段的招标投标过程及其合同（协议）履行过程中的重要事项。

实行政府采购的项目，应说明政府采购计划、采购方式、采购内容等事项。

4.7.7 征地补偿和移民安置情况应说明征地补偿和移民安置的组织与实施、征迁范围和补偿标准、资金使用管理等情况。

4.7.8 重大设计变更及预备费动用情况应说明重大设计变更及预备费动用的原因、内容和报批等情况。

4.7.9 未完工程投资及预留费用情况应反映以下内容：

1 计列的原因和内容。

2 计算方法和计算过程。

3 占总投资比重。

4.7.10 审计、稽察、财务检查等发现问题及整改落实情况应说明项目实施过程中接受的审计、稽察、财务检查等外部检查下达的结论及对结论中相关问题的整改落实情况。

4.7.11 报表编制说明应对填列的报表及具体指标进行分析解释，清晰反映报表的重要信息。

5 竣工财务决算报表

5.1 一 般 规 定

5.1.1 竣工财务决算报表应按工程类项目和非工程类项目分别编制。

5.1.2 大中型、小型工程应按以下要求分别编制工程类项目竣工财务决算报表：

1 大中型工程应编制 3.0.4 条规定的全部表格。

2 小型工程可适当简化，可不编制“水利基本建设项目投资分析表”和“水利基本建设项目成本表”。

3 大中型、小型工程的规模划分应按批复的设计文件执行。设计文件未明确的，非经营性项目投资额在 3000 万元（含 3000 万元）以上、经营性项目投资额在 5000 万元（含 5000 万元）以上的为大中型工程；其他为小型工程。

5.1.3 项目法人可增设有关反映重要事项的辅助报表。

5.2 计列未完工程投资及预留费用

5.2.1 未完工程投资及预留费用可预计纳入竣工财务决算。

大中型工程应控制在总概算的 3%以内，小型工程应控制在总概算的 5%以内。

非工程类项目不宜计列未完工程投资和预留费用。

5.2.2 未完工程投资和预留费用应满足项目实施和管理的需要，以项目概（预）算、合同（协议）等为依据合理计列。

已签订合同（协议）的，应按相关条款的约定进行测算；尚未签订合同（协议）的，未完工程投资和预留费用不应突破相应的概（预）算标准。

5.3 概（预）算与核算口径对应分析

5.3.1 大型工程应按概（预）算二级项目分析概（预）算执行

情况；中型工程应按概（预）算一级项目分析概（预）算执行情况。

5.3.2 概（预）算与核算的口径差异应在填列竣工财务决算报表前予以调整。

应依据概（预）算项目划分、工程量清单、会计科目之间的关系，以概（预）算的项目划分为基础，调整招标文件的工程量清单和会计核算指标，实现概（预）算与核算的同口径对比分析。

5.4 分摊待摊投资

5.4.1 待摊投资应由受益的各项交付使用资产共同负担。其中，能够确定由某项资产负担的待摊投资，应直接计入该资产成本；不能确定负担对象的待摊投资，应分摊计入受益的各项资产成本。

5.4.2 待摊投资应包括以下分摊对象：

——房屋及构筑物。

——需要安装的专用设备。

——需要安装的通用设备。

——其他分摊对象。

5.4.3 分摊待摊投资可采用以下方法：

1 按实际数的比例分摊，可按式（5.4.3－1）和式（5.4.3－2）计算：

$$D_F = J_S F_S \tag{5.4.3-1}$$

$$F_S = \frac{D_S}{DX_S} \times 100\% \tag{5.4.3-2}$$

式中 D_F——某资产应分摊的待摊投资；

J_S——某资产应负担待摊投资部分的实际价值；

F_S——实际分配率；

D_S——上期结转和本期发生的待摊投资合计（扣除可直接计入的待摊投资）；

DX_S——上期结转和本期发生的建筑安装工程投资、安装设备投资和其他投资中应负担待摊费用的合计。

2 按概算数的比例分摊，可按式（5.4.3－3）和式（5.4.3－4）计算：

$$D_F = J_S F_Y \qquad (5.4.3-3)$$

$$F_Y = \frac{D_Y}{DX_Y} \times 100\% \qquad (5.4.3-4)$$

式中 F_Y——预定分配率；

D_Y——概算中各项待摊投资项目的合计（扣除可直接计入的待摊投资）；

DX_Y——概算中建筑安装工程投资、安装设备投资和其他投资中应负担待摊投资的合计。

5.5 确认交付使用资产

5.5.1 交付使用资产应以具有独立使用价值的固定资产、流动资产、无形资产和递延资产作为计算和交付对象，并与接受单位资产核算和管理的需要相衔接。

独立使用价值的确定依据是具有较完整的使用功能，能够按照设计要求，独立地发挥作用。

5.5.2 全部或部分由未完工程投资形成的资产应在竣工财务决算报表中备注，并在竣工财务决算说明书中说明。

5.5.3 群众投劳折资形成的资产应在竣工财务决算说明书中说明。

5.6 分摊建设成本

5.6.1 具有防洪、发电、灌溉、供水等多种效益的工程，应将建设成本在效益之间进行分摊，为工程运行定价提供依据。

5.6.2 建设成本分摊宜采用枢纽指标系数分摊法。

5.6.3 枢纽指标系数分摊法应采用以下分摊程序：

1 按建设成本与工程效益的关系，确定专用投资、共用投资和间接投资数额。

2 依据设计文件或实际生产能力，计算工程效益之间的库容或用水量比例。

3 按计算的比例在工程效益之间分摊共用投资。

4 按已归集的专用投资和共用投资比重分摊间接投资。

5 确定各工程效益的总成本和单位成本。

5.7 填列报表

5.7.1 填列报表前应核实数据的真实性、准确性。

5.7.2 填列报表后应对竣工财务决算报表进行审核，应审核以下主要内容：

1 报表及各项指标填列的完整性。

2 报表数据与账簿记录的相符性。

3 表内的平衡关系。

4 报表之间的钩稽关系。

5 关联指标的逻辑关系。

5.8 编制竣工财务总决算

5.8.1 项目的投资计划（预算）分别下达至两个或两个以上项目法人实施的，应由项目法人分别编制竣工财务决算。

项目全部竣工后，可汇总编制该项目的竣工财务总决算。

5.8.2 编制竣工财务总决算应遵循以下流程：

1 明确汇编单位和人员。

2 审核各项目法人的竣工财务决算。

3 确定竣工财务总决算项目划分的口径和级次。

4 统一基准日期并调整各项目法人的竣工财务决算。

5 具体指标的分析汇总。

5.8.3 汇总编制竣工财务总决算时，项目法人之间的内部往来款项应予冲销。

附录A 水利基本建设项目竣工财务决算封面格式

水利基本建设项目竣工财务决算

项目名称________________

编制单位________________

主管部门________________

决算基准日________________

编制日期________________

单位负责人　　　　财务负责人　　　　主编人

附录 B　工程类项目竣工财务决算报表格式

表 B－1　水利基本建设项目概况表

工竣财 1 表

<table>
<tr><td>项目名称</td><td></td><td>项目法人</td><td colspan="2"></td><td colspan="2">建设地址及所在河流</td><td colspan="3"></td></tr>
<tr><td>建设性质</td><td></td><td>主要设计单位</td><td colspan="2"></td><td colspan="2">主要施工企业</td><td colspan="3"></td></tr>
<tr><td>主管部门</td><td></td><td>主要监理单位</td><td colspan="2"></td><td colspan="2">质量监督单位</td><td colspan="3"></td></tr>
<tr><td colspan="2">概算批准文件</td><td colspan="8"></td></tr>
<tr><td colspan="3">项目主要特征</td><td rowspan="7">项目投资
（元）</td><td colspan="3">投资来源</td><td colspan="2">实际投资</td><td></td></tr>
<tr><td></td><td colspan="2"></td><td>项　目</td><td>概算数</td><td>实际数</td><td colspan="2">1. 建筑安装工程投资</td><td></td></tr>
<tr><td></td><td colspan="2"></td><td>1.</td><td></td><td></td><td colspan="2">2. 设备投资</td><td></td></tr>
<tr><td></td><td colspan="2"></td><td>2.</td><td></td><td></td><td colspan="2">3. 待摊投资</td><td></td></tr>
<tr><td></td><td colspan="2"></td><td>3.</td><td></td><td></td><td colspan="2">4. 其他投资</td><td></td></tr>
<tr><td></td><td colspan="2"></td><td></td><td></td><td></td><td colspan="2">5. 待核销基建支出</td><td></td></tr>
<tr><td></td><td colspan="2"></td><td>合　计</td><td></td><td></td><td colspan="2">6. 转出投资</td><td></td></tr>
<tr><td></td><td colspan="2"></td><td rowspan="7">建设成本
（元）</td><td>项　目</td><td colspan="2">总成本</td><td colspan="3">单位成本</td></tr>
<tr><td></td><td colspan="2"></td><td>1.</td><td colspan="2"></td><td colspan="3"></td></tr>
<tr><td></td><td colspan="2"></td><td>2.</td><td colspan="2"></td><td colspan="3"></td></tr>
<tr><td></td><td colspan="2"></td><td>3.</td><td colspan="2"></td><td colspan="3"></td></tr>
<tr><td></td><td colspan="2"></td><td></td><td colspan="2"></td><td colspan="3"></td></tr>
<tr><td></td><td colspan="2"></td><td></td><td colspan="2"></td><td colspan="3"></td></tr>
<tr><td></td><td colspan="2"></td><td>合　计</td><td colspan="2"></td><td colspan="3">—</td></tr>
<tr><td colspan="3">项　目　效　益</td><td colspan="7">工程主要建设情况</td></tr>
<tr><td></td><td colspan="2"></td><td colspan="2">开工日期</td><td colspan="5"></td></tr>
<tr><td></td><td colspan="2"></td><td colspan="2">竣工日期</td><td colspan="5"></td></tr>
<tr><td></td><td colspan="2"></td><td rowspan="5">实际完成
工程量</td><td colspan="2">1. 土方（万 m³）</td><td></td><td rowspan="10">征地补偿和移民安置</td><td>1. 总补偿费（元）</td><td></td></tr>
<tr><td></td><td colspan="2"></td><td colspan="2">2. 石方（万 m³）</td><td></td><td>2. 永久征地（亩）</td><td></td></tr>
<tr><td></td><td colspan="2"></td><td colspan="2">3. 混凝土（m³）</td><td></td><td>其中：耕地（亩）</td><td></td></tr>
<tr><td></td><td colspan="2"></td><td colspan="2">4. 金属结构制作安装（t）</td><td></td><td>林地（亩）</td><td></td></tr>
<tr><td></td><td colspan="2"></td><td colspan="2">5.</td><td></td><td>3. 临时占地（亩）</td><td></td></tr>
<tr><td colspan="3" rowspan="5">财务管理评价：</td><td rowspan="5">主要材料
消耗量</td><td colspan="2">1. 钢材（t）</td><td></td><td>4. 迁移人口（人）</td><td></td></tr>
<tr><td colspan="2">2. 木材（m³）</td><td></td><td>5. 土地补偿标准（元/亩）</td><td></td></tr>
<tr><td colspan="2">3. 水泥（t）</td><td></td><td>6. 安置补助标准（元/人）</td><td></td></tr>
<tr><td colspan="2">4. 油料（t）</td><td></td><td></td><td></td></tr>
<tr><td colspan="2">5.</td><td></td><td></td><td></td></tr>
</table>

表 B-2　水利基本建设项目财务决算表

工竣财 2 表　　　　单位：元

资金来源	金额	资金占用	金额
一、基建拨款		一、基本建设支出	
		1. 交付使用资产	
		2. 在建工程	
		3. 待核销基建支出	
二、项目资本		4. 转出投资	
		二、应收生产单位投资借款	
		三、拨付所属投资借款	
		四、器材	
三、项目资本公积		其中：待处理器材损失	
四、基建投资借款		五、货币资金	
五、上级拨入投资借款		六、财政应返还额度	
六、企业债券资金		七、预付及应收款	
七、待冲基建支出		八、有价证券	
八、其他借款		九、固定资产	
九、应付款		固定资产原价	
十、未交款		减：累计折旧	
		固定资产净值	
		固定资产清理	
十一、上级拨入资金		待处理固定资产损失	
十二、留成收入			
合计		合计	

基建投资借款期末余额：

应收生产单位投资借款期末数：

基建结余资金：

表 B-3　水利基本建设项目投资分析表

工竣财 3 表　　单位：元

项　目	概（预）算价值					实际价值					实际较概算增减	
	建筑工程	安装工程	设备价值	其他费用	合计	建筑工程	安装工程	设备价值	其他费用	合计	增减额	增减率（%）
投资合计												
减：待核销基建支出												
减：转出投资												
建设成本												

表 B-4　水利基本建设竣工项目未完工程投资及预留费用表

工竣财 4 表　　　　单位：元

项　　目	工　程　量				价　　值						
	计量单位	设计	已完	未完	概算	已完	未　　完				
							建筑	安装	设备	其他	合计
一、未完工程投资											
二、预留费用											
合　计											

表 B-5 水利基本建设项目成本表

工竣财 5 表　　单位：元

项目	直接建设成本						待摊投资			建设成本
	建筑安装工程投资			设备投资	其他投资	小计				
	建筑工程投资	安装工程投资	小计				直接计入	间接计入	小计	
合　计										

表 B-6　水利基本建设项目交付使用资产表

接收单位：　　　　　　　　　　　　　　　　　　　　工竣财 6 表　　　　单位：元

资产项目名称	结构、规格、型号、特征	坐落位置	计量单位	单位价值	数量	资产金额	备注
一、固定资产							
（一）房屋及构筑物							
（二）专用设备							
（三）通用设备							
（四）家具、用具、装具							
（五）其他							
二、流动资产							
三、无形资产							
四、递延资产							
合　计							

表 B-7　水利基本建设项目待核销基建支出表

工竣财 7 表　　单位：元

费用项目	金　额	核销原因与依据
合　计		

表 B-8　水利基本建设项目转出投资表

工竣财 8 表　　　　单位：元

项目	项目地点与特征	产权单位	计量单位	数量	金额	转出原因与依据
合　计						

附录C　非工程类项目竣工财务决算报表格式

表C-1　水利基本建设项目基本情况表

非竣财1表

<table>
<tr><td>项目名称</td><td colspan="2"></td><td>项目主管单位</td><td colspan="3"></td></tr>
<tr><td>项目责任单位</td><td colspan="2"></td><td>项目主要承担单位</td><td colspan="3"></td></tr>
<tr><td>项目任务书批准机关、文号</td><td colspan="2"></td><td>计划完成时间</td><td></td><td>实际完成时间</td><td></td></tr>
<tr><td>项目总投资</td><td>预算（计划）（万元）</td><td></td><td>实际完成投资（万元）</td><td colspan="3"></td></tr>
<tr><td colspan="7">项目工作目标：</td></tr>
<tr><td colspan="7">项目工作内容：</td></tr>
<tr><td colspan="7">项目实施情况：</td></tr>
<tr><td colspan="7">审查验收结论：</td></tr>
</table>

表 C-2 水利基本建设项目财务决算表

非竣财 2 表　　　　单位：元

资金来源	金额	资金占用	金额
一、基建拨款		一、基本建设支出	
		1. 交付使用资产	
		2. 在建工程	
		3. 待核销基建支出	
二、其他借款		4. 转出投资	
		二、器材	
三、应付款		其中：待处理器材损失	
		三、货币资金	
四、未交款		四、财政应返还额度	
		五、预付及应收款	
		六、固定资产	
		固定资产原价	
		减：累计折旧	
		固定资产净值	
五、上级拨入资金		固定资产清理	
		待处理固定资产损失	
六、留成收入			
合计		合计	

基建结余资金：

表 C-3　水利基本建设项目支出表

非竣财 3 表　　　　单位：元

年度 费用构成					合计	备注
合　计						

表 C-4　水利基本建设项目技术成果表

非竣财 4 表

成果名称	成果主要内容	备　注

表 C-5　水利基本建设项目交付使用资产表

接收单位：　　　　　　　　　　　　　　　　　　　　非竣财 5 表　　　　单位：元

资产项目名称	结构、规格、型号、特征	计量单位	单位价值	数　量	资产金额	备　注
合　计						

附录 D 工程类项目竣工财务决算报表编制说明

D.1 水利基本建设项目概况表

D.1.1 不同类型的项目，其对应的各项技术经济指标不尽相同，项目法人应根据项目的不同特征，选择适宜的技术指标，以准确反映竣工项目概况。

D.1.2 “项目名称”应按批复的设计文件中的全称填写。

D.1.3 “建设地址及所在河流”应按批复的设计文件具体填写。建设地址应包括所在的省（自治区、直辖市）、市（地、州、盟）、县（市、区、旗）和建设项目的所在地名；所在河流应包括干流或支流名称。

D.1.4 “建设性质”应按批复的设计文件所确定的性质，即项目建设属于新建、续建、改建、加固、修复等填写。

D.1.5 “概算批准文件”应按审批机关的全称、批复的文件名称和文号、批复日期填写。若概（预）算有调整的，应按最后一次审批机关的全称、批复的文件名称和文号、批复日期填写，并在竣工财务决算说明书具体说明原概算的修正情况及有关内容。

D.1.6 “项目主要特征”应根据批复的设计文件（含设计变更），填列反映项目特征的主要指标。

D.1.7 “项目效益”应根据批复的设计文件及项目实际能力，填列反映项目效益的主要指标。

D.1.8 “财务管理评价”应根据实际管理情况填写。

D.1.9 “项目投资”应反映项目的投资来源和实际投资。

1 “投资来源”按资金性质和来源渠道明细填写，概算数和实际数分别按最终批复的概算数额和资金实际到位数额填列。

2 “实际投资”按项目累计发生的基本建设投资支出总额填列，实际投资的明细项目按历年会计核算的有关资料汇总填列。

D.1.10 “建设成本”，效益单一的建设项目应不填列本指标。具备两个或两个以上效益的项目，应将总成本在各效益项目之间进行分摊，如防洪、发电、灌溉、供水等，并确定相应的单位成本。

D.1.11 “开工日期”应按批准的开工日期填写。

D.1.12 “竣工日期”应按竣工验收日期填写。

D.1.13 “实际完成工程量”应按实际完成工程量（含未完工程部分）的统计结果填写。

D.1.14 “主要材料消耗量”应按实际消耗量（不含库存量）的统计结果填写。

D.1.15 “征地补偿和移民安置”应按具体实施情况填写。

D.2 水利基本建设项目财务决算表

D.2.1 “基建拨款”、“项目资本”、“项目资本公积”、“基建投资借款”、“上级拨入投资借款”、“企业债券资金”、“待冲基建支出”、“基本建设支出”（不含在建工程）、“应收生产单位投资借款”、“拨付所属投资借款”应反映项目自开工建设至竣工止的累计数。表中其余各项目应反映办理竣工财务决算时的结余数。

D.2.2 资金占用总额应等于资金来源总额。

D.2.3 “基建投资借款期末余额”应反映竣工时尚未偿还的基建投资借款数，“应收生产单位投资借款期末数”应反映竣工时应向生产单位收回的用基建投资借款完成并交付使用的资产价值，“基建结余资金”应反映竣工时的结余资金。按式（D.2.3）计算：

$$\begin{aligned}\text{基建结余资金} = &\text{基建拨款} + \text{项目资本} + \text{项目资本公积}\\ &+ \text{基建投资借款} + \text{企业债券资金}\\ &+ \text{待冲基建支出} - \text{基本建设支出}\\ &- \text{应收生产单位投资借款}\end{aligned} \tag{D.2.3}$$

D.3 水利基本建设项目投资分析表

D.3.1 “项目”应按批准的概（预）算项目填列；大型项目应按概算二级项目填报，中型项目应按概算一级项目填报。

概（预）算中安排的预备费及经批准动用的预备费应在“项目”栏单独列示，并反映预备费的具体使用项目。

概（预）算未列但实际发生了的投资也应在“项目”栏增列。

D.3.2 “概（预）算价值”及其分栏内容，应按项目概（预）算的内容填列；“实际价值”及其分栏内容，应按财务实际发生的数额填列。

D.3.3 经批准纳入决算的未完工程及费用应与该概算一级项目、概算二级项目的已完成投资合并反映。

D.3.4 “投资合计”应为工程总投资。

D.3.5 “实际较概算增减”的“增减额”、“增减率”，增加时应用正数反映，减少时应用负数反映。

D.4 水利基本建设项目未完工程投资及预留费用表

D.4.1 “未完工程投资”和“预留费用”在本表中应分别反映。

D.4.2 “项目”应按批准的概（预）算项目填列；大型项目应按概算二级项目填报，中型项目应按概算一级项目填报。

D.4.3 “未完工程投资”的“工程量”应填列完整。“预留费用”的“工程量”应不填列。

D.4.4 “价值”栏内的“概算”、“已完”、“未完”等应填列完整。

D.5 水利基本建设项目成本表

D.5.1 “项目”应按资产类别汇总分析填列。

D. 5. 2 “建筑工程投资”、“安装工程投资”、“设备投资”、“其他投资”应根据各项的借方发生额分析填列。

D. 5. 3 “待摊投资”应反映待摊投资计入资产价值的过程，分直接计入和间接计入。

D. 5. 4 “建设成本”应按“建筑安装工程投资”、“设备投资”、“其他投资”、“待摊投资”相加的数额填列。

D. 6 水利基本建设项目交付使用资产表

D. 6. 1 应按“接收单位”分别填列。

D. 6. 2 应根据“资产项目名称”的分类，结合项目具体情况，确定本项目移交资产的目录清单，并按目录清单填列。

D. 6. 3 全部或部分由未完工程投资形成的资产应在“备注”栏说明该资产未完价值。

D. 6. 4 项目资产移交多个接收单位的，应另行编制交付使用资产表汇总表，反映项目的接收单位及其各单位接收的资产价值总额。

D. 7 水利基本建设项目待核销基建支出表

D. 7. 1 “费用项目”应按核销的支出明细项目设置和填列。

D. 7. 2 “核销原因和依据”应说明相关的文件或政策依据。

D. 8 水利基本建设项目转出投资表

D. 8. 1 “项目”应按项目配套的专用设施的内容逐项填列。

D. 8. 2 “项目地点与特征”应填列专用设施的坐落位置及其结构、规格等特征。

D. 8. 3 “产权单位”应填列专用设施的产权归属单位。

D. 8. 4 “转出原因与依据”应说明相关的文件或政策依据。

D. 9 报表之间相关数据的主要钩稽关系

D. 9. 1 工竣财 1 表“投资来源”的“概算数”栏“合计”数应

等于工竣财3表“投资合计”行的“概（预）算价值”的“合计”。

D.9.2 工竣财1表“实际投资”应和工竣财2表“资金占用”中的“基本建设支出”、工竣财3表“投资合计”行的“实际价值”的“合计”数保持一致。

D.9.3 工竣财1表“建设成本”中“总成本”的“合计”数应和工竣财3表“建设成本”行的“实际价值”的“合计”数、工竣财5表“建设成本”栏的“合计”数、工竣财6表各接收单位“资产金额”栏“合计”的汇总数保持一致。

D.9.4 工竣财5表“建筑安装工程投资”、“设备投资”、“其他投资”、“待摊投资”栏的“合计”数应分别等于工竣财1表“实际投资”栏的“建筑安装工程投资”、“设备投资”、“其他投资”、“待摊投资”。

D.9.5 工竣财1表“实际投资”栏的“待核销基建支出”应和工竣财2表“基本建设支出”的“待核销基建支出”、工竣财3表“待核销基建支出”行“实际价值”的“合计”数、工竣财7表“金额”栏的“合计”数保持一致。

D.9.6 工竣财1表“实际投资”栏的“转出投资”应和工竣财2表“基本建设支出”的“转出投资”、工竣财3表“转出投资”行“实际价值”的“合计”数、工竣财8表“金额”栏的“合计”数保持一致。

附录E　非工程类项目竣工财务决算报表编制说明

E.1　水利基本建设项目基本情况表

E.1.1　“项目名称”应按批准的项目任务书中的全称填写。

E.1.2　“项目工作目标”应按项目任务书确定的目标填写。

E.1.3　“项目工作内容”应按实际完成的工作内容填写。

E.1.4　“项目实施情况”应反映项目的实际实施过程、实施效果。

E.1.5　“审查验收结论”应在项目审查验收后，根据审查验收鉴定书或验收报告填写。

E.2　水利基本建设项目竣工财务决算表

E.2.1　“基建拨款”、“基本建设支出”（不含在建工程）应反映项目自开始实施至项目完成止的累计数。表中其余各项目应反映办理竣工财务决算时的结余数。

E.2.2　资金占用总额应等于资金来源总额。

E.2.3　“基建结余资金”应反映项目完成时的结余资金。

E.3　水利基本建设项目支出表

E.3.1　“年度”应按项目实施的先后顺序逐年填列。

E.3.2　“费用构成”应按会计核算的明细资料设置和填列，其分年度合计数应分别与历年财务决算保持一致。

E.4　水利基本建设项目技术成果表

E.4.1　应反映项目实施各阶段形成的阶段性成果及其成果的主要内容。

E.4.2　项目审查验收后，应补充项目形成的最终成果及其成果的主要内容。

E.5 水利基本建设项目交付使用资产表

E.5.1 应按“接收单位”分别填列。

E.5.2 “资产项目名称”应逐项填列。

E.5.3 项目资产移交多个接受单位的，应另行编制交付使用资产表汇总表，反映项目的接受单位及其各单位接收的资产价值总额。

E.6 报表之间相关数据的主要钩稽关系

E.6.1 非竣财2表“基本建设支出”应与非竣财3表“合计”行的“合计”数保持一致。

E.6.2 非竣财2表“基本建设支出”的“交付使用资产”应与非竣财5表各接收单位“资产金额”栏“合计”的汇总数保持一致。

条 文 说 明

1 总　　则

1.0.2 本条为本标准的适用范围。基本建设投资和财政专项资金安排的水利基本建设项目，无论规模大小、无论项目类型，项目竣工时，都应按本标准的要求编制竣工财务决算。

与原规程相比，将财政专项资金安排的水利基本建设项目纳入适用范围，以适应财政投资体制改革变化的需要。

1.0.3 本条确定编制竣工财务决算的责任主体。

工程类项目的责任主体仍为项目法人。非工程类项目的责任主体为项目责任单位，体现了非工程类项目的管理特点。

项目责任单位是指具体组织开展非工程类项目实施的单位。项目责任单位负责立项申报、预算和计划编报、项目组织实施、成果初审等工作，对项目投资使用、工作进度和成果质量负总责。

工程类项目的配合单位主要有：设计单位、监理单位、施工单位、征地和移民安置实施机构。

非工程类项目的配合单位主要是项目承担单位。

为落实配合责任，项目法人和项目责任单位可在相关合同或协议中明确配合单位应承担的具体任务。

1.0.5 本条为竣工财务决算的主要作用。

与原规程相比，表述更加清晰、准确。强调了竣工财务决算应履行报批程序；明确了竣工财务决算是确认投资支出、资产价值，办理资产移交和投资核销的最终依据。

1.0.6 本条规定竣工财务决算的档案管理。

竣工财务决算作为项目的总结性文件和最重要的会计报告，应在批复后及时归档并永久保存。

办理竣工财务决算归档时应包括竣工财务决算及批复文件，竣工决算审计结论及审计整改报告，竣工验收（审查验收）鉴定书或验收报告等资料。

2 编制依据和条件

2.0.1 本条规定了竣工财务决算的编制依据。

年度财务决算是会计核算及财务管理资料的组成部分，因此删去原规程本条的第4款。同时，适应财政投资体制变化，基本建设支出预算统称为资金安排文件。

经批准的设计文件：工程类项目主要是批准的初步设计，非工程类项目主要是批准的项目任务书。

2.0.2 本条规定了竣工财务决算的编制条件。

对原规程的完工结算修改为竣工（完工）结算，表述更加规范。

其他影响竣工财务决算编制的重大事项主要包括设计变更和预备费动用手续是否完备等。

3 编制内容

3.0.1 本条规定了纳入竣工财务决算的费用区间和费用内容。

根据《水利工程设计概（估）算编制规定》等规定，水利工程的费用构成具体为：

（1）工程部分包括建筑及安装工程费、设备费、独立费用、预备费、建设期融资利息。

（2）移民和环境部分：

a. 水库移民征地补偿包括农村移民安置补偿费、集镇迁建补偿费、城镇迁建补偿费、工业企业迁建补偿费、专业项目恢复改建补偿费、防护工程费、库底清理费、其他费用、预备费、建设期还贷利息、其他税费。

b. 水土保持工程包括工程措施费（含设备费）、植物措施费、独立费用、预备费、建设期融资利息。

c. 环境保护工程包括建筑工程费和植物工程费、仪器设备及安装费、非工程措施费、独立费用、预备费、建设期融资利息。

3.0.3 本条规定竣工财务决算说明书应编写的内容。

与原规程相比，变化主要有：

(1) 将招投标、政府采购、合同（协议）履行合并为1款。

(2) 将重大设计变更情况纳入说明书内容。

(3) 将审计、稽察、财务检查等发现问题及整改落实情况在说明书中单列。

(4) 调整了应反映事项的排列顺序。

3.0.4 本条规定了工程类项目竣工财务决算报表的组成。

工程类项目竣工财务决算报表由8张表格组成，与原规程报表的差异主要有：

(1) “概况表”的“质量总体评价”调整为“财务管理评价”；“实际投资”的明细项目与会计科目保持一致。

(2) “成本表”的“建筑安装工程投资”分设为“建筑工程投资”和“安装工程投资”。

(3) “待核销基建支出表”的结构和内容进行了调整，反映核销的费用项目及核销依据。

(4) “转出投资表”的结构和内容进行了调整，以反映项目配套的专用设施及设施的产权单位。

3.0.5 本条规定了非工程类项目竣工财务决算报表的组成。

非工程类项目竣工财务决算报表由5张表格组成，分别反映项目的基本情况、财务决算、支出明细、技术成果和资产移交情况。

4 编制程序和要求

4.1 编制程序

4.1.1 本条规定了竣工财务决算编制的一般程序，以指导竣工财务决算的编制过程。

程序是对竣工财务决算编制实践经验的总结，遵循必要的程序，能有效减少编制过程中的重复劳动，提高工作效率和编制质量。鉴于建设项目的差异和自身特点，具体实施时，程序之间会存在一定的交叉和调整。

与原规程相比，一是在程序中增加了竣工财务决算编制方案，制定竣工财务决算编制方案有利于落实职责分工，明确工作任务，保障编制过程的统一协调；二是将与竣工财务决算报表直接相关的程序合并为“编制竣工财务决算报表”，并将具体内容单列为第五章“竣工财务决算报表”。

4.2 制定编制方案

4.2.2 本条规定了编制方案应包括的主要内容。

编制方案的内容应反映建设项目的实际状况，具体事项应细化，体现完整性、针对性和可操作性。

4.2.3 本条规定了竣工财务决算编制职责分解落实的要求。

涉及多部门的工作主要包括：

（1）合同（协议）清理。

（2）资产清理。

（3）概（预）算与核算口径对应分析。

（4）未完工程投资及预留费用计列。

（5）竣工财务决算报表部分指标的计算和填列。

（6）竣工财务决算说明书部分事项的分析和说明。

4.4 确定基准日期

4.4.1 本条明确了竣工财务决算基准日期的确定依据。

编制时点变化，竣工财务决算的结果也将随之发生变化。为避免决算数据的反复调整，应及时确定编制竣工财务决算的基准日期。

影响竣工财务决算基准日期的因素较多，最直接的影响因素是竣工财务清理。

4.5 竣工财务清理

4.5.2 本条明确了合同（协议）清理的主要事项。

合同（协议）清理的重点是价款结算和与结算相关联的成本核算与分析。

4.5.3 本条明确了债权债务清理的主要事项。

办理应收（预付）款项的回收、结算以及应付款项的清偿。除质量保证金、未完工程投资及预留费用等按规定扣留和预留的款项外，其他往来款项应结清。

4.5.4 本条明确了结余资金清理的主要事项。

通过变价处理，将实物形态的竣工结余资金，如库存设备、材料及应处理的自用固定资产转化为货币形态的竣工结余资金。

4.5.5 本条明确了应移交资产清理的主要事项。

在会计核算的基础上，通过实地盘点，做到账实相符，并掌握应移交的资产的相关信息，为“交付使用资产表”的编制和资产移交创造条件。

4.6 编制报表

4.6.1 本条明确了编制报表的数据来源。

4.6.2 本条明确了编制报表涉及的主要事项。

4.7 编写说明书

4.7.1 规定了说明书编写的基本要求。

（1）内容全面：规定的内容应逐款予以说明。

（2）突出重点：重点反映需说明事项的主要经过与结果。

（3）真实可靠：以事实为依据，不允许与报表之间相互矛盾。

4.7.2～4.7.11 分别明确说明书应反映事项的主要内容。

5　竣工财务决算报表

5.1　一 般 规 定

5.1.1　本条规定竣工财务决算报表按项目类型分别编制。

与原规程相比，将可适当简化的内容在财务决算报表中予以明确，按项目类型分别设置了工程类项目竣工财务决算报表和非工程类项目竣工财务决算报表，由项目法人、项目责任单位根据本项目类型分别选择。

5.1.2　本条规定了编制工程类项目竣工财务决算报表时，大中型工程和小型工程对报表的选择。

5.2　计列未完工程投资及预留费用

5.2.1　本条规定了未完工程投资及预留费用计入竣工财务决算的要求。

与原规程相比，明确了非工程类项目不宜计列未完工程投资和预留费用。

5.3　概（预）算与核算口径对应分析

5.3.1　本条明确了分析概（预）算执行情况的级次。

与原规程相比，将分析的级次由单项工程和单位工程分别调整为概算一级项目和概算二级项目，体现了水利工程的项目划分特点。

水利工程概算由工程部分与移民和环境部分构成。工程部分分为建筑工程、机电设备及安装工程、金属结构设备及安装工程、施工临时工程、独立费用五个部分。移民和环境部分分为水库移民征地补偿、水土保持工程、环境保护工程三个部分。

各部分下设一、二、三级项目。

相对于单项工程和单位工程，概算一级项目相当于单项工程，概算二级项目相当于单位工程。

5.3.2 本条明确了概（预）算与核算口径差异调整的方法。

由于概（预）算与核算的目的不同、体系不同，口径上的差异不可避免。

通过调整，使会计核算的口径同概（预）算的项目划分口径能够进行同口径比较，以准确反映概（预）算执行情况，也为具体编制“投资分析表”奠定基础。

5.4 分摊待摊投资

5.4.1～5.4.3 规定了待摊投资的分摊原则、分摊对象和分摊方法。

从方法的适用角度，预定分配率多适用于单项工程分批交付的建设项目，实际分配率多适用于竣工后一次交付的建设项目。

5.5 确认交付使用资产

5.5.1 本条规定了交付使用资产计算和交付对象的确定原则。

以独立使用价值作为确定资产交付对象的基本依据，应注意两点：

（1）不宜分割的资产，其主体与配套和辅助设施共同作为交付对象。如需要安装设备，其资产价值既包括设备本身价值，也包括设备的基础工程支出、安装费、辅助设施和分摊的待摊投资。

（2）凡是单座建筑物、单栋房屋、单台设备、单项工具均应作为资产交付对象。

竣工财务决算中交付使用资产的反映还应与接收单位资产核算和管理的需要相衔接，满足接收单位对资产核算和管理的需要。

5.5.3 本条规定投劳折资形成资产的反映方式。

投劳折资是指在部分劳动力密集的施工工序中由群众投入劳动力完成的部分工程量。按现行会计制度，投劳折资完成的工程量不能进入建设成本，为完整反映项目的总体规模和构成，投劳折资形成的资产应在竣工财务决算说明书中说明。

5.6 分摊建设成本

5.6.1～5.6.3 规定了建设成本的分摊要求和分摊方法。

对具有多种效益、综合利用的建设项目，如水库、水电站等枢纽工程，通过建设成本分摊，为运行管理单位供水、供电等价格的测算和核定等提供基础数据。

与原规程相比，分摊方法指定为枢纽指标系数分摊法，方法更加成熟、可行。

建设成本分摊与待摊投资分摊在分摊对象上均存在本质区别。建设成本的分摊对象是项目的效益（功能），待摊投资的分摊对象是项目形成的资产。因此，建设成本分摊与待摊投资分摊的方法也不相同。

5.7 填列报表

5.7.1、5.7.2 明确了报表填列前核实和报表填列后审核的要求。

5.8 编制竣工财务总决算

5.8.1～5.8.3 规定了编制竣工财务总决算的前置条件及其汇编的流程和要求。

汇编单位一般由项目竣工验收主持单位指定。

水利基本建设项目竣工决算审计规程

SL 557—2012

2012－03－28 发布　　　　2012－06－28 实施

前　　言

根据水利部水利技术标准制（修）订计划，按照《水利技术标准编写规定》（SL 1—2002）的要求，制定本标准。

本标准共6章38节159条和13个附录，主要包括以下技术内容：

——总则；

——术语；

——审计内容；

——审计程序；

——审计方法；

——审计组织管理。

本标准批准部门：**中华人民共和国水利部**

本标准主持机构：**水利部审计室**

本标准解释单位：**水利部审计室**

本标准主编单位：**安徽省淮河会计学会**

本标准参编单位：**水利部淮河水利委员会**

本标准出版、发行单位：**中国水利水电出版社**

本标准主要起草人：**何小富　齐献忠　张居帅　魏开颜**
宋　峰　蔡　磊　谢兴广　高　斌
赖梅芳

本标准审查会议技术负责人：**张古军**

本标准体例格式审查人：**于爱华**

目　　次

1 总　　则

1.0.1 为规范水利基本建设项目竣工决算审计（以下简称竣工决算审计）行为，提高竣工决算审计质量，防范竣工决算审计风险，根据有关法律、法规、审计准则和标准，制定本标准。

1.0.2 竣工决算审计是指水利基本建设项目（以下简称建设项目）竣工验收前，水利审计部门对其竣工决算的真实性、合法性和效益性进行的审计监督和评价。

1.0.3 本标准适用于水利主管部门主持竣工验收的建设项目竣工决算审计。

1.0.4 建设项目竣工验收主持单位的水利审计部门是其竣工决算审计的审计主体。

1.0.5 项目法人应接受水利审计部门对其负责建设的建设项目开展竣工决算审计。建设项目主管部门、设计、施工、监理等相关单位应做好审计配合工作。

1.0.6 建设项目竣工决算审计依据应包括下列内容：

1 审计实施依据为国家、上级水利主管部门及单位内部有关审计管理等法律、法规和制度，中国内部审计协会发布的审计准则、标准等。

2 审计评价依据为国家、上级水利主管部门及单位内部有关建设管理、资金使用等法律、法规和制度。

1.0.7 水利审计部门开展竣工决算审计时，应接受国家审计机关和上级水利审计部门的业务指导和监督，合理利用相关审计成果。

1.0.8 水利审计部门可根据工作需要，将全部或部分竣工决算审计业务委托社会审计机构实施，并加强对委托审计业务的管理和监督。

1.0.9 竣工决算审计是建设项目竣工结算调整、竣工验收、竣工财务决算审批及项目法人法定代表人任期经济责任评价的重要依据。

1.0.10 本标准引用标准主要有：

《水利基本建设项目竣工财务决算编制规程》（SL 19）

《水利水电建设工程验收规程》（SL 223）

1.0.11 竣工决算审计除应符合本标准规定外，尚应符合国家现行有关标准的规定。

2 术　　语

2.0.1 水利审计部门　audit department of water resources

各级水利主管部门设立的内部审计机构或履行内部审计职责的机构。

2.0.2 国家审计　national audit

国家审计机关对建设项目的财务收支和建设管理行为进行的审计监督和评价。

2.0.3 社会审计　social audit

社会审计机构接受委托对建设项目进行有偿审计活动。

2.0.4 造价审计　cost audit

水利审计部门或受委托的社会审计机构对建设项目合同履行相关的工程价款结算进行审核的行为。

2.0.5 审计立项　audit project

水利审计部门将建设项目竣工决算审计纳入年度工作计划，并做出时间及人员安排的行为。

2.0.6 审计基准日　audit reference date

竣工决算审计监督和评价的时点，应与竣工财务决算基准日一致。

2.0.7 审计报告　audit report

竣工决算审计任务完成后，审计组或受委托的社会审计机构向派出或委托的水利审计部门报告工作任务完成情况及其结果的总结报告。

2.0.8 审计证据　audit evidence

水利审计部门和审计人员获取的，用以证明竣工决算审计事实真相，形成竣工决算审计结论的证明材料。

2.0.9 审计主体　audit main body

在竣工决算审计活动中主动实施审计行为，行使审计监督、评价权的水利审计部门和审计人员。

2.0.10 审计结论 audit conclusion

水利审计部门对竣工决算审计出具的审计报告、决定、意见、建议的总称，是对建设项目竣工决算审计监督和评价的结果。

2.0.11 后续审计 follow-up audit

水利审计部门对竣工决算审计结论整改落实情况实施的审计。

2.0.12 概算结余 budget surplus

批准建设项目概算投资同实际完成投资的差异，在建设项目资金全部到位的情况下，同竣工结余资金数一致。

3 审 计 内 容

3.1 一 般 规 定

3.1.1 竣工决算审计应结合建设项目的类型、规模、管理体制等确定审计内容。

3.1.2 审计内容应包括主要环节的建设管理、资金运动的主要流向及概算执行情况等。

3.2 建设项目批准及建设管理体制审计

3.2.1 项目建议书、可行性研究报告、初步设计是否经有权审批部门批准。

3.2.2 项目法人组建是否符合规定，项目法人责任制是否落实，工程开工是否符合规定等。

3.2.3 工程质量安全管理体系是否建立，质量管理措施是否有效等。

3.3 项目投资计划、资金来源及概算执行审计

3.3.1 计划（预算）下达及分解依据是否真实合法，是否及时足额下达或分解等。

3.3.2 资金来源是否列入投资计划和部门预算，资金是否到位，建设资金存储是否符合规定，是否滞留、截留建设资金等。

3.3.3 设计变更的程序和手续是否履行，重大设计变更是否报原初步设计审批单位审批。

3.3.4 预备费使用是否符合规定，动用是否经有权审批部门批准，额度是否控制在批准的额度内。

3.3.5 概算批准的投资内容是否完成，有无超概算、扩大规模、提高标准和计划外投资等，概算执行是否存在重大差异等。

3.3.6 应编制《建设项目竣工决算概算执行情况审定表》，其格式见附录 A，比较概算执行情况。

3.4 基本建设支出审计

3.4.1 建筑安装工程投资、设备投资、待摊投资、其他投资是否真实合法，成本控制制度是否建立和有效执行，成本核算是否准确等。

3.4.2 待核销基建支出和转出投资的项目是否符合规定，核算是否准确；转出投资的转出手续是否符合规定。

3.4.3 工程价款结算的依据、程序、手续是否符合规定，造价审计结果是否作为确认基本建设支出的依据。

3.4.4 造价审计确定基本建设支出以外的基本建设支出是否真实合法，与造价审计的支出合计是否同建设项目基本建设支出一致，有无超概算和标准的支出项目。

3.4.5 应编制《工程造价审核明细表》，其格式见附录 B，审定工程造价。

3.5 土地征用及移民安置资金管理使用审计

3.5.1 土地征用及移民安置资金概算是否批复，概算分解、调整是否符合规定。

3.5.2 土地征用及移民安置的组织是否落实，委托地方政府实施的是否签订协议，土地征用及移民安置管理制度是否建立及有效执行。

3.5.3 项目法人是否按协议拨付土地征用及移民安置资金，未拨付资金的理由是否充分。

3.5.4 土地征用及移民安置资金是否按批准的范围和标准发放，是否滞留、挤占挪用移民资金，结余资金及超支原因是否进行分析。

3.5.5 土地征用及移民安置资金由地方政府包干使用的，是否由县级以上地方政府审计机关进行审计，存在问题是否进行整改落实。

3.6 未完工程投资及预留费用审计

3.6.1 未完工程投资项目是否以项目概算（预算）、合同等为依据计列，测算方法是否合理。

3.6.2 未完工程投资是否按批准的概算项目计列，是否存在新增工程内容及超概算项目，有无虚列工程量、人为提高工程造价等。预留费用是否按明细项目计列，是否列支与本工程建设无关的费用，是否存在虚列预留费用套取建设资金等。

3.6.3 未完工程投资及预留费用所需资金是否落实。

3.6.4 未完工程投资及预留费用总额占概算总投资的比例是否在规定的范围内。

3.6.5 应编制《建设项目竣工未完工程投资及预留费用情况审定表》，其格式见附录C，审定未完工程及费用。

3.7 交付使用资产审计

3.7.1 交付使用资产计量是否准确，交付使用资产对象是否真实，交付使用资产是否账实相符等。

3.7.2 交付使用资产分类是否按固定资产、流动资产、递延资产、无形资产分类填列，资产分类能否满足接收单位资产管理要求。

3.7.3 交付使用资产是否以成本核算等有关资料进行计价，费用分摊对象是否符合规定，有无将不需安装设备等作为费用分摊对象；对直接分摊的费用，是否与分摊对象相关；对间接分摊的费用，分摊方法及依据是否符合理。

3.7.4 接收单位是否确定，接收单位是否适当，移交资产的名称、规格、数量是否明确。

3.7.5 应编制《建设项目竣工交付使用资产情况审定表》，其格式见附录D，审定建设项目竣工交付使用资产。

3.8 基建收入审计

3.8.1 基建收入的内容是否完整；是否存在将生产经营收入作为基建收入的问题。

3.8.2 各类基建收入的确认和分配是否符合规定，核算是否准确。

3.9 建设项目竣工决算时资金构成审计

3.9.1 审计基准日资金来源和占用是否真实、合法。

3.9.2 概算结余是否合理，竣工结余资金确认是否准确。

3.9.3 债权债务是否真实，清理出的呆坏账是否按规定处理；是否按合同预留保证金。

3.9.4 竣工结余资金是否按规定进行处理。

3.9.5 应编制《建设项目竣工决算资金情况审定表》，其格式见附录E，反映建设项目竣工决算时资金构成。

3.10 竣工财务决算编制审计

3.10.1 编制主体是否为项目法人或有关责任单位，是否成立工作机构，责任是否明确。

3.10.2 满足竣工财务决算编制条件后，是否在规定的时间内编制；延期编制的，是否报竣工验收主持单位同意。

3.10.3 竣工财务决算是否按SL 19的要求编制。

3.10.4 编制内容是否完整，报表选择是否正确，表格填制是否符合规定，表内、表间关系是否正确，竣工财务说明书的内容是否全面、突出重点、真实可靠等。

3.10.5 竣工财务清理结果是否满足竣工财务决算编制要求，概算（预算）与核算口径是否进行对应分析，与项目建设成本、资产价值相关联的会计业务是否已在竣工财务决算基准日之前入账，未完工程投资及预留费用的预留测算方法是否适当，待摊投资和建设成本的分摊方法是否符合规定、准确。

3.11 招标、投标及政府采购审计

3.11.1 招标、投标和政府采购的实施是否符合规定，是否建立了相应的管理制度等。

3.11.2 应纳入招标、投标及政府采购范围的是否进行招标、投标及政府采购，是否按规定程序进行，是否存在规避行为，是否存在转包和非法分包，有无其他违法违规的行为等。

3.12 合同管理审计

3.12.1 合同管理制度是否建立，责任是否明确。

3.12.2 合同签订主体资格是否符合规定，程序和手续是否完备，形式是否符合要求，合同内容要素是否完整，是否执行了相应的合同示范文本。

3.12.3 合同变更是否符合内部控制要求，变更原因是否真实合理。

3.12.4 合同履行是否全面、真实，程序是否符合内部控制要求，合同履行中的差异是否进行分析，合同纠纷的处理是否公正合理。

3.12.5 合同终止条件是否符合规定和合同约定，合同的善后事项是否妥善处理，合同资料的归档和保管是否符合规定等。

3.13 建设监理审计

3.13.1 是否实行建设监理制，监理单位及监理人员资质是否符合规定。

3.13.2 监理业务是否按有关规定及合同履行等。

3.14 财务管理审计

3.14.1 财务管理机构设置及人员配备是否符合规定，是否满足建设项目财务管理需要，职责和权限是否明确。

3.14.2 财务管理制度是否建立健全，是否得到有效执行。

3.14.3 与资金筹集和支付相关单位之间的财务关系是否清晰，财务关系处理是否符合规定。

3.14.4 会计核算是否符合国有建设单位会计制度及其补充规定，核算是否准确。

3.14.5 会计基础工作是否符合会计基础工作规范的规定。

3.15 历次审计检查审计

3.15.1 历次审计、检查、稽察发现的问题是否整改落实。

3.15.2 整改落实情况是否以适当的形式进行报告，未整改问题是否进行了原因分析。

4 审 计 程 序

4.1 一 般 规 定

4.1.1 竣工决算审计的程序应包括以下四个阶段：

1 审计准备阶段。包括审计立项、编制审计实施方案、送达审计通知书等环节。

2 审计实施阶段。包括收集审计证据、编制审计工作底稿、征求意见等环节。

3 审计报告阶段。包括出具审计报告、审计报告处理、下达审计结论等环节。

4 审计终结阶段。包括整改落实和后续审计等环节。

4.1.2 水利审计部门在开展竣工决算审计过程中，应按照规定的审计程序进行。

4.2 审 计 立 项

4.2.1 竣工决算审计应进行立项，并明确被审计单位和审计事项。

4.2.2 审计立项应依据上级水利审计部门、同级国家审计机关和内部审计制度的要求进行。

4.2.3 项目法人应在竣工财务决算编制完成后10个工作日内向水利审计部门书面申报竣工决算审计立项；水利审计部门对符合竣工决算审计条件的建设项目，应在接到项目法人书面申报10个工作日内立项。

4.3 编制审计实施方案

4.3.1 水利审计部门应在实施竣工决算审计前进行审前调查，制定审计实施方案，对审计工作作出计划和安排。

4.3.2 编制审计实施方案应遵循全面性、效率性、规范性原则，按照竣工决算审计程序安排审计作业的全过程，明确提高竣工决算审计工作质量和工作效率措施。

4.3.3 审计实施方案格式见附录 F。

4.3.4 审计实施方案应由审计组负责编制，经水利审计部门审核后实施。

4.4 送达审计通知书

4.4.1 竣工决算审计实施前，应向被审计单位印发审计通知书，作为被审计单位接受审计的书面文件。

4.4.2 水利审计部门应根据审计立项文件和内部管理的有关要求编制审计通知书。

4.4.3 审计通知书格式见附录 G。

4.4.4 水利审计部门应在审计组进驻 3 个工作日前送达审计通知书；特殊情况可在实施审计时送达。

4.5 收集审计证据

4.5.1 审计人员在竣工决算审计过程中，应通过实施审计程序获取审计证据，作为审计评价的依据。

4.5.2 审计证据应包括书面证据、实物证据、视听电子证据、口头证据、环境证据等。审计证据应以书面证据为主。

4.5.3 审计人员可采用检查、观察、询问、外部调查、重新计算、重新操作、分析等方法获取审计证据。

4.5.4 审计人员应对获取的审计证据的充分性、相关性和可靠性进行复核，应实行三级复核。

4.5.5 审计人员获取的审计证据需要进行鉴定的，应以鉴定结论作为审计证据；对被审计单位存有异议的审计证据，审计人员应做进一步核实。审计证据格式见附录 H。

4.6 编制审计工作底稿

4.6.1 审计人员在竣工决算审计过程中，应编制审计工作底稿，将获取审计证据的名称、来源、内容、时间等清晰、完整地记录在审计工作底稿中，作为联系审计证据和审计结论的桥梁。

4.6.2 审计工作底稿应载明：被审计单位和建设项目的名称，竣工决算审计事项及其期间或截止日期，审计程序的执行过程和执行结果记录，审计结论，执行人员姓名和执行日期，复核人员姓名、复核日期和复核意见，索引号及页次，审计标识与其他符号及其说明等。审计工作底稿格式见附录I。

4.6.3 审计工作底稿的形式可是纸质、磁带、磁盘、胶片或其他有效的信息载体。无纸化的审计工作底稿应制作备份。

4.6.4 审计组应建立审计工作底稿分级复核制度，明确审计工作底稿复核的职责。如发现审计工作底稿存在问题，应要求相关审计人员补充或重新编制审计工作底稿。

4.6.5 竣工决算审计完成后，水利审计部门应对审计工作底稿按相关要求进行归档和管理。

4.7 征求意见

4.7.1 审计报告正式出具前，水利审计部门应将审计报告的征求意见稿书面征求有关单位意见。征求意见函格式见附录J。

4.7.2 征求意见范围应为被审计单位，必要时可征求项目主管部门、项目参建单位等相关单位意见。

4.7.3 征求意见内容主要应包括审计报告中反映的情况是否事实存在，对存在的问题定性是否准确，处理意见和建议是否恰当等。

4.7.4 征求意见应以书面形式进行，可辅以召开座谈会等其他形式进行沟通。

4.7.5 征求意见期限宜为10个工作日。在征求意见期限内未提出书面意见的，应视为同意审计报告。

4.8 出具审计报告

4.8.1 审计组在竣工决算审计结束后，应向水利审计部门出具审计报告，作为竣工决算审计工作的书面文件。

4.8.2 审计报告应包括标题、收件人、正文、附件、签章、日期等要素。审计报告格式见附录K。

4.8.3 审计报告的正文应包括审计概况、审计依据、审计发现、审计结论、审计处理意见及建议等内容。

4.8.4 审计报告应以审计证据、国家有关规定、被审计单位反馈意见等为依据编制。

4.8.5 水利审计部门应组织对审计报告进行复核。复核主要包括形式复核和内容复核。

4.9 审计报告处理

4.9.1 水利审计部门应依据审计组出具的审计报告，下达审计结论，要求被审计单位整改落实。

4.9.2 下达审计结论的形式包括转发审计报告，印发审计决定、审计意见、审计建议等。

4.9.3 审计结论应直接下达项目法人或项目主管部门，必要时可抄送相关单位。

4.9.4 审计结论下达后，水利审计部门应将审计报告、审计结论文件及相关审计资料及时归档。

4.10 整改落实

4.10.1 项目法人和相关单位应按照水利审计部门下达的审计结论进行整改落实，并将整改落实情况书面报送水利审计部门。

4.10.2 项目法人和相关单位必须执行审计决定，落实审计意见，采纳审计建议。

4.10.3 项目法人和相关单位应在收到审计结论60个工作日内执行完毕，并向水利审计部门报送审计整改报告；确需延长审计结论整改执行期的，应报水利审计部门同意。

4.11 后续审计

4.11.1 水利审计部门必要时可对已下达的审计结论整改落实情

况进行后续审计，评价被审计单位采取的措施是否及时、合理、有效。

4.11.2 后续审计的内容是检查被审计单位对审计结论的采纳与执行情况，评价被审计单位的执行效果。

4.11.3 对被审计单位已执行的审计结论部分，在后续审计中应予以披露；对未执行的部分，应做出相应的处理。

5 审计方法

5.1 一般规定

5.1.1 竣工决算审计应根据审计组织形式、建设项目的规模和管理特点等选择相应的审计方法。

5.1.2 审计方法应主要包括详查法、抽查法、核对法、调查法、分析法等。

5.2 详查法

5.2.1 详查法：在竣工决算审计时，对建设项目建设管理的所有环节和建设资金使用的全部事项进行全面、详细审查审计方法。

5.2.2 详查法适用于建设规模较小、内部管理不规范、会计核算不清晰或已经发现重大违法违纪现象的建设项目竣工决算审计。

5.2.3 审计人员运用详查法进行竣工决算审计时，审计结论应全部以审计证据为依据。应对建设项目建设管理和财务管理所有的资料进行全面、详细的审查、分析，据此作出审计判断。

5.3 抽查法

5.3.1 抽查法：在竣工决算审计时，从建设管理和财务管理事项中抽取其中一部分进行审查，根据审查结果，对竣工决算情况进行评价的审计方法。

5.3.2 抽查法适用于建设规模较大，内部控制制度和会计基础较好，机构比较健全的建设项目竣工决算审计。

5.3.3 审计人员运用抽查法进行竣工决算审计时，应根据建设管理关键环节和财务管理中的主要资金流向，选择抽样方法。

5.4 核 对 法

5.4.1 核对法：在竣工决算审计时，将建设管理和财务管理事项中的相关记录中两处以上的同一数值或相关数据相互对照，用以验明内容是否一致、计算是否正确、事项是否真实正确的审计方法。

5.4.2 核对法适用于竣工决算账、表、证之间的相互核对，交付使用资产和账务的核对，工程价款结算量和实际完成量等之间的核对等。

5.4.3 审计人员运用核对法进行竣工决算审计时，应查明核对中发现的错误或疑点，及时查明原因。采用核对法作为证据的资料应真实正确。当缺乏依据时，相互核对的数据应至少有两个不同来源，并使其核对相符。

5.5 调 查 法

5.5.1 调查法：在竣工决算审计时，对建设管理和财务管理事项进行内查外调，以判断真相，取得审计证据的方法。

5.5.2 调查法适用于工程价款结算的价格、银行存款、往来款项等调查核实。

5.5.3 审计人员运用调查法进行竣工决算审计时，应制定调查方案，明确目的，确定被调查单位、内容、程序、方法及时间安排等，并严格执行。

5.6 分 析 法

5.6.1 分析法：在竣工决算审计时，对建设管理和财务管理事项进行分析，以反映竣工决算审计事项真实合法的审计方法。

5.6.2 分析法适用于竣工决算审计中的有关概算执行、合同履行、投资效益等的审计。

5.6.3 审计人员运用分析法进行竣工决算审计时，应根据不同的需要选择进行比率分析、因素分析等方法，达到审计目的。

5.7 其他方法

5.7.1 按照审查书面资料的技术，可分为审阅法、复算法、比较法等。

5.7.2 按照审查资料的顺序，可分为逆查法和顺查法等。

5.7.3 实物核对的方法，可分为盘点法、调节法和鉴定法等。

6 审计组织管理

6.1 一般规定

6.1.1 水利审计部门应加强组织管理，保证竣工决算审计顺利开展。

6.1.2 有关单位应为竣工决算审计实施提供必要的条件。

6.2 组织形式

6.2.1 水利审计部门在开展竣工决算审计时，应根据实际情况确定审计组织形式，可分为自行开展和委托社会审计机构两种形式。

6.2.2 水利审计部门自行开展竣工决算审计的，应成立审计组。人员应由水利审计部门人员组成，审计组长宜由水利审计部门负责人担任。因审计人员不足或专业力量无法满足审计需要时，可聘请有关专家参加竣工决算审计。

竣工决算审计报告应由审计组出具。审计组组长应对审计报告的真实性和完整性负责。

6.2.3 委托社会审计组织开展竣工决算审计的，应要求社会审计机构成立审计组，并明确负责人员。

6.3 委托社会审计业务管理

6.3.1 社会审计机构的选择应体现竞争原则，在审查资格资质，综合比较质量、信誉、服务等的基础上，择优选定。对大型项目竣工决算审计业务宜通过政府采购等方式选定社会审计机构。

6.3.2 委托社会审计应通过签订经济合同、业务委托书等方式，明确相关单位的权利义务。

1 水利审计部门委托社会审计机构进行竣工决算审计应出具审计业务委托书，作为社会审计机构开展竣工决算审计的依据。审计业务委托书的主要内容应包括：社会审计机构名称、竣工决算审计项目名称、审计内容、审计期限、审计质量要求及委托日期、签章等内容。审计业务委托书格式见附录L。审计业务委托书应主送受托的社会审计机构，并抄送项目法人。

2 受托的社会审计机构应向水利审计部门出具承诺书，作为其承担竣工决算审计义务的书面文件。承诺书主要内容应包括：委托单位名称、愿意接受委托的表示及对审计业务客观公正、审计内容、审计质量、保密等内容。承诺书格式见附录M。承诺书应由水利审计部门制定规范的格式文本，要求受托的社会审计机构签章确认，向水利审计部门出具，宜抄送项目法人。

3 社会审计机构实施竣工决算审计完成后，应向水利审计部门出具审计报告，并对其真实性和完整性负责。

4 水利审计部门应加强对委托审计业务的指导监督，对社会审计机构制定的审计实施方案进行审核，督促其按审计方案组织实施。社会审计机构应定期将竣工决算审计工作开展情况向水利审计部门汇报；水利审计部门应及时指导处理，以提高审计质量，防范审计风险。

6.4 审计费用管理

6.4.1 水利审计部门应在审计费用落实后开展竣工决算审计工作。

6.4.2 水利审计部门和项目法人应按照国家规定的标准控制审计费用的支出。

6.4.3 竣工决算审计费用纳入部门预算和经费计划的，审计费用应由水利审计部门所在单位支付；未纳入部门预算和经费计划的，审计费用应由项目法人支付，列入工程投资。

6.5 审计档案管理

6.5.1 竣工决算审计活动中形成的、具有保存价值的文字、图表、声像等形式的审计档案应按档案管理的规定管理。

6.5.2 审计项目档案主要应包括：审计立项文件、审计通知书、审计实施方案、审计记录、审计工作底稿、审计证据、征求意见稿、征求意见函、反馈意见、审计报告等相关资料；委托社会审计的，还应包括审计业务委托书、社会审计机构出具的承诺书等相关资料。

6.5.3 审计项目档案应按项目立卷，不应将多个审计项目合并立卷。跨年度的审计项目，应在项目审计终结的年度立卷。

6.5.4 审计项目档案应长期保存。水利审计部门自行开展竣工决算审计的，审计项目档案应由水利审计部门保管，或委托专业档案管理机构保管。委托社会审计机构审计的，审计项目档案应根据形成主体由水利审计部门和社会审计机构分别保管。

附录 A　建设项目竣工决算概算执行情况审定表

表 A　建设项目竣工决算概算执行情况审定表

项目名称：　　　　　　　　　　　　　　　　单位：元

项　　目	批准概算数	项目法人申报情况			审计认定数		
		申报数	申报较概算增减数	申报较概算增减率	审定数	审定较概算增减数	审定较概算增减率

审核人员：　　　　编制人员：　　　　编制日期：　年　月　日

附录B　工程造价审核明细表

表B　工程造价审核明细表

项目名称：　　　　　　　　　　　　　　　　　　　　单位：元

序号	合同编号	对方单位名称	原报结算数	审核情况（净增加减少）		审计确定结算数	审核增加（+）或审核减少（-）的主要原因
				审核增加（+）	审核减少（-）		

编制人员：　　　　　　　　审核人员：　　　　　　　　编制日期：　　年　月　日

注：本表按合同项目汇总填列。

附录C　建设项目竣工未完工程投资及预留费用情况审定表

表C　建设项目竣工未完工程投资及预留费用情况审定表

项目名称：　　　　　　　　　　　　　　　　　　　　单位：元

序号	未完工程投资及预留费用项目名称	项目法人申报数	审定数	对应概算项目	备　注

编制人员：　　　　　　审核人员：　　　　　　　　　　编制日期：　　年　月　日

附录D 建设项目竣工交付使用资产情况审定表

表D 建设项目竣工交付使用资产情况审定表

项目名称：　　　　单位：元

资产项目名称	结构、规格、型号、特征	坐落位置	计量单位	项目法人申报数			审计认定数			备注
				单位价值	数量	资产金额	单位价值	数量	资产金额	
一、固定资产										
（一）建筑物										
（二）房屋										
（三）设备										
（四）其他										
二、流动资产										
三、无形资产										
四、递延资产										
合　计										

编制人员：　　　　审核人员：　　　　编制日期：　　年　月　日

填表说明：本表按交付使用资产名称填列，项目法人未列入的需补列。

附录E　建设项目竣工决算资金情况审定表

表E　建设项目竣工决算资金情况审定表

项目名称：　　　　　　　　　　　　　　　　　　　　　　　　单位：元

资金来源	编报数	审计确认数	资金占用	编报数	审计确认数
一、基建拨款			一、基本建设支出		
			1. 交付使用资产		
			2. 在建工程		
			3. 待核销基建支出		
二、项目资本			4. 转出投资		
			二、应收生产单位投资借款		
			三、拨付所属投资借款		
			四、器材		
三、项目资本公积			其中：待处理器材损失		
四、基建投资借款			五、货币资金		
五、上级拨入投资借款			六、财政应返还额度		
六、企业债券资金			七、预付及应收款		
七、待冲基建支出			八、有价证券		
八、其他借款			九、固定资产		
九、应付款			固定资产原价		
十、未交款			减：累计折旧		—
			固定资产净值		
			固定资产清理		
十一、上级拨入资金			待处理固定资产损失		
十二、留成收入					
合　计		—	合　计		—

编制人员：　　　　　　审核人员：　　　　　　　　　　编制日期：　　年　月　日

附录F 审计实施方案

×××审计实施方案

一、审计目的

二、审计依据

三、审计范围

四、主要审计内容及方法

五、审计人员安排及分工

六、时间安排及审计进度

七、应重点防范的审计风险

签　章＿＿＿＿

日　期＿＿＿＿

附录G 审 计 通 知 书

审 计 通 知 书

编号

（主送单位名称）：

按照（相关规定）的要求，经研究，决定对（项目名称）进行竣工决算审计，现将有关事项通知如下：

一、审计组织形式

二、时间安排

三、审计人员安排

四、应提供的资料

五、应提供的工作条件

六、其他要求

签 章

日 期

附录H 审 计 证 据

审 计 证 据

<table>
<tr><td>被审计单位</td><td colspan="3"></td></tr>
<tr><td>证据内容摘要</td><td colspan="3"></td></tr>
<tr><td>取证人</td><td></td><td>取证时间</td><td></td></tr>
<tr><td>复核人</td><td></td><td>复核时间</td><td></td></tr>
<tr><td>所附原始资料
名称、页次</td><td colspan="3"></td></tr>
<tr><td colspan="4">证据详细内容记录</td></tr>
<tr><td colspan="4"></td></tr>
<tr><td>被审计单位意见</td><td colspan="3"></td></tr>
</table>

注：被审计单位意见可另附说明。

附录I 审计工作底稿

审计工作底稿

被审计单位或项目名称			
审计事项		页　次	
编　制　人		编制时间	
复　核　人		复核时间	
审计过程记录			
审计定性的文件依据及具体条文			
查出问题的处理意见或建议			
复核意见			

附录J 征求意见函

征求意见函

（主送项目法人单位）＿＿＿＿：

根据（相关规定及年度审计计划）的要求，（水利审计部门或受托社会审计机构）组成审计组，对（项目名称）进行竣工决算审计。

现将《（审计报告名称）（征求意见稿）》送达（被审计单位），请自接到审计报告征求意见稿之日起10个工作日内，提出书面意见；逾期未提出书面意见的，视同无异议。

反馈单位（地址）：

联系人：

联系方式：

签　章

日　期

附录K 审计报告

×××竣工决算审计报告

(主送被审计单位适当管理层或委托单位)：

一、审计概况

二、审计依据

三、审计发现

四、审计结论

五、审计建议

六、其他方面

附件：

(一) 建设项目竣工决算概算执行情况审定表

(二) 工程造价审核明细表

(三) 建设项目竣工未完工程投资及预留费用情况审定表

(四) 建设项目竣工交付使用资产情况审定表

(五) 建设项目竣工决算资金情况审定表

签　章

日　期

附录L 审计业务委托书

审计业务委托书

编号

(受托的社会审计机构)：

根据工作安排，决定委托你单位对(项目名称)项目进行竣工决算审计。有关审计事项要求如下：

一、编制审计实施方案的要求

二、审计起始时间的要求

三、审计报告的要求

四、接受业务指导和监督的要求

五、遵循职业道德的要求

六、其他要求

签　章

日　期

附录M　承　诺　书

承　诺　书

（主送委托单位）＿＿＿：

（委托单位）向我单位发出的审计业务委托书（委托书编号及项目名称）已收到，经研究，决定接受该项审计业务委托，并作如下承诺：

一、遵守国家法律法规的承诺

二、按照相关规定和审计实施方案实施审计的承诺

三、对审计报告真实性和完整性负责的承诺

四、接受审计业务指导和监督的承诺

五、遵循职业道德的承诺

六、其他承诺

承诺人签章＿＿＿

日　期＿＿＿

条文说明

1 总　　则

1.0.1　本条为制定本标准的目的及意义。水利基本建设项目竣工决算审计（以下简称竣工决算审计）作为水利基本建设程序的重要环节之一，在水利基本建设项目（以下简称建设项目）竣工验收前必须经过竣工决算审计。目前还存在竣工决算审计程序不够规范、内容不够全面、审计质量不高等问题。通过总结竣工决算审计工作经验，研究制定本标准，进一步规范和指导全国水利基本建设项目竣工决算审计工作。

1.0.5　建设项目竣工决算审计相关事项涉及建设项目主管部门，设计、施工、监理等参建单位，本标准明确了相关单位应做好审计配合工作，必要时就相关事项可进行延伸审计。

1.0.6　建设项目竣工决算审计实施依据主要有：《中华人民共和国审计法》、《中华人民共和国审计法实施条例》、《中华人民共和国国家审计准则》（审计署令第8号）、《审计署关于内部审计工作的规定》（审计署令第4号）、水利部《水利基本建设项目竣工决算审计暂行办法》（水监〔2002〕370号）、中国内部审计协会《内部审计基本准则》及具体准则、《内部审计人员职业道德规范》等。

审计评价依据主要有：财政部、水利部《水利基本建设资金管理办法》（财基字〔1999〕139号），财政部《国有建设单位会计制度》、《基本建设财务管理规定》（财建〔2002〕394号），水利部《水利水电建设工程验收规程》（SL 223）、《水利基本建设项目竣工财务决算编制规程》（SL 19）等。

3 审计内容

3.2.2、**3.2.3**　建设项目的建设管理审计内容较多，本节从组织形式和质量管理两个方面进行了规范，招标、投标、合同管理、建设监理等方面在其他章节中予以规范。

3.3.1、**3.3.2** 建设项目投资计划（预算）未及时足额下达，资金来源未及时到位的，应进行原因分析和披露。

3.3.3 水利审计部门应同相关主管部门协商确认重大设计变更。

3.3.5 概算执行存在重大差异的，应进行原因分析。

3.4.3 工程造价审计应由有资质的专业机构或人员进行。水利审计部门因审计人员不足或专业力量无法满足审计需要时，可委托专业机构或聘请专业人员组织进行工程造价审计。

3.4.4 其他基本建设支出是指除工程造价审计以外的支出，与工程造价审计认定的支出合计应为工程总投资支出。

3.5.1～3.5.5 分别对土地征用及移民安置资金的批复、管理形式、资金拨付、资金使用及国家审计的审计内容进行了规范。

土地征用及移民安置资金由地方政府包干使用的，以县级以上地方政府审计机关的审计结论为依据；由项目法人直接使用的，应根据本标准确定的审计内容进行全面审计。

3.6.1～3.6.4 分别对未完工程投资及预留费用的依据、内容、资金来源、预留比例的审计内容进行了规范。

3.7.1～3.7.4 分别对交付使用资产对象确认、分类、计价、移交管理的审计内容进行了规范。

3.8.1、**3.8.2** 分别对基建收入内容、确认和分配的审计内容进行了规范。

3.9.1～3.9.4 分别对项目概算结余、竣工结余资金、债权债务的清理、竣工结余资金分配的审计内容进行了规范。

资金未全部到位的，在审计报告中应要求在资金到位后再确认结余资金。资金存在缺口的（竣工结余资金为负数），应如实披露。

3.10.1～3.10.5 分别对竣工财务决算编制的主体、时限、依据、内容和方法的审计内容进行了规范。

3.11.1、**3.11.2** 分别对招标、投标及政府采购实施的审计内容进行了规范。

3.12.1～3.12.5 分别对合同管理的组织、签订、变更、履行、终止的审计内容进行了规范。

合同管理情况审计可结合工程造价审计进行。

3.14.1～3.14.5 分别对财务管理体制、制度建设、主要财务关系及处理、会计核算和会计基础工作的审计内容进行了规范。

主要财务关系有项目法人与主管部门或地方财政部门的资金领拨和核销，项目法人与施工、设计、监理、物资供应等单位的合同款结算和支付，项目法人与管理单位的资产移交等财务关系。

3.15.1、3.15.2 历次审计、检查、稽察发现问题已整改落实的，在审计报告中可不作为问题提出；未整改落实的，应作为问题提出，并要求进一步整改落实。

竣工决算审计可利用历次审计、检查、稽察的成果。

4 审 计 程 序

4.1.1、4.1.2 竣工决算审计程序的阶段划分是多种多样的，本标准结合目前建设项目竣工决算审计开展的实际，将审计程序划分为4个阶段和10个主要环节。在审计具体实施中可适当优化。

4.2.1～4.2.3 审计立项是竣工决算审计的首要环节。建设项目在竣工验收前，竣工财务决算编制完成后，项目法人提出竣工决算审计申请，水利审计部门根据有关规定予以立项。

4.3.1～4.3.4 分别对审计实施方案编制的一般规定、主要原则、内容和审核等进行了规范。本标准中未明确的，应按照中国内部审计协会《内部审计具体准则 第1号—审计计划》的要求进行编制。

4.4.1～4.4.4 分别对审计通知书管理的一般规定、编制依据、主要内容和送达要求等进行了规范。本标准中未明确的，应按照中国内部审计协会《内部审计具体准则 第2号—审计通知书》的要求执行。

4.5.1～4.5.5 分别对审计证据管理的一般规定、种类、采集方法、复核等进行了规范。本标准未明确的，应按照中国内部审计协会《内部审计具体准则　第3号—审计证据》、《中华人民共和国国家审计准则》的要求执行。

审计证据应实行三级复核。审计人员较少而无法实施三级复核的，应由水利审计部门负责人进行复核。

4.6.1～4.6.5 分别对审计工作底稿的一般规定、内容、形式、复核、整理使用等进行了规范。本标准未明确的，应按照中国内部审计协会《内部审计具体准则　第4号—审计工作底稿》的要求执行。

4.7.1～4.7.5 分别对审计征求意见的一般规定、征求意见范围、内容、形式、期限等进行了规范。本标准未明确的，应按照中国内部审计协会《内部审计具体准则　第11号—结果沟通》的要求执行。

因建设项目竣工决算审计涉及面广，审计结果的沟通范围不应局限于被审计单位，必要时可征求该项目的主管部门、参建单位等相关单位的意见。

4.8.1～4.8.5 分别对审计报告的一般规定、要素、内容、依据、复核等进行了规范。本标准未明确的，应按照中国内部审计协会《内部审计具体准则　第7号—审计报告》的要求执行。

4.9.1～4.9.4 分别对审计报告处理的一般规定、形式、下达主体、管理要求等进行了规范。

审计报告处理形式较多，本标准列举了转发审计报告，印发审计决定、审计意见、审计建议等4种形式。在实际工作中，水利审计部门可根据本单位的管理要求选用。

4.10.1～4.10.3 分别对审计结论整改落实的一般规定、主要内容、期限等进行了规范。

审计整改报告中应包含审计结论需要整改落实的全部事项。未能及时整改落实的，应说明原因，提出整改落实措施。

4.11.1～4.11.3 分别对后续审计的一般规定、主要内容等进行了规范。

5 审计方法

建设项目竣工决算审计的方法较多，本标准列举了详查法、抽查法、核对法、调查法、分析法等5种常用方法。水利审计人员可根据竣工决算审计工作需要采取5种常用审计方法和其他审计方法。

随着审计技术的发展，水利审计人员应及时掌握、运用新的审计方法，保证建设项目竣工决算审计目标的实现。

6 审计组织管理

6.2.1 水利审计部门有力量直接组织开展竣工决算审计的，应自行组织开展。力量不足无法直接组织开展的，可将全部或部分审计业务委托社会审计机构开展。明确两种组织形式，有利于解决目前水利审计部门人员不足或专业力量无法满足审计需要的现实问题，为建设项目竣工决算审计顺利开展提供保障。

竣工决算审计可在建设项目竣工后进行，也可根据建设项目管理需要，实行过程跟踪审计。

6.3.2 水利审计部门应制定规范格式和内容的业务委托书文本，明确委托方和受托方的权利义务，规范委托业务管理。水利审计部门可制定规范格式和内容的审计承诺书文本，要求受托的社会审计机构签章确认。

6.4.1 竣工决算审计费用纳入部门预算的，应在部门预算中支出。未纳入部门预算的，可列入工程投资。

6.5.1～6.5.4 分别对竣工决算审计档案构成、分类、立卷、保管等档案管理的主要环节进行了规范。

竣工决算审计项目档案的构成，水利审计部门根据实际需要可适当增加，但不能减少。

委托社会审计机构开展竣工决算审计的审计项目档案，应根据形成的主体分别保管。社会审计机构形成审计记录、审计证据等项目档案应由社会审计机构保管，水利审计部门形成的审计通知书、业务委托书、征求意见函等项目档案应由水利审计部门保管，或委托专业档案管理机构保管。

水利水电建设工程验收规程

SL 223—2008　　替代 SL 223—1999

2008－03－03 发布　　2008－06－03 实施

前　言

依据水利部《水利工程建设项目验收管理规定》（水利部令第 30 号）等有关文件，按照《水利技术标准编写规定》（SL 1—2002）的要求，对《水利水电建设工程验收规程》（SL 223—1999）进行修订。

本规程共 9 章 15 节 145 条和 23 个附录，主要内容有：

——验收工作的分类；

——验收工作的组织和程序；

——验收应具备的条件和验收成果性文件；

——验收所需报告和资料的制备；

——验收后工程的移交和验收遗留问题处理。

对 SL 223—1999 进行修订的主要内容为：

——对验收工作的名称重新进行划分和归类；

——对规程结构进行调整；

——增加工程验收的监督管理章节；

——调整单位工程验收内容；

——增加合同工程完工验收内容；

——调整阶段验收内容，增加引（调）排水工程通水验收、部分工程投入使用验收；

——调整竣工验收内容，取消初步验收，增加竣工验收自查、工程质量抽样检测、竣工验收技术鉴定以及竣工技术预验收；

——增加工程移交以及遗留问题处理章节。

本标准所替代标准的历次版本为：

——SL 184—86

——SL 223—1999

本标准批准部门：**中华人民共和国水利部**

本标准主持机构：**水利部建设与管理司**

本标准解释单位：**水利部建设与管理司**

本标准主编单位：**中水淮河工程有限责任公司（水利部淮河水利委员会规划设计研究院）**

本标准参编单位：**水利部水利建设与管理总站**

中水淮河安徽恒信工程咨询有限公司

水利部淮河水利委员会水利水电工程技术研究中心

四川省紫坪铺开发有限责任公司

本标准出版、发行单位：**中国水利水电出版社**

本标准主要起草人：**唐　涛　韦志立　司毅军　伍宛生**

江瑞勇　何建新　宋崇能　王韶华

宋彦刚　邓良胜　张忠生

本标准审查会议技术负责人：**何文垣**

本标准体例格式审查人：**窦以松**

目　次

1 总 则

1.0.1 为加强水利水电建设工程验收管理，使水利水电建设工程验收制度化、规范化，保证工程验收质量，特制定本规程。

1.0.2 本规程适用于由中央、地方财政全部投资或部分投资建设的大中型水利水电建设工程（含1级、2级、3级堤防工程）的验收，其他水利水电建设工程的验收可参照执行。

1.0.3 水利水电建设工程验收按验收主持单位可分为法人验收和政府验收。

法人验收应包括分部工程验收、单位工程验收、水电站（泵站）中间机组启动验收、合同工程完工验收等；政府验收应包括阶段验收、专项验收、竣工验收等。验收主持单位可根据工程建设需要增设验收的类别和具体要求。

1.0.4 工程验收应以下列文件为主要依据：

1 国家现行有关法律、法规、规章和技术标准；

2 有关主管部门的规定；

3 经批准的工程立项文件、初步设计文件、调整概算文件；

4 经批准的设计文件及相应的工程变更文件；

5 施工图纸及主要设备技术说明书等；

6 法人验收还应以施工合同为依据。

1.0.5 工程验收应包括以下主要内容：

1 检查工程是否按照批准的设计进行建设；

2 检查已完工程在设计、施工、设备制造安装等方面的质量及相关资料的收集、整理和归档情况；

3 检查工程是否具备运行或进行下一阶段建设的条件；

4 检查工程投资控制和资金使用情况；

5 对验收遗留问题提出处理意见；

6　对工程建设作出评价和结论。

1.0.6　政府验收应由验收主持单位组织成立的验收委员会负责；法人验收应由项目法人组织成立的验收工作组负责。验收委员会（工作组）由有关单位代表和有关专家组成。

验收的成果性文件是验收鉴定书，验收委员会（工作组）成员应在验收鉴定书上签字。对验收结论持有异议的，应将保留意见在验收鉴定书上明确记载并签字。

1.0.7　工程验收结论应经2/3以上验收委员会（工作组）成员同意。

验收过程中发现的问题，其处理原则应由验收委员会（工作组）协商确定。主任委员（组长）对争议问题有裁决权。若1/2以上的委员（组员）不同意裁决意见时，法人验收应报请验收监督管理机关决定；政府验收应报请竣工验收主持单位决定。

1.0.8　工程项目中需要移交非水利行业管理的工程，验收工作宜同时参照相关行业主管部门的有关规定。

1.0.9　当工程具备验收条件时，应及时组织验收。未经验收或验收不合格的工程不应交付使用或进行后续工程施工。验收工作应相互衔接，不应重复进行。

1.0.10　工程验收应在施工质量检验与评定的基础上，对工程质量提出明确结论意见。

1.0.11　验收资料制备由项目法人统一组织，有关单位应按要求及时完成并提交。项目法人应对提交的验收资料进行完整性、规范性检查。

1.0.12　验收资料分为应提供的资料和需备查的资料。有关单位应保证其提交资料的真实性并承担相应责任。验收资料清单分别见附录A和附录B。

1.0.13　工程验收的图纸、资料和成果性文件应按竣工验收资料要求制备。除图纸外，验收资料的规格宜为国际标准A4（210mm×297mm）。文件正本应加盖单位印章且不应采用复印件。

1.0.14 工程验收所需费用应进入工程造价，由项目法人列支或按合同约定列支。

1.0.15 水利水电建设工程的验收除应遵守本规程外，还应符合国家现行有关标准的规定。

2　工程验收监督管理

2.0.1　水利部负责全国水利工程建设项目验收的监督管理工作。

水利部所属流域管理机构（以下简称流域管理机构）按照水利部授权，负责流域内水利工程建设项目验收的监督管理工作。

县级以上地方人民政府水行政主管部门按照规定权限负责本行政区域内水利工程建设项目验收的监督管理工作。

2.0.2　法人验收监督管理机关应对工程的法人验收工作实施监督管理。

由水行政主管部门或者流域管理机构组建项目法人的，该水行政主管部门或者流域管理机构是本工程的法人验收监督管理机关；由地方人民政府组建项目法人的，该地方人民政府水行政主管部门是本工程的法人验收监督管理机关。

2.0.3　工程验收监督管理的方式应包括现场检查、参加验收活动、对验收工作计划与验收成果性文件进行备案等。

2.0.4　水行政主管部门、流域管理机构以及法人验收监督管理机关可根据工作需要到工程现场检查工程建设情况、验收工作开展情况以及对接到的举报进行调查处理等。

2.0.5　工程验收监督管理应包括以下主要内容：

1　验收工作是否及时；

2　验收条件是否具备；

3　验收人员组成是否符合规定；

4　验收程序是否规范；

5　验收资料是否齐全；

6　验收结论是否明确。

2.0.6　当发现工程验收不符合有关规定时，验收监督管理机关应及时要求验收主持单位予以纠正，必要时可要求暂停验收或重新验收并同时报告竣工验收主持单位。

2.0.7 法人验收监督管理机关应对收到的验收备案文件进行检查，不符合有关规定的备案文件应要求有关单位进行修改、补充和完善。

2.0.8 项目法人应在开工报告批准后60个工作日内，制定法人验收工作计划，报法人验收监督管理机关备案。当工程建设计划进行调整时，法人验收工作计划也应相应地进行调整并重新备案。法人验收工作计划内容要求见附录C。

2.0.9 法人验收过程中发现的技术性问题原则上应按合同约定进行处理。合同约定不明确的，应按国家或行业技术标准规定处理。当国家或行业技术标准暂无规定时，应由法人验收监督管理机关负责协调解决。

3 分部工程验收

3.0.1 分部工程验收应由项目法人（或委托监理单位）主持。验收工作组应由项目法人、勘测、设计、监理、施工、主要设备制造（供应）商等单位的代表组成。运行管理单位可根据具体情况决定是否参加。

质量监督机构宜派代表列席大型枢纽工程主要建筑物的分部工程验收会议。

3.0.2 大型工程分部工程验收工作组成员应具有中级及其以上技术职称或相应执业资格；其他工程的验收工作组成员应具有相应的专业知识或执业资格。参加分部工程验收的每个单位代表人数不宜超过2名。

3.0.3 分部工程具备验收条件时，施工单位应向项目法人提交验收申请报告，其内容要求见附录D。项目法人应在收到验收申请报告之日起10个工作日内决定是否同意进行验收。

3.0.4 分部工程验收应具备以下条件：

1 所有单元工程已完成；

2 已完单元工程施工质量经评定全部合格，有关质量缺陷已处理完毕或有监理机构批准的处理意见；

3 合同约定的其他条件。

3.0.5 分部工程验收应包括以下主要内容：

1 检查工程是否达到设计标准或合同约定标准的要求；

2 评定工程施工质量等级；

3 对验收中发现的问题提出处理意见。

3.0.6 分部工程验收应按以下程序进行：

1 听取施工单位工程建设和单元工程质量评定情况的汇报；

2 现场检查工程完成情况和工程质量；

3 检查单元工程质量评定及相关档案资料；

4 讨论并通过分部工程验收鉴定书。

3.0.7 项目法人应在分部工程验收通过之日后10个工作日内，将验收质量结论和相关资料报质量监督机构核备。大型枢纽工程主要建筑物分部工程的验收质量结论应报质量监督机构核定。

3.0.8 质量监督机构应在收到验收质量结论之日后20个工作日内，将核备（定）意见书面反馈项目法人。

3.0.9 当质量监督机构对验收质量结论有异议时，项目法人应组织参加验收单位进一步研究，并将研究意见报质量监督机构。当双方对质量结论仍然有分歧意见时，应报上一级质量监督机构协调解决。

3.0.10 分部工程验收遗留问题处理情况应有书面记录并有相关责任单位代表签字，书面记录应随分部工程验收鉴定书一并归档。

3.0.11 分部工程验收鉴定书格式见附录E。正本数量可按参加验收单位、质量和安全监督机构各1份以及归档所需要的份数确定。自验收鉴定书通过之日起30个工作日内，由项目法人发送有关单位，并报送法人验收监督管理机关备案。

4 单位工程验收

4.0.1 单位工程验收应由项目法人主持。验收工作组应由项目法人、勘测、设计、监理、施工、主要设备制造（供应）商、运行管理等单位的代表组成。必要时，可邀请上述单位以外的专家参加。

4.0.2 单位工程验收工作组成员应具有中级及其以上技术职称或相应执业资格，每个单位代表人数不宜超过3名。

4.0.3 单位工程完工并具备验收条件时，施工单位应向项目法人提出验收申请报告，其内容要求见附录D。项目法人应在收到验收申请报告之日起10个工作日内决定是否同意进行验收。

4.0.4 项目法人组织单位工程验收时，应提前通知质量和安全监督机构。主要建筑物单位工程验收应通知法人验收监督管理机关。法人验收监督管理机关可视情况决定是否列席验收会议，质量和安全监督机构应派员列席验收会议。

4.0.5 单位工程验收应具备以下条件：

1 所有分部工程已完建并验收合格；

2 分部工程验收遗留问题已处理完毕并通过验收，未处理的遗留问题不影响单位工程质量评定并有处理意见；

3 合同约定的其他条件。

4.0.6 单位工程验收应包括以下主要内容：

1 检查工程是否按批准的设计内容完成；

2 评定工程施工质量等级；

3 检查分部工程验收遗留问题处理情况及相关记录；

4 对验收中发现的问题提出处理意见。

4.0.7 单位工程验收应按以下程序进行：

1 听取工程参建单位工程建设有关情况的汇报；

2 现场检查工程完成情况和工程质量；

3　检查分部工程验收有关文件及相关档案资料；

4　讨论并通过单位工程验收鉴定书。

4.0.8　需要提前投入使用的单位工程应进行单位工程投入使用验收。单位工程投入使用验收应由项目法人主持，根据工程具体情况，经竣工验收主持单位同意，单位工程投入使用验收也可由竣工验收主持单位或其委托的单位主持。

4.0.9　单位工程投入使用验收除应满足4.0.5的条件外，还应满足以下条件：

1　工程投入使用后，不影响其他工程正常施工，且其他工程施工不影响该单位工程安全运行；

2　已经初步具备运行管理条件，需移交运行管理单位的，项目法人与运行管理单位已签订提前使用协议书。

4.0.10　单位工程投入使用验收除完成4.0.6的工作内容外，还应对工程是否具备安全运行条件进行检查。

4.0.11　项目法人应在单位工程验收通过之日起10个工作日内，将验收质量结论和相关资料报质量监督机构核定。

4.0.12　质量监督机构应在收到验收质量结论之日起20个工作日内，将核定意见反馈项目法人。

4.0.13　当质量监督机构对验收质量结论有异议时，应按3.0.9的规定执行。

4.0.14　单位工程验收鉴定书格式见附录F。正本数量可按参加验收单位、质量和安全监督机构、法人验收监督管理机关各1份以及归档所需要的份数确定。自验收鉴定书通过之日起30个工作日内，由项目法人发送有关单位并报法人验收监督管理机关备案。

5　合同工程完工验收

5.0.1　施工合同约定的建设内容完成后，应进行合同工程完工验收。当合同工程仅包含一个单位工程（分部工程）时，宜将单位工程（分部工程）验收与合同工程完工验收一并进行，但应同时满足相应的验收条件。

5.0.2　合同工程完工验收应由项目法人主持。验收工作组应由项目法人以及与合同工程有关的勘测、设计、监理、施工、主要设备制造（供应）商等单位的代表组成。

5.0.3　合同工程具备验收条件时，施工单位应向项目法人提出验收申请报告，其内容要求见附录D。项目法人应在收到验收申请报告之日起20个工作日内决定是否同意进行验收。

5.0.4　合同工程完工验收应具备以下条件：

1　合同范围内的工程项目和工作已按合同约定完成；

2　工程已按规定进行了有关验收；

3　观测仪器和设备已测得初始值及施工期各项观测值；

4　工程质量缺陷已按要求进行处理；

5　工程完工结算已完成；

6　施工现场已经进行清理；

7　需移交项目法人的档案资料已按要求整理完毕；

8　合同约定的其他条件。

5.0.5　合同工程完工验收应包括以下主要内容：

1　检查合同范围内工程项目和工作完成情况；

2　检查施工现场清理情况；

3　检查已投入使用工程运行情况；

4　检查验收资料整理情况；

5　鉴定工程施工质量；

6　检查工程完工结算情况；

7 检查历次验收遗留问题的处理情况；

8 对验收中发现的问题提出处理意见；

9 确定合同工程完工日期；

10 讨论并通过合同工程完工验收鉴定书。

5.0.6 合同工程完工验收鉴定书格式见附录G。正本数量可按参加验收单位、质量和安全监督机构以及归档所需要的份数确定。自验收鉴定书通过之日起30个工作日内，应由项目法人发送有关单位，并报送法人验收监督管理机关备案。

6 阶段验收

6.1 一般规定

6.1.1 阶段验收应包括枢纽工程导（截）流验收、水库下闸蓄水验收、引（调）排水工程通水验收、水电站（泵站）首（末）台机组启动验收、部分工程投入使用验收以及竣工验收主持单位根据工程建设需要增加的其他验收。

6.1.2 阶段验收应由竣工验收主持单位或其委托的单位主持。阶段验收委员会应由验收主持单位、质量和安全监督机构、运行管理单位的代表以及有关专家组成；必要时，可邀请地方人民政府以及有关部门参加。

工程参建单位应派代表参加阶段验收，并作为被验收单位在验收鉴定书上签字。

6.1.3 工程建设具备阶段验收条件时，项目法人应提出阶段验收申请报告，其内容要求见附录H。阶段验收申请报告应由法人验收监督管理机关审查后转报竣工验收主持单位，竣工验收主持单位应自收到申请报告之日起20个工作日内决定是否同意进行阶段验收。

6.1.4 阶段验收应包括以下主要内容：

1 检查已完工程的形象面貌和工程质量；

2 检查在建工程的建设情况；

3 检查未完工程的计划安排和主要技术措施落实情况，以及是否具备施工条件；

4 检查拟投入使用工程是否具备运行条件；

5 检查历次验收遗留问题的处理情况；

6 鉴定已完工程施工质量；

7 对验收中发现的问题提出处理意见；

8 讨论并通过阶段验收鉴定书。

6.1.5 大型工程在阶段验收前，验收主持单位根据工程建设需要，可成立专家组先进行技术预验收。

6.1.6 技术预验收工作可参照8.4的规定进行。

6.1.7 阶段验收的工作程序可参照8.5.3的规定进行。

6.1.8 阶段验收鉴定书格式见附录I。数量按参加验收单位、法人验收监督管理机关、质量和安全监督机构各1份以及归档所需要的份数确定。自验收鉴定书通过之日起30个工作日内，由验收主持单位发送有关单位。

6.2 枢纽工程导（截）流验收

6.2.1 枢纽工程导（截）流前，应进行导（截）流验收。

6.2.2 导（截）流验收应具备以下条件：

1 导流工程已基本完成，具备过流条件，投入使用（包括采取措施后）不影响其他后续工程继续施工；

2 满足截流要求的水下隐蔽工程已完成；

3 截流设计已获批准，截流方案已编制完成，并做好各项准备工作；

4 工程度汛方案已经有管辖权的防汛指挥部门批准，相关措施已落实；

5 截流后壅高水位以下的移民搬迁安置和库底清理已完成并通过验收；

6 有航运功能的河道，碍航问题已得到解决。

6.2.3 导（截）流验收应包括以下主要内容：

1 检查已完水下工程、隐蔽工程、导（截）流工程是否满足导（截）流要求；

2 检查建设征地、移民搬迁安置和库底清理完成情况；

3 审查截流方案，检查导（截）流措施和准备工作落实情况；

4 检查为解决碍航等问题而采取的工程措施落实情况；

5 鉴定与截流有关已完工程施工质量；

6 对验收中发现的问题提出处理意见；

7　讨论并通过阶段验收鉴定书。

6.2.4　工程分期导（截）流时，应分期进行导（截）流验收。

6.3　水库下闸蓄水验收

6.3.1　水库下闸蓄水前，应进行下闸蓄水验收。

6.3.2　下闸蓄水验收应具备以下条件：

1　挡水建筑物的形象面貌满足蓄水位的要求；

2　蓄水淹没范围内的移民搬迁安置和库底清理已完成并通过验收；

3　蓄水后需要投入使用的泄水建筑物已基本完成，具备过流条件；

4　有关观测仪器、设备已按设计要求安装和调试，并已测得初始值和施工期观测值；

5　蓄水后未完工程的建设计划和施工措施已落实；

6　蓄水安全鉴定报告已提交；

7　蓄水后可能影响工程安全运行的问题已处理，有关重大技术问题已有结论；

8　蓄水计划、导流洞封堵方案等已编制完成，并做好各项准备工作；

9　年度度汛方案（包括调度运用方案）已经有管辖权的防汛指挥部门批准，相关措施已落实。

6.3.3　下闸蓄水验收应包括以下主要内容：

1　检查已完工程是否满足蓄水要求；

2　检查建设征地、移民搬迁安置和库区清理完成情况；

3　检查近坝库岸处理情况；

4　检查蓄水准备工作落实情况；

5　鉴定与蓄水有关的已完工程施工质量；

6　对验收中发现的问题提出处理意见；

7　讨论并通过阶段验收鉴定书。

6.3.4　工程分期蓄水时，宜分期进行下闸蓄水验收。

6.3.5 拦河水闸工程可根据工程规模、重要性，由竣工验收主持单位决定是否组织蓄水（挡水）验收。

6.4 引（调）排水工程通水验收

6.4.1 引（调）排水工程通水前，应进行通水验收。

6.4.2 通水验收应具备以下条件：

1 引（调）排水建筑物的形象面貌满足通水的要求；

2 通水后未完工程的建设计划和施工措施已落实；

3 引（调）排水位以下的移民搬迁安置和障碍物清理已完成并通过验收；

4 引（调）排水的调度运用方案已编制完成；度汛方案已得到有管辖权的防汛指挥部门批准，相关措施已落实。

6.4.3 通水验收应包括以下主要内容：

1 检查已完工程是否满足通水的要求；

2 检查建设征地、移民搬迁安置和清障完成情况；

3 检查通水准备工作落实情况；

4 鉴定与通水有关的工程施工质量；

5 对验收中发现的问题提出处理意见；

6 讨论并通过阶段验收鉴定书。

6.4.4 工程分期（或分段）通水时，应分期（或分段）进行通水验收。

6.5 水电站（泵站）机组启动验收

6.5.1 水电站（泵站）每台机组投入运行前，应进行机组启动验收。

6.5.2 首（末）台机组启动验收应由竣工验收主持单位或其委托单位组织的机组启动验收委员会负责；中间机组启动验收应由项目法人组织的机组启动验收工作组负责。验收委员会（工作组）应有所在地区电力部门的代表参加。

根据机组规模情况，竣工验收主持单位也可委托项目法人主持首（末）台机组启动验收。

6.5.3 机组启动验收前，项目法人应组织成立机组启动试运行工作组开展机组启动试运行工作。首（末）台机组启动试运行前，项目法人应将试运行工作安排报验收主持单位备案，必要时，验收主持单位可派专家到现场收集有关资料，指导项目法人进行机组启动试运行工作。

6.5.4 机组启动试运行工作组应进行以下主要工作：

1 审查批准施工单位编制的机组启动试运行试验文件和机组启动试运行操作规程等；

2 检查机组及相应附属设备安装、调试、试验以及分部试运行情况，决定是否进行充水试验和空载试运行；

3 检查机组充水试验和空载试运行情况；

4 检查机组带主变压器与高压配电装置试验和并列及负荷试验情况，决定是否进行机组带负荷连续运行；

5 检查机组带负荷连续运行情况；

6 检查带负荷连续运行结束后消缺处理情况；

7 审查施工单位编写的机组带负荷连续运行情况报告。

6.5.5 机组带负荷连续运行应符合以下要求：

1 水电站机组带额定负荷连续运行时间为72h；泵站机组带额定负荷连续运行时间为24h或7d内累计运行时间为48h，包括机组无故障停机次数不少于3次；

2 受水位或水量限制无法满足上述要求时，经过项目法人组织论证并提出专门报告报验收主持单位批准后，可适当降低机组启动运行负荷以及减少连续运行的时间。

6.5.6 首（末）台机组启动验收前，验收主持单位应组织进行技术预验收，技术预验收应在机组启动试运行完成后进行。

6.5.7 技术预验收应具备以下条件：

1 与机组启动运行有关的建筑物基本完成，满足机组启动运行要求；

2 与机组启动运行有关的金属结构及启闭设备安装完成，

并经过调试合格，可满足机组启动运行要求；

3　过水建筑物已具备过水条件，满足机组启动运行要求；

4　压力容器、压力管道以及消防系统等已通过有关主管部门的检测或验收；

5　机组、附属设备以及油、水、气等辅助设备安装完成，经调试合格并经分部试运转，满足机组启动运行要求；

6　必要的输配电设备安装调试完成，并通过电力部门组织的安全性评价或验收，送（供）电准备工作已就绪，通信系统满足机组启动运行要求；

7　机组启动运行的测量、监测、控制和保护等电气设备已安装完成并调试合格；

8　有关机组启动运行的安全防护措施已落实，并准备就绪；

9　按设计要求配备的仪器、仪表、工具及其他机电设备已能满足机组启动运行的需要；

10　机组启动运行操作规程已编制，并得到批准；

11　水库水位控制与发电水位调度计划已编制完成，并得到相关部门的批准；

12　运行管理人员的配备可满足机组启动运行的要求；

13　水位和引水量满足机组启动运行最低要求；

14　机组按要求完成带负荷连续运行。

6.5.8　技术预验收应包括以下主要内容：

1　听取有关建设、设计、监理、施工和试运行情况报告；

2　检查评价机组及其辅助设备质量、有关工程施工安装质量；检查试运行情况和消缺处理情况；

3　对验收中发现的问题提出处理意见；

4　讨论形成机组启动技术预验收工作报告。

6.5.9　首（末）台机组启动验收应具备以下条件：

1　技术预验收工作报告已提交；

2　技术预验收工作报告中提出的遗留问题已处理。

6.5.10　首（末）台机组启动验收应包括以下主要内容：

1 听取工程建设管理报告和技术预验收工作报告；

2 检查机组和有关工程施工和设备安装以及运行情况；

3 鉴定工程施工质量；

4 讨论并通过机组启动验收鉴定书。

6.5.11 中间机组启动验收可参照首（末）台机组启动验收的要求进行。

6.5.12 机组启动验收鉴定书格式见附录J；机组启动验收鉴定书是机组交接和投入使用运行的依据。

6.6 部分工程投入使用验收

6.6.1 项目施工工期因故拖延，并预期完成计划不确定的工程项目，部分已完成工程需要投入使用的，应进行部分工程投入使用验收。

6.6.2 在部分工程投入使用验收申请报告中，应包含项目施工工期拖延的原因、预期完成计划的有关情况和部分已完成工程提前投入使用的理由等内容。

6.6.3 部分工程投入使用验收应具备以下条件：

1 拟投入使用工程已按批准设计文件规定的内容完成并已通过相应的法人验收；

2 拟投入使用工程已具备运行管理条件；

3 工程投入使用后，不影响其他工程正常施工，且其他工程施工不影响拟投入使用工程安全运行（包括采取防护措施）；

4 项目法人与运行管理单位已签订工程提前使用协议；

5 工程调度运行方案已编制完成；度汛方案已经有管辖权的防汛指挥部门批准，相关措施已落实。

6.6.4 部分工程投入使用验收应包括以下主要内容：

1 检查拟投入使用工程是否已按批准设计完成；

2 检查工程是否已具备正常运行条件；

3 鉴定工程施工质量；

4 检查工程的调度运用、度汛方案落实情况；

5　对验收中发现的问题提出处理意见；

6　讨论并通过部分工程投入使用验收鉴定书。

6.6.5　部分工程投入使用验收鉴定书格式见附录K；部分工程投入使用验收鉴定书是部分工程投入使用运行的依据，也是施工单位向项目法人交接和项目法人向运行管理单位移交的依据。

6.6.6　提前投入使用的部分工程如有单独的初步设计，可组织进行单项工程竣工验收，验收工作参照第8章有关规定进行。

7 专项验收

7.0.1 工程竣工验收前，应按有关规定进行专项验收。专项验收主持单位应按国家和相关行业的有关规定确定。

7.0.2 项目法人应按国家和相关行业主管部门的规定，向有关部门提出专项验收申请报告，并做好有关准备和配合工作。

7.0.3 专项验收应具备的条件、验收主要内容、验收程序以及验收成果性文件的具体要求等应执行国家及相关行业主管部门有关规定。

7.0.4 专项验收成果性文件应是工程竣工验收成果性文件的组成部分。

8 竣工验收

8.1 一般规定

8.1.1 竣工验收应在工程建设项目全部完成并满足一定运行条件后1年内进行。不能按期进行竣工验收的，经竣工验收主持单位同意，可适当延长期限，但最长不应超过6个月。一定运行条件是指：

1 泵站工程经过一个排水或抽水期；

2 河道疏浚工程完成后；

3 其他工程经过6个月（经过一个汛期）至12个月。

8.1.2 工程具备验收条件时，项目法人应提出竣工验收申请报告，其内容要求见附录L。竣工验收申请报告应由法人验收监督管理机关审查后转报竣工验收主持单位。

8.1.3 工程未能按期进行竣工验收的，项目法人应向竣工验收主持单位提出延期竣工验收专题申请报告。申请报告应包括延期竣工验收的主要原因及计划延长的时间等内容。

8.1.4 项目法人编制完成竣工财务决算后，应报送竣工验收主持单位财务部门进行审查和审计部门进行竣工审计。审计部门应出具竣工审计意见。项目法人应对审计意见中提出的问题进行整改并提交整改报告。

8.1.5 竣工验收分为竣工技术预验收和竣工验收两个阶段。

8.1.6 大型水利工程在竣工技术预验收前，应按照有关规定进行竣工验收技术鉴定。中型水利工程，竣工验收主持单位可根据需要决定是否进行竣工验收技术鉴定。

8.1.7 竣工验收应具备以下条件：

1 工程已按批准设计全部完成；

2 工程重大设计变更已经有审批权的单位批准；

3 各单位工程能正常运行；

4　历次验收所发现的问题已基本处理完毕；

5　各专项验收已通过；

6　工程投资已全部到位；

7　竣工财务决算已通过竣工审计，审计意见中提出的问题已整改并提交了整改报告；

8　运行管理单位已明确，管理养护经费已基本落实；

9　质量和安全监督工作报告已提交，工程质量达到合格标准；

10　竣工验收资料已准备就绪。竣工验收主要工作报告格式及主要内容见附录N、附录O。

8.1.8　工程有少量建设内容未完成，但不影响工程正常运行，且能符合财务有关规定，项目法人已对尾工作出安排的，经竣工验收主持单位同意，可进行竣工验收。

8.1.9　竣工验收应按以下程序进行：

1　项目法人组织进行竣工验收自查；

2　项目法人提交竣工验收申请报告；

3　竣工验收主持单位批复竣工验收申请报告；

4　进行竣工技术预验收；

5　召开竣工验收会议；

6　印发竣工验收鉴定书。

8.2　竣工验收自查

8.2.1　申请竣工验收前，项目法人应组织竣工验收自查。自查工作应由项目法人主持，勘测、设计、监理、施工、主要设备制造（供应）商以及运行管理等单位的代表参加。

8.2.2　竣工验收自查应包括以下主要内容：

1　检查有关单位的工作报告；

2　检查工程建设情况，评定工程项目施工质量等级；

3　检查历次验收、专项验收的遗留问题和工程初期运行所发现问题的处理情况；

4 确定工程尾工内容及其完成期限和责任单位；

5 对竣工验收前应完成的工作作出安排；

6 讨论并通过竣工验收自查工作报告。

8.2.3 项目法人组织工程竣工验收自查前，应提前10个工作日通知质量和安全监督机构，同时向法人验收监督管理机关报告。质量和安全监督机构应派员列席自查工作会议。

8.2.4 项目法人应在完成竣工验收自查工作之日起10个工作日内，将自查的工程项目质量结论和相关资料报质量监督机构。

8.2.5 竣工验收自查工作报告格式见附录M。参加竣工验收自查的人员应在自查工作报告上签字。项目法人应自竣工验收自查工作报告通过之日起30个工作日内，将自查报告报法人验收监督管理机关。

8.3 工程质量抽样检测

8.3.1 根据竣工验收的需要，竣工验收主持单位可以委托具有相应资质的工程质量检测单位对工程质量进行抽样检测。项目法人应与工程质量检测单位签订工程质量检测合同。检测所需费用由项目法人列支，质量不合格工程所发生的检测费用由责任单位承担。

8.3.2 工程质量检测单位不应与参与工程建设的项目法人、设计、监理、施工、设备制造（供应）商等单位隶属同一经营实体。

8.3.3 根据竣工验收主持单位的要求和项目的具体情况，项目法人应负责提出工程质量抽样检测的项目、内容和数量，经质量监督机构审核后报竣工验收主持单位核定。堤防工程质量抽检要求见附录P。

8.3.4 工程质量检测单位应按照有关技术标准对工程进行质量检测，按合同要求及时提出质量检测报告并对检测结论负责。项目法人应自收到检测报告10个工作日内将检测报告报竣工验收主持单位。

8.3.5 对抽样检测中发现的质量问题，项目法人应及时组织有关单位研究处理。在影响工程安全运行以及使用功能的质量问题未处理完毕前，不应进行竣工验收。

8.4 竣工技术预验收

8.4.1 竣工技术预验收应由竣工验收主持单位组织的专家组负责。技术预验收专家组成员应具有高级技术职称或相应执业资格，成员的2/3以上应来自工程非参建单位。工程参建单位的代表应参加技术预验收，负责回答专家组提出的问题。

8.4.2 竣工技术预验收专家组可下设专业工作组，并在各专业工作组检查意见的基础上形成竣工技术预验收工作报告。

8.4.3 竣工技术预验收应包括以下主要内容：

1 检查工程是否按批准的设计完成；

2 检查工程是否存在质量隐患和影响工程安全运行的问题；

3 检查历次验收、专项验收的遗留问题和工程初期运行中所发现问题的处理情况；

4 对工程重大技术问题作出评价；

5 检查工程尾工安排情况；

6 鉴定工程施工质量；

7 检查工程投资、财务情况；

8 对验收中发现的问题提出处理意见。

8.4.4 竣工技术预验收应按以下程序进行：

1 现场检查工程建设情况并查阅有关工程建设资料；

2 听取项目法人、设计、监理、施工、质量和安全监督机构、运行管理等单位工作报告；

3 听取竣工验收技术鉴定报告和工程质量抽样检测报告；

4 专业工作组讨论并形成各专业工作组意见；

5 讨论并通过竣工技术预验收工作报告；

6 讨论并形成竣工验收鉴定书初稿。

8.4.5 竣工技术预验收工作报告应是竣工验收鉴定书的附件，

其格式见附录 Q。

8.5 竣工验收

8.5.1 竣工验收委员会可设主任委员1名，副主任委员以及委员若干名，主任委员应由验收主持单位代表担任。竣工验收委员会应由竣工验收主持单位、有关地方人民政府和部门、有关水行政主管部门和流域管理机构、质量和安全监督机构、运行管理单位的代表以及有关专家组成。工程投资方代表可参加竣工验收委员会。

8.5.2 项目法人、勘测、设计、监理、施工和主要设备制造（供应）商等单位应派代表参加竣工验收，负责解答验收委员会提出的问题，并应作为被验收单位代表在验收鉴定书上签字。

8.5.3 竣工验收会议应包括以下主要内容和程序。

1 现场检查工程建设情况及查阅有关资料；

2 召开大会：

1） 宣布验收委员会组成人员名单；

2） 观看工程建设声像资料；

3） 听取工程建设管理工作报告；

4） 听取竣工技术预验收工作报告；

5） 听取验收委员会确定的其他报告；

6） 讨论并通过竣工验收鉴定书；

7） 验收委员会委员和被验收单位代表在竣工验收鉴定书上签字。

8.5.4 工程项目质量达到合格以上等级的，竣工验收的质量结论意见应为合格。

8.5.5 竣工验收鉴定书格式见附录 R。数量应按验收委员会组成单位、工程主要参建单位各1份以及归档所需要份数确定。自鉴定书通过之日起30个工作日内，应由竣工验收主持单位发送有关单位。

9 工程移交及遗留问题处理

9.1 工程交接

9.1.1 通过合同工程完工验收或投入使用验收后，项目法人与施工单位应在30个工作日内组织专人负责工程的交接工作，交接过程应有完整的文字记录且有双方交接负责人签字。

9.1.2 项目法人与施工单位应在施工合同或验收鉴定书约定的时间内完成工程及其档案资料的交接工作。

9.1.3 工程办理具体交接手续的同时，施工单位应向项目法人递交工程质量保修书，其格式见附录S。保修书的内容应符合合同约定的条件。

9.1.4 工程质量保修期应从工程通过合同工程完工验收后开始计算，但合同另有约定的除外。

9.1.5 在施工单位递交了工程质量保修书、完成施工场地清理以及提交有关竣工资料后，项目法人应在30个工作日内向施工单位颁发合同工程完工证书，其格式见附录T。

9.2 工程移交

9.2.1 工程通过投入使用验收后，项目法人宜及时将工程移交运行管理单位管理，并与其签订工程提前启用协议。

9.2.2 在竣工验收鉴定书印发后60个工作日内，项目法人与运行管理单位应完成工程移交手续。

9.2.3 工程移交应包括工程实体、其他固定资产和工程档案资料等，应按照初步设计等有关批准文件进行逐项清点，并办理移交手续。

9.2.4 办理工程移交，应有完整的文字记录和双方法定代表人签字。

9.3 验收遗留问题及尾工处理

9.3.1 有关验收成果性文件应对验收遗留问题有明确的记载。影响工程正常运行的，不应作为验收遗留问题处理。

9.3.2 验收遗留问题和尾工的处理应由项目法人负责。项目法人应按照竣工验收鉴定书、合同约定等要求，督促有关责任单位完成处理工作。

9.3.3 验收遗留问题和尾工处理完成后，有关单位应组织验收，并形成验收成果性文件。项目法人应参加验收并负责将验收成果性文件报竣工验收主持单位。

9.3.4 工程竣工验收后，应由项目法人负责处理的验收遗留问题，项目法人已撤销的，应由组建或批准组建项目法人的单位或其指定的单位处理完成。

9.4 工程竣工证书颁发

9.4.1 工程质量保修期满后30个工作日内，项目法人应向施工单位颁发工程质量保修责任终止证书，其格式见附录U。但保修责任范围内的质量缺陷未处理完成的应除外。

9.4.2 工程质量保修期满以及验收遗留问题和尾工处理完成后，项目法人应向工程竣工验收主持单位申请领取竣工证书。申请报告应包括以下内容：

1 工程移交情况；

2 工程运行管理情况；

3 验收遗留问题和尾工处理情况；

4 工程质量保修期有关情况。

9.4.3 竣工验收主持单位应自收到项目法人申请报告后30个工作日内决定是否颁发工程竣工证书，其格式见附录V（正本）和附录W（副本）。颁发竣工证书应符合以下条件：

1 竣工验收鉴定书已印发；

2 工程遗留问题和尾工处理已完成并通过验收；

3 工程已全面移交运行管理单位管理。

9.4.4 工程竣工证书是项目法人全面完成工程项目建设管理任务的证书，也是工程参建单位完成相应工程建设任务的最终证明文件。

9.4.5 工程竣工证书数量应按正本3份和副本若干份颁发，正本应由项目法人、运行管理单位和档案部门保存，副本应由工程主要参建单位保存。

附录A 验收应提供的资料清单

序号	资料名称	分部工程验收	单位工程验收	合同工程完工验收	机组启动验收	阶段验收	技术预验收	竣工验收	提供单位
1	工程建设管理工作报告		√	√	√	√	√	√	项目法人
2	工程建设大事记						√	√	项目法人
3	拟验工程清单、未完工程清单、未完工程的建设安排及完成时间		√	√	√	√	√	√	项目法人
4	技术预验收工作报告				*	*	√	√	专家组
5	验收鉴定书（初稿）				√	√	√	√	项目法人
6	度汛方案				*	√	√	√	项目法人
7	工程调度运用方案					√	√	√	项目法人
8	工程建设监理工作报告		√	√	√	√	√	√	监理机构
9	工程设计工作报告		√	√	√	√	√	√	设计单位
10	工程施工管理工作报告		√	√	√	√	√	√	施工单位
11	运行管理工作报告						√	√	运行管理单位
12	工程质量和安全监督报告				√	√	√	√	质安监督机构
13	竣工验收技术鉴定报告						*	*	技术鉴定单位
14	机组启动试运行计划文件				√				施工单位
15	机组试运行工作报告				√				施工单位
16	重大技术问题专题报告					*	*	*	项目法人

注：符号“√”表示“应提供”，符号“*”表示“宜提供”或“根据需要提供”。

附录B　验收应准备的备查档案资料清单

序号	资料名称	分部工程验收	单位工程验收	合同工程完工验收	机组启动验收	阶段验收	技术预验收	竣工验收	提供单位
1	前期工作文件及批复文件		√	√	√	√	√	√	项目法人
2	主管部门批文		√	√	√	√	√	√	项目法人
3	招标投标文件		√	√	√	√	√	√	项目法人
4	合同文件		√	√	√	√	√	√	项目法人
5	工程项目划分资料	√	√	√	√	√	√	√	项目法人
6	单元工程质量评定资料	√	√	√	√	√	√	√	施工单位
7	分部工程质量评定资料		√	*	√	√	√	√	项目法人
8	单位工程质量评定资料		√	*			√	√	项目法人
9	工程外观质量评定资料		√				√	√	项目法人
10	工程质量管理有关文件	√	√	√	√	√	√	√	参建单位
11	工程安全管理有关文件	√	√	√	√	√	√	√	参建单位
12	工程施工质量检验文件	√	√	√	√	√	√	√	施工单位
13	工程监理资料	√	√	√	√	√	√	√	监理单位
14	施工图设计文件		√	√	√	√	√	√	设计单位
15	工程设计变更资料	√	√	√	√	√	√	√	设计单位
16	竣工图纸		√	√		√	√	√	施工单位
17	征地移民有关文件		√			√	√	√	承担单位
18	重要会议记录	√	√	√	√	√	√	√	项目法人
19	质量缺陷备案表	√	√	√	√	√	√	√	监理机构
20	安全、质量事故资料	√	√	√	√	√	√	√	项目法人
21	阶段验收鉴定书						√	√	项目法人

（续）

序号	资料名称	分部工程验收	单位工程验收	合同工程完工验收	机组启动验收	阶段验收	技术预验收	竣工验收	提供单位
22	竣工决算及审计资料						√	√	项目法人
23	工程建设中使用的技术标准	√	√	√	√	√	√	√	参建单位
24	工程建设标准强制性条文	√	√	√	√	√	√	√	参建单位
25	专项验收有关文件						√	√	项目法人
26	安全、技术鉴定报告					√	√	√	项目法人
27	其他档案资料	根据需要由有关单位提供							
注：符号“√”表示“应提供”，符号“*”表示“宜提供”或“根据需要提供”。									

附录C　法人验收工作计划内容要求

一、工程概况

二、工程项目划分

三、工程建设总进度计划

四、法人验收工作计划

附录D　法人验收申请报告内容要求

一、验收范围

二、工程验收条件的检查结果

三、建议验收时间（年．月．日）

附录E　分部工程验收鉴定书格式

编号：

××××××工程

××××**分部工程验收**

鉴　定　书

单位工程名称：

××××分部工程验收工作组

年　月　日

前言（包括验收依据、组织机构、验收过程等）

一、分部工程开工完工日期

二、分部工程建设内容

三、施工过程及完成的主要工程量

四、质量事故及质量缺陷处理情况

五、拟验工程质量评定（包括单元工程、主要单元工程个数、合格率和优良率；施工单位自评结果；监理单位复核意见；分部工程质量等级评定意见）

六、验收遗留问题及处理意见

七、结论

八、保留意见（保留意见人签字）

九、分部工程验收工作组成员签字表

十、附件：验收遗留问题处理记录

附录F　单位工程验收鉴定书格式

××××××工程

××××单位工程验收

鉴　定　书

××××单位工程验收工作组

年　月　日

验收主持单位：

法人验收监督管理机关：

项目法人：

代建机构（如有时）：

设计单位：

监理单位：

施工单位：

主要设备制造（供应）商单位：

质量和安全监督机构：

运行管理单位：

验收时间（年．月．日）：

验收地点：

前言（包括验收依据、组织机构、验收过程等）

一、单位工程概况

（一）单位工程名称及位置

（二）单位工程主要建设内容

（三）单位工程建设过程（包括工程开工、完工时间，施工中采取的主要措施等）

二、验收范围

三、单位工程完成情况和完成的主要工程量

四、单位工程质量评定

（一）分部工程质量评定

（二）工程外观质量评定

（三）工程质量检测情况

（四）单位工程质量等级评定意见

五、分部工程验收遗留问题处理情况

六、运行准备情况（投入使用验收需要此部分）

七、存在的主要问题及处理意见

八、意见和建议

九、结论

十、保留意见（应有本人签字）

十一、单位工程验收工作组成员签字表

附录G　合同工程完工验收鉴定书格式

××××××工程

××××合同工程完工验收

（合同名称及编号）

鉴　定　书

××××合同工程完工验收工作组

年　月　日

项目法人：

代建机构（如有时）：

设计单位：

监理单位：

施工单位：

主要设备制造（供应）商单位：

质量和安全监督机构：

运行管理单位：

验收时间（年．月．日）：

验收地点：

前言（包括验收依据、组织机构、验收过程等）

一、合同工程概况

（一）合同工程名称及位置

（二）合同工程主要建设内容

（三）合同工程建设过程

二、验收范围

三、合同执行情况（包括合同管理、工程完成情况和完成的主要工程量、结算情况等）

四、合同工程质量评定

五、历次验收遗留问题处理情况

六、存在的主要问题及处理意见

七、意见和建议

八、结论

九、保留意见（应有本人签字）

十、合同工程验收工作组成员签字表

十一、附件施工单位向项目法人移交资料目录

附录H　阶段验收申请报告内容要求

一、工程基本情况

二、工程验收条件的检查结果

三、工程验收准备工作情况

四、建议验收时间、地点和参加单位

附录I 阶段验收鉴定书格式

××××××工程

××××**阶段验收**

鉴 定 书

××××××工程××××阶段验收委员会

年 月 日

验收主持单位：

法人验收监督管理机关：

项目法人：

代建机构（如有时）：

设计单位：

监理单位：

主要施工单位：

主要设备制造（供应）商单位：

质量和安全监督机构：

运行管理单位：

验收时间（年．月．日）：

验收地点：

前言（包括验收依据、组织机构、验收过程等）

一、工程概况

（一）工程位置及主要任务

（二）工程主要技术指标

（三）项目设计简况（包括设计审批情况，工程投资和主要设计工程量）

（四）项目建设简况（包括工程施工和完成工程量情况等）

二、验收范围和内容

三、工程形象面貌（对应验收范围和内容的工程完成情况）

四、工程质量评定

五、验收前已完成的工作（包括安全鉴定、移民搬迁安置和库底清理验收、技术预验收等）

六、截流（蓄水、通水等）总体安排

七、度汛和调度运行方案

八、未完工程建设安排

九、存在的主要问题及处理意见

十、建议

十一、结论

十二、验收委员会成员签字表

十三、附件：技术预验收工作报告（如有时）

附录J 机组启动验收鉴定书格式

××××××工程

机组启动验收

鉴 定 书

××××××工程机组启动验收委员会（工作组）

年 月 日

验收主持单位：

法人验收监督管理机关：

项目法人：

代建机构（如有时）：

设计单位：

监理单位：

主要施工单位：

主要设备制造（供应）商单位：

质量和安全监督机构：

运行管理单位：

验收时间（年．月．日）：

验收地点：

前言（包括验收依据、组织机构、验收过程等）

一、工程概况

（一）工程主要建设内容

（二）机组主要技术指标

（三）机组及辅助设备设计、制造和安装情况

（四）与机组启动有关工程形象面貌

二、验收范围和内容

三、工程质量评定

四、验收前已完成的工作（试运行、带负荷连续运行情况）

五、技术预验收情况

六、存在的主要问题及处理意见

七、建议

八、结论

九、验收委员会（工作组）成员签字表

十、附件：技术预验收工作报告（如有时）

附录 K　部分工程投入使用验收鉴定书格式

××××××工程

部分工程投入使用验收

鉴　定　书

××××××工程部分工程投入使用验收委员会

年　月　日

验收主持单位：

法人验收监督管理机关：

项目法人：

代建机构（如有时）：

设计单位：

监理单位：

主要施工单位：

主要设备制造（供应）商单位：

质量和安全监督机构：

运行管理单位：

验收时间（年．月．日）：

验收地点：

前言（包括验收依据、组织机构、验收过程等）

一、工程概况

（一）工程名称及位置

（二）工程主要建设内容

二、验收范围和内容

三、拟投入使用工程概况

（一）工程主要建设内容

（二）工程建设过程（包括工程开工、完工时间，施工中采取的主要措施等）

四、拟投入使用工程完成情况和完成的主要工程量

五、拟投入使用工程质量评定

（一）工程质量评定

（二）工程质量检测情况

六、验收遗留问题处理情况

七、调度运行方案、度汛方案

八、存在的主要问题及处理意见

九、建议

十、结论

十一、保留意见（应有本人签字）

十二、部分工程投入使用验收委员会成员签字表

附录L　竣工验收申请报告内容要求

一、工程基本情况

二、竣工验收条件的检查结果

三、尾工情况及安排意见

四、验收准备工作情况

五、建议验收时间、地点和参加单位

六、附件：竣工验收自查工作报告

附录M　工程项目竣工验收自查工作报告格式

××××××工程项目竣工验收

自 查 工 作 报 告

××××××工程项目竣工验收自查工作组

年　月　日

项目法人：

代建机构（如有时）：

设计单位：

监理单位：

主要施工单位：

主要设备制造（供应）商单位：

质量和安全监督机构：

运行管理单位：

前言（包括组织机构、自查工作过程等）

一、工程概况

（一）工程名称及位置

（二）工程主要建设内容

（三）工程建设过程

二、工程项目完成情况

（一）工程项目完成情况

（二）完成工程量与初设批复工程量比较

（三）工程验收情况

（四）工程投资完成及审计情况

（五）工程项目移交和运行情况

三、工程项目质量评定

四、验收遗留问题处理情况

五、尾工情况及安排意见

六、存在的问题及处理意见

七、结论

八、工程项目竣工验收自查工作组成员签字表

附录 N　竣工验收主要工作报告格式

××××××工程竣工验收

××××工作报告

编制单位：

年　月　日

批准：

审定：

审核：

主要编写人员：

附录O 竣工验收主要工作报告内容格式

O.1 工程建设管理工作报告

O.1.1 工程概况

1 工程位置

2 立项、初设文件批复

3 工程建设任务及设计标准

4 主要技术特征指标

5 工程主要建设内容

6 工程布置

7 工程投资

8 主要工程量和总工期

O.1.2 工程建设简况

1 施工准备

2 工程施工分标情况及参建单位

3 工程开工报告及批复

4 主要工程开完工日期

5 主要工程施工过程

6 主要设计变更

7 重大技术问题处理

8 施工期防汛度汛

O.1.3 专项工程和工作

1 征地补偿和移民安置

2 环境保护工程

3 水土保持设施

4 工程建设档案

O.1.4 项目管理

1 机构设置及工作情况

2 主要项目招标投标过程

3 工程概算与投资计划完成情况

1）批准概算与实际执行情况

2）年度计划安排

3）投资来源、资金到位及完成情况

4 合同管理

5 材料及设备供应

6 资金管理与合同价款结算

O.1.5 工程质量

1 工程质量管理体系和质量监督

2 工程项目划分

3 质量控制和检测

4 质量事故处理情况

5 质量等级评定

O.1.6 安全生产与文明工地

O.1.7 工程验收

1 单位工程验收

2 阶段验收

3 专项验收

O.1.8 蓄水安全鉴定和竣工验收技术鉴定

1 蓄水安全鉴定（鉴定情况、主要结论）

2 竣工验收技术鉴定（鉴定情况、主要结论）

O.1.9 历次验收、鉴定遗留问题处理情况

O.1.10 工程运行管理情况

1 管理机构、人员和经费情况

2 工程移交

O.1.11 工程初期运行及效益

1 工程初期运行情况

2 工程初期运行效益

3 工程观测、监测资料分析

O.1.12 竣工财务决算编制与竣工审计情况

O.1.13 存在问题及处理意见

O.1.14 工程尾工安排

O.1.15 经验与建议

O.1.16 附件

1 项目法人的机构设置及主要工作人员情况表

2 项目建议书、可行性研究报告、初步设计等批准文件及调整批准文件

O.2 工程建设大事记

O.2.1 根据水利工程建设程序，主要记载项目法人从委托设计、报批立项直到竣工验收过程中对工程建设有较大影响的事件，包括有关批文、上级有关批示、设计重大变化、主管部门稽查和检查、有关合同协议的签订、建设过程中的重要会议、施工期度汛抢险及其他重要事件、主要项目的开工和完工情况、历次验收等情况。

O.2.2 工程建设大事记可单独成册，也可作为“工程建设管理工作报告”的附件。

O.3 工程施工管理工作报告

O.3.1 工程概况

O.3.2 工程投标

O.3.3 施工进度管理

O.3.4 主要施工方法

O.3.5 施工质量管理

O.3.6 文明施工与安全生产

O.3.7 合同管理

O.3.8 经验与建议

O.3.9 附件

1 施工管理机构设置及主要工作人员情况表

2　投标时计划投入的资源与施工实际投入资源情况表

3　工程施工管理大事记

4　技术标准目录

O.4　工程设计工作报告

O.4.1　工程概况

O.4.2　工程规划设计要点

O.4.3　工程设计审查意见落实

O.4.4　工程标准

O.4.5　设计变更

O.4.6　设计文件质量管理

O.4.7　设计服务

O.4.8　工程评价

O.4.9　经验与建议

O.4.10　附件

1　设计机构设置和主要工作人员情况表

2　工程设计大事记

3　技术标准目录

O.5　工程建设监理工作报告

O.5.1　工程概况

O.5.2　监理规划

O.5.3　监理过程

O.5.4　监理效果

O.5.5　工程评价

O.5.6　经验与建议

O.5.7　附件

1　监理机构的设置与主要人员情况表

2　工程建设监理大事记

O.6 运行管理工作报告

O.6.1 工程概况

O.6.2 运行管理

O.6.3 工程初期运行

O.6.4 工程监测资料和分析

O.6.5 意见和建议

O.6.6 附件

1 管理机构设立的批文

2 机构设置情况和主要工作人员情况

3 规章制度目录

O.7 工程质量监督报告

O.7.1 工程概况

O.7.2 质量监督工作

O.7.3 参建单位质量管理体系

O.7.4 工程项目划分确认

O.7.5 工程质量检测

O.7.6 工程质量核备与核定

O.7.7 工程质量事故和缺陷处理

O.7.8 工程质量结论意见

O.7.9 附件

1 有关该工程项目质量监督人员情况表

2 工程建设过程中质量监督意见（书面材料）汇总

O.8 工程安全监督报告

O.8.1 工程概况

O.8.2 安全监督工作

O.8.3 参建单位安全管理体系

O.8.4 现场监督检查

O.8.5 安全生产事故处理情况

O.8.6 工程安全生产评价意见

O.8.7 附件

1 有关该工程项目安全监督人员情况表

2 工程建设过程中安全监督意见（书面材料）汇总

附录 P　堤防工程质量抽检要求

P.0.1　土料填筑工程质量抽检主要内容为干密度和外观尺寸，并满足以下要求：

1　每 2000m 堤长至少抽检一个断面；

2　每个断面至少抽检 2 层，每层不少于 3 点，且不得在堤防顶层取样；

3　每个单位工程抽检样本点总数不得少于 20 个。

P.0.2　干（浆）砌石工程质量抽检主要内容为厚度、密实程度和平整度，必要时应拍摄图像资料，并满足以下要求：

1　每 2000m 堤长至少抽检 3 点；

2　每个单位工程至少抽检 3 点。

P.0.3　混凝土预制块砌筑工程质量抽检主要内容为预制块厚度、平整度和缝宽，并满足以下要求：

1　每 2000m 堤长至少抽检 1 组，每组 3 点；

2　每个单位工程至少抽检 1 组。

P.0.4　垫层工程质量抽检主要内容为垫层厚度及垫层铺设情况，并满足以下要求：

1　每 2000m 堤长至少抽检 3 点；

2　每个单位工程至少抽检 3 点。

P.0.5　堤脚防护工程质量抽检主要内容为断面复核，并满足以下要求：

1　每 2000m 堤长至少抽检 3 个断面；

2　每个单位工程至少抽检 3 个断面。

P.0.6　混凝土防洪墙和护坡工程质量抽检主要内容为混凝土强度，并满足以下要求：

1　每 2000m 堤长至少抽检 1 组，每组 3 点；

2　每个单位工程至少抽检 1 组。

P. 0. 7 堤身截渗、堤基处理及其他工程，工程质量抽检的主要内容及方法由工程质量监督机构提出方案报项目主管部门批准后实施。

附录Q　竣工技术预验收工作报告格式

××××××工程

竣工技术预验收工作报告

××××××工程竣工技术预验收专家组

年　月　日

前言（包括验收依据、组织机构、验收过程等）

第一部分 工 程 建 设

一、工程概况

（一）工程名称、位置

（二）工程主要任务和作用

（三）工程设计主要内容

1. 工程立项、设计批复文件

2. 设计标准、规模及主要技术经济指标

3. 主要建设内容及建设工期

二、工程施工过程

1. 主要工程开工、完工时间（附表）

2. 重大技术问题及处理

3. 重大设计变更

三、工程完成情况和完成的主要工程量

四、工程验收、鉴定情况

（一）单位工程验收

（二）阶段验收

（三）专项验收（包括主要结论）

（四）竣工验收技术鉴定（包括主要结论）

五、工程质量

（一）工程质量监督

（二）工程项目划分

（三）工程质量检测

（四）工程质量评定

六、工程运行管理

（一）管理机构、人员和经费

（二）工程移交

七、工程初期运行及效益

（一）工程初期运行情况

（二）工程初期运行效益

（三）初期运行监测资料分析

八、历次验收及相关鉴定提出的主要问题的处理情况

九、工程尾工安排

十、评价意见

第二部分　专项工程（工作）及验收

一、征地补偿和移民安置

（一）规划（设计）情况

（二）完成情况

（三）验收情况及主要结论

二、水土保持设施

（一）设计情况

（二）完成情况

（三）验收情况及主要结论

三、环境保护

（一）设计情况

（二）完成情况

（三）验收情况及主要结论

四、工程档案（验收情况及主要结论）

五、消防设施（验收情况及主要结论）

六、其他

第三部分　财 务 审 计

一、概算批复

二、投资计划下达及资金到位

三、投资完成及交付资产

四、征地拆迁及移民安置资金

五、结余资金

六、预计未完工程投资及费用

七、财务管理

八、竣工财务决算报告编制

九、稽查、检查、审计

十、评价意见

第四部分　意 见 和 建 议

第五部分　结　　论

第六部分　竣工技术预验收专家组专家签名表

附录 R　竣工验收鉴定书格式

××××××工程竣工验收

鉴　定　书

××××××工程竣工验收委员会

年　月　日

前言（包括验收依据、组织机构、验收过程等）

一、工程设计和完成情况

（一）工程名称及位置

（二）工程主要任务和作用

（三）工程设计主要内容

1. 工程立项、设计批复文件

2. 设计标准、规模及主要技术经济指标

3. 主要建设内容及建设工期

4. 工程投资及投资来源

（四）工程建设有关单位（可附表）

（五）工程施工过程

1. 主要工程开工、完工时间

2. 重大设计变更

3. 重大技术问题及处理情况

（六）工程完成情况和完成的主要工程量

（七）征地补偿及移民安置

（八）水土保持设施

（九）环境保护工程

二、工程验收及鉴定情况

（一）单位工程验收

（二）阶段验收

（三）专项验收

（四）竣工验收技术鉴定

三、历次验收及相关鉴定提出的主要问题的处理情况

四、工程质量

（一）工程质量监督

（二）工程项目划分

（三）工程质量抽检（如有时）

（四）工程质量评定

五、概算执行情况

（一）投资计划下达及资金到位

（二）投资完成及交付资产

（三）征地补偿和移民安置资金

（四）结余资金

（五）预计未完工程投资及预留费用

（六）竣工财务决算报告编制

（七）审计

六、工程尾工安排

七、工程运行管理情况

（一）管理机构、人员和经费情况

（二）工程移交

八、工程初期运行及效益

（一）初期运行管理

（二）初期运行效益

（三）初期运行监测资料分析

九、竣工技术预验收

十、意见和建议

十一、结论

十二、保留意见（应有本人签字）

十三、验收委员会成员和被验单位代表签字表

十四、附件：竣工技术预验收工作报告

附录S　工程质量保修书格式

××××××工程

质量保修书

施工单位：

年　月　日

××××××工程质量保修书

一、合同工程完工验收情况

二、质量保修的范围和内容

三、质量保修期

四、质量保修责任

五、质量保修费用

六、其他

施工单位：

法定代表人：（签字）

年　月　日

附录T　合同工程完工证书格式

×××××××工程

××××**合同工程**

（合同名称及编号）

完　工　证　书

项目法人：

年　月　日

项目法人：

代建机构（如有时）：

设计单位：

监理单位：

施工单位：

主要设备制造（供应）商单位：

运行管理单位：

合同工程完工证书

××××合同工程已于××××年××月××日通过了由××××主持的合同工程完工验收，现颁发合同工程完工证书。

项目法人：

法定代表人：(签字)

年　月　日

附录U　工程质量保修责任终止证书格式

××××××工程

（合同名称及编号）

质量保修责任终止证书

项目法人：

年　月　日

××××××工程
质量保修责任终止证书

××××××工程（合同名称及编号）质量保修期已于××××年××月××日期满，合同约定的质量保修责任已履行完毕，现颁发质量保修责任终止证书。

项目法人：

法定代表人：（签字）

年　月　日

附录Ⅴ　工程竣工证书格式（正本）

××××××工程竣工证书 ××××××工程已于××××年××月××日通过了由××××主持的竣工验收，现颁发工程竣工证书。 颁发机构： 年　月　日

注：正本证书外形尺寸：长 60cm×宽 40cm。

附录W　工程竣工证书格式（副本）

××××××工程

竣　工　证　书

年　月　日

竣工验收主持单位：

法人验收监督管理机关：

项目法人：

项目代建机构（如有时）：

设计单位：

监理单位：

主要施工单位：

主要设备制造（供应）商单位：

运行管理单位：

质量和安全监督机构：

工程开工时间（年．月．日）：

竣工验收时间（年．月．日）：

××××××工程竣工证书

××××××工程已于××××年××月××日通过了由××××主持的竣工验收，现颁发工程竣工证书。

颁发机构：

年　月　日

条 文 说 明

1 总 则

1.0.1 《水利水电建设工程验收规程》(SL 223—1999) 颁布以来，在规范水利水电建设工程验收行为，保证验收工作质量方面发挥了重要作用。随着《中华人民共和国招标投标法》、《建设工程质量管理条例》、《建设工程安全生产管理条例》等一系列法律法规的颁布，水利工程建设管理体制的不断深化，验收工作面临新的形势和要求。2006 年水利部颁发了《水利工程建设项目验收管理规定》，该规定第四十七条要求“水利工程建设项目验收应具备的条件、验收程序、验收主要工作以及有关验收资料和成果性文件等具体要求，按照有关验收规程执行”。按上述要求对原规程进行修订，形成本规程。

1.0.2 本规程的适用范围虽限定在财政参与投资的大中型水利水电建设工程，但其他水利水电建设工程可参照执行。

水利水电建设工程大中小型具体划分标准执行《水利水电工程等级划分及洪水标准》(SL 252—2000) 的有关规定，或按照国家依据工程投资规模划分大中小型工程的标准执行。

小型工程在参照执行时，验收资料制备可以适当简化，或将有关报告内容合并，在保证验收质量的前提下提高效率。

1.0.3 按验收主持单位进行验收工作的分类，主要是为了落实验收责任，保证验收工作质量。

1.0.4 项目法人作为施工合同主体，其验收工作应以施工合同作为依据。

1.0.5 比原规程增加了检查工程投资控制和资金使用的要求。

1.0.9 现实中，不按有关规定进行验收就将工程投入使用，造成重大事故的实例时有发生，给人民的生命财产造成了重大损失。为了防止类似事件的出现，及时发现和解决有关问题，本条强调必须要经过验收方可投入使用或进行下阶段施工。

1.0.12 提供资料是指需分发给所有技术验收专家组专家和验收委员会委员的资料；备查资料是指按一定数量准备，放置在验收会场，由专家和委员根据需要进行查看的资料。

1.0.13 原规程关于验收资料的纸张规格为16开。按国务院《国家行政机关公文处理办法》，本条明确采用国际标准A4的纸张规格。

3 分部工程验收

3.0.1 本条与原规程的主要变化是，为明确工程参建单位对工程质量负责，将工程运行管理单位由必须参加验收，改为自愿参加验收。

本条进一步明确工程质量监督机构代表政府行使工程质量的监督管理作用，工程质量监督机构主要是列席法人验收会议，监督检查验收工作开展情况。

3.0.2 分部工程验收是专业技术性的验收，因此应有相应专业的技术人员参加，验收组成员宜相对固定，以保持验收尺度的连续和统一。本条在原规程的基础上，明确了对参加验收的工作组成员具体技术职称和执业资格要求。

3.0.3 本条系新增加条款。分部工程完成后，施工单位应对照3.0.4中的要求进行自检，认为符合条件后，向项目法人提出验收申请报告。

3.0.5 法人验收需要评定工程质量等级为合格或优良。

3.0.10 本条系新增加条款。强调对验收遗留问题的处理要落实并做好处理记录。

3.0.11 分部工程验收成果性文件改为《分部工程验收鉴定书》。

4 单位工程验收

4.0.1 单位工程验收在新的验收体系中为法人验收，等同于原规程的单位工程完工验收。

4.0.2 增加了对参加验收人员的技术职称和执业资格要求。考虑到单位工程验收涉及较多专业，因而验收工作组每个参加单位一般以 2～3 人为宜。

4.0.8～4.0.10 单位工程投入使用验收在验收的条件和内容上，与单位工程完工验收均有不同，这里对单位工程投入使用验收的主持单位、验收条件和内容作出规定。原则上，单位工程投入使用验收由项目法人主持，但对于部分建管分离的项目，为便于工程移交，经竣工验收主持单位同意，也可由竣工验收主持单位或其委托的单位主持。

5 合同工程完工验收

本章系新增加内容。主要是为了完善合同管理。

5.0.1 当施工合同工程仅包含一个分部工程或一个单位工程时，宜以分部工程验收或单位工程验收名义结合合同工程完工验收一并进行。

6 阶段验收

6.1 一般规定

6.1.1 阶段验收比原规程增加了引（调）排水工程通水验收、部分工程投入使用验收。

6.1.2 明确工程参建单位是阶段验收的被验收单位。

6.1.3 本条系新增加条款。项目法人应对照 6.2.2、6.3.2、6.4.2、6.5.7、6.6.3 等条中的要求进行自检，认为符合条件后，向竣工验收主持单位提出验收申请报告。

6.1.4 由于阶段验收时，验收范围只是一部分工程，不适合对阶段验收作出合格或优良的结论。本条中鉴定工程质量是指如实将质量监督机构对分部工程和单位工程的质量评定结论反映在鉴定书中。

6.1.7 阶段验收的工作程序可参照竣工验收有关规定。

6.2 枢纽工程导（截）流验收

6.2.1 工程导（截）流是水利水电工程建设的重要里程碑之一，标志着主体工程即将进入全面施工阶段，关系到工程施工的安全。因此，导（截）流前应按设计要求对已完工程的质量和准备工作进行全面的检查验收。

6.2.2 本条系指（截）流验收应具备的条件。

1 导流工程主要是指导流隧洞、导流明渠、上下游围堰或其他导流建筑物。

2 水下隐蔽工程是指截流后围堰上游水位壅高造成部分工程长期淹没在水下或受影响的工程。

3 准备工作包括导（截）流技术方案，导（截）流工程的备料、道路、机械、水文观测、组织、应急措施等。

4 度汛方案主要包括度汛组织机构、度汛标准、安全度汛措施、超标准洪水预案等，应由工程所在地的省级或流域管理机构防汛指挥部门批准。

5 导（截）流后壅高水位以下的移民搬迁安置工作验收前必须完成，并通过由有关移民部门组织的阶段移民安置验收。

6.3 水库下闸蓄水验收

6.3.1 枢纽工程的投入使用关系到整个工程的安全和效益的发挥，且与上、下游人民的生产、生活有着密切的关系。因此，下闸蓄水前应按设计要求对已完工程的质量和准备工作进行全面的检查验收。

6.3.2 本条系指蓄水验收应具备的条件。

1 大坝及其他挡水建筑物蓄水位以下部分必须完成，挡水建筑物基础及其结构的防渗性、坚固性、稳定性等性能已能满足蓄水要求，挡水建筑物形象面貌已达到防汛标准和蓄水需要。

3 需要投入运行的泄水建筑物是水库蓄水的关键工程项目，应按设计要求建成并符合设计要求。蓄水、泄洪所需的闸门、启闭机等控制设备应安装完毕，使用电源可靠，可灵活启闭运行。

7 蓄水后影响工程安全运行的问题主要是指渗漏、浸没滑坡及塌方等。

6.3.5 本条系新增加条款。对于有些拦河水闸，如果失事，危害与水库相比同样比较大，故也需要进行蓄水（挡水）验收。

6.5 水电站（泵站）机组启动验收

6.5.1 机组启动验收包括电站水轮发电机组和泵站水泵机组。机组启动验收是对已安装完成的机组的主辅机及电气设备进行全面性的试运行和检查验收。根据工程完成情况，机组可以单台单独验收，也可以多台同时验收。

6.5.2 将机组启动验收分为两类进行，其中首台以及最后一台机组启动验收属于政府验收范畴，因为根据机组启动验收的实际情况，所需协调和发现的问题比较集中地发生在首台和最后一台机组的启动过程中。但对于部分机组规模较小的项目，其首（末）台机组启动验收，竣工验收主持单位可委托项目法人主持。其他机组验收属于法人验收范畴。

6.5.4 机组启动试运行具体操作过程和有关要求可参照《水轮发电机组启动试验规程》（DL/T 507—2002）执行。

6.5.5 对于受水位或水量等客观条件限制，使得机组无法满足运行时间以及运行负荷的情况，本条明确需要经过论证以及批准程序。

6.5.6 考虑到机组启动验收技术性强，时间较长，首（末）台机组启动验收应先组织专家进行技术预验收。中间机组启动验收由项目法人决定是否进行技术预验收。

6.6 部分工程投入使用验收

本节系新增加内容。主要针对部分因各种原因导致工期拖延，长期不能完建和进行竣工验收的项目，为使已完工的部分工程能够运行并发挥效益，故设立此项验收。

8 竣工验收

8.1 一般规定

8.1.1 水利工程需要经过一定时间的初期运行考验，才能保证竣工验收工作正常进行和有关评价意见比较顺利的提出，所以增加此条款。

8.1.2 法人验收监督管理机关要对工程是否具备竣工验收条件进行审查，对遗留的问题是否影响竣工验收要有明确意见。

8.1.3 工程不能按期竣工验收，将影响投资效益的发挥，所以要求如果延期竣工验收，必须说明理由，并得到竣工验收主持单位的同意。

8.1.4 财务部门的审查，主要检查竣工财务决算是否按照《水利基本建设项目竣工财务决算编制规程》（SL 19—2001）的要求编制，内容是否完整、科目是否合适，对不符合要求的提出调整意见，审查后不用提正式审查意见；审计部门根据有关审计规定进行审计后，要出具书面审计意见或决定。

8.1.5 根据具体情况，竣工技术预验收和竣工验收两阶段工作可分开进行，也可连续进行。

8.1.8 竣工验收应具备的条件，应在竣工技术预验收前全部满足。

8.2 竣工验收自查

本节系新增加内容。强调了项目法人以及工程参建单位应当为竣工验收做好各项准备工作。

8.4 竣工技术预验收

8.4.3 本条中鉴定工程施工质量是指对质量监督机构的质量评定情况和竣工验收质量抽检情况进行评价，最终给出工程质量是否合格的结论。

8.5 竣工验收

8.5.4 竣工验收中有关工程质量的结论性意见，是在工程质量监督报告有关质量评价的基础上，结合技术预验收和竣工验收工程质量检查情况确定的，最终结论是工程质量是否合格，不再评定优良等级。

9 工程移交及遗留问题处理

9.1 工程交接

本节系新增加的内容，设定本节是为了进一步完善合同管理。

9.2 工程移交

本节明确了工程移交给运行管理单位所应完成的必要手续以及移交的主要内容，从而保证工程尽快进入正常管理程序，发挥工程效益。

9.3 验收遗留问题及尾工处理

本节明确了验收遗留问题以及尾工处理责任单位，防止验收后这些问题得不到有效及时地处理，影响工程的正常运行。

9.3.3 验收遗留问题和尾工处理完成后，根据工程具体情况，由法人验收监督管理机关或项目法人主持验收，有关设计、监理、施工、运行管理单位参加。

9.4 工程竣工证书颁发

本节系新增加的内容，设定本节是为了进一步完善工程建设程序以及合同管理。

附录O 竣工验收主要工作报告内容格式

O.1 工程建设管理工作报告

O.1.4 项目管理

1　机构设置及工作情况，包括项目参建单位（项目法人、项目代建机构、设计、监理、施工单位）、工程运行管理单位、上级主管部门以及法人验收监督管理机关、工程质量监督机构和安全监督机构、移民安置机构、建设协调机构等设置和工作情况。

4　合同管理，主要反映工程所采用的合同类型、合同执行结果、对工程分包的管理等。包括设计、监理等合同。

5　材料及设备供应，主要反映三材和油料、电力及主要设备的供应方式，材料及设备供应对工程建设的影响，工程完成时是否做到工完料清。

6　合同价款结算与资金筹措，包括项目法人筹资方式、资金筹措对工程建设的影响、合同价款的结算方法和特殊问题的处理情况、至竣工时有无工程款拖欠情况。

O.1.5　工程质量，主要是指工程参建单位的工程质量管理体系、主要项目设计和合同规定的质量标准和实际达到的标准、单元工程和分部工程以及单位工程质量数据统计、质量事故和质量缺陷处理情况等。

O.1.6　安全生产与文明工地，主要是指工程参加单位的工程安全管理体系、文明工地建设、安全事故与事故处理等。

O.1.12　工程决算编制与审计，主要是竣工决算编制情况、工程审计结论提出的问题及整改情况等。

O.3　工程施工管理工作报告

O.3.1　工程概况，简要说明本单位所承担的工程在整个项目中的位置、工程布置、主要技术经济指标、主要建设内容。

O.3.2　工程投标，包括投标过程、投标书编制以及合同签订等。

O.3.3　施工进度管理，阐明施工总体布置、施工总进度以及分阶段施工进度安排（附施工场地总布置图和施工总进度表），分析工程提前或推迟完成的原因；主要项目施工情况等。

O.3.4　主要施工方法，阐明工程施工过程中遇到的主要技术难题及解决情况。施工中采用的主要施工方法及应用于本工程的新技术、新材料、新设备、新工艺和施工科研情况等。

O.3.5 施工质量管理，阐明本工程的施工质量保证体系及实施情况，质量事故及处理，工程施工质量自检情况等。

O.3.6 文明施工与安全生产，围绕国家、行业以及合同中有关安全生产规定，阐明有关规定的落实情况、生产安全事故及处理情况等。

O.3.7 合同管理，阐明工程合同价与工程实际价款结算，简要分析存在差距的原因，工程分包管理、工程款及工资拖欠情况等。

O.3.9 附件

1 施工管理机构设置及主要工作人员情况表，主要工作人员包括施工单位以及施工项目经理部的负责人和内设机构负责人。

2 投标时计划投入的资源与施工实际投入资源情况表，资源包括人力资源和施工设备以及质量检测设备等。

3 工程施工管理大事记，主要是承担本工程建设有关或有影响的事件。

4 技术标准目录，施工中使用的技术标准。

O.4 工程设计工作报告

O.4.1 工程概况，简要叙述工程位置、工程布置、主要技术经济指标、主要建设内容等。

O.4.2 工程规划设计要点，简述工程规划、设计方面的技术指标和特点。

O.4.3 工程设计审查意见落实，有关主管部门对初步设计的审查意见，重点叙述审查意见中要求在施工阶段研究或解决的设计问题是否解决。

O.4.4 工程标准，指有关质量标准的设计值、国家或行业标准中的指标、合同指标、工程实际达到的指标，需进行必要的比较。当工程实际达到的指标不满足设计或国家和行业技术标准时，应简述设计方面的意见。

O.4.5 设计变更，指施工过程中与批准的初步设计之间的变化，重大设计的变更缘由。

O.4.6 设计文件质量管理，主要是设计文件的深度是否满足国家或行业标准，是否满足设计合同约定的标准，是否存在由于设计造成的工程返工或质量问题。

O.4.7 设计服务，设计任务的获得、设计合同有关义务的履行、现场设计服务等。

O.4.8 工程评价，从设计方面评价工程是否达到设计要求。

O.4.10 附件

1 设计机构设置和主要工作人员情况表，主要工作人员包括设计项目经理，各专业技术负责人等。

3 技术标准目录，指设计依据的国家或行业技术标准。

O.5 工程建设监理工作报告

O.5.1 工程概况，简要叙述工程位置、工程布置、主要技术经济指标、主要建设内容等。

O.5.2 监理规划，监理规划及监理制度的建立和实施、组织机构的设置、主要监理方法和主要监理设备等。

O.5.3 监理过程，监理合同的执行情况、“三控制”、“两管理”、“一协调”的实施情况。

O.5.4 监理效果，对工程投资、质量、进度控制和安全管理的效果进行综合评价。

O.5.5 工程评价，对工程设计、质量、进度、安全进行综合评价。

O.5.7 附件

1 监理机构的设置与主要工作人员情况表，主要工作人员包括总监理工程师、监理工程师以及相应分工和执业资格证号等。

O.6 运行管理工作报告

O.6.1 工程概况，简要叙述工程位置、工程布置、主要技术经济指标、主要建设内容等。

O.6.2 运行管理，主要是工程验收移交后对工程运行管理的规划等，包括规章制度建立情况、人员培训情况、已接管工程运行维护情况，下阶段工程运行管理计划等。

O.6.3 工程初期运行，已经移交管理的工程运行是否达到设计标准，工程发挥的效益情况，运行过程中出现的问题及原因分析等。

O.7 工程质量监督报告

O.7.1 工程概况，简要叙述工程位置、工程布置、主要技术经济指标、主要建设内容等。

O.7.2 质量监督工作的分工和工作方式等。

O.7.3 参建单位质量管理体系检查，依据国家和行业规定对质量管理体系的建立和工程建设过程中的实际运行情况检查等。

O.7.4 项目划分确认，项目划分的确认和主要依据。

O.7.5 工程质量检测情况。

O.7.6 质量核备与核定，核备和核定了那些工程项目的质量。当持有质量方面的异议时，有关方面是如何纠正。

O.7.7 质量事故和缺陷处理，工程建设过程中是否发生过质量事故，主要质量缺陷以及是如何处理的。

O.7.8 工程质量意见，对工程质量进行总体评定。

O.8 工程安全监督报告

O.8.1 工程概况，简要叙述工程位置、工程布置、主要技术经济指标、主要建设内容等。

O.8.2 安全监督工作的分工和工作方式等。

O.8.3 参建单位安全管理体系检查，依据国家和行业规定对安全管理体系的建立和工程建设过程中的实际运行情况检查等，还包括参建单位的安全生产许可证、特种作业人员上岗证、有关人员的安全生产考核合格证等复核。

O.8.4 现场监督检查，指施工现场时如何监督检查的。

O.8.5 生产安全事故处理，工程建设过程中是否发生过生产安全事故以及如何处理等。

O.8.6 工程安全生产评价，对工程安全管理情况进行总体评价。

附录R 竣工验收鉴定书格式

（1）前言，简述竣工验收的依据、主持单位和参加单位、验收的时间、地点和简要过程等。

（2）工程立项、设计批复文件，包括审批机关、时间、文件名称和文号等。

（3）工程建设有关单位，包括项目法人、项目代建机构、设计、监理、施工、主要设备制造、质量和安全监督机构、工程运行管理等单位，参建单位多的可附表。

（4）工程施工过程，包括工程开工日期及完工日期、主要项目的施工情况及开工和完工日期、主要设计变更和重大技术问题及处理方案等。

（5）工程完成情况和主要工程量，包括竣工验收时工程形象面貌、实际完成工程量与批准设计工程量对比等。

（6）征地补偿及移民安置，包括移民安置管理体制、批准征地、移民数量，实际完成量等。

（7）水土保持设施和环境保护工程，包括设计和完成情况。

（8）工程验收及鉴定情况，验收、鉴定的类别名称、主持单位、时间和主要结论等。竣工验收技术鉴定如没有可不写。

（9）历次验收及相关鉴定提出问题处理情况，包括专项验收、安全鉴定、竣工验收技术鉴定等。

（10）工程质量，包括质量监督分工；项目划分包括单位工程、分部工程、单元工程；工程质量检测包括竣工验收委员会要求的质量抽检；工程质量评定，指质量监督机构评定的质量等级情况。

（11）工程尾工，包括尾工名称、实施单位、完成时间和验收单位。

（12）竣工技术预验收，包括主持单位、会议时间、主要意见和结论。

（13）意见和建议，对验收中发现问题的处理意见和对工程运行管理的建议等。

（14）验收结论，包括对工程建设内容完成情况（基本完成、完成、全部完成）；工程质量（合格、不合格）；财务管理（基本规范、规范、不规范）；投资控制（基本合理、合理）；竣工决算（已通过审计）；专项验收（已通过验收）；工程初期运行（基本正常、正常、存在问题）；效益发挥（初步发挥、已发挥；良好或显著；社会和经济）等作出明确的评价。

最后结论：竣工验收委员会同意××××××工程通过竣工验收。

水利水电工程施工质量检验与评定规程

SL 176—2007 替代 SL 176—1996

2007－07－14 发布 2007－10－14 实施

前　　言

根据水利部2004年技术标准修订计划，按照《水利技术标准编写规定》（SL 1—2002）的要求，修订《水利水电工程施工质量评定规程（试行）》（SL 176—1996），并更名为《水利水电工程施工质量检验与评定规程》。

本标准共5章、11节、84条和7个附录。与原规程相比，增补和调整的内容主要包括以下几个方面：

——扩大了本规程适用范围；

——修订了质量术语、增加了新的术语；

——修订了项目划分原则及项目划分程序，新增引水工程、除险加固工程项目划分原则。纳入了《堤防工程施工质量评定与验收规程（试行）》（SL 239—1999）的有关条款；

——增加了见证取样条款；

——增加了检验不合格的处理条款及水利水电工程中涉及其他行业的建筑物施工质量检验评定办法的条款；

——增加了委托水利行业质量检测单位抽样检测的条款；

——修订了质量事故检查的条款；

——增加了工程质量缺陷备案条款；

——增加了砂浆、砌筑用混凝土强度检验评定标准；

——修订了质量评定标准；

——修订了质量评定工作的组织与管理；

——增加了附录A水利水电工程外观质量评定办法、附录B水利水电工程施工质量缺陷备案表格式、附录C普通混凝土试块试验数据统计方法、附录D喷射混凝土抗压强度检验评定标准、附录E砂浆、砌筑用混凝土强度检验评定标准、附录F重要隐蔽单元工程（关键部位单元工程）质量等级签证表、附录G水利水电工程项目施工质量评定表；

——将原规程附录A水利水电枢纽工程项目划分表、附录B渠道及堤防工程项目划分表修订补充后列入条文3.1.1说明中，作为项目划分示例；

——删去原规程附录C水利水电工程质量评定报告格式；

在附录后加入了“标准用词说明”。

本标准所替代标准的历次版本为：

——SL 176—1996

本标准批准部门：**中华人民共和国水利部**

本标准主持机构：**水利部建设与管理司**

本标准解释单位：**水利部建设与管理司**

本标准主编单位：**四川省水利科学研究院**

本标准参编单位：**湖北腾升工程管理有限责任公司（原湖北省水利水电工程建设监理中心）**

河南华禹黄河工程局

长江水利委员会综合管理中心

水利部建设与管理总站

本标准出版、发行单位：**中国水利水电出版社**

本标准主要起草人：**杨宗铨　沈兴华　曾　康　李晓鹏**

孙文樵　成　平　于福春　吴崇良

靳克庆　黄学才　朱　波　周紧东
雷安华　叶翁火思　邹秋生

本标准审查会议技术负责人：唐　涛

本标准体例格式审查人：曹　阳

目　　次

1 总 则

1.0.1 为加强水利水电工程建设质量管理，保证工程施工质量，统一施工质量检验与评定方法，使施工质量检验与评定工作标准化、规范化，特制定本规程。

1.0.2 本规程适用于大、中型水利水电工程及符合下列条件的小型水利水电工程施工质量检验与评定。其他小型工程可参照执行。

1 坝高30m以上的水利枢纽工程；

2 4级以上的堤防工程；

3 总装机10MW以上的水电站；

4 小（1）型水闸工程。

1.0.3 水利水电工程施工质量等级分为“合格”、“优良”两级。

1.0.4 项目法人（含建设单位、代建机构，下同）、监理单位（含监理机构，下同）、勘测单位、设计单位、施工单位等工程参建单位及工程质量检测单位等，应按国家和行业有关规定，建立健全工程质量管理体系，做好工程建设质量管理工作。

1.0.5 水行政主管部门及其委托的工程质量监督机构对水利水电工程施工质量检验与评定工作进行监督。

1.0.6 本规程引用的主要标准如下：

《质量管理体系 基础和术语》（GB/T 19000—2000 idt ISO 9000：2000）

《数值修约规则》（GB 8170—87）

《锚杆喷射混凝土支护技术规范》（GB 50086—2001）

《建筑工程施工质量验收统一标准》（GB 50300—2001）

《混凝土强度检验评定标准》（GBJ 107—87）

《水闸施工规范》（SL 27—91）

《水工碾压混凝土施工规范》（SL 53—94）

《水利工程建设项目施工监理规范》(SL 288—2003)

《水工混凝土施工规范》(SDJ 207—82)

《测量误差及数据处理》(JJG 1027—91)

《测量不确定度评定与表示》(JJF 1059—1999)

《公路工程质量检验评定标准　土建工程》(JTG F 80/1—2004)

《公路工程质量检验评定标准　机电工程》(JTG F 80/2—2004)

1.0.7　水利水电工程施工质量检验与评定，除应符合本规程要求外，尚应符合国家及行业现行有关标准的规定。

2 术　　语

2.0.1 水利水电工程质量　quality of hydraulic and hydroelectric engineering

工程满足国家和水利行业相关标准及合同约定要求的程度，在安全、功能、适用、外观及环境保护等方面的特性总和。

2.0.2 质量检验　quality inspection

通过检查、量测、试验等方法，对工程质量特性进行的符合性评价。

2.0.3 质量评定　quality assessment

将质量检验结果与国家和行业技术标准以及合同约定的质量标准所进行的比较活动。

2.0.4 单位工程　unit project

具有独立发挥作用或独立施工条件的建筑物。

2.0.5 分部工程　separated part project

在一个建筑物内能组合发挥一种功能的建筑安装工程，是组成单位工程的部分。对单位工程安全、功能或效益起决定性作用的分部工程称为主要分部工程。

2.0.6 单元工程　separated item project

在分部工程中由几个工序（或工种）施工完成的最小综合体，是日常质量考核的基本单位。

2.0.7 关键部位单元工程　separated item project of critical position

对工程安全、或效益、或功能有显著影响的单元工程。

2.0.8 重要隐蔽单元工程　separated item project of crucial concealment

主要建筑物的地基开挖、地下洞室开挖、地基防渗、加固处理和排水等隐蔽工程中，对工程安全或功能有严重影响的单元工程。

2.0.9 主要建筑物及主要单位工程 main structure & main unit project

主要建筑物，指其失事后将造成下游灾害或严重影响工程效益的建筑物，如堤坝、泄洪建筑物、输水建筑物、电站厂房及泵站等。属于主要建筑物的单位工程称为主要单位工程。

2.0.10 中间产品 intermediate product

工程施工中使用的砂石骨料、石料、混凝土拌和物、砂浆拌和物、混凝土预制构件等土建类工程的成品及半成品。

2.0.11 见证取样 evidential testing

在监理单位或项目法人监督下，由施工单位有关人员现场取样，并送到具有相应资质等级的工程质量检测单位所进行的检测。

2.0.12 外观质量 quality of appearance

通过检查和必要的量测所反映的工程外表质量。

2.0.13 质量事故 accident due to poor quality

在水利水电工程建设过程中，由于建设管理、监理、勘测、设计、咨询、施工、材料、设备等原因造成工程质量不符合国家和行业相关标准以及合同约定的质量标准，影响工程使用寿命和对工程安全运行造成隐患和危害的事件。

2.0.14 质量缺陷 defect of constructional quality

对工程质量有影响，但小于一般质量事故的质量问题。

3 项目划分

3.1 项目名称

3.1.1 水利水电工程质量检验与评定应进行项目划分。项目按级划分为单位工程、分部工程、单元（工序）工程等三级。

3.1.2 工程中永久性房屋（管理设施用房）、专用公路、专用铁路等工程项目，可按相关行业标准划分和确定项目名称。

3.2 项目划分原则

3.2.1 水利水电工程项目划分应结合工程结构特点、施工部署及施工合同要求进行，划分结果应有利于保证施工质量以及施工质量管理。

3.2.2 单位工程项目的划分应按下列原则确定：

1 枢纽工程，一般以每座独立的建筑物为一个单位工程。当工程规模大时，可将一个建筑物中具有独立施工条件的一部分划分为一个单位工程。

2 堤防工程，按招标标段或工程结构划分单位工程。规模较大的交叉联结建筑物及管理设施以每座独立的建筑物为一个单位工程。

3 引水（渠道）工程，按招标标段或工程结构划分单位工程。大、中型引水（渠道）建筑物以每座独立的建筑物为一个单位工程。

4 除险加固工程，按招标标段或加固内容，并结合工程量划分单位工程。

3.2.3 分部工程项目的划分应按下列原则确定：

1 枢纽工程，土建部分按设计的主要组成部分划分。金属结构及启闭机安装工程和机电设备安装工程按组合功能划分。

2 堤防工程，按长度或功能划分。

3 引水（渠道）工程中的河（渠）道按施工部署或长度划分。大、中型建筑物按工程结构主要组成部分划分。

4 除险加固工程，按加固内容或部位划分。

5 同一单位工程中，各个分部工程的工程量（或投资）不宜相差太大，每个单位工程中的分部工程数目，不宜少于5个。

3.2.4 单元工程项目的划分应按下列原则确定：

1 按《水利水电基本建设工程单元工程质量等级评定标准（试行）》（SDJ 249.1～6—88，SL 38—92及SL 239—1999）（以下简称《单元工程评定标准》）规定进行划分。

2 河（渠）道开挖、填筑及衬砌单元工程划分界限宜设在变形缝或结构缝处，长度一般不大于100m。同一分部工程中各单元工程的工程量（或投资）不宜相差太大。

3 《单元工程评定标准》中未涉及的单元工程可依据工程结构、施工部署或质量考核要求，按层、块、段进行划分。

3.3 项目划分程序

3.3.1 由项目法人组织监理、设计及施工等单位进行工程项目划分，并确定主要单位工程、主要分部工程、重要隐蔽单元工程和关键部位单元工程。项目法人在主体工程开工前将项目划分表及说明书面报相应工程质量监督机构确认。

3.3.2 工程质量监督机构收到项目划分书面报告后，应在14个工作日内对项目划分进行确认并将确认结果书面通知项目法人。

3.3.3 工程实施过程中，需对单位工程、主要分部工程、重要隐蔽单元工程和关键部位单元工程的项目划分进行调整时，项目法人应重新报送工程质量监督机构确认。

4 施工质量检验

4.1 基本规定

4.1.1 承担工程检测业务的检测单位应具有水行政主管部门颁发的资质证书。其设备和人员的配备应与所承担的任务相适应，有健全的管理制度。

4.1.2 工程施工质量检验中使用的计量器具、试验仪器仪表及设备应定期进行检定，并具备有效的检定证书。国家规定需强制检定的计量器具应经县级以上计量行政部门认定的计量检定机构或其授权设置的计量检定机构进行检定。

4.1.3 检测人员应熟悉检测业务，了解被检测对象性质和所用仪器设备性能，经考核合格后，持证上岗。参与中间产品及混凝土（砂浆）试件质量资料复核的人员应具有工程师以上工程系列技术职称，并从事过相关试验工作。

4.1.4 工程质量检验项目和数量应符合《单元工程评定标准》规定。

4.1.5 工程质量检验方法，应符合《单元工程评定标准》和国家及行业现行技术标准的有关规定。

4.1.6 工程质量检验数据应真实可靠，检验记录及签证应完整齐全。

4.1.7 工程项目中如遇《单元工程评定标准》中尚未涉及的项目质量评定标准时，其质量标准及评定表格，由项目法人组织监理、设计及施工单位按水利部有关规定进行编制和报批。

4.1.8 工程中永久性房屋、专用公路、专用铁路等项目的施工质量检验与评定可按相应行业标准执行。

4.1.9 项目法人、监理、设计、施工和工程质量监督等单位根据工程建设需要，可委托具有相应资质等级的水利工程质量检测单位进行工程质量检测。施工单位自检性质的委托检测项目及数量，按《单元工程评定标准》及施工合同约定执行。对已建工程质量有重大分歧时，应由项目法人委托第三方具有相应资质等级的质量检测单位进行检测，检测数量视需要确定，检测费用由责任方承担。

4.1.10 堤防工程竣工验收前，项目法人应委托具有相应资质等级的质量检测单位进行抽样检测，工程质量抽检项目和数量由工程质量监督机构确定。

4.1.11 对涉及工程结构安全的试块、试件及有关材料，应实行见证取样。见证取样资料由施工单位制备，记录应真实齐全，参与见证取样人员应在相关文件上签字。

4.1.12 工程中出现检验不合格的项目时，应按以下规定进行处理：

1 原材料、中间产品一次抽样检验不合格时，应及时对同一取样批次另取两倍数量进行检验，如仍不合格，则该批次原材料或中间产品应定为不合格，不得使用。

2 单元（工序）工程质量不合格时，应按合同要求进行处理或返工重做，并经重新检验且合格后方可进行后续工程施工。

3 混凝土（砂浆）试件抽样检验不合格时，应委托具有相应资质等级的质量检测单位对相应工程部位进行检验。如仍不合格，由项目法人组织有关单位进行研究，并提出处理意见。

4 工程完工后的质量抽检不合格，或其他检验不合格的工程，应按有关规定进行处理，合格后才能进行验收或后续工程施工。

4.2 质量检验职责范围

4.2.1 永久性工程（包括主体工程及附属工程）施工质量检验应符合下列规定：

1 施工单位应依据工程设计要求、施工技术标准和合同约定，结合《单元工程评定标准》的规定确定检验项目及数量并进行自检，自检过程应有书面记录，同时结合自检情况如实填写水利部颁发的《水利水电工程施工质量评定表》(办建管〔2002〕182 号)。

2 监理单位应根据《单元工程评定标准》和抽样检测结果复核工程质量。其平行检测和跟踪检测的数量按《水利工程建设项目施工监理规范》SL 288—2003(以下简称《监理规范》)或合同约定执行。

3 项目法人应对施工单位自检和监理单位抽检过程进行督促检查,对报工程质量监督机构核备、核定的工程质量等级进行认定。

4 工程质量监督机构应对项目法人、监理、勘测、设计、施工单位以及工程其他参建单位的质量行为和工程实物质量进行监督检查。检查结果应按有关规定及时公布,并书面通知有关单位。

4.2.2 临时工程质量检验及评定标准,应由项目法人组织监理、设计及施工等单位根据工程特点,参照《单元工程评定标准》和其他相关标准确定,并报相应的工程质量监督机构核备。

4.3 质量检验内容

4.3.1 质量检验包括施工准备检查,原材料与中间产品质量检验,水工金属结构、启闭机及机电产品质量检查,单元(工序)工程质量检验,质量事故检查和质量缺陷备案,工程外观质量检验等。

4.3.2 主体工程开工前,施工单位应组织人员进行施工准备检查,并经项目法人或监理单位确认合格且履行相关手续后,才能进行主体工程施工。

4.3.3 施工单位应按《单元工程评定标准》及有关技术标准对水泥、钢材等原材料与中间产品质量进行检验,并报监理单位复核。不合格产品,不得使用。

4.3.4 水工金属结构、启闭机及机电产品进场后,有关单位应按有关合同进行交货检查和验收。安装前,施工单位应检查产品是否有出厂合格证、设备安装说明书及有关技术文件，对在运输和存放过程中发生的变形、受潮、损坏等问题应做好记录，并进行妥善处理。无出厂合格证或不符合质量标准的产品不得用于工程中。

4.3.5 施工单位应按《单元工程评定标准》检验工序及单元工程质量，做好书面记录，在自检合格后，填写《水利水电工程施工质量评定表》送监理单位复核。监理单位根据抽检资料核定单元（工序）工程质量等级。发现不合格单元（工序）工程，应要求施工单位及时进行处理，合格后才能进行后续工程施工。对施工中的质量缺陷应书面记录备案，进行必要的统计分析，并在相应单元（工序）工程质量评定表“评定意见”栏内注明。

4.3.6 施工单位应及时将原材料、中间产品及单元（工序）工程质量检验结果送监理单位复核。并按月将施工质量情况报监理单位，由监理单位汇总分析后报（送）项目法人和工程质量监督机构。

4.3.7 单位工程完工后，项目法人应组织监理、设计、施工及工程运行管理等单位组成工程外观质量评定组，现场进行工程外观质量检验评定，并将评定结论报工程质量监督机构核定。参加工程外观质量评定的人员应具有工程师以上技术职称或相应执业资格。评定组人数应不少于5人，大型工程不宜少于7人。工程外观质量评定办法见附录A。

4.4 质量事故检查和质量缺陷备案

4.4.1 根据《水利工程质量事故处理暂行规定》（水利部令第9号），水利水电工程质量事故分为一般质量事故、较大质量事故、重大质量事故和特大质量事故4类。

4.4.2 质量事故发生后，有关单位应按“三不放过”原则，调查事故原因，研究处理措施，查明事故责任者，并根据《水利工程质量事故处理暂行规定》做好事故处理工作。

4.4.3 在施工过程中，因特殊原因使得工程个别部位或局部发生达不到技术标准和设计要求（但不影响使用），且未能及时进行处理的工程质量缺陷问题（质量评定仍定为合格），应以工程质量缺陷备案形式进行记录备案。

4.4.4 质量缺陷备案表由监理单位组织填写，内容应真实、准确、完整。各工程参建单位代表应在质量缺陷备案表上签字，若有不同意见应明确记载。质量缺陷备案表应及时报工程质量监督机构备案，格式见附录B。质量缺陷备案资料按竣工验收的标准制备。工程竣工验收时，项目法人应向竣工验收委员会汇报并提交历次质量缺陷备案资料。

4.4.5 工程质量事故处理后，应由项目法人委托具有相应资质等级的工程质量检测单位检测后，按照处理方案确定的质量标准，重新进行工程质量评定。

4.5 数据处理

4.5.1 测量误差的判断和处理，应符合JJG 1027—91和JJF 1059—1999的规定。

4.5.2 数据保留位数，应符合国家及行业有关试验规程及施工规范的规定。计算合格率时，小数点后保留一位。

4.5.3 数值修约应符合GB 8170—87的规定。

4.5.4 检验和分析数据可靠性时，应符合下列要求：

1 检查取样应具有代表性；

2 检验方法及仪器设备应符合国家及行业规定；

3 操作应准确无误。

4.5.5 实测数据是评定质量的基础资料，严禁伪造或随意舍弃检测数据。对可疑数据，应检查分析原因，并做出书面记录。

4.5.6 单元（工序）工程检测成果按《单元工程评定标准》规定进行计算。

4.5.7 水泥、钢材、外加剂、混合材及其他原材料的检测数量与数据统计方法应按现行国家和行业有关标准执行。

4.5.8 砂石骨料、石料及混凝土预制件等中间产品检测数据统计方法应符合《单元工程评定标准》的规定。

4.5.9 混凝土强度的检验评定应符合以下规定：

1 普通混凝土试块试验数据统计应符合附录C的规定。试块组数较少或对结论有怀疑时，也可采取其他措施进行检验。

2 碾压混凝土质量检验与评定按SL 53—94的规定执行。

3 喷射混凝土抗压强度的检验与评定应符合喷射混凝土抗压强度检验评定标准，详见附录D。

4.5.10 砂浆、砌筑用混凝土强度检验评定标准应符合附录E的规定。

4.5.11 混凝土、砂浆的抗冻、抗渗等其他检验评定标准应符合设计和相关技术标准的要求。

5 施工质量评定

5.1 合格标准

5.1.1 合格标准是工程验收标准。不合格工程必须进行处理且达到合格标准后，才能进行后续工程施工或验收。水利水电工程施工质量等级评定的主要依据有：

1 国家及相关行业技术标准；

2 《单元工程评定标准》；

3 经批准的设计文件、施工图纸、金属结构设计图样与技术条件、设计修改通知书、厂家提供的设备安装说明书及有关技术文件；

4 工程承发包合同中约定的技术标准；

5 工程施工期及试运行期的试验和观测分析成果。

5.1.2 单元（工序）工程施工质量合格标准应按照《单元工程评定标准》或合同约定的合格标准执行。当达不到合格标准时，应及时处理。处理后的质量等级应按下列规定重新确定：

1 全部返工重做的，可重新评定质量等级；

2 经加固补强并经设计和监理单位鉴定能达到设计要求时，其质量评为合格；

3 处理后的工程部分质量指标仍达不到设计要求时，经设计复核，项目法人及监理单位确认能满足安全和使用功能要求，可不再进行处理；或经加固补强后，改变了外形尺寸或造成工程永久性缺陷的，经项目法人、监理及设计单位确认能基本满足设计要求，其质量可定为合格，但应按规定进行质量缺陷备案。

5.1.3 分部工程施工质量同时满足下列标准时，其质量评为合格：

1 所含单元工程的质量全部合格，质量事故及质量缺陷已按要求处理，并经检验合格；

2　原材料、中间产品及混凝土（砂浆）试件质量全部合格，金属结构及启闭机制造质量合格，机电产品质量合格。

5.1.4　单位工程施工质量同时满足下列标准时，其质量评为合格：

1　所含分部工程质量全部合格；

2　质量事故已按要求进行处理；

3　工程外观质量得分率达到70%以上；

4　单位工程施工质量检验与评定资料基本齐全；

5　工程施工期及试运行期，单位工程观测资料分析结果符合国家和行业技术标准以及合同约定的标准要求。

5.1.5　工程项目施工质量同时满足下列标准时，其质量评为合格：

1　单位工程质量全部合格；

2　工程施工期及试运行期，各单位工程观测资料分析结果均符合国家和行业技术标准以及合同约定的标准要求。

5.2　优良标准

5.2.1　优良等级是为工程项目质量创优而设置。

5.2.2　单元工程施工质量优良标准应按照《单元工程评定标准》以及合同约定的优良标准执行。全部返工重做的单元工程，经检验达到优良标准时，可评为优良等级。

5.2.3　分部工程施工质量同时满足下列标准时，其质量评为优良：

1　所含单元工程质量全部合格，其中70%以上达到优良等级，重要隐蔽单元工程和关键部位单元工程质量优良率达90%以上，且未发生过质量事故；

2　中间产品质量全部合格，混凝土（砂浆）试件质量达到优良等级（当试件组数小于30时，试件质量合格），原材料质量、金属结构及启闭机制造质量合格，机电产品质量合格。

5.2.4　单位工程施工质量同时满足下列标准时，其质量评为优良：

1 所含分部工程质量全部合格，其中70%以上达到优良等级，主要分部工程质量全部优良，且施工中未发生过较大质量事故；

2 质量事故已按要求进行处理；

3 外观质量得分率达到85%以上；

4 单位工程施工质量检验与评定资料齐全；

5 工程施工期及试运行期，单位工程观测资料分析结果符合国家和行业技术标准以及合同约定的标准要求。

5.2.5 工程项目施工质量同时满足下列标准时，其质量评为优良：

1 单位工程质量全部合格，其中70%以上单位工程质量达到优良等级，且主要单位工程质量全部优良；

2 工程施工期及试运行期，各单位工程观测资料分析结果均符合国家和行业技术标准以及合同约定的标准要求。

5.3 质量评定工作的组织与管理

5.3.1 单元（工序）工程质量在施工单位自评合格后，由监理单位复核，监理工程师核定质量等级并签证认可。

5.3.2 重要隐蔽单元工程及关键部位单元工程质量经施工单位自评合格、监理单位抽检后，由项目法人（或委托监理）、监理、设计、施工、工程运行管理（施工阶段已经有时）等单位组成联合小组，共同检查核定其质量等级并填写签证表，报工程质量监督机构核备。重要隐蔽单元工程（关键部位单元工程）质量等级签证表见附录F。

5.3.3 分部工程质量，在施工单位自评合格后，由监理单位复核，项目法人认定。分部工程验收的质量结论由项目法人报工程质量监督机构核备。大型枢纽工程主要建筑物的分部工程验收的质量结论由项目法人报工程质量监督机构核定。分部工程施工质量评定表见附录G表G-1。

5.3.4 单位工程质量，在施工单位自评合格后，由监理单位复核，项目法人认定。单位工程验收的质量结论由项目法人报工程质量监督机构核定。单位工程施工质量评定表见附录G表G-2，单位工程施工质量检验与评定资料核查表见附录G表G-3。

5.3.5 工程项目质量，在单位工程质量评定合格后，由监理单位进行统计并评定工程项目质量等级，经项目法人认定后，报工程质量监督机构核定。工程项目施工质量评定表见附录G表G-4。

5.3.6 阶段验收前，工程质量监督机构应提交工程质量评价意见。

5.3.7 工程质量监督机构应按有关规定在工程竣工验收前提交工程质量监督报告，工程质量监督报告应有工程质量是否合格的明确结论。

附录A　水利水电工程外观质量评定办法

A.1　基 本 规 定

A.1.1　水利水电工程外观质量评定办法，按工程类型分为：枢纽工程、堤防工程、引水（渠道）工程、其他工程4类。

A.1.2　附录中的外观质量评定表列出的某些项目，如实际工程中无该项内容，应在相应检查、检测栏内用斜线“/”表示；工程有附录中未列出的外观质量项目时，应根据工程情况和有关技术标准进行补充。其质量标准及标准分应由项目法人组织监理、设计、施工等单位研究确定后报工程质量监督机构核备。

A.2　枢纽工程外观质量评定方法

A.2.1　枢纽工程中的水工建筑物外观质量评定表见表A.2.1。

表A.2.1　水工建筑物外观质量评定表

<table>
<tr><td colspan="2">单位工程名称</td><td colspan="2"></td><td colspan="2">施工单位</td><td colspan="3"></td></tr>
<tr><td colspan="2">主要工程量</td><td colspan="2"></td><td colspan="2">评定日期</td><td colspan="3">年　月　日</td></tr>
<tr><td rowspan="2">项次</td><td rowspan="2">项　目</td><td rowspan="2">标准分（分）</td><td colspan="4">评定得分（分）</td><td rowspan="2">备　注</td></tr>
<tr><td>一级
100%</td><td>二级
90%</td><td>三级
70%</td><td>四级
0</td></tr>
<tr><td>1</td><td>建筑物外部尺寸</td><td>12</td><td></td><td></td><td></td><td></td><td></td></tr>
<tr><td>2</td><td>轮廓线</td><td>10</td><td></td><td></td><td></td><td></td><td></td></tr>
<tr><td>3</td><td>表面平整度</td><td>10</td><td></td><td></td><td></td><td></td><td></td></tr>
<tr><td>4</td><td>立面垂直度</td><td>10</td><td></td><td></td><td></td><td></td><td></td></tr>
<tr><td>5</td><td>大角方正</td><td>5</td><td></td><td></td><td></td><td></td><td></td></tr>
<tr><td>6</td><td>曲面与平面联结</td><td>9</td><td></td><td></td><td></td><td></td><td></td></tr>
<tr><td>7</td><td>扭面与平面联结</td><td>9</td><td></td><td></td><td></td><td></td><td></td></tr>
<tr><td>8</td><td>马道及排水沟</td><td>3（4）</td><td></td><td></td><td></td><td></td><td></td></tr>
<tr><td>9</td><td>梯步</td><td>2（3）</td><td></td><td></td><td></td><td></td><td></td></tr>
<tr><td>10</td><td>栏杆</td><td>2（3）</td><td></td><td></td><td></td><td></td><td></td></tr>
</table>

表 A.2.1（续）

<table>
<tr><td colspan="3">单位工程名称</td><td colspan="3"></td><td colspan="1">施工单位</td><td colspan="2"></td></tr>
<tr><td colspan="3">主要工程量</td><td colspan="3"></td><td colspan="1">评定日期</td><td colspan="2">年　月　日</td></tr>
<tr><td rowspan="2">项次</td><td rowspan="2" colspan="2">项　目</td><td rowspan="2">标准分（分）</td><td colspan="4">评定得分（分）</td><td rowspan="2">备　注</td></tr>
<tr><td>一级
100%</td><td>二级
90%</td><td>三级
70%</td><td>四级
0</td></tr>
<tr><td>11</td><td colspan="2">扶梯</td><td>2</td><td></td><td></td><td></td><td></td><td></td></tr>
<tr><td>12</td><td colspan="2">闸坝灯饰</td><td>2</td><td></td><td></td><td></td><td></td><td></td></tr>
<tr><td>13</td><td colspan="2">混凝土表面缺陷情况</td><td>10</td><td></td><td></td><td></td><td></td><td></td></tr>
<tr><td>14</td><td colspan="2">表面钢筋割除</td><td>2（4）</td><td></td><td></td><td></td><td></td><td></td></tr>
<tr><td>15</td><td rowspan="2">砌体勾缝</td><td>宽度均匀、平整</td><td>4</td><td></td><td></td><td></td><td></td><td></td></tr>
<tr><td>16</td><td>竖、横缝平直</td><td>4</td><td></td><td></td><td></td><td></td><td></td></tr>
<tr><td>17</td><td colspan="2">浆砌卵石露头情况</td><td>8</td><td></td><td></td><td></td><td></td><td></td></tr>
<tr><td>18</td><td colspan="2">变形缝</td><td>3（4）</td><td></td><td></td><td></td><td></td><td></td></tr>
<tr><td>19</td><td colspan="2">启闭平台梁、柱、排架</td><td>5</td><td></td><td></td><td></td><td></td><td></td></tr>
<tr><td>20</td><td colspan="2">建筑物表面</td><td>10</td><td></td><td></td><td></td><td></td><td></td></tr>
<tr><td>21</td><td colspan="2">升压变电工程围墙（栏栅）、杆、架、塔、柱</td><td>5</td><td></td><td></td><td></td><td></td><td></td></tr>
<tr><td>22</td><td colspan="2">水工金属结构外表面</td><td>6（7）</td><td></td><td></td><td></td><td></td><td></td></tr>
<tr><td>23</td><td colspan="2">电站盘柜</td><td>7</td><td></td><td></td><td></td><td></td><td></td></tr>
<tr><td>24</td><td colspan="2">电缆线路敷设</td><td>4（5）</td><td></td><td></td><td></td><td></td><td></td></tr>
<tr><td>25</td><td colspan="2">电站油气、水、管路</td><td>3（4）</td><td></td><td></td><td></td><td></td><td></td></tr>
<tr><td>26</td><td colspan="2">厂区道路及排水沟</td><td>4</td><td></td><td></td><td></td><td></td><td></td></tr>
<tr><td>27</td><td colspan="2">厂区绿化</td><td>8</td><td></td><td></td><td></td><td></td><td></td></tr>
<tr><td colspan="3">合　计</td><td colspan="6">应得　　分，实得　　分，得分率　　%</td></tr>
</table>

<table>
<tr><td rowspan="6">外观质量评定组成员</td><td>单　位</td><td>单位名称</td><td>职　称</td><td>签　名</td></tr>
<tr><td>项目法人</td><td></td><td></td><td></td></tr>
<tr><td>监　理</td><td></td><td></td><td></td></tr>
<tr><td>设　计</td><td></td><td></td><td></td></tr>
<tr><td>施　工</td><td></td><td></td><td></td></tr>
<tr><td>运行管理</td><td></td><td></td><td></td></tr>
<tr><td colspan="2">工程质量监督机构</td><td colspan="3">核定意见：
核定人：（签名）加盖公章
年　月　日</td></tr>
<tr><td colspan="5">注：量大时，标准分采用括号内数值。</td></tr>
</table>

A. 2. 2 项目法人应在主体工程开工初期，组织监理、设计、施工等单位，根据工程特点（工程等级及使用情况）和相关技术标准，提出表 A. 2. 1 所列各项目的质量标准，报工程质量监督机构确认。

A. 2. 3 单位工程完工后，应按 4. 3. 7 条的规定，由工程外观质量评定组负责工程外观质量评定。

1 检查、检测项目经工程外观质量评定组全面检查后，抽测 25%，且各项不少于 10 点。

2 各项目工程外观质量评定等级分为四级，各级标准得分见表 A. 2. 3。

表 A. 2. 3 外观质量等级与标准得分

评定等级	检测项目测点合格率（%）	各项评定得分
一级	100	该项标准分
二级	90. 0～99. 9	该项标准分×90%
三级	70. 0～89. 9	该项标准分×70%
四级	＜70. 0	0

3 检查项目（见表 A. 2. 1 中项次 6、7、12、17、18、20～27）由工程外观质量评定组根据现场检查结果共同讨论决定其质量等级。

4 外观质量评定表由工程外观质量评定组根据现场检查、检测结果填写。

5 表尾由各单位参加工程外观质量评定的人员签名（施工单位 1 人。如本工程由分包单位施工，则总包单位、分包单位各派 1 人参加。项目法人、监理、设计各派 1～2 人。工程运行管理单位 1 人）。

A. 2. 4 工程外观质量评定结论由项目法人报工程质量监督机构核定。

A. 3 堤防工程外观质量评定方法

A. 3. 1 堤防工程外观质量评定表见表 A. 3. 1－1。堤防工程外观质量评定标准，见表 A. 3. 1－2。

表 A.3.1－1　堤防工程外观质量评定表

单位工程名称				施工单位			
主要工程量				评定日期	年　月　日		
项次	项　目	标准分（分）	评定得分（分）				备　注
			一级 100%	二级 90%	三级 70%	四级 0	
1	外部尺寸	30					
2	轮廓线	10					
3	表面平整度	10					
4	曲面与平面联结	5					
5	排水	5					
6	上堤马道	3					
7	堤顶附属设施	5					
8	防汛备料堆放	5					
9	草皮	8					
10	植树	8					
11	砌体排列	5					
12	砌缝	10					
合　计		应得　　分，实得　　分，得分率　　%					
外观质量评定组成员	单　位	单位名称		职　称		签　名	
	项目法人						
	监　理						
	设　计						
	施　工						
	运行管理						
工程质量监督机构		核定意见： 核定人：（签名）加盖公章 年　月　日					

表 A.3.1-2　堤防工程外观质量评定标准

<table>
<tr><th>项次</th><th>项目</th><th colspan="3">检查、检测内容</th><th>质量标准</th></tr>
<tr><td rowspan="14">1</td><td rowspan="14">外部尺寸</td><td rowspan="5">土堤</td><td rowspan="2">高程</td><td>堤顶</td><td>允许偏差为0～+15cm</td></tr>
<tr><td>平（戗）台顶</td><td>允许偏差为−10～+15cm</td></tr>
<tr><td rowspan="2">宽度</td><td>堤顶</td><td>允许偏差为−5～+15cm</td></tr>
<tr><td>平（戗）台顶</td><td>允许偏差为−10～+15cm</td></tr>
<tr><td colspan="2">边坡坡度</td><td>不陡于设计值，目测平顺</td></tr>
<tr><td rowspan="9">混凝土及砌石墙（堤）</td><td rowspan="3">堤顶高程</td><td>干砌石墙（堤）</td><td>允许偏差为0～+5cm</td></tr>
<tr><td>浆砌石墙（堤）</td><td>允许偏差为0～+4cm</td></tr>
<tr><td>混凝土墙（堤）</td><td>允许偏差为0～+3cm</td></tr>
<tr><td rowspan="3">墙面垂直度</td><td>干砌石墙（堤）</td><td>允许偏差为0.5%</td></tr>
<tr><td>浆砌石墙（堤）</td><td>允许偏差为0.5%</td></tr>
<tr><td>混凝土墙（堤）</td><td>允许偏差为0.5%</td></tr>
<tr><td>墙顶厚度</td><td>各类砌筑墙(堤)</td><td>允许偏差为−1～+2cm</td></tr>
<tr><td colspan="2">边坡坡度</td><td>不陡于设计值，目测平顺</td></tr>
<tr><td>2</td><td>轮廓线</td><td colspan="3">用长15m拉线沿堤顶轮廓连续测量</td><td>15m长度内凹凸偏差为3cm</td></tr>
<tr><td rowspan="3">3</td><td rowspan="3">表面平整度</td><td colspan="3">干砌石墙（堤）</td><td>用2m靠尺检测，不大于5.0cm/2m</td></tr>
<tr><td colspan="3">浆砌石墙（堤）</td><td>用2m靠尺检测，不大于2.5cm/2m</td></tr>
<tr><td colspan="3">混凝土墙（堤）</td><td>用2m靠尺检测，不大于1.0cm/2m</td></tr>
<tr><td>4</td><td>曲面与平面联结</td><td colspan="3">现场检查</td><td>一级：圆滑过渡，曲线流畅；
二级：平顺联结，曲线基本流畅；
三级：联结不够平顺，有明显折线；
四级：联结不平顺，折线突出</td></tr>
<tr><td>5</td><td>排水</td><td colspan="3">现场检查，结合检测</td><td>质量标准：排水通畅，形状尺寸误差为±3cm，无附着物；
一级：符合质量标准；
二级：基本符合质量标准；
三级：局部尺寸误差大，局部有附着物；
四级：排水尺寸误差大，多处有附着物</td></tr>
</table>

表 A.3.1-2（续）

项次	项目	检查、检测内容	质量标准
6	上堤马道	现场检查，结合检测	质量标准：马道宽度偏差为±2cm，高度偏差为±2cm； 一级：符合质量标准； 二级：基本符合质量标准； 三级：发现尺寸误差较大； 四级：多处马道尺寸误差大
7	堤顶附属设施	现场检查	一级：混凝土表面平整，棱线平直度等指标符合质量标准； 二级：混凝土表面平整，棱线平直度等指标基本符合质量标准； 三级：混凝土表面平整，棱线平直度等指标发现尺寸误差较大； 四级：混凝土表面平整，棱线平直度等指标误差大
8	防汛备料堆放	现场检查	一级：按规定位置备料，堆放整齐； 二级：按规定位置备料，堆放欠整齐； 三级：未按规定位置备料，堆放欠整齐； 四级：备料任意堆放
9	草皮	现场检查	一级：草皮铺设（种植）均匀，全部成活，无空白； 二级：草皮铺设（种植）均匀，成活面积90%以上，无空白； 三级：草皮铺设（种植）基本均匀，成活面积70%以上，有少量空白； 四级：达不到三级标准者
10	植树	现场检查	一级：植树排列整齐、美观，全部成活，无空白； 二级：植树排列整齐，成活率90%以上，无空白； 三级：植树排列基本整齐，成活率70%以上，有少量空白； 四级：达不到三级标准者

表 A.3.1-2（续）

项次	项目	检查、检测内容	质量标准
11	砌体排列	现场检查	一级：砌体排列整齐、铺放均匀、平整，无沉陷裂缝； 二级：砌体排列基本整齐、铺放均匀、平整，局部有沉陷裂缝； 三级：砌体排列多处不够整齐、铺放均匀、平整，局部有沉陷裂缝； 四级：砌体排列不整齐、不平整，多处有裂缝
12	砌缝	现场检查	一级：勾缝宽度均匀，砂浆填塞平整； 二级：勾缝宽度局部不够均匀，砂浆填塞基本平整； 三级：勾缝宽度多处不均匀，砂浆填塞不够平整； 四级：勾缝宽度不均匀，砂浆填塞粗糙不平
注：项次9草皮、10植树质量标准中的“空白”，指漏栽（种）面积。			

A.3.2 堤防工程较大交叉连接建筑物外观质量评定标准参见引水（渠道）建筑物工程外观质量评定标准（表A.4.2-2）中类似建筑物。

A.3.3 单位工程完工后，应按4.3.7条的规定，由工程外观质量评定组负责工程外观质量评定。具体实施应结合A.2.3条的规定进行。

A.3.4 工程外观质量评定结论由项目法人报工程质量监督机构核定。

A.4 引水（渠道）工程外观质量评定方法

A.4.1 明（暗）渠工程外观质量评定表见表A.4.1-1。明（暗）渠工程外观质量评定标准见表A.4.1-2。

表 A.4.1-1 明（暗）渠工程外观质量评定表

<table>
<tr><td colspan="2">单位工程名称</td><td colspan="3"></td><td colspan="2">施工单位</td><td colspan="2"></td></tr>
<tr><td colspan="2">主要工程量</td><td colspan="3"></td><td colspan="2">评定日期</td><td colspan="2"></td></tr>
<tr><td rowspan="2">项次</td><td rowspan="2">项　目</td><td rowspan="2">标准分（分）</td><td colspan="4">评定得分（分）</td><td rowspan="2" colspan="2">备　注</td></tr>
<tr><td>一级
100%</td><td>二级
90%</td><td>三级
70%</td><td>四级
0</td></tr>
<tr><td>1</td><td>外部尺寸</td><td>10</td><td></td><td></td><td></td><td></td><td colspan="2"></td></tr>
<tr><td>2</td><td>轮廓线</td><td>10</td><td></td><td></td><td></td><td></td><td colspan="2"></td></tr>
<tr><td>3</td><td>表面平整度</td><td>10</td><td></td><td></td><td></td><td></td><td colspan="2"></td></tr>
<tr><td>4</td><td>曲面与平面联结</td><td>3</td><td></td><td></td><td></td><td></td><td colspan="2"></td></tr>
<tr><td>5</td><td>扭面与平面联结</td><td>3</td><td></td><td></td><td></td><td></td><td colspan="2"></td></tr>
<tr><td>6</td><td>渠坡渠底衬砌</td><td>10</td><td></td><td></td><td></td><td></td><td colspan="2"></td></tr>
<tr><td>7</td><td>变形缝、结构缝</td><td>6</td><td></td><td></td><td></td><td></td><td colspan="2"></td></tr>
<tr><td>8</td><td>渠顶路面及排水沟</td><td>8</td><td></td><td></td><td></td><td></td><td colspan="2"></td></tr>
<tr><td>9</td><td>渠顶以上边坡</td><td>6</td><td></td><td></td><td></td><td></td><td colspan="2"></td></tr>
<tr><td>10</td><td>戗台及排水沟</td><td>5</td><td></td><td></td><td></td><td></td><td colspan="2"></td></tr>
<tr><td>11</td><td>沿渠小建筑物</td><td>5</td><td></td><td></td><td></td><td></td><td colspan="2"></td></tr>
<tr><td>12</td><td>梯步</td><td>3</td><td></td><td></td><td></td><td></td><td colspan="2"></td></tr>
<tr><td>13</td><td>弃渣堆放</td><td>5</td><td></td><td></td><td></td><td></td><td colspan="2"></td></tr>
<tr><td>14</td><td>绿化</td><td>10</td><td></td><td></td><td></td><td></td><td colspan="2"></td></tr>
<tr><td>15</td><td>原状岩土面完整性</td><td>3</td><td></td><td></td><td></td><td></td><td colspan="2"></td></tr>
<tr><td colspan="2">合　计</td><td colspan="7">应得　　分，实得　　分，得分率　　%</td></tr>
<tr><td rowspan="7">外观质量评定组成员</td><td>单　位</td><td colspan="2">单位名称</td><td colspan="3">职　称</td><td colspan="2">签　名</td></tr>
<tr><td>项目法人</td><td colspan="2"></td><td colspan="3"></td><td colspan="2"></td></tr>
<tr><td>监　理</td><td colspan="2"></td><td colspan="3"></td><td colspan="2"></td></tr>
<tr><td>设　计</td><td colspan="2"></td><td colspan="3"></td><td colspan="2"></td></tr>
<tr><td>施　工</td><td colspan="2"></td><td colspan="3"></td><td colspan="2"></td></tr>
<tr><td>运行管理</td><td colspan="2"></td><td colspan="3"></td><td colspan="2"></td></tr>
<tr><td colspan="2">工程质量监督机构</td><td colspan="7">核定意见：

核定人：（签名）加盖公章
年　　月　　日</td></tr>
</table>

表 A.4.1-2　明（暗）渠工程外观质量评定标准

项次	项目	检查、检测内容	质量标准
1	外部尺寸	1）上口宽、底宽	允许偏差为±1/200设计值
		2）渠顶宽	±3cm
2	轮廓线	1）渠顶边线	用15m长拉线连续测量，其最大凹凸不超过3cm
		2）渠底边线	
		3）其他部位	
3	表面平整度	1）混凝土面、砂浆抹面、混凝土预制块	用2m直尺检测，不大于1cm/2m
		2）浆砌石（料石、块石、石板）	用2m直尺检测，不大于2cm/2m
		3）干砌石	用2m直尺检测，不大于3cm/2m
		4）泥结石路面	用2m直尺检测，不大于3cm/2m
4	曲面与平面联结	现场检查	一级：圆滑过渡，曲线流畅，表面清洁，无附着物； 二级：联结平顺，曲线基本流畅，表面清洁，无附着物； 三级：联结基本平顺，局部有折线，表面无附着物； 四级：达不到三级标准者
5	扭面与平面联结		
6	渠坡渠底衬砌	1）混凝土护面、砂浆抹面 现场检查	一级：表面平整光洁，无质量缺陷； 二级：表面平整，无附着物，无错台、裂缝及蜂窝等质量缺陷； 三级：表面平整，局部蜂窝、麻面、错台及裂缝等质量缺陷面积小于5%，且已处理合格； 四级：达不到三级标准者
		2）混凝土预制板（块）护面 现场检查	一级：完整、砌缝整齐，表面清洁、平整； 二级：完整、砌缝整齐，大面平整，表面较清洁； 三级：完整、砌缝基本整齐，大面平整，表面基本清洁； 四级：达不到三级标准者
		3）浆砌石（含料石、块石、石板、卵石） 现场检查	一级：石料外形尺寸一致，勾缝平顺美观，大面平整，露头均匀，排列整齐； 二级：石料外形尺寸一致，勾缝平顺，大面平整，露头较均匀，排列较整齐； 三级：石料外形尺寸基本一致，勾缝平顺，大面基本平整，露头基本均匀； 四级：达不到三级标准者

表 A.4.1-2（续）

项次	项目	检查、检测内容	质量标准
7	变形缝、结构缝	现场检查	一级：缝宽均匀、平顺，充填材料饱满密实； 二级：缝宽较均匀，充填材料饱满密实； 三级：缝宽基本均匀，局部稍差，充填材料基本饱满； 四级：达不到三级标准者
8	渠顶路面及排水沟	现场检查	一级：路面平整，宽度一致，排水沟整洁通畅，无倒坡； 二级：路面平整，宽度基本一致，排水沟通畅，无倒坡； 三级：路面较平整，宽度基本一致，排水沟通畅； 四级：达不到三级标准者
9	渠顶以上边坡	1）混凝土格栅护砌现场检查	一级：网格摆放平稳、整齐，坡脚线为直线或规则曲线； 二级：网格摆放平稳、较整齐，坡脚线基本为直线或规则曲线； 三级：网格摆放平稳、基本整齐，局部稍差； 四级：达不到三级标准者
		2）砌石衬护边坡现场检查	一级：砌石排列整齐、平整、美观； 二级：砌石排列较整齐，大面平整； 三级：砌石面基本平整； 四级：达不到三级标准者
10	戗台及排水沟	1）戗台宽度	允许偏差为±2cm
		2）排水沟宽度	允许偏差为±1.5cm
		3）戗台边线顺直度	3cm/15m
11	沿渠小建筑物	现场检查	一级：外表平整、清洁、美观，无缺陷； 二级：外表平整、清洁，无缺陷； 三级：外表基本平整、较清洁、表面缺陷面积小于5%总面积； 四级：达不到三级标准者
12	梯步	现场检查	一级：梯步高度均匀，长度相同，宽度一致，表面清洁，无缺陷； 二级：梯步高度均匀，长度基本相同，宽度一致，表面清洁，无缺陷； 三级：梯步高度均匀，长度基本相同，宽度基本一致，表面较清洁，有局部缺陷； 四级：达不到三级标准者

表 A.4.1-2（续）

项次	项目	检查、检测内容	质量标准
13	弃渣堆放	现场检查	一级：堆放位置正确，稳定、平整； 二级：堆放位置正确，稳定、基本平整； 三级：堆放位置基本正确，稳定、基本平整，局部稍差； 四级：达不到三级标准者
14	绿化	1）植树 现场检查	一级：植树排列整齐、美观，全部成活，无空白； 二级：植树排列整齐，成活率90%以上，无空白； 三级：植树排列基本整齐，成活率70%以上，有少量空白； 四级：达不到三级标准者
		2）草皮 现场检查	一级：草皮铺设（种植）均匀，全部成活，无空白； 二级：草皮铺设（种植）均匀，成活面积90%以上，无空白； 三级：草皮铺设（种植）基本均匀，成活面积70%以上，有少量空白； 四级：达不到三级标准者
		3）草方格（草格栅） 现场检查	一级：大面平整，过渡自然，网格规则整齐，栽插均匀，栽种植物成活率达80%以上； 二级：大面较平整，网格规则，栽插较均匀，栽种植物成活率达60%以上； 三级：大面基本平整，网格基本规则，栽插基本均匀，栽种植物成活率达50%以上； 四级：达不到三级标准者
15	原状岩土面完整性	现场检查	一级：原状岩土面完整，无扰动破坏； 二级：原状岩土面完整，局部有扰动，无松动岩土； 三级：原状岩土面基本完整，松动岩土已处理； 四级：达不到三级标准者
注：项次14植树和草皮质量标准中的“空白”指漏栽（种）面积。			

A.4.2 引水（渠道）建筑物工程外观质量评定表见表A.4.2-1。引水（渠道）建筑物工程外观质量评定标准见表A.4.2-2。

表 A.4.2-1 引水（渠道）建筑物工程外观质量评定表

<table>
<tr><td colspan="2">单位工程名称</td><td colspan="3"></td><td colspan="2">施工单位</td><td colspan="2"></td></tr>
<tr><td colspan="2">主要工程量</td><td colspan="3"></td><td colspan="2">评定日期</td><td colspan="2"></td></tr>
<tr><td rowspan="2">项次</td><td rowspan="2" colspan="2">项　目</td><td rowspan="2">标准分（分）</td><td colspan="4">评定得分（分）</td><td rowspan="2">备　注</td></tr>
<tr><td>一级
100%</td><td>二级
90%</td><td>三级
70%</td><td>四级
0</td></tr>
<tr><td>1</td><td colspan="2">外部尺寸</td><td>12</td><td></td><td></td><td></td><td></td><td></td></tr>
<tr><td>2</td><td colspan="2">轮廓线</td><td>10</td><td></td><td></td><td></td><td></td><td></td></tr>
<tr><td>3</td><td colspan="2">表面平整度</td><td>10</td><td></td><td></td><td></td><td></td><td></td></tr>
<tr><td>4</td><td colspan="2">立面垂直度</td><td>10</td><td></td><td></td><td></td><td></td><td></td></tr>
<tr><td>5</td><td colspan="2">大角方正</td><td>5</td><td></td><td></td><td></td><td></td><td></td></tr>
<tr><td>6</td><td colspan="2">曲面与平面联结</td><td>8</td><td></td><td></td><td></td><td></td><td></td></tr>
<tr><td>7</td><td colspan="2">扭面与平面联结</td><td>8</td><td></td><td></td><td></td><td></td><td></td></tr>
<tr><td>8</td><td colspan="2">梯步</td><td>4</td><td></td><td></td><td></td><td></td><td></td></tr>
<tr><td>9</td><td colspan="2">栏杆</td><td>4（6）</td><td></td><td></td><td></td><td></td><td></td></tr>
<tr><td>10</td><td colspan="2">灯饰</td><td>2（4）</td><td></td><td></td><td></td><td></td><td></td></tr>
<tr><td>11</td><td colspan="2">变形缝、结构缝</td><td>3</td><td></td><td></td><td></td><td></td><td></td></tr>
<tr><td>12</td><td colspan="2">砌体</td><td>6（8）</td><td></td><td></td><td></td><td></td><td></td></tr>
<tr><td>13</td><td colspan="2">排水工程</td><td>3</td><td></td><td></td><td></td><td></td><td></td></tr>
<tr><td>14</td><td colspan="2">建筑物表面</td><td>5</td><td></td><td></td><td></td><td></td><td></td></tr>
<tr><td>15</td><td colspan="2">混凝土表面</td><td>5</td><td></td><td></td><td></td><td></td><td></td></tr>
<tr><td>16</td><td colspan="2">表面钢筋割除</td><td>4</td><td></td><td></td><td></td><td></td><td></td></tr>
<tr><td>17</td><td colspan="2">水工金属结构表面</td><td>6</td><td></td><td></td><td></td><td></td><td></td></tr>
<tr><td>18</td><td colspan="2">管线(路)及电气设备</td><td>4</td><td></td><td></td><td></td><td></td><td></td></tr>
<tr><td>19</td><td colspan="2">房屋建筑安装工程</td><td>6（8）</td><td></td><td></td><td></td><td></td><td></td></tr>
<tr><td>20</td><td colspan="2">绿化</td><td>8</td><td></td><td></td><td></td><td></td><td></td></tr>
<tr><td colspan="3">合　　计</td><td colspan="6">应得　　　分，实得　　　分，得分率　　　%</td></tr>
</table>

<table>
<tr><td rowspan="6">外观质量评定组成员</td><td>单　　位</td><td>单位名称</td><td>职　称</td><td>签　名</td></tr>
<tr><td>项目法人</td><td></td><td></td><td></td></tr>
<tr><td>监　　理</td><td></td><td></td><td></td></tr>
<tr><td>设　　计</td><td></td><td></td><td></td></tr>
<tr><td>施　　工</td><td></td><td></td><td></td></tr>
<tr><td>运行管理</td><td></td><td></td><td></td></tr>
<tr><td colspan="2">工程质量监督机构</td><td colspan="3">核定意见：
核定人：（签名）加盖公章
年　　月　　日</td></tr>
<tr><td colspan="5">注：量大时，标准分采用括号内数值。</td></tr>
</table>

表 A.4.2-2　引水（渠道）建筑物工程外观质量标准

项次	项目	检查、检测内容	质量标准
1	外部尺寸	过流断面尺寸	允许偏差为±1/200 设计值
		梁、柱截面	允许偏差为±0.5cm
		墩墙宽度、厚度	允许偏差为±4cm
		坡度 m 值	允许偏差为±0.05
2	轮廓线	连续拉线检测	尺寸较大建筑物，最大凹凸不超过 2cm/10m；较小建筑物，最大凹凸不超过 1cm/5m
3	表面平整度	1）混凝土面、砂浆抹面、混凝土预制块	用 2m 直尺检测，不大于 1cm/2m
		2）浆砌石（料石、块石、石板）	用 2m 直尺检测，不大于 2cm/2m
		3）干砌石	用 2m 直尺检测，不大于 3cm/2m
		4）饰面砖	用 2m 直尺检测，不大于 0.5cm/2m
4	立面垂直度	墩墙	允许偏差为 1/200 设计高，且不超过 2cm
		柱	允许偏差为 1/500 设计高，且不超过 2cm
5	大角方正	检测	±0.6°（用角度尺检测）
6	曲面与平面联结	现场检查	一级：圆滑过渡，曲线流畅； 二级：平顺联结，曲线基本流畅； 三级：联结不够平顺，有明显折线； 四级：未达到三级标准者
7	扭面与平面联结		
8	梯步	检测	高度偏差为 ±1cm； 宽度偏差为 ±1cm； 长度偏差为 ±2cm
9	栏杆	现场检查、检测	1. 混凝土栏杆：顺直度 1.5cm/15m；垂直度±1.0cm； 2. 金属栏杆：顺直度 1cm/15m；垂直度±0.5cm；漆面色泽均匀，无起皱、脱皮、结疤及流淌现象
10	灯饰	现场检查	一级：排列顺直，外形规则； 二级：排列顺直，外形基本规则； 三级：排列基本顺直，外形基本规则； 四级：未达到三级标准者

表 A.4.2-2（续）

项次	项目	检查、检测内容	质量标准
11	变形缝、结构缝	现场检查	一级：缝面顺直，宽度均匀，填充材料饱满密实； 二级：缝面顺直，宽度基本均匀，填充材料饱满； 三级：缝面基本顺直，宽度基本均匀，填充材料基本饱满； 四级：未达到三级标准者
12	砌体	现场检查	一级：砌体排列整齐、露头均匀，大面平整，砌缝饱满密实，缝面顺直，宽度均匀； 二级：砌体排列基本整齐、露头基本均匀，大面平整，砌缝饱满密实，缝面顺直，宽度基本均匀； 三级：砌体排列多处不整齐、露头不够均匀，大面基本平整，砌缝基本饱满，缝面基本顺直，宽度基本均匀； 四级：未达到三级标准者
13	排水工程	现场检查	一级：排水沟轮廓顺直流畅，宽度一致，排水孔外形规则，布置美观，排水畅通； 二级：排水沟轮廓顺直，宽度基本一致，排水孔外形规则，排水畅通； 三级：排水沟轮廓基本顺直，宽度基本一致，排水孔外形基本规则，排水畅通； 四级：未达到三级标准者
14	建筑物表面	现场检查	一级：建筑物表面洁净无附着物； 二级：建筑物表面附着物已清除，但局部清除不彻底； 三级：表面附着物已清除80%，无垃圾； 四级：未达到三级标准者
15	混凝土表面	现场检查、检测	一级：混凝土表面无蜂窝、麻面、挂帘、裙边、错台、局部凹凸及表面裂缝等缺陷； 二级：缺陷面积之和不大于3%总面积； 三级：缺陷面积之和为总面积3%～5%； 四级：缺陷面积之和超过总面积5%并小于10%，超过10%应视为质量缺陷

表 A.4.2-2（续）

项次	项目	检查、检测内容	质量标准
16	表面钢筋割除	现场检查、检测	一级：全部割除，无明显凸出部分； 二级：全部割除，少部分明显凸出表面； 三级：割除面积达到95%以上，且未割除部分不影响建筑功能及安全； 四级：割除面积小于95%者； 注：设计有具体要求者，应符合设计要求
17	水工金属结构表面	现场检查	一级：焊缝均匀，两侧飞渣清除干净，临时支撑割除干净，且打磨平整，油漆均匀，色泽一致，无脱皮起皱现象； 二级：焊缝均匀，表面清除干净，油漆基本均匀； 三级：表面清除基本干净，油漆防腐完整，颜色基本一致； 四级：未达到三级标准者
18	管线（路）及电气设备	现场检查	一级：管线（路）顺直，设备排列整齐，表面清洁； 二级：管线（路）基本顺直，设备排列基本整齐，表面基本清洁； 三级：管线（路）不够顺直，设备排列不够整齐，表面不够清洁； 四级：未达到三级标准者
19	房屋建筑安装工程		见附录A.5相关内容
20	绿化	现场检查	一级：草皮铺设、植树满足设计要求； 二级：草皮铺设、植树基本满足设计要求； 三级：草皮铺设、植树有空白，多处成活不好； 四级：未达到三级标准者
注：项次20绿化质量标准中的“空白”指漏栽（种）面积。			

A.4.3 单位工程完工后，应按4.3.7条的规定，由工程外观质量评定组负责工程外观质量评定。具体实施应结合A.2.3条的规定进行。

A.4.4 工程外观质量评定结论由项目法人报工程质量监督机构核定。

A.5 其他工程外观质量评定

A.5.1 水利水电工程中的永久性房屋（管理设施用房）、专用公路及专用铁路等工程外观质量评定，应执行相关行业规定。

A.5.2 水利水电工程中的房屋建筑工程外观质量评定表见表A.5.2。

表A.5.2 水利水电工程房屋建筑工程外观质量评定表

单位工程名称		分部工程名称		施工单位		
结构类型		建筑面积		评定日期	年　月　日	
序号	项目		抽查质量状况	质量评价		
				好	一般	差
1	建筑与结构	室外墙面				
2		变形缝				
3		水落管、屋面				
4		室内墙面				
5		室内顶棚				
6		室内地面				
7		楼梯、踏步、护栏				
8		门窗				
1	给排水与采暖	管道接口、坡度、支架				
2		卫生器具、支架、阀门				
3		检查口、扫除口、地漏				
4		散热器、支架				
1	建筑电气	配电箱、盘、板、接线盒				
2		设备器具、开关、插座				
3		防雷、接地				

表 A.5.2（续）

单位工程名称		分部工程名称		施工单位	
结构类型		建筑面积		评定日期	年　月　日

序号	项目		抽查质量状况	质量评价		
				好	一般	差
1	通风与空调	风管、支架				
2		风口、风阀				
3		风机、空调设备				
4		阀门、支架				
5		水泵、冷却塔				
6		绝热				
1	电梯	运行、平层、开关门				
2		层门、信号系统				
3		机房				
1	智能建筑	机房设备安装及布局				
2		现场设备安装				
外观质量综合评价						

外观质量评定组成员	单　位	单位名称	职　称	签　名
	项目法人			
	监　理			
	设　计			
	施　工			
	运行管理			
工程质量监督机构	核定意见： 核定人：（签名）加盖公章 年　月　日			
注：质量综合评价为“差”的项目，应进行返修。				

A.5.3 房屋建筑工程，在单位工程完工后，应按 4.3.7 条的规

定，由工程外观质量评定组负责工程外观质量评定，具体实施应结合 A. 2. 3 条的规定进行。

1 表 A. 5. 2 表头的“分部工程”栏，指发电厂房、变电站、水闸等单位工程中包含的房屋建筑分部工程，需按表 A. 5. 2 评定外观质量，同时应在表中填写分部工程名称。

2 外观质量检查的内容多为定性判断项目，应由工程外观质量评定组人员共同通过观察触摸（有时可辅以简单量测），经商讨后给予评价。

3 房屋建筑工程的各专业施工质量验收规范中，对外观质量有具体检验要求。表 A. 5. 2 中质量评价标准如下：

1） 好，指外观质量较优良；

2） 一般，指基本符合要求；

3） 差，指外观质量达不到要求，且存在明显缺陷者。被评为“差”的项目应进行返修处理，在达到质量要求后再检查评定。

4 外观质量评定后，各单位参加工程外观质量评定组人员应在表 A. 5. 2 表尾签字。

A. 5. 4 工程外观质量评定结论应由项目法人报工程质量监督机构核定。

附录B　水利水电工程施工质量缺陷备案表格式

编号：

____________工程施工质量缺陷备案表

质量缺陷所在单位工程：

缺陷类别：

备案日期：　　　　　年　　月　　日

1. 质量缺陷产生的部位（主要说明具体部位、缺陷描述并附示意图）：

2. 质量缺陷产生的主要原因：

3. 对工程的安全性、使用功能和运用影响分析：

4. 处理方案，或不处理原因分析：

5. 保留意见（保留意见应说明主要理由，或采用其他方案及主要理由）：

保留意见人　　　　　　（签名）

（或保留意见单位及责任人，盖公章，签名）

6. 参建单位和主要人员

1）施工单位：　　　　　　（盖公章）

质检部门负责人：　　　　（签名）

技术负责人：　　　　　　（签名）

2）设计单位：　　　　　　（盖公章）

设计代表：　　　　　　　（签名）

3）监理单位：　　　　　　（盖公章）

监理工程师：　　　　　　（签名）

总监理工程师：　　　　　（签名）

4）项目法人：　　　　　　（盖公章）

现场代表：　　　　　　　（签名）

技术负责人：　　　　　　（签名）

填表说明：

1. 本表由监理单位组织填写。
2. 本表应采用钢笔或中性笔，用深蓝色或黑色墨水填写。字迹应规范、工整、清晰。

附录C 普通混凝土试块试验数据统计方法

C.0.1 同一标号（或强度等级）混凝土试块28天龄期抗压强度的组数$n \geqslant 30$时，应符合表C.0.1的要求。

表C.0.1 混凝土试块28天抗压强度质量标准

项目		质量标准	
		优良	合格
任何一组试块抗压强度最低不得低于设计值的		90%	85%
无筋（或少筋）混凝土强度保证率		85%	80%
配筋混凝土强度保证率		95%	90%
混凝土抗压强度的离差系数	<20MPa	<0.18	<0.22
	≥20MPa	<0.14	<0.18

C.0.2 同一标号（或强度等级）混凝土试块28天龄期抗压强度的组数$30 > n \geqslant 5$时，混凝土试块强度应同时满足下列要求：

$$R_n - 0.7S_n > R_{标} \qquad (C.0.2-1)$$

$$R_n - 1.60S_n \geqslant 0.83R_{标} \quad (当 R_{标} \geqslant 20) \qquad (C.0.2-2)$$

$$或 \geqslant 0.80R_{标} \quad (当 R_{标} < 20) \qquad (C.0.2-3)$$

式中 S_n——n组试件强度的标准差，MPa，$S_n = \sqrt{\dfrac{\sum_{i=1}^{n}(R_i - R_n)^2}{n-1}}$当统计得到的$S_n < 2.0$（或1.5）MPa时，应取$S_n = 2.0$MPa（$R_{标} \geqslant 20$MPa）；$S_n = 1.5$MPa（$R_{标} < 20$MPa）；

R_n——n组试件强度的平均值，MPa；

R_i——单组试件强度，MPa；

$R_{标}$——设计28天龄期抗压强度值，MPa；

n ——样本容量。

C. 0. 3 同一标号（或强度等级）混凝土试块 28 天龄期抗压强度的组数 $5>n\geqslant 2$ 时，混凝土试块强度应同时满足下列要求：

$$\overline{R}_n \geqslant 1.15R_{标} \tag{C. 0. 3 - 1}$$

$$R_{min} \geqslant 0.95R_{标} \tag{C. 0. 3 - 2}$$

式中 $\overline{R}_n$——n 组试块强度的平均值，MPa；

$R_{标}$——设计 28 天龄期抗压强度值，MPa；

R_{min}——n 组试块中强度最小一组的值，MPa。

C. 0. 4 同一标号（或强度等级）混凝土试块 28 天龄期抗压强度的组数只有一组时，混凝土试块强度应满足下式要求：

$$R \geqslant 1.15R_{标} \tag{C. 0. 4}$$

式中 R——试块强度实测值，MPa；

$R_{标}$——设计 28 天龄期抗压强度值，MPa。

附录D 喷射混凝土抗压强度检验评定标准

D.0.1 水利水电工程永久性支护工程的喷射混凝土试块28天龄期抗压强度应满足重要工程的合格条件，临时支护工程的喷射混凝土试块28天龄期抗压强度应满足一般工程的合格条件。

1 重要工程的合格条件为：

$$f'_{ck} - K_1 S_n \geqslant 0.9 f_c \quad \text{(D.0.1-1)}$$

$$f'_{ck\min} \geqslant K_2 f_c \quad \text{(D.0.1-2)}$$

2 一般工程的合格条件为：

$$f'_{ck} \geqslant f_c \quad \text{(D.0.1-3)}$$

$$f'_{ck\min} \geqslant 0.85 f_c \quad \text{(D.0.1-4)}$$

式中 f'_{ck}——施工阶段同批 n 组喷射混凝土试块抗压强度的平均值，MPa；

f_c——喷射混凝土立方体抗压强度设计值，MPa；

$f'_{ck\min}$——施工阶段同批 n 组喷射混凝土试块抗压强度的最小值，MPa；

K_1、K_2——合格判定系数，按表D.0.1取值；

n——施工阶段每批喷射混凝土试块的抽样组数；

S_n——施工阶段同批 n 组喷射混凝土试块抗压强度的标准差，MPa。

表D.0.1 合格判定系数 K_1、K_2 值

n	10～14	15～24	≥25
K_1	1.70	1.65	1.60
K_2	0.90	0.85	0.85

当同批试块组数 $n<10$ 时，可按 $f'_{ck} \geqslant 1.15 f_c$ 以及 $f'_{ck\min} \geqslant 0.95 f_c$ 验收（同批试块是指原材料和配合比基本相同的喷射混凝土试块）。

附录 E 砂浆、砌筑用混凝土强度检验评定标准

E.0.1 同一标号（或强度等级）试块组数 $n \geqslant 30$ 组时，28 天龄期的试块抗压强度应同时满足以下标准：

1 强度保证率不小于 80%。

2 任意一组试块强度不低于设计强度的 85%。

3 设计 28 天龄期抗压强度小于 20.0MPa 时，试块抗压强度的离差系数不大于 0.22；设计 28 天龄期抗压强度大于或等于 20.0MPa 时，试块抗压强度的离差系数小于 0.18。

E.0.2 同一标号（或强度等级）试块组数 $n<30$ 组时，28 天龄期的试块抗压强度应同时满足以下标准：

1 各组试块的平均强度不低于设计强度。

2 任意一组试块强度不低于设计强度的 80%。

附录F 重要隐蔽单元工程(关键部位单元工程)质量等级签证表

<table>
<tr><td colspan="2">单位工程名称</td><td></td><td>单元工程量</td><td></td></tr>
<tr><td colspan="2">分部工程名称</td><td></td><td>施工单位</td><td></td></tr>
<tr><td colspan="2">单元工程名称、部位</td><td></td><td>自评日期</td><td>年 月 日</td></tr>
<tr><td>施工单位
自评意见</td><td colspan="4">1. 自评意见：

2. 自评质量等级：
终检人员 （签名）</td></tr>
<tr><td>监理单位
抽查意见</td><td colspan="4">抽查意见：

监理工程师 （签名）</td></tr>
<tr><td>联合小组
核定意见</td><td colspan="4">1. 核定意见：

2. 质量等级：
年 月 日</td></tr>
<tr><td>保留意见</td><td colspan="4">
（签名）</td></tr>
<tr><td>备查资料
清单</td><td colspan="4">（1）地质编录 □
（2）测量成果 □
（3）检测试验报告（岩芯试验、软基承载力试验、结构强度等） □
（4）影像资料 □
（5）其他（ ） □</td></tr>
<tr><td rowspan="6">联
合
小
组
成
员</td><td colspan="2">单位名称</td><td>职务、职称</td><td>签名</td></tr>
<tr><td>项目法人</td><td></td><td></td><td></td></tr>
<tr><td>监理单位</td><td></td><td></td><td></td></tr>
<tr><td>设计单位</td><td></td><td></td><td></td></tr>
<tr><td>施工单位</td><td></td><td></td><td></td></tr>
<tr><td>运行管理</td><td></td><td></td><td></td></tr>
<tr><td colspan="5">注：重要隐蔽单元工程验收时，设计单位应同时派地质工程师参加。备查资料清单中凡涉及的项目应在“□”内打“√”，如有其他资料应在括号内注明资料的名称。</td></tr>
</table>

附录G　水利水电工程项目施工质量评定表

表G-1　分部工程施工质量评定表

<table>
<tr><td colspan="2">单位工程名称</td><td colspan="2"></td><td>施工单位</td><td colspan="2"></td></tr>
<tr><td colspan="2">分部工程名称</td><td colspan="2"></td><td>施工日期</td><td colspan="2">自　年　月　日至　年　月　日</td></tr>
<tr><td colspan="2">分部工程量</td><td colspan="2"></td><td>评定日期</td><td colspan="2">年　月　日</td></tr>
<tr><td>项次</td><td>单元工程种类</td><td>工程量</td><td>单元工程个数</td><td>合格个数</td><td>其中优良个数</td><td>备注</td></tr>
<tr><td>1</td><td></td><td></td><td></td><td></td><td></td><td></td></tr>
<tr><td>2</td><td></td><td></td><td></td><td></td><td></td><td></td></tr>
<tr><td>3</td><td></td><td></td><td></td><td></td><td></td><td></td></tr>
<tr><td>4</td><td></td><td></td><td></td><td></td><td></td><td></td></tr>
<tr><td>5</td><td></td><td></td><td></td><td></td><td></td><td></td></tr>
<tr><td>6</td><td></td><td></td><td></td><td></td><td></td><td></td></tr>
<tr><td colspan="2">合计</td><td></td><td></td><td></td><td></td><td></td></tr>
<tr><td colspan="2">重要隐蔽单元工程、关键部位单元工程</td><td></td><td></td><td></td><td></td><td></td></tr>
<tr><td colspan="4">施工单位自评意见</td><td>监理单位复核意见</td><td colspan="2">项目法人认定意见</td></tr>
<tr><td colspan="4">本分部工程的单元工程质量全部合格。优良率为　%，重要隐蔽单元工程及关键部位单元工程　个，优良率为　%。原材料质量　，中间产品质量　，金属结构及启闭机制造质量　，机电产品质量　。质量事故及质量缺陷处理情况：

分部工程质量等级：

评定人：
项目技术负责人：　　（盖公章）
年　月　日</td><td>复核意见：

分部工程质量等级：

监理工程师：
年　月　日

总监或副总监：

（盖公章）
年　月　日</td><td colspan="2">认定意见：

分部工程质量等级：

现场代表：
年　月　日

技术负责人：

（盖公章）
年　月　日</td></tr>
<tr><td colspan="2">工程质量监督机构</td><td colspan="5">核定（备）意见：
核定等级：　核定（备）人：（签名）　负责人：（签名）
年　月　日　　年　月　日</td></tr>
<tr><td colspan="7">注：分部工程验收的质量结论，由项目法人报工程质量监督机构核备。大型枢纽工程主要建筑物的分部工程验收的质量结论，由项目法人报工程质量监督机构核定。</td></tr>
</table>

表 G-2 单位工程施工质量评定表

工程项目名称		施工单位	
单位工程名称		施工日期	自 年 月 日至 年 月 日
单位工程量		评定日期	年 月 日

序号	分部工程名称	质量等级		序号	分部工程名称	质量等级	
		合格	优良			合格	优良
1				8			
2				9			
3				10			
4				11			
5				12			
6				13			
7				14			

分部工程共　个，全部合格，其中优良　个，优良率　%，主要分部工程优良率　%。

外观质量	应得　分，实得　分，得分率　%。
施工质量检验资料	
质量事故处理情况	
观测资料分析结论	

施工单位自评等级：	监理单位复核等级：	项目法人认定等级：	工程质量监督机构核定等级：
评定人：	复核人：	认定人：	核定人：
项目经理：	总监或副总监：	单位负责人：	机构负责人：
（盖公章） 年 月 日	（盖公章） 年 月 日	（盖公章） 年 月 日	（盖公章） 年 月 日

表 G-3　单位工程施工质量检验与评定资料核查表

<table>
<tr><td colspan="2" rowspan="2">单位工程名称</td><td rowspan="2"></td><td>施工单位</td><td></td></tr>
<tr><td>核查日期</td><td>年　月　日</td></tr>
<tr><td>项次</td><td colspan="2">项　目</td><td>份数</td><td>核查情况</td></tr>
<tr><td>1</td><td rowspan="11">原材料</td><td>水泥出厂合格证、厂家试验报告</td><td></td><td rowspan="11"></td></tr>
<tr><td>2</td><td>钢材出厂合格证、厂家试验报告</td><td></td></tr>
<tr><td>3</td><td>外加剂出厂合格证及有关技术性能指标</td><td></td></tr>
<tr><td>4</td><td>粉煤灰出厂合格证及技术性能指标</td><td></td></tr>
<tr><td>5</td><td>防水材料出厂合格证、厂家试验报告</td><td></td></tr>
<tr><td>6</td><td>止水带出厂合格证及技术性能试验报告</td><td></td></tr>
<tr><td>7</td><td>土工布出厂合格证及技术性能试验报告</td><td></td></tr>
<tr><td>8</td><td>装饰材料出厂合格证及技术性能试验报告</td><td></td></tr>
<tr><td>9</td><td>水泥复验报告及统计资料</td><td></td></tr>
<tr><td>10</td><td>钢材复验报告及统计资料</td><td></td></tr>
<tr><td>11</td><td>其他原材料出厂合格证及技术性能试验资料</td><td></td></tr>
<tr><td>12</td><td rowspan="6">中间产品</td><td>砂、石骨料试验资料</td><td></td><td rowspan="6"></td></tr>
<tr><td>13</td><td>石料试验资料</td><td></td></tr>
<tr><td>14</td><td>混凝土拌和物检查资料</td><td></td></tr>
<tr><td>15</td><td>混凝土试件统计资料</td><td></td></tr>
<tr><td>16</td><td>砂浆拌和物及试件统计资料</td><td></td></tr>
<tr><td>17</td><td>混凝土预制件（块）检验资料</td><td></td></tr>
<tr><td>18</td><td rowspan="10">金属结构及启闭机</td><td>拦污栅出厂合格证及有关技术文件</td><td></td><td rowspan="10"></td></tr>
<tr><td>19</td><td>闸门出厂合格证及有关技术文件</td><td></td></tr>
<tr><td>20</td><td>启闭机出厂合格证及有关技术文件</td><td></td></tr>
<tr><td>21</td><td>压力钢管生产许可证及有关技术文件</td><td></td></tr>
<tr><td>22</td><td>闸门、拦污栅安装测量记录</td><td></td></tr>
<tr><td>23</td><td>压力钢管安装测量记录</td><td></td></tr>
<tr><td>24</td><td>启闭机安装测量记录</td><td></td></tr>
<tr><td>25</td><td>焊接记录及探伤报告</td><td></td></tr>
<tr><td>26</td><td>焊工资质证明材料（复印件）</td><td></td></tr>
<tr><td>27</td><td>运行试验记录</td><td></td></tr>
</table>

表 G-3（续）

<table>
<tr><td colspan="2" rowspan="2">单位工程名称</td><td rowspan="2"></td><td>施工单位</td><td></td></tr>
<tr><td>核查日期</td><td>年　月　日</td></tr>
<tr><td>项次</td><td colspan="2">项　　目</td><td>份数</td><td>核查情况</td></tr>
<tr><td>28</td><td rowspan="12">机电设备</td><td>产品出厂合格证、厂家提交的安装说明书及有关资料</td><td></td><td rowspan="12"></td></tr>
<tr><td>29</td><td>重大设备质量缺陷处理资料</td><td></td></tr>
<tr><td>30</td><td>水轮发电机组安装测量记录</td><td></td></tr>
<tr><td>31</td><td>升压变电设备安装测试记录</td><td></td></tr>
<tr><td>32</td><td>电气设备安装测试记录</td><td></td></tr>
<tr><td>33</td><td>焊缝探伤报告及焊工资质证明</td><td></td></tr>
<tr><td>34</td><td>机组调试及试验记录</td><td></td></tr>
<tr><td>35</td><td>水力机械辅助设备试验记录</td><td></td></tr>
<tr><td>36</td><td>发电电气设备试验记录</td><td></td></tr>
<tr><td>37</td><td>升压变电电气设备检测试验报告</td><td></td></tr>
<tr><td>38</td><td>管道试验记录</td><td></td></tr>
<tr><td>39</td><td>72 小时试运行记录</td><td></td></tr>
<tr><td>40</td><td rowspan="7">重要隐蔽工程施工记录</td><td>灌浆记录、图表</td><td></td><td rowspan="7"></td></tr>
<tr><td>41</td><td>造孔灌注桩施工记录、图表</td><td></td></tr>
<tr><td>42</td><td>振冲桩振冲记录</td><td></td></tr>
<tr><td>43</td><td>基础排水工程施工记录</td><td></td></tr>
<tr><td>44</td><td>地下防渗墙施工记录</td><td></td></tr>
<tr><td>45</td><td>主要建筑物地基开挖处理记录</td><td></td></tr>
<tr><td>46</td><td>其他重要施工记录</td><td></td></tr>
<tr><td>47</td><td rowspan="4">综合资料</td><td>质量事故调查及处理报告、质量缺陷处理检查记录</td><td></td><td rowspan="4"></td></tr>
<tr><td>48</td><td>工程施工期及试运行期观测资料</td><td></td></tr>
<tr><td>49</td><td>工序、单元工程质量评定表</td><td></td></tr>
<tr><td>50</td><td>分部工程、单位工程质量评定表</td><td></td></tr>
<tr><td colspan="3">施工单位自查意见</td><td colspan="2">监理单位复查意见</td></tr>
<tr><td colspan="3">自查：

填表人：
质检部门负责人：　　（盖公章）
年　月　日</td><td colspan="2">复查：

监理工程师：
监理单位：　　（盖公章）
年　月　日</td></tr>
</table>

表 G-4 工程项目施工质量评定表

工程项目名称		项目法人	
工程等级		设计单位	
建设地点		监理单位	
主要工程量		施工单位	
开工、竣工日期	自 年 月 日 至 年 月 日	评定日期	年 月 日

序号	单位工程名称	单元工程质量统计			分部工程质量统计			单位工程等级	备注
		个数（个）	其中优良（个）	优良率（%）	个数（个）	其中优良（个）	优良率（%）		
1									加△者为主要单位工程
2									
3									
4									
5									
6									
7									
8									
9									
10									
11									
12									
13									
14									
15									
16									
17									
18									
19									
20									
单元工程、分部工程合计									

评定结果	本项目单位工程 个，质量全部合格。其中优良工程 个，优良率 %，主要单位工程优良率 %。
观测资料分析结论	

表 G-4（续）

监理单位意见	项目法人意见	工程质量监督机构核定意见
工程项目质量等级： 总监理工程师： 监理单位：（盖公章） 年 月 日	工程项目质量等级： 法定代表人： 项目法人：（盖公章） 年 月 日	工程项目质量等级： 负责人： 质量监督机构：（盖公章） 年 月 日

条文说明

1 总　　则

1.0.1 水利水电工程是国家重要的基础设施。工程质量的优劣，不仅影响工程效益的发挥，而且直接影响人民生命财产安全和国家经济社会发展。水利水电工程涉及专业众多，施工质量检验与评定过程繁复，必须统一施工质量检验评定方法，因此制定本规程。

1.0.2 本规程适用范围是大中型水利水电工程及部分规模虽小但失事后影响较大的小型工程的施工质量检验与评定。其他小型水利水电工程可参照本标准的规定，由项目法人组织监理、设计、施工单位共同研究，提出其施工质量检验与评定办法，上报项目主管部门审批后执行。条文中“坝高30m以上”含30m，“4级以上”含4级，“10MW以上”含10MW。

1.0.3 合格等级是必须达到的等级，政府验收时，只按“合格”确定工程质量等级。优良等级是为工程项目质量创优或执行合同约定而设置。

1.0.5 水利水电工程质量检验与评定工作是参建各方（其中主要是施工单位、监理单位和项目法人）的职责，工程质量监督机构承担监督职责。水利工程质量监督机构是水行政主管部门对水利水电工程质量进行监督管理的专职机构，参建各方应主动接受工程质量监督机构对其质量行为和工程实体质量的监督与检查。

2 术　　语

2.0.1 水利水电工程质量的定义是依据《质量管理体系　基础和术语》(GB/T 19000—2000)(该标准等同于ISO 9000：2000《质量管理体系　基础和术语》)3.1.1、3.1.2、3.5.1、3.5.2以及《建筑工程施工质量验收统一标准》(GB 50300—2001）的2.0.2，结合水利水电工程有关标准编写。按GB/T 19000—

2000中上述条文的规定，质量是一组特性满足要求的程度，质量特性指产品、过程或体系与要求（3.1.2）有关的固有特性。

水利水电工程最重要的固有特性是安全、功能、适用、外观及环保功能。安全性指建筑物的强度、稳定性、耐久性对建筑物本身、人及周围环境的保证。功能指水利水电工程对建设目的（如蓄水、输水、发电、挡水、防洪……）的保证。适用性指工程技术先进、布局合理、使用方便、功能适宜。外观是工程外在质量特性的体现。环境保护指由于工程的兴建对自然环境和社会环境有利影响的利用程度和不利影响的减免或改善程度。国家及水利行业标准及合同的规定就是水利水电工程应满足的要求。水利水电工程质量包含设计质量、施工质量和管理质量。本规程是施工质量检验评定规程，只涉及工程施工质量。

2.0.2 质量检验，系按照《质量管理体系 基础和术语》(GB/T 19000—2000）中3.8.2、3.8.3、3.4.5、3.5.1、3.5.2以及《建筑工程施工质量验收统一标准》(GB 50300—2001）的2.0.6编写。

2.0.3 质量评定，系按照《质量管理体系 基础和术语》(GB/T 19000—2000）中3.5.2及关于评定的概念编写。

2.0.7 关键部位单元工程，包括土建类工程、金属结构及启闭机安装工程中属于关键部位的单元工程。

2.0.8 隐蔽工程泛指地基开挖、地基处理、基础工程、地下防渗工程、地基排水工程、地下建筑工程等所有在完工后被覆盖的工程。主要建筑物的隐蔽工程中，涉及严重影响建筑物安全或使用功能的单元工程称为重要隐蔽单元工程。如主坝坝基开挖中涉及断层或裂隙密集带的单元工程是重要隐蔽单元工程。

2.0.9 主要建筑物，系根据《水利水电工程等级划分及防洪标准》（SL 252—2000）编写。如挡水坝、防洪堤、泄洪和输水工程进水口建筑物等。属于主要建筑物的单位工程称为主要单位工程。当主要建筑物规模较大时，为有利于施工质量管理，进行项目划分时常将具有独立施工条件的某一部分划为一个单位工程。如混凝土重力坝主坝，可按坝段将其划分为几个单位工程，每个单位工程都称为主要单位工程。

2.0.11 见证取样一般由监理单位监督下进行，未实行监理的工程则由项目法人监督进行。

2.0.13、2.0.14 是按照《水利工程质量事故处理暂行规定》编写。按其规定，工程建设中发生的以下质量问题属于质量缺陷：

1 发生在大体积混凝土、金结制作安装及机电设备安装工程中，处理所需物资、器材及设备、人工等直接损失费用不超过20万元人民币。

2 发生在土石方工程或混凝土薄壁工程中，处理所需物资、器材及设备、人工等直接损失费用不超过10万元人民币。

3 处理后不影响工程正常使用和寿命。

3 项 目 划 分

3.1 项 目 名 称

3.1.1 各类水利工程项目划分示例见表1水利水电枢纽工程项目划分表，表2堤防工程项目划分表，表3引水（渠道）工程项目划分表。

表1 水利水电枢纽工程项目划分表

工程类别	单位工程	分部工程	说明
一、拦河坝工程	(一)土质心(斜)墙土石坝	1. 坝基开挖与处理	
		△2. 坝基及坝肩防渗	视工程量可划分为数个分部工程
		△3. 防渗心（斜）墙	视工程量可划分为数个分部工程
		*4. 坝体填筑	视工程量可划分为数个分部工程
		5. 坝体排水	视工程量可划分为数个分部工程
		6. 坝脚排水棱体（或贴坡排水）	视工程量可划分为数个分部工程
		7. 上游坝面护坡	
		8. 下游坝面护坡	(1) 含马道、梯步、排水沟； (2) 如为混凝土面板（或预制块）和浆砌石护坡时，应含排水孔及反滤层

表1（续）

工程类别	单位工程	分部工程	说　明
一、拦河坝工程	(一)土质心(斜)墙土石坝	9. 坝顶	含防浪墙、栏杆、路面、灯饰等
		10. 护岸及其他	
		11. 高边坡处理	视工程量可划分为数个分部工程，当工程量很大时，可单列为单位工程
		12. 观测设施	含监测仪器埋设、管理房等。单独招标时，可单列为单位工程
	(二)均质土坝	1. 坝基开挖与处理	
		△2. 坝基及坝肩防渗	视工程量可划分为数个分部工程
		*3. 坝体填筑	视工程量可划分为数个分部工程
		4. 坝体排水	视工程量可划分为数个分部工程
		5. 坝脚排水棱体（或贴坡排水）	视工程量可划分为数个分部工程
		6. 上游坝面护坡	
		7. 下游坝面护坡	(1) 含马道、梯步、排水沟； (2) 如为混凝土面板（或预制块）和浆砌石护坡时，应含排水孔及反滤层
		8. 坝顶	含防浪墙、栏杆、路面、灯饰等
		9. 护岸及其他	
		10. 高边坡处理	视工程量可划分为数个分部工程
		11. 观测设施	含监测仪器埋设、管理房等。单独招标时，可单列为单位工程
	(三)混凝土面板堆石坝	1. 坝基开挖与处理	
		△2. 趾板及周边缝止水	视工程量可划分为数个分部工程
		△3. 坝基及坝肩防渗	视工程量可划分为数个分部工程
		△4. 混凝土面板及接缝止水	视工程量可划分为数个分部工程
		5. 垫层与过渡层	
		6. 堆石体	视工程量可划分为数个分部工程
		7. 上游铺盖和盖重	
		8. 下游坝面护坡	含马道、梯步、排水沟
		9. 坝顶	含防浪墙、栏杆、路面、灯饰等
		10. 护岸及其他	
		11. 高边坡处理	视工程量可划分为数个分部工程，当工程量很大时，可单列为单位工程
		12. 观测设施	含监测仪器埋设、管理房等。单独招标时，可单列为单位工程

表 1（续）

工程类别	单位工程	分部工程	说　明
一、拦河坝工程	（四）沥青混凝土面板（心墙）堆石坝	1. 坝基开挖与处理	视工程量可划分为数个分部工程
		△2. 坝基及坝肩防渗	视工程量可划分为数个分部工程
		△3. 沥青混凝土面板（心墙）	视工程量可划分为数个分部工程
		*4. 坝体填筑	视工程量可划分为数个分部工程
		5. 坝体排水	
		6. 上游坝面护坡	沥青混凝土心墙土石坝有此分部
		7. 下游坝面护坡	含马道、梯步、排水沟
		8. 坝顶	含防浪墙、栏杆、路面、灯饰等
		9. 护岸及其他	
		10. 高边坡处理	视工程量可划分为数个分部工程，当工程量很大时，可单列为单位工程
		11. 观测设施	含监测仪器埋设、管理房等。单独招标时，可单列为单位工程
	（五）复合土工膜斜（心）墙土石坝	1. 坝基开挖与处理	
		△2. 坝基及坝肩防渗	
		△3. 土工膜斜（心）墙	
		*4. 坝体填筑	视工程量可划分为数个分部工程
		5. 坝体排水	
		6. 上游坝面护坡	
		7. 下游坝面护坡	含马道、梯步、排水沟
		8. 坝顶	含防浪墙、栏杆、路面、灯饰等
		9. 护岸及其他	
		10. 高边坡处理	视工程量可划分为数个分部工程
		11. 观测设施	含监测仪器埋设、管理房等。单独招标时，可单列为单位工程

表 1（续）

工程类别	单位工程	分部工程	说　明
一、拦河坝工程	（六）混凝土（碾压混凝土）重力坝	1．坝基开挖与处理	
		△2．坝基及坝肩防渗与排水	
		3．非溢流坝段	视工程量可划分为数个分部工程
		△4．溢流坝段	视工程量可划分为数个分部工程
		*5．引水坝段	
		6．厂坝联结段	
		△7．底孔（中孔）坝段	视工程量可划分为数个分部工程
		8．坝体接缝灌浆	
		9．廊道及坝内交通	含灯饰、路面、梯步、排水沟等。如为无灌浆（排水）廊道，本分部应为主要分部工程
		10．坝顶	含路面、灯饰、栏杆等
		11．消能防冲工程	视工程量可划分为数个分部工程
		12．高边坡处理	视工程量可划分为数个分部工程，当工程量很大时，可单列为单位工程
		13．金属结构及启闭机安装	视工程量可划分为数个分部工程
		14．观测设施	含监测仪器埋设、管理房等。单独招标时，可单列为单位工程
	（七）混凝土（碾压混凝土）拱坝	1．坝基开挖与处理	
		△2．坝基及坝肩防渗排水	视工程量可划分为数个分部工程
		3．非溢流坝段	视工程量可划分为数个分部工程
		△4．溢流坝段	
		△5．底孔（中孔）坝段	
		6．坝体接缝灌浆	视工程量可划分为数个分部工程
		7．廊道	含梯步、排水沟、灯饰等。如为无灌浆（排水）廊道，本分部应为主要分部工程
		8．消能防冲	视工程量可划分为数个分部工程
		9．坝顶	含路面、栏杆、灯饰等
		△10．推力墩（重力墩、翼坝）	
		11．周边缝	仅限于有周边缝拱坝
		12．铰座	仅限于铰拱坝
		13．高边坡处理	视工程量可划分为数个分部工程
		14．金属结构及启闭机安装	视工程量可划分为数个分部工程
		15．观测设施	含监测仪器埋设、管理房等。单独招标时，可单列为单位工程

表 1（续）

工程类别	单位工程	分部工程	说明
一、拦河坝工程	（八）浆砌石重力坝	1. 坝基开挖与处理	
		△2. 坝基及坝肩防渗排水	视工程量可划分为数个分部工程
		3. 非溢流坝段	视工程量可划分为数个分部工程
		△4. 溢流坝段	
		*5. 引水坝段	
		6. 厂坝联结段	
		△7. 底孔（中孔）坝段	
		△8. 坝面（心墙）防渗	
		9. 廊道及坝内交通	含灯饰、路面、梯步、排水沟等。如为无灌浆（排水）廊道，本分部应为主要分部工程
		10. 坝顶	含路面、栏杆、灯饰等
		11. 消能防冲工程	视工程量可划分为数个分部工程
		12. 高边坡处理	视工程量可划分为数个分部工程
		13. 金属结构及启闭机安装	
		14. 观测设施	含监测仪器埋设、管理房等。单独招标时，可单列为单位工程
	（九）浆砌石拱坝	1. 坝基开挖与处理	
		△2. 坝基及坝肩防渗排水	
		3. 非溢流坝段	视工程量可划分为数个分部工程
		△4. 溢流坝段	
		△5. 底孔（中孔）坝段	
		△6. 坝面防渗	
		7. 廊道	含灯饰、路面、梯步、排水沟等
		8. 消能防冲	
		9. 坝顶	含路面、栏杆、灯饰等
		△10. 推力墩（重力墩、翼坝）	视工程量可划分为数个分部工程
		11. 高边坡处理	视工程量可划分为数个分部工程
		12. 金属结构及启闭机安装	
		13. 观测设施	含监测仪器埋设、管理房等。单独招标时，可单列为单位工程

表 1（续）

工程类别	单位工程	分部工程	说　明
一、拦河坝工程	（十）橡胶坝	1. 坝基开挖与处理	
		2. 基础底板	
		3. 边墩（岸墙）、中墩	
		4. 铺盖或截渗墙、上游翼墙及护坡	
		5. 消能防冲	
		△6. 坝袋安装	
		△7. 控制系统	含管路安装、水泵安装、空压机安装
		8. 安全与观测系统	含充水坝安全溢流设备安装、排气阀安装；充气坝安全阀安装、水封管（或U形管）安装；自动塌坝装置安装；坝袋内压力观测设施安装，上下游水位观测设施安装
		9. 管理房	房建按《建筑工程施工质量验收统一标准》（GB 50300—2001）附录B划分分项工程
二、泄洪工程	（一）溢洪道工程（含陡槽溢洪道、侧堰溢洪道、竖井溢洪道）	△1. 地基防渗及排水	
		2. 进水渠段	
		△3. 控制段	
		4. 泄槽段	
		5. 消能防冲段	视工程量可划分为数个分部工程
		6. 尾水段	
		7. 护坡及其他	
		8. 高边坡处理	视工程量可划分为数个分部工程
		9. 金属结构及启闭机安装	视工程量可划分为数个分部工程
	（二）泄洪隧洞（放空洞、排砂洞）	△1. 进水口或竖井（土建）	
		2. 有压洞身段	视工程量可划分为数个分部工程
		3. 无压洞身段	
		△4. 工作闸门段（土建）	
		5. 出口消能段	
		6. 尾水段	
		△7. 导流洞堵体段	
		8. 金属结构及启闭机安装	

表1（续）

工程类别	单位工程	分部工程	说　明
三、枢纽工程中的引水工程	(一)坝体引水工程(含发电、灌溉、工业及生活取水口工程)	△1. 进水闸室段（土建）	
		2. 引水渠段	
		3. 厂坝联结段	
		4. 金属结构及启闭机安装	
	（二）引水隧洞及压力管道工程	△1. 进水闸室段（土建）	
		2. 洞身段	视工程量可划分为数个分部工程
		3. 调压井	
		△4. 压力管道段	
		5. 灌浆工程	含回填灌浆、固结灌浆、接缝灌浆
		6. 封堵体	长隧洞临时支洞
		7. 封堵闸	长隧洞永久支洞
		8. 金属结构及启闭机安装	
四、发电工程	（一）地面发电厂房工程	1. 进口段（指闸坝式）	
		2. 安装间	
		3. 主机段	土建，每台机组段为一个分部工程
		4. 尾水段	
		5. 尾水渠	
		6. 副厂房、中控室	安装工作量大时，可单列控制盘柜安装分部工程。房建工程按GB 50300—2001附录B划分分项工程
		△7. 水轮发电机组安装	以每台机组安装工程为一个分部工程
		8. 辅助设备安装	
		9. 电气设备安装	电气一次、电气二次可分列分部工程
		10. 通信系统	通信设备安装，单独招标时，可单列为单位工程
		11. 金属结构及启闭（起重）设备安装	拦污栅、进口及尾水闸门启闭机、桥式起重机可单列分部工程
		△12. 主厂房房建工程	按GB 50300—2001附录B序号2、3、4、5、6、8划分分项工程
		13. 厂区交通、排水及绿化	含道路、建筑小品、亭台、花坛、场坪绿化、排水沟渠等

表 1（续）

工程类别	单位工程	分部工程	说　明
四、发电工程	（二）地下发电厂房工程	1. 安装间	
		2. 主机段	土建，每台机组段为一个分部工程
		3. 尾水段	
		4. 尾水洞	
		5. 副厂房、中控室	在安装工作量大时，可单列控制盘柜安装分部工程。房建工程按 GB 50300—2001 附录 B 划分分项工程
		6. 交通隧洞	视工程量可划分为数个分部工程
		7. 出线洞	
		8. 通风洞	
		△9. 水轮发电机组安装	每台机组为一个分部工程
		10. 辅助设备安装	
		11. 电气设备安装	电气一次、电气二次可分列分部工程
		12. 金属结构及启闭（起重）设备安装	尾水闸门启闭机、桥式起重机可单列分部工程
		13. 通信系统	通信设备安装，单独招标时，可单列为单位工程
		14. 砌体及装修工程	按 GB 50300—2001 附录 B 序号 2、3、4、5、6、8 划分分项工程
	（三）坝内式发电厂房工程	△1. 进水口闸室段（土建）	
		2. 压力管道	
		3. 安装间	
		4. 主机段	土建，每台机组段为一个分部工程
		5. 尾水段	
		6. 副厂房及中控室	在安装工作量大时，可单列控制盘柜安装分部工程。房建工程按 GB 50300—2001 附录 B 划分分项工程
		△7. 水轮发电机组安装	每台机组为一个分部工程
		8. 辅助设备安装	
		9. 电气设备安装	电气一次、电气二次可分列分部工程
		10. 通信系统	通信设备安装，单独招标时，可单列为单位工程
		11. 交通廊道	含梯步、路面、灯饰工程。电梯按 GB 50300—2001 附录 B 序号 9 划分分项工程
		12. 金属结构及启闭（起重）设备安装	视工程量可划分为数个分部工程
		13. 砌体及装修工程	按 GB 50300—2001 附录 B 序号 2、3、4、5、6、8 划分分项工程

表1（续）

工程类别	单位工程	分部工程	说　明
五、升压变电工程	地面升压变电站、地下升压变电站	1. 变电站（土建）	
		2. 开关站（土建）	
		3. 操作控制室	房建工程按 GB 50300—2001 附录 B 划分分项工程
		△4. 主变压器安装	
		5. 其他电气设备安装	按设备类型划分
		6. 交通洞	仅限于地下升压站
六、水闸工程	泄洪闸、冲砂闸、进水闸	1. 上游联结段	
		2. 地基防渗及排水	
		△3. 闸室段（土建）	
		4. 消能防冲段	
		5. 下游联结段	
		6. 交通桥（工作桥）	含栏杆、灯饰等
		7. 金属结构及启闭机安装	视工程量可划分为数个分部工程
		8. 闸房	按 GB 50300—2001 附录 B 划分分项工程
七、过鱼工程	（一）鱼闸工程	1. 上鱼室	
		2. 井或闸室	
		3. 下鱼室	
		4. 金属结构及启闭机安装	
	（二）鱼道工程	1. 进口段	
		2. 槽身段	
		3. 出口段	
		4. 金属结构及启闭机安装	

表 1（续）

<table>
<tr><th>工程类别</th><th>单位工程</th><th>分部工程</th><th>说　明</th></tr>
<tr><td rowspan="8">八、航运工程</td><td>（一）船闸工程</td><td colspan="2">按交通部《船闸工程质量检验评定标准》（JTJ 288—93）表 2.0.2-1、表 2.0.2-2 和表 2.0.2-3 划分分部工程和分项工程</td></tr>
<tr><td rowspan="7">（二）升船机工程</td><td>1. 上引航道及导航建筑物</td><td>按交通部 JTJ 288—93 表 2.0.2-1、表 2.0.2-2 和表 2.0.2-3 划分分项工程</td></tr>
<tr><td>2. 上闸首</td><td>按交通部 JTJ 288—93 表 2.0.2-1、表 2.0.2-2 和表 2.0.2-3 划分分项工程</td></tr>
<tr><td>3. 升船机主体</td><td>含普通混凝土、混凝土预制构件制作、混凝土预制构件安装、钢构件安装、承船厢制作、承船厢安装、升船机制作、升船机安装、机电设备安装等</td></tr>
<tr><td>4. 下闸首</td><td>按交通部 JTJ 288—93 表 2.0.2-1、表 2.0.2-2 和表 2.0.2-3 划分分项工程</td></tr>
<tr><td>5. 下引航道</td><td>按交通部 JTJ 288—93 表 2.0.2-1、表 2.0.2-2 和表 2.0.2-3 划分分项工程</td></tr>
<tr><td>6. 金属结构及启闭机安装</td><td>按交通部 JTJ 288—93 表 2.0.2-1、表 2.0.2-2 和表 2.0.2-3 划分分项工程</td></tr>
<tr><td>7. 附属设施</td><td>按交通部 JTJ 288—93 表 2.0.2-1、表 2.0.2-2 和表 2.0.2-3 划分分项工程</td></tr>
<tr><td rowspan="2">九、交通工程</td><td>（一）永久性专用公路工程</td><td colspan="2">按交通部《公路工程质量检验评定标准》（JTG F 80/1～2—2004）进行项目划分</td></tr>
<tr><td>（二）永久性专用铁路工程</td><td colspan="2">按铁道部发布的铁路工程有关规定进行项目划分</td></tr>
<tr><td>十、管理设施</td><td colspan="3">永久性辅助性生产房屋及生活用房按 GB 50300—2001 附录 B 及附录 C 进行项目划分</td></tr>
<tr><td colspan="4">注：分部工程名称前加“△”者为主要分部工程。加“*”者可定为主要分部工程，也可定为一般分部工程，视实际情况决定。</td></tr>
</table>

表 2　堤防工程项目划分表

工程类别	单位工程	分部工程	说　明
一、防洪堤（1、2、3、4级堤防）	（一）△堤身工程	△1. 堤基处理	
		2. 堤基防渗	
		3. 堤身防渗	
		△4. 堤身填（浇、砌）筑工程	包括碾压式土堤填筑、土料吹填筑堤、混凝土防洪墙、砌石堤等
		5. 填塘固基	
		6. 压浸平台	
		7. 堤身防护	
		8. 堤脚防护	
		9. 小型穿堤建筑物	视工程量，以一个或同类数个小型穿堤建筑物为1个分部工程
	（二）堤岸防护	1. 护脚工程	
		△2. 护坡工程	
二、交叉连接建筑物（仅限于较大建筑物）	（一）涵洞	1. 地基与基础工程	
		2. 进口段	
		△3. 洞身	视工程量可划分为1个或数个分部工程
		4. 出口段	
	（二）水闸	1. 上游联结段	
		2. 地基与基础	
		△3. 闸室（土建）	
		4. 交通桥	
		5. 消能防冲段	
		6. 下游联结段	
		7. 金属结构及启闭机安装	
	（三）公路桥	按照 JTG F 80/1—2004 附录 A 进行项目划分	
	（四）公路		
三、管理设施	（一）管理设施	△1. 观测设施	单独招标时，可单列为单位工程
		2. 生产生活设施	房建工程按 GB 50300—2001 附录 B 划分分项工程
		3. 交通工程	公路按 JTG F 80/1～2—2004 划分分项工程
		4. 通信工程	通信设备安装，单独招标时，可单列为单位工程

注 1：单位工程名称前加“△”者为主要单位工程，分部工程名称前加“△”者为主要分部工程；

注 2：交叉连接建筑物中的“较大建筑物”指该建筑物的工程量（投资）与防洪堤中所划分的其他单位工程的工程量（投资）接近的建筑物。

表 3　引水（渠道）工程项目划分表

工程类别	单位工程	分部工程	说　明
一、引(输)水河(渠)道	(一)明渠、暗渠	1. 渠基开挖工程	以开挖为主。视工程量划分为数个分部工程
		2. 渠基填筑工程	以填筑为主。视工程量划分为数个分部工程
		△3. 渠道衬砌工程	视工程量划分为数个分部工程
		4. 渠顶工程	含路面、排水沟、绿化工程、桩号及界桩埋设等
		5. 高边坡处理	指渠顶以上边坡处理，视工程量划分为数个分部工程
		6. 小型渠系建筑物	以同类数座建筑物为一个分部工程
二、建筑物(* 指 1、2、3 级建筑物)	(一)水闸	1. 上游引河段	视工程量划分为数个分部工程
		2. 上游联结段	
		3. 闸基开挖与处理	
		4. 地基防渗及排水	
		△5. 闸室段（土建）	
		6. 消能防冲段	
		7. 下游联结段	
		8. 下游引河段	视工程量划分为数个分部工程
		9. 桥梁工程	
		10. 金属结构及启闭机安装	
		11. 闸房	按 GB 50300—2001 附录 B 中划分分项工程
	(二)渡槽	1. 基础工程	
		2. 进出口段	
		△3. 支承结构	视工程量划分为数个分部工程
		△4. 槽身	视工程量划分为数个分部工程

表 3（续）

工程类别	单位工程	分部工程	说　明
二、建筑物（＊指1、2、3级建筑物）	（三）隧洞	1. 进口段	
		2. 洞身 △（1）洞身段	围岩软弱或裂隙发育时，按长度将洞身划分为数个分部工程，每个分部工程中有开挖单元及衬砌单元。洞身分部工程中对安全、功能或效益起控制作用的分部工程为主要分部工程
		2. 洞身 （2）洞身开挖	围岩质地条件较好时，按施工顺序将洞身划分为数个洞身开挖分部工程和数个洞身衬砌分部工程。洞身衬砌分部工程中对安全、功能或效益起控制作用的分部工程为主要分部工程
		2. 洞身 △(3)洞身衬砌	
		3. 隧洞固结灌浆	
		△4. 隧洞回填灌浆	
		5. 堵头段（或封堵闸）	临时支洞为堵头段，永久支洞为封堵闸
		6. 出口段	
	（四）倒虹吸工程	1. 进口段	含开挖、砌（浇）筑及回填工程
		△2. 管道段	含管床、管道安装、镇墩、支墩、阀井及设备安装等。视工程量可按管道长度划分为数个分部工程
		3. 出口段	含开挖、砌（浇）筑及回填工程
		4. 金属结构及启闭机安装	
	（五）涵洞	1. 基础与地基工程	
		2. 进口段	
		△3. 洞身	视工程量可划分为数个分部工程
		4. 出口段	

表 3（续）

<table>
<tr><th>工程类别</th><th>单位工程</th><th>分部工程</th><th>说　明</th></tr>
<tr><td rowspan="18">二、建筑物（*指1、2、3级建筑物）</td><td rowspan="15">(六)泵站</td><td>1. 引渠</td><td>视工程量划分为数个分部工程</td></tr>
<tr><td>2. 前池及进水池</td><td></td></tr>
<tr><td>3. 地基与基础处理</td><td></td></tr>
<tr><td>4. 主机段（土建，电机层地面以下）</td><td>以每台机组为一个分部工程</td></tr>
<tr><td>5. 检修间</td><td rowspan="3">按 GB 50300—2001 附录 B 中划分分项工程</td></tr>
<tr><td>6. 配电间</td></tr>
<tr><td>△7. 泵房房建工程（电机层地面至屋顶）</td></tr>
<tr><td>△8. 主机泵设备安装</td><td>以每台机组安装为一个分部工程</td></tr>
<tr><td>9. 辅助设备安装</td><td></td></tr>
<tr><td>10. 金属结构及启闭机安装</td><td>视工程量可划分为数个分部工程</td></tr>
<tr><td>11. 输水管道工程</td><td>视工程量可划分为数个分部工程</td></tr>
<tr><td>12. 变电站</td><td></td></tr>
<tr><td>13. 出水池</td><td></td></tr>
<tr><td>14. 观测设施</td><td></td></tr>
<tr><td>15. 桥梁（检修桥、清污机桥等）</td><td></td></tr>
<tr><td>(七)公路桥涵（含引道）</td><td colspan="2">按照 JTG F 80/1—2004 附录 A 进行项目划分</td></tr>
<tr><td>(八)铁路桥涵</td><td colspan="2">按照铁道部发布的规定进行项目划分</td></tr>
<tr><td>(九)防冰设施（拦冰索、排冰闸等）</td><td colspan="2">按设计及施工部署进行项目划分</td></tr>
<tr><td>三、船闸工程</td><td colspan="3">按交通部 JTJ 288—93 表 2.0.2-1、表 2.0.2-2 和表 2.0.2-3 划分分部工程和分项工程</td></tr>
<tr><td>四、管理设施</td><td>管理处(站、点)的生产及生活用房</td><td colspan="2">按 GB 50300—2001 附录 B 及附录 C 进行项目划分。观测设施及通讯设施单独招标时，单列为单位工程</td></tr>
<tr><td colspan="4">注 1：分部工程名称前加“△”者为主要分部工程；
注 2：建筑物级别按《灌溉与排水工程设计规范》(GB 50288—99)第 2 章规定执行；
注 3：* 工程量较大的 4 级建筑物，也可划分为单位工程。</td></tr>
</table>

3.2 项目划分原则

3.2.1 本条是进行项目划分的基本原则。条文中的工程结构特点指建筑物的结构特点，如混凝土重力坝，可按坝段进行项目划分，土石坝则应按防渗体、坝壳及排水堆石体等进行项目划分。施工部署指施工组织设计中对各建筑物施工时期的安排。同时，还应遵守有利于施工质量管理的原则。

3.2.2 单位工程项目划分，在满足 3.2.1 条规定的前提下，本条对枢纽工程、堤防工程、引水（渠道）工程的单位工程项目划分原则做了如条文所述规定。引水（渠道）工程级别按 GB 50288—99 规定执行。

除险加固工程因险情不同，其除险加固内容和工程量也相差很大，应按实际情况进行项目划分。加固工程量大时，以同一招标标段中的每座独立建筑物的加固项目为一个单位工程，当加固工程量不大时，也可将一个施工单位承担完成的几个建筑物的加固项目划分为一个单位工程。

3.2.3 条文中的“工程量不宜相差太大”指同种类分部工程（如几个混凝土分部工程）的工程量差值不超过 50%，“投资不宜相差太大”指不同种类分部工程（如混凝土分部工程、砌石分部工程、闸门及启闭机安装分部工程……）的投资差值不宜超过一倍。

对除险加固工程可根据整治内容，按本条规定的原则进行分部工程的划分。

3.2.4 《单元工程评定标准》对水利水电枢纽工程及堤防工程中常见单元工程如何划分都有规定，《单元工程评定标准》中未涉及的单元工程，应按本条规定进行划分。目前水利行业尚无引水（渠道）工程的单元工程质量评定标准，本条提出了其单元工程划分原则，并在 3.1.1 条文说明中列出了项目划分表。

3.3 项目划分程序

3.3.3 工程施工过程中，由于设计变更、施工部署的重新调整等诸多因素，需要对工程开工初期批准的项目划分进行调整。从有利于施工质量管理工作的连续性和施工质量检验评定结果的合理性，对不影响单位工程、主要分部工程、关键部位单元工程、重要隐蔽部位单元工程的项目划分的局部调整，由项目法人组织监理、设计和施工单位进行。但对影响上述工程项目划分的调整时，应重新报送工程质量监督机构进行确认。

4 施工质量检验

4.1 基本规定

4.1.7 对《单元工程评定标准》中未涉及的单元工程进行项目划分的同时，项目法人应组织监理、设计和施工单位，根据未涉及的单元工程的技术要求（如新技术、新工艺的技术规范、设计要求和设备生产厂商的技术说明书等）制定施工、安装的质量评定标准，并按照水利部颁发的《水利水电工程施工质量评定表》的统一格式（表头、表身、表尾）制定相应的质量评定表格。按水利部办建管〔2002〕182号文规定，上述单元工程的质量评定标准和表格，地方项目须经省级水行政主管部门或其委托的工程质量监督机构批准；流域机构主管的中央项目须经流域机构或其委托的水利部水利工程质量监督总站流域分站批准，并报水利部水利工程质量监督总站备案；部直管工程须经水利部水利工程质量监督总站批准。

4.1.8 水利水电工程种类繁多，内容丰富，工程项目所涉及的有房屋建筑、交通、铁路、通信等行业方面的建筑物。其设计、施工标准及质量检验标准也有别于水利工程。为保证工程施工质量，应依据这些行业有关的质量检验评定标准执行。

4.1.9 推行第三方检测是确保质量检测工作的科学性、准确性和公正性，根据《水利工程质量检测管理规定》有关内容，做出本条规定。

4.1.10 本条系根据《堤防工程施工质量评定与验收规程（试行)》(SL 239—1999) 中的规定编写。按 SL 239—1999 的规定，抽检项目和数量见表 4，表中序号 1～6 的抽检数量由工程质量监督机构确定。

凡抽检不合格的工程，必须按有关规定进行处理，不得进行验收。处理完毕后，由项目法人提交处理报告连同质量检测报告一并提交竣工验收委员会。

表 4 抽检项目和数量

序号	工程项目	质量抽检的主要内容	抽检应满足的要求	备注
1	土料填筑工程	干密度、外观尺寸	每 2000m 堤长至少抽检一个断面；每个断面至少抽检 2 层，每层不少于 3 点，且不得在堤防顶层取样；每个单位工程抽检样本点总数不得少于 20 个	
2	干（浆）砌石工程	厚度、密实程度、平整度、缝宽	每 2000m 堤长至少抽检 3 点；每个单位工程至少抽检 3 点	必要时应拍摄图像资料
3	混凝土预制块砌筑工程	预制块厚度、平整度、缝宽	每 2000m 堤长至少抽检一组，每组 3 点；每个单位工程至少抽检一组	
4	垫层工程	垫层厚度、垫层铺设情况	每 2000m 堤长至少抽检 3 点；每个单位工程至少抽检 3 点	
5	堤脚防护工程	断面复核	每 2000m 堤长至少抽检 3 个断面；每个单位工程至少抽检 3 个断面	
6	混凝土防洪墙和护坡工程	混凝土强度	每 2000m 堤长至少抽检一组，每组 3 点；每个单位工程至少抽检一组	
7	堤身截渗、堤基处理及其他工程	质量抽检的主要内容和方法由工程质量监督机构提出方案报项目主管部门批准后实施		

4.1.11 本条是按照《建设工程质量管理条例》第三十一条的规定编写，见证取样送检的试样由项目法人确定有相应资质的质量检测单位进行检验。

4.2 质量检验职责范围

4.2.1 永久性工程施工质量检验是工程质量检验的主体与重点，施工单位必须按照《单元工程评定标准》进行全面检验并将实测结果如实填写在《水利水电工程施工质量评定表》中。

施工单位应坚持三检制。一般情况下，由班组自检、施工队复检、项目经理部专职质检机构终检。

监理单位应按照《监理规范》6.2.11条的规定对施工质量进行抽样检测。

4.2.2 临时工程（如：围堰、导流隧洞、导流明渠……）质量直接影响主体工程质量、进度与投资，应予以重视，不同工程对临时工程质量要求也不同，故无法作统一规定，因此，条文规定由项目法人、监理、设计及施工单位根据工程特点，参照《单元工程评定标准》的要求研究决定，并报相应的工程质量监督机构核备，同时，也应按照本章有关规定对其进行质量检验和评定。

4.3 质量检验内容

4.3.1 在原条文基础上，增加质量缺陷备案内容。

水工金属结构产品指由有生产许可证的工厂（或工地加工厂）制造的压力钢管、拦污栅、闸门等，“机电产品”指由厂家生产的水轮发电机组及其辅助设备、电气设备、变电设备等。

4.3.2 施工准备检查的主要内容有：

（1）质量保证体系落实情况，主要管理和技术人员的数量及资格是否与施工合同文件一致，规章制度的制定及关键岗位施工人员到位情况。

（2）进场施工设备的数量和规格、性能是否符合施工合同要求。

(3) 进场原材料、构配件的质量、规格、性能是否符合有关技术标准和合同技术条款的要求，原材料的储存量是否满足工程开工后的需求。

(4) 工地试验室的建立情况，是否满足工程开工后的需要。

(5) 测量基准点的复核和施工测量控制网的布设情况。

(6) 砂石料系统、混凝土拌和系统以及场内道路、供水、供电、供风、供油及其他施工辅助设施的准备情况。

(7) 附属工程及大型临时设施，防冻、降温措施，养护、保护措施，防自然灾害预案等准备情况。

(8) 是否制定了完善的施工安全、环境保护措施计划。

(9) 施工组织设计的编制和要求进行的施工工艺参数试验结果是否经过监理单位的审批。

(10) 施工图及技术交底工作进行情况。

(11) 其他施工准备工作。

4.3.3 主要原材料的主要检验项目和依据标准见表5，其他材料的检验项目和依据见相关标准。

表5 检验项目和标准

名称	主要检验项目	主要技术标准
水泥	3天、28天抗压强度及抗折强度，细度，凝结时间，安定性等	《硅酸盐水泥、普通硅酸盐水泥》(GB 175—1999)、《中热硅酸盐水泥、低热硅酸盐水泥、低热矿渣硅酸盐水泥》(GB 200—2003)、《矿渣硅酸盐水泥、火山灰质硅酸盐水泥及粉煤灰硅酸盐水泥》(GB 1344—1999)、《低热微膨胀水泥》(GB 2938—1997)、《复合硅酸盐水泥》(GB 12958—1999)、《抗硫酸盐硅酸盐水泥》(GB 748—1996)
钢筋	外观质量及公称直径、抗拉强度、屈服点、伸长率、冷弯等	《钢筋混凝土用热轧光圆钢筋》(GB 13013—1991)、《钢筋混凝土用热轧带肋钢筋》(GB 1499—1998)、《冷轧带肋钢筋》(GB 13788—2000)

表 5（续）

名称	主要检验项目	主要技术标准
粉煤灰	细度、烧失量、需水量比、三氧化硫等	《水工混凝土掺用粉煤灰技术规范》（DL/T 5055—1996）
外加剂		《混凝土外加剂》（GB 8076—1997）、《水工混凝土外加剂技术规程》（DL/T 5100—1999）

4.3.4 水工金属结构、启闭机及机电产品的质量状况直接影响安装后的工程质量是否合格，因此，上述产品进场后应进行交货验收。条文中列出了交货验收的主要内容及质量要求。交货验收办法应按有关合同条款进行。

4.3.5 单元（工序）工程质量检验可参考图 1 进行。

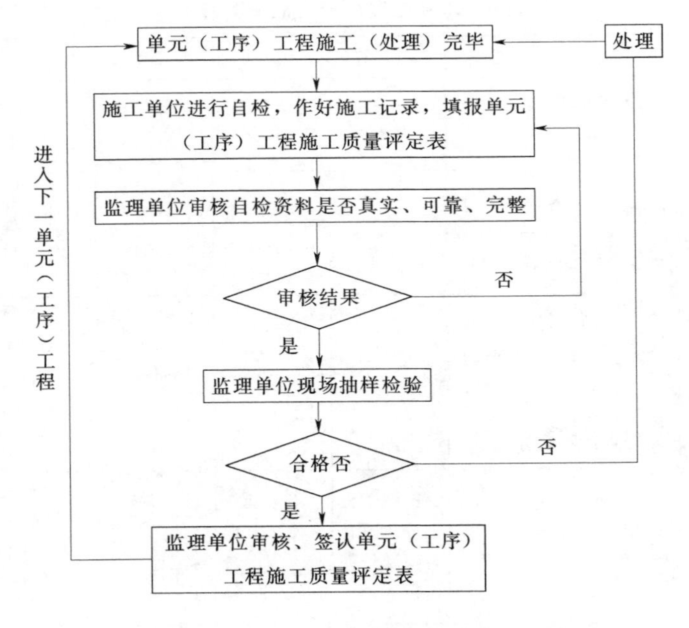

图 1　单元工程质量检验工作程序图

4.3.7 工程外观质量是水利水电工程质量的重要组成部分，在单位工程完工后，进行外观质量检验与评定，由项目法人组织外观质量检验所需仪器、工具和测量人员等，并主持外观质量检验评定工作。规定了参加外观质量评定组的单位及最少人数，目的是为了保证外观质量检验评定结论的公正客观。外观质量检验评定的项目、评定标准、评定办法及评定结果由项目法人及时报送工程质量监督机构进行核定。外观质量评定项目、标准及办法按附录A执行。

4.4 质量事故检查和质量缺陷备案

4.4.1 质量事故分类按照《水利工程质量事故处理暂行规定》进行，见表6。

表6 水利工程质量事故分类标准

损失情况		事故类别			
		特大质量事故	重大质量事故	较大质量事故	一般质量事故
事故处理所需的物质、器材和设备、人工等直接损失费用（万元人民币）	大体积混凝土,金结制作和机电安装工程	>3000	>500，≤3000	>100，≤500	>20，≤100
	土石方工程、混凝土薄壁工程	>1000	>100，≤1000	>30，≤100	>10，≤30
事故处理所需合理工期（月）		>6	>3，≤6	>1，≤3	≤1
事故处理后对工程功能和寿命影响		影响工程正常使用，需限制条件运行	不影响正常使用，但对工程寿命有较大影响	不影响正常使用，但对工程寿命有一定影响	不影响正常使用和工程寿命
注1：直接经济损失费用为必需条件，其余两项主要适用于大中型工程； 注2：小于一般质量事故的质量问题称为质量缺陷。					

4.4.2 “三不放过”原则，是指事故原因不查清不放过，主要事故责任者和职工未受到教育不放过，补救和防范措施不落实不放过。

按照《水利工程质量事故处理暂行规定》的要求，质量事故发生后，事故单位要严格保护现场，采取有效措施抢救人员和财产，防止事故扩大。项目法人应及时按照管理权限向上级主管部门报告。

质量事故的调查应按照管理权限组织调查组进行调查，查明事故原因，提出处理意见，提交事故调查报告。

（1）一般质量事故由项目法人组织设计、施工、监理等单位进行调查，调查结果报项目主管部门核备。

（2）较大质量事故由项目主管部门组织调查组进行调查，调查结果报上级主管部门批准并报省级水行政主管部门核备。

（3）重大质量事故由省级以上水行政主管部门组织调查组进行调查，调查结果报水利部核备。

（4）特大质量事故由水利部组织调查。

质量事故的处理按以下规定执行：

（1）一般质量事故，由项目法人负责组织有关单位制定处理方案并实施，报上级主管部门备案。

（2）较大质量事故，由项目法人负责组织有关单位制定处理方案，经上级主管部门审定后实施，报省级水行政主管部门或流域机构备案。

（3）重大质量事故，由项目法人负责组织有关单位提出处理方案，征得事故调查组意见后，报省级水行政主管部门或流域机构审定后实施。

（4）特大质量事故，由项目法人负责组织有关单位提出处理方案，征得事故调查组意见后，报省级水行政主管部门或流域机构审定后实施，并报水利部备案。

事故处理需要进行设计变更的，需原设计单位或有资质的单位提出设计变更方案。需要进行重大设计变更的，必须经原设计审批部门审定后实施。

4.4.3、4.4.4 工程质量缺陷的备案，是按水利部水建管〔2001〕74号文《印发关于贯彻落实加强公益性水利工程建设管理若干意见的实施意见的通知》中相关规定编写。

4.4.5 质量事故处理完成后的检验、评定和验收，对保证质量事故发生部位在今后中能按设计工况正常运行十分重要，按照《水利工程质量事故处理暂行规定》的要求，质量事故处理情况应按照管理权限经过质量评定与验收，方可投入使用或进入下一阶段施工。为保证处理质量，规定由项目法人委托有相应资质的质量检测单位进行检验。

“工程质量事故处理后，应按照处理方案的质量要求，重新进行工程质量检测和评定”出自SL 239—1999中4.1.9条，是强制性条文。

4.5 数据处理

4.5.3 《数值修约规则》（GB 8170—87）规定数值修约的进舍规则如下：

1 拟舍弃数字的最左一位数字小于5时，则舍去。

2 拟舍弃数字数最左一位数字大于5或是5但其后跟有并非全部为0的数字时，则进1。

3 如拟舍弃数字的最左一位数字为5，而右面无数字或皆为0时，若所保留的末位数字为奇数（1，3，5，7，9）则进1，为偶数（2，4，6，8，0）则舍弃。

5 施工质量评定

5.1 合格标准

5.1.2 条文中“处理后部分质量指标达不到设计要求”指单元工程中不影响工程结构安全和使用功能的一般项目质量未达到设计要求。“可不再进行处理”者，应按4.4.3条及4.4.4条的规定进行质量缺陷备案。技术标准、设计文件、图纸、质检资料、合同文件等是工程施工质量评定的依据。试运行期的观测资料可综合反映工程建设质量，是评定工程施工质量的重要依据。

5.1.3 分部工程施工质量合格标准，内容与 SL 176—1996 相同。

5.1.4 单位工程施工质量合格标准，本条与 SL 176—1996 标准的区别有三点：

（1）删去了有关原材料、中间产品及设备的质量条款。即原材料、中间产品及设备的质量只纳入分部工程评定。

（2）增加了质量事故已处理合格的条款。

（3）增加了工程施工期及试运行期单位工程观测资料分析结果的条款。

外观质量得分率按式 1 计算，小数点后保留一位：

$$单位工程外观质量得分=\frac{实得分}{应得分}\times 100\% \quad (1)$$

条文中“外观质量得分率达到 70%以上”含外观质量得分率 70%。

施工质量检验与评定资料基本齐全是指单位工程的质量检验与评定资料的类别或数量不够完善，但已有资料仍能反映其结构安全和使用功能符合实际要求者。对达不到“基本齐全”要求的单位工程，尚不具备单位工程质量合格等级的条件。

5.1.5 工程项目施工质量评定标准在 SL 176—1996 的标准上增加了单位工程施工期及试运行期观测结果的条件。对试运行期及施工期间各单位工程观测资料分析结果不符合国家和行业技术标准以及合同约定的标准要求者，项目法人应组织设计、施工、监理等单位分析研究原因。

5.2 优 良 标 准

5.2.1 其评定标准为推荐性标准，是为鼓励工程项目质量创优或执行合同约定而设置。

5.2.3 在原条文基础上作了如下修改：

（1）明确了主要分部工程的优良标准与一般分部工程优良标准相同。

（2）将单元工程优良率由50%以上改为70%以上，重要隐蔽单元工程和关键部位单元工程优良率由全部优良改为优良率90%以上。

（3）将混凝土拌和质量优良改为混凝土试块质量优良。当 $n<30$ 时，试块质量合格，同时又满足第1款优良标准时，分部工程施工质量评定为优良。

条文中的“50%以上”、“70%以上”、“90%以上”含50%、70%、90%（以下条文相同）。

5.2.4 在原条文基础上作了如下修改：

（1）明确了主要单位工程与一般单位工程优良标准相同。

（2）分部工程优良率由50%以上改为70%以上。

（3）将原规程中“未发生过重大质量事故”修改为“未发生过较大质量事故”。

（4）删去了有关原材料、中间产品及设备的质量条款，即原材料、中间产品及设备的质量只纳入分部工程评定。

（5）增加了质量事故已处理合格的条款。

（6）条文中的施工质量检验与评定资料齐全是指按行业标准要求具有数量和内容完整的技术资料。

（7）增加了工程施工期及试运行期单位工程观测资料分析结果的条款。

5.2.5 在原条文基础上将单位工程优良率由50%以上改为70%以上，并增加工程施工期及试运行期各单位工程观测资料分析结果均符合国家和行业技术标准以及合同约定的标准要求的条款。

5.3 质量评定工作的组织与管理

5.3.1 按照《建设工程质量管理条例》和《水利工程质量管理规定》，施工质量由承建该工程的施工单位负责，因此规定单元工程质量由施工单位质检部门组织评定，监理单位复核，具体作法是：单元（工序）工程在施工单位自检合格填写《水利水电工程施工质量评定表》终检人员签字后，由监理工程师复核评定。

5.3.2 本条文为强制性条文，出自 SL 239—1999 中 4.1.3 条。在原文基础上作了如下修改：

（1）工程质量监督机构不再参加联合小组工作，但应核备其质量等级。

（2）增加了重要隐蔽单元工程、关键部位单元工程质量核定签证表。如该单元工程由分包单位完成，则总包、分包单位各派 1 人参加联合小组。

5.3.3 分部工程施工质量评定：增加了项目法人认定的规定。一般分部工程由施工单位质检部门按照分部工程质量评定标准自评，填写分部工程质量评定表，监理单位复核后交项目法人认定。分部工程验收后，由项目法人将验收质量结论报工程质量监督机构核备。

核备的主要内容是：检查分部工程质量检验资料的真实性及其等级评定是否准确，如发现问题，应及时通知监理单位重新复核。大型枢纽主要建筑物的分部工程验收的质量结论，需报工程质量监督机构核定。

5.3.4 单位工程施工质量评定：增加了项目法人认定的规定。即施工单位质检部门按照单位工程质量评定标准自评，并填写单位工程质量评定表，监理单位复核，项目法人认定。单位工程验收的质量结论由项目法人报工程质量监督机构核定。

5.3.5 工程项目施工质量评定，本条修改较多，增加了工程项目质量评定的条件、监理单位和项目法人的责任。工程项目质量评定表由监理单位填写。

5.3.6 阶段验收时，工程项目一般没有全部完成，验收范围内的工程有时构不成完整的分部工程或单位工程。为对验收范围内的工程质量有一定的评价，故本条规定可以参照 5.3.4 条对需要验收的工程进行质量检验与评定。

5.3.7 本条文为强制性条文。与原规程的区别是：将“质量评定报告”改为“质量监督报告”；将“质量等级的建议”改为“质量是否合格的明确结论”；取消原附录C“水利水电工程质量评定报告格式”。

附录A 水利水电工程外观质量评定办法

枢纽工程外观质量评定办法是水利行业现行办法。堤防工程的外观质量标准是引用《堤防工程施工质量评定与验收规程（试行）》(SL 239—1999）中附录及本次修订编写调研中收集的资料编写。表A.5.2水利水电工程房屋建筑工程外观质量评定表系根据《建筑工程施工质量验收统一标准》(GB 50300—2001）编制。

附录C 普通混凝土试块试验数据统计方法

此附录系按《水利水电工程施工质量评定规程（试行)》(SL 176—1996）的4.5.9条规定，并引用《水利水电工程施工质量评定表填表说明与示例（试行)》、《混凝土强度检验评定标准》(GBJ 107—87)、《水闸施工规范》(SL 27—91）相关内容编写。

附录D 喷射混凝土抗压强度检验评定标准

喷射混凝土抗压强度检验评定标准系引用《锚杆喷射混凝土支护技术规范》(GB 50086—2001）有关条文。

附录E 砂浆、砌筑用混凝土强度检验评定标准

砂浆、砌筑用混凝土强度检验，同一标号（或强度等级）试块组数 $n \geqslant 30$ 组的检验评定标准系《浆砌石坝施工技术规定（试行)》(SD 120—84）和《单元工程评定标准（七)》(SL 38—92）中的规定。

条文中试块组数超过30组和不足30组的最小值要求不一样，主要原因是试块组数不足30组的情况一般不会发生在砌石坝挡水坝等主要建筑物上，对其试块强度的最小值要求应相对降低。

水土保持工程质量评定规程

SL 336—2006

2006－03－31 发布　　　　2006－07－01 实施

前　言

根据水利部 2002 年水规计〔2002〕341 号文，按照《水利技术标准编写规定》（SL 1—2002）的要求，编写《水土保持工程质量评定规程》。

本标准共 5 章和 2 个附录，主要技术内容包括：

——工程质量评定的项目划分；

——工程质量检验；

——工程质量评定。

本标准批准部门：**中华人民共和国水利部**

本标准主持机构：**水利部水土保持司**

本标准解释单位：**水利部水土保持司**

本标准主编单位：**水利部水土保持监测中心**

本标准参编单位：**黄河水利委员会黄河上中游管理局**

水利部水利水电规划设计总院

长江流域水土保持监测中心站

松辽水利委员会

本标准出版、发行单位：**中国水利水电出版社**

本标准主要起草人：姜德文　郭索彦　赵永军　蔡建勤
张长印　秦向阳　高　峰　武　哲
袁普金　沈　波　孟令钦　冯明汉
本标准审查技术负责人：焦居仁
本标准格式审查人：曹　阳

目　次

1 总　　则

1.0.1 为加强水土保持工程的质量管理，保证工程施工质量，统一质量检验及评定方法，实现施工质量评定标准化、规范化，制定本标准。

1.0.2 本标准适用于由中央投资、地方投资、利用外资的水土保持生态建设工程及开发建设项目水土保持工程的质量评定。群众出资和社会出资的水土保持工程质量评定可参照执行。

1.0.3 水土保持工程的质量等级分为“合格”、“优良”两级。

1.0.4 水土保持工程质量评定过程中，单元工程检验应由施工单位全检、监理单位抽检。监理单位抽检比例或数量，在单元工程质量评定标准中未作具体规定的，监理单位应按全检执行。

1.0.5 水土保持工程质量评定除符合本标准规定外，尚应符合国家现行有关标准的规定。

2 术　　语

2.0.1 水土保持工程质量　quality of soil and water conservation engineering

国家和行业的有关法律、法规、技术标准、设计文件和合同中，对水土保持工程的安全、适用、经济、美观等特性的综合要求。

2.0.2 单位工程　individual items

可以独立发挥作用，具有相应规模的单项治理措施（如基本农田、植物措施等）和较大的单项工程（如大型淤地坝、骨干坝）。

2.0.3 分部工程　partitioned engineering

单位工程的主要组成部分，可单独或组合发挥一种水土保持功能的工程。

2.0.4 单元工程　unit engineering

分部工程中由几个工序、工种完成的最小综合体，是日常质量考核的基本单位。对分部工程安全、功能、效益起控制作用的单元工程称为主要单元工程。

2.0.5 重要隐蔽工程　important concealed work

大型水土保持工程中对工程建设和安全运行有较大影响的基础开挖、地下涵管、隧洞、坝基防渗、加固处理和地下排水工程等。

2.0.6 工程关键部位　key component of engineering

对工程安全和效益有显著影响的部位。

2.0.7 中间产品　intermediate material or semi-finished products

需要经过加工、培育生产的原材料或半成品（如种子、树苗、建材、混凝土预制件等）。

2.0.8 外观质量得分率 score percentage of presentation quality

单位工程外观质量实际得分占应得分数的百分率。

2.0.9 水土保持生态建设工程 eco - construction engineering of soil and water constructive

以流域或区域为单元实施的水土流失综合治理工程。

2.0.10 开发建设项目水土保持工程 engineering of soil and water conservation in projects of construction and development

公路、铁路、水利、水电、电力、矿山、管线等开发建设项目中防治水土流失的工程。

3　工程质量评定的项目划分

3.1　一般规定

3.1.1　水土保持工程质量评定应划分为单位工程、分部工程、单元工程三个等级。项目划分见附录A中表A－1、表A－2。质量评定时工程项目划分应在工程开工前完成，由工程监理单位、设计与施工单位、建设单位等共同研究确定，本标准附录的划分方法可供项目划分时参考。开发建设项目水土保持工程的项目划分应与主体工程的项目划分相衔接，当主体工程对水土保持工程项目的划分不能满足水土保持工程质量评定要求时，应以本标准为主进行划分。

3.1.2　按建设程序单独批准立项的水土保持生态建设工程，可将一条小流域或若干条小流域的综合治理工程视为一个工程项目。在单位工程、分部工程、单元工程质量评定的基础上，对于只有一条小流域的工程项目应直接进行项目质量评定；对于包括若干条小流域的工程项目，应在各条小流域质量评定的基础上，进行项目的质量评定。开发建设项目水土保持工程应与主体工程同步实施，单独进行质量评定，以作为水土保持设施竣工验收的重要依据。

3.1.3　水土保持工程的单元工程划分和工程关键部位、重要隐蔽工程的确定，应由建设单位或委托监理单位组织设计及施工单位于工程开工前共同研究确定，并将划分结果送工程质量监督机构备案。对具有水土保持功能的开发建设项目的主体及附属工程，还应会同相应的设计、施工单位研究确定。

3.2　单位工程划分

3.2.1　单位工程应按照工程类型和便于质量管理等原则进行划分。

3.2.2 水土保持生态建设工程可划分为以下单位工程：

1 大型淤地坝或骨干坝，以每座工程作为一个单位工程。

2 基本农田、农业耕作与技术措施、造林、种草、生态修复、封禁治理、道路、南方坡面水系、泥石流防治等分别作为一个单位工程。

3 小型水利水土保持工程如谷坊、拦沙坝等，统一作为一个单位工程。

3.2.3 开发建设项目水土保持工程划分为拦渣、斜坡防护、土地整治、防洪排导、降水蓄渗、临时防护、植被建设、防风固沙等八类单位工程。

3.3 分部工程划分

3.3.1 分部工程可按照功能相对独立、工程类型相同的原则划分。

3.3.2 水土保持生态工程的各项单位工程可划分为以下分部工程：

1 大型淤地坝或骨干坝划分为地基开挖与处理、坝体填筑、坝体与坝坡排水防护、溢洪道砌护、放水工程等分部工程。

2 基本农田划分为水平梯（条）田、水浇地水田、引洪漫地等分部工程。

3 农业耕作与技术措施以措施类型划分分部工程。

4 造林划分为乔木林、灌木林、经济林、果园、苗圃等分部工程。

5 生态修复工程按照流域或行政区域划分分部工程。

6 封禁治理主要以区域或片划分分部工程。

7 道路（含施工便道）工程划分为路面、路基边坡、排水等分部工程。

8 小型水利水保工程划分为沟头防护、小型淤地坝、拦沙坝、谷坊、水窖、渠系工程、塘堰、沟道整治等分部工程。

9 南方坡面水系工程划分为截（排）水沟、蓄水池、沉沙池、引水与灌水渠等分部工程。

10 泥石流防治工程划分为泥石流形成区、流通区、堆积区等分部工程。

3.3.3 开发建设项目水土保持工程的各项单位工程可划分为以下分部工程：

1 拦渣工程划分为基础开挖与处理、坝（墙、堤）体、防洪排水等分部工程。

2 斜坡防护工程划分为工程护坡、植物护坡、截（排）水等分部工程。

3 土地整治工程划分为场地整治、防洪排水、土地恢复等分部工程。

4 防洪排导工程划分为基础开挖与处理、坝（墙、堤）体、排洪导流设施等分部工程。

5 降水蓄渗工程划分为降水蓄渗、径流拦蓄等分部工程。

6 临时防护工程划分为拦挡、沉沙、排水、覆盖等分部工程。

7 植被建设工程划分为点片状植被、线网状植被等分部工程。

8 防风固沙工程划分为植被固沙、工程固沙等分部工程。

3.4 单元工程划分

3.4.1 单元工程应按照施工方法相同、工程量相近，便于进行质量控制和考核的原则划分。

3.4.2 不同工程应按下述原则划分单元工程：

1 土石方开挖工程按段、块划分。

2 土方填筑按层、段划分。

3 砌筑、浇筑、安装工程按施工段或方量划分。

4 植物措施按图斑划分。

5 小型工程按单个建筑物划分。

4 工程质量检验

4.1 一般规定

4.1.1 计量器具应具备有效的合格证书和鉴定证书。

4.1.2 检测人员应熟悉检测业务，了解检测对象和仪器设备性能，并经考核合格，持证上岗。参与中间产品质量复核的人员应具有初级以上工程系列技术职称。

4.1.3 施工单位应建立完善的质量保证体系。建设单位、监理单位应有相应的质量检查机构和健全的管理制度。

4.1.4 工程质量检验项目的名称、数量和检验方法，按《水土保持综合治理　技术规范》（GB/T 16453.1～6—1996）和《水土保持综合治理　验收规范》（GB/T 15773—1995）及国家和行业现行技术标准的有关规定执行。

4.1.5 施工单位应按照相关技术标准的要求全面进行自检，并作好施工记录，如实填写《水土保持工程单元工程质量评定表》（见附录A中表A-3）。

4.1.6 监理单位应根据技术标准复核工程质量。

4.1.7 质量监督机构实行以抽查为主的监督制度。抽查结果应及时公布。

4.2 质量检验程序、内容和方法

4.2.1 工程质量检验包括施工准备检查、中间产品及原材料质量检验、单元工程质量检验、质量事故检查及工程外观质量检验等程序。

4.2.2 工程开工前，施工单位应对施工准备工作进行全面检查，并经监理单位确认合格后才能进行施工。

4.2.3 施工单位应按相关技术标准对中间产品及原材料质量进行全面检验，并报监理单位复核。不合格产品，不得使用。

4.2.4 施工单位应按相关技术标准检验单元工程质量，作好施工记录，并填写《水土保持工程单元工程质量评定表》（见附录A中表A-3）。监理单位根据自己抽检的资料，核定单元工程质量等级。发现不合格单元工程，应按设计要求及时进行处理，合格后才能进行后续单元工程施工。对施工中的质量缺陷要记录备案，进行统计分析，并记入《水土保持工程单元工程质量评定表》“监理单位质量认证等级”栏内。

4.2.5 施工单位应及时将中间产品及原材料质量、单元工程质量等级自评结果报监理单位，由监理单位核定后报建设单位。

4.2.6 大中型工程完工后，由项目法人单位组织质量监督机构、监理、设计、施工单位进行现场检验评定。参加外观质量评定的人员应具有工程师及以上技术职称。评定组人数不应少于5人。

4.3 质量事故调查和处理

4.3.1 质量事故发生后，应按“事故原因不查清不放过”、“事故责任者未受到教育不放过”、“处理措施不落实不放过”（即“三不放过”）的原则，调查事故原因，研究处理措施，查明事故责任者，并根据国家有关法规处理。

4.3.2 一般质量事故，应由施工单位进行调查，提出处理意见，经建设单位、监理单位同意后实施。建设单位应将事故调查、处理情况书面报质量监督单位核备。

4.3.3 重大质量事故，应由建设单位会同质量监督机构组织监理、设计、运行管理及施工单位共同调查，分析事故原因，明确责任，研究提出处理方案并报主管部门批准后由施工单位实施，并将事故调查及处理情况报上级主管部门和上一级质量监督机构核查。事故处理后，应按照处理方案的质量要求进行检测和评定。

4.3.4 质量事故处理后的工程质量，应符合合格标准。

4.4 数 据 处 理

4.4.1 测量误差的判断和处理、数据保留位数、数值修约应符合现行国家标准和行业标准的规定。

4.4.2 检验和分析数据可靠性时，应符合下列规定：

1 检查取样应具有代表性。

2 检验方法及仪器设备应符合现行国家标准和行业标准的规定。

3 操作应准确无误。

4.4.3 实测数据是评定质量的基础资料，不应修改或随意舍弃检测数据。对可疑数据，应检查分析原因，并作出书面结论。

4.4.4 单元工程检测成果按相关技术标准规定进行计算。

4.4.5 中间产品和原材料的检测数量与数据统计方法按现行国家标准和行业标准的规定执行。

5 工程质量评定

5.1 质量评定的依据、组织与管理

5.1.1 质量评定的依据有：

——本标准和国家、行业有关施工技术标准；

——经批准的设计文件、施工图纸、设计变更通知书、厂家提供的说明书及有关技术文件；

——工程承发包合同中采用的技术标准；

——工程试运行期的试验及观测分析成果；

——原材料和中间产品的质量检验证明或出厂合格证、检疫证。

5.1.2 单元工程质量应由施工单位质检部门组织自评，监理单位核定。

5.1.3 重要隐蔽工程及工程关键部位的质量应在施工单位自评合格后，由监理单位复核，建设单位核定。

5.1.4 分部工程质量评定应在施工单位质检部门自评的基础上，由监理单位复核，建设单位核定。

5.1.5 单位工程质量评定应在施工单位自评的基础上，由建设单位、监理单位复核，报质量监督单位核定。

5.1.6 工程项目的质量等级应由该项目质量监督机构在单位工程质量评定的基础上进行核定。工程质量评定报告格式见附录B。

5.1.7 质量事故处理后应按处理方案的质量要求，重新进行工程质量检测和评定。

5.2 单元工程质量评定

5.2.1 单元工程质量等级标准按相关技术标准规定执行。

5.2.2 单元工程质量达不到合格标准时，应及时处理。处理后

其质量等级应按下列规定确定：

1 全部返工重做的，可重新评定质量等级。

2 经加固补强并经鉴定能达到设计要求，其质量可按合格处理。

3 经鉴定达不到设计要求，但建设单位、监理单位认为能基本满足防御标准和使用功能要求的，可不加固补强，其质量可按合格处理，所在分部工程、单位工程不应评优；或经加固补强后，改变断面尺寸或造成永久性缺陷的，经建设单位、监理单位认为基本满足设计要求，其质量可按合格处理，所在分部工程、单位工程不应评优。

5.2.3 建设单位或监理单位在核定单元工程质量时，除应检查工程现场外，还应对该单元工程的施工原始记录、质量检验记录等资料进行查验，确认单元工程质量评定表所填写的数据、内容的真实和完整性，必要时可进行抽检。同时，应在单元工程质量评定表中明确记载质量等级的核定意见。

5.3 分部工程质量评定

5.3.1 同时符合下列条件的分部工程可确定为合格：

1 单元工程质量全部合格。

2 中间产品质量及原材料质量全部合格。

5.3.2 同时符合下列条件的分部工程可确定为优良：

1 单元工程质量全部合格，其中有50%以上达到优良，主要单元工程、重要隐蔽工程及关键部位的单元工程质量优良，且未发生过质量事故。

2 中间产品和原材料质量全部合格。

5.4 单位工程质量评定

5.4.1 同时符合下列条件的单位工程可确定为合格：

1 分部工程质量全部合格。

2 中间产品质量及原材料质量全部合格。

3　大中型工程外观质量得分率达到70%以上。

4　施工质量检验资料基本齐全。

5.4.2　同时符合下列条件的单位工程可确定为优良：

1　分部工程质量全部合格，其中有50%以上达到优良，主要分部工程质量优良，且施工中未发生过重大质量事故。

2　中间产品和原材料质量全部合格。

3　大中型工程外观质量得分率达到85%以上。

4　施工质量检验资料齐全。

5.5　工程项目质量评定

5.5.1　单位工程质量全部合格的工程可评为合格。

5.5.2　符合以下标准的工程可评为优良：单位工程质量全部合格，其中有50%以上的单位工程质量优良，且主要单位工程质量优良。

附录A 相关表格

表 A-1 水土保持生态建设工程质量评定项目划分表

单位工程	分部工程	单元工程划分
大型淤地坝或骨干坝	△地基开挖与处理	1. 土质坝基及岸坡清理：将坝左岸坡、右岸坡及坝基作为基本单元工程，每个单元工程长度为50～100m，不足50m的可单独作为一个单元工程；大于100m的可划分为两个以上单元工程 2. 石质坝基及岸坡清理：同土质坝基及岸坡清理 3. 土沟槽开挖及基础处理：按开挖长度每50～100m划分为一个单元工程，不足50m的可单独作为一个单元工程 4. 石质沟槽开挖及基础处理：同土沟槽开挖及基础处理 5. 石质平洞开挖：按开挖长度每30～50m划分为一个单元工程，不足30m的可单独作为一个单元工程
	△坝体填筑	1. 土坝机械碾压：按每一碾压层和作业面积划分单元工程，每一单元工程作业面积不超过2000m^2 2. 水坠法填土：同土坝机械碾压
	坝体与坝坡排水防护	1. 反滤体铺设：按铺设长度每30～50m划分为一个单元工程，不足30m的可单独作为一个单元工程 2. 干砌石：按施工部位划分单元工程，每个单元工程量为30～50m，不足30m的可单独作为一个单元工程 3. 坝坡修整与排水：将上游、下游坝坡作为基本单元工程，每个单元工程长30～50m，不足30m的可单独作为一个单元工程
	溢洪道砌护	浆砌石防护，划分方法同干砌石
	△放水工程	1. 浆砌混凝土预制件：按施工面长度划分单元工程，每30～50m划分为一个单元工程，不足30m的可单独作为一个单元工程 2. 预制管安装：按施工面的长度划分单元工程，每50～100m划分为一个单元工程，不足50m的可单独作为一个单元工程 3. 现浇混凝土：按施工部位划分单元工程，每个单元工程量为10～20m^3，不足10m^{3}的可单独作为一个单元工程

表 A-1（续）

单位工程	分部工程	单元工程划分
基本农田	△水平梯（条）田	以设计的每一图斑作为一个单元工程，每个单元工程面积 5～10hm²，不足 5hm² 的可单独作为一个单元工程，大于 10hm² 的可划分为两个以上单元工程
	水浇地水田	同水平梯（条）田
	引洪漫地	以一个完整引洪区作为一个单元工程，面积大于 40hm² 的可划分为两个以上单元工程
农业耕作与技术措施	以措施类型划分分部工程	以设计的每一图斑作为一个单元工程，每个单元工程面积 30～50hm²，不足 30hm² 的可单独作为一个单元工程，大于 50hm² 的可划分为两个以上单元工程
造林	△乔木林	以设计的每一图斑作为一个单元工程，每个单元工程面积 10～30hm²，不足 10hm² 的可单独作为一个单元工程，大于 30hm² 的可划分为两个以上单元工程
	△灌木林	同乔木林
	经济林	同乔木林
	△果园	以每个果园作为一个单元工程，每个单元工程面积 1～10hm²，不足 1hm² 的可单独作为一个单元工程，大于 10hm² 的可划分为两个以上单元工程
	苗圃	同果园
种草	△人工草地	同乔木林
生态修复工程	分流域或行政区的生态修复工程	1. 按面积实施的工程：以设计的每一图斑作为一个单元工程，每个单元工程面积 50～100hm²，不足 50hm² 的可单独作为一个单元工程，大于 100hm² 的可划分为两个以上单元工程 2. 不按面积实施的工程：按项目类型划分单元工程，其数量标准可根据工程量大小适当确定
封禁治理	以区域或片划分	同生态修复工程，按面积划分单元工程
道路工程	△路面工程	按长度划分单元工程，每 100～200m 划分为一个单元工程，不足 100m 的可单独作为一个单元工程，大于 200m 的可划分为两个以上单元工程
	路基边坡工程	同路面工程
	排水工程	同路面工程

表 A-1（续）

单位工程	分部工程	单元工程划分
小型水利水保工程	沟头防护	以每条侵蚀沟作为一个单元工程
	△小型淤地坝	将每座淤地坝的地基开挖与处理、坝体填筑、排水与放水工程分别作为一个单元工程
	△拦沙坝	以每座拦沙坝工程作为一个单元工程
	△谷坊	以每座谷坊工程作为一个单元工程
	水窖	以每眼水窖作为一个单元工程
	△渠系工程	按长度划分单元工程，每30～50m划分为一个单元工程，不足30m的可单独作为一个单元工程
	塘堰	以每个塘堰作为一个单元工程
	河道整治	按长度划分单元工程，每30～50m划分为一个单元工程，不足30m的可单独作为一个单元工程
南方坡面水系工程	截(排)水沟	按长度划分单元工程，每50～100m划分为一个单元工程，不足50m的可单独作为一个单元工程，大于100m的可划分为两个以上单元工程
	蓄水池	以每个蓄水池作为一个单元工程
	沉沙池	以每个沉沙池作为一个单元工程
	引水及灌水渠	按长度划分单元工程，每50～100m划分为一个单元工程，不足50m的可单独作为一个单元工程，大于100m的可划分为两个以上单元工程
泥石流防治工程	△泥石流形成区防治工程	1. 以设计的每一图班作为一个单元工程，每个单元工程面积1～10hm^2，大于10hm^{2}的可划分为两个以上单元工程 2. 小型蓄排工程每200m作为一个单元工程；水窖、沉沙池或涝池，每个作为一个单元工程 3. 护坡工程参照开发建设项目护坡工程划分单元工程
	泥石流流通区防治工程	1. 格栅坝每个作为一个单元工程 2. 拦沙坝每个作为一个单元工程 3. 桩林每排作为一个单元工程
	泥石流堆积区防治工程	1. 停淤堤每200m作为一个单元工程 2. 导流坝每个作为一个单元工程 3. 排导槽、渡槽分别作为一个单元工程

注1：带△者为主要分部工程。

注2：当林草混交时，可按单元工程划分标准，进行综合单元划分。

表 A-2 开发建设项目水土保持工程质量评定项目划分表

单位工程	分部工程	单元工程划分
拦渣工程	△基础开挖与处理	每个单元工程长 50～100m，不足 50m 的可单独作为一个单元工程，大于 100m 的可划分为两个以上单元工程
	△坝（墙、堤）体	每个单元工程长 30～50m，不足 30m 的可单独作为一个单元工程，大于 50m 的可划分为两个以上单元工程
	防洪排水	按施工面长度划分单元工程，每 30～50m 划分为一个单元工程，不足 30m 的可单独作为一个单元工程，大于 50m 的可划分为两个以上单元工程
斜坡防护工程	△工程护坡	1. 基础面清理及削坡开级，坡面高度在 12m 以上的施工面长度每 50m 作为一个单元工程，坡面高度在 12m 以下的每 100m 作为一个单元工程 2. 浆砌石、干砌石或喷涂水泥砂浆，相应坡面护砌高度，按施工面长度每 50m 或 100m 作为一个单元工程 3. 坡面有涌水现象时，设置反滤体，相应坡面护砌高度，以每 50m 或 100m 作为一个单元工程 4. 坡脚护砌或排水渠，相应坡面护砌高度，每 50m 或 100m 作为一个单元工程
	植物护坡	高度在 12m 以上的坡面，按护坡长度每 50m 作为一个单元工程；高度在 12m 以下的坡面，每 100m 作为一个单元工程
	△截(排)水	按施工面长度划分单元工程，每 30～50m 划分为一个单元工程，不足 30m 的可单独作为一个单元工程
土地整治工程	△场地整治	每 0.1～1hm^2 作为一个单元工程，不足 0.1hm^2 的可单独作为一个单元工程，大于 1hm^2 的可划分为两个以上单元工程
	防洪排水	按施工面长度划分单元工程，每 30～50m 划分为一个单元工程，不足 30m 的可单独作为一个单元工程
	土地恢复	每 100m^2 作为一个单元工程

表 A-2（续）

单位工程	分部工程	单元工程划分
防洪排导工程	△基础开挖与处理	每个单元工程长50～100m，不足50m的可单独作为一个单元工程
	△坝（墙、堤）体	每个单元工程长30～50m，不足30m的可单独作为一个单元工程，大于50m的可划分为两个以上单元工程
	排洪导流设施	按段划分，每50～100m作为一个单元工程
降水蓄渗工程	降水蓄渗	每个单元工程30～50m^3，不足30m^3的可单独作为一个单元工程，大于50m^3的可划分为两个以上单元工程
	△径流拦蓄	同降水蓄渗工程
临时防护工程	△拦挡	每个单元工程量为50～100m，不足50m的可单独作为一个单元工程，大于100m的可划分为两个以上单元工程
	沉沙	按容积分，每10～30m^3为一个单元工程，不足10m^3的可单独作为一个单元工程，大于30m^3的可划分为两个以上单元工程
	△排水	按长度划分，每50～100m作为一个单元工程
	覆盖	按面积划分，每100～1000m^2作为一个单元工程，不足100m^2的可单独作为一个单元工程，大于1000m^2的可划分为两个以上单元工程
植被建设工程	△点片状植被	以设计的图斑作为一个单元工程，每个单元工程面积0.1～1hm^2，大于1hm^2的可划分为两个以上单元工程
	线网状植被	按长度划分，每100m为一个单元工程
防风固沙工程	△植物固沙	以设计图斑作为一个单元工程，每个单元工程面积1～10hm^2，大于10hm^2的可划分为两个以上单元工程
	工程固沙	每个单元工程面积0.1～1hm^2，大于1hm^2的可划分为两个以上单元工程

注：带△者为主要分部工程。

表 A-3　水土保持工程单元工程质量评定表

工程名称：　　　　　　　　　　　　　　　　　　　　编号：

<table>
<tr><td>单位工程名称</td><td colspan="2"></td><td>分部工程名称</td><td></td></tr>
<tr><td>单元工程名称</td><td colspan="2"></td><td>施工时段</td><td></td></tr>
<tr><td>序　号</td><td>检查、检测项目</td><td>测点数</td><td>合格数</td><td></td></tr>
<tr><td>1</td><td></td><td></td><td></td><td></td></tr>
<tr><td>2</td><td></td><td></td><td></td><td></td></tr>
<tr><td>3</td><td></td><td></td><td></td><td></td></tr>
<tr><td>4</td><td></td><td></td><td></td><td></td></tr>
<tr><td>5</td><td></td><td></td><td></td><td></td></tr>
<tr><td></td><td></td><td></td><td></td><td></td></tr>
<tr><td></td><td></td><td></td><td></td><td></td></tr>
<tr><td colspan="2">检验结果</td><td colspan="3"></td></tr>
<tr><td colspan="2">施工单位质量评定等级</td><td colspan="2"></td><td>质检员：
质检部门负责人：
日期：　　年　月　日</td></tr>
<tr><td colspan="2">监理单位质量认证等级</td><td colspan="2"></td><td>工程监理处：
认证人：
日期：　　年　月　日</td></tr>
</table>

附录 B　工程质量评定报告格式

水土保持工程质量评定报告

工程名称：

质量监督机构：

年　　月　　日

工程名称		建设地点	
工程规模		所在流域	
开工日期		完工日期	
建设单位		监理单位	
设计单位		施工单位	
一、工程设计及批复情况（简述工程主要设计指标、效益及主管部门的批复文件）			
二、质量监督情况（简述人员的配备、办法及手段）			
三、质量数据分析（简述工程质量评定项目的划分，分部工程、单位工程的优良率、及格率及中间产品质量分析计算结果）			

<table>
<tr><td>四、质量事故及处理情况

</td></tr>
<tr><td>五、遗留问题的说明

</td></tr>
<tr><td>报告附件目录

</td></tr>
<tr><td>工程质量等级意见

质量监督机构负责人：（签字）　　　　（公章）

年　　月　　日</td></tr>
</table>

条 文 说 明

1 总 则

1.0.1 水土保持生态建设工程纳入了基本建设管理程序，开发建设项目按《中华人民共和国水土保持法》的规定其水土保持工程要与主体工程同时设计、同时施工、同时投产使用，都要求强化水土保持工程的施工管理，特别是质量评定和控制工作。

1.0.4 本标准所称水土保持工程的监理单位是指取得水利部颁发的水土保持工程监理资格证书的单位。

1.0.5 现行的相关标准主要有：《水土保持综合治理 验收规范》(GB/T 15773—1995)、《水利水电工程施工质量评定规程》(SL 176—1996)、《水土保持综合治理 技术规范》(GB/T 16453.1～6—1996)、《生态公益林建设技术规程》(GB/T 18377.3—2001) 等。

3 工程质量评定的项目划分

3.1.3 本标准所称工程质量监督机构是指县级以上水行政主管部门依法设立的水利工程质量监督机构及水土保持工程质量监督机构。开发建设项目的水土保持工程质量监督应与主体工程质量监督相衔接，使水土保持工程的质量监督得到落实。

4 工程质量检验

4.1.4 《水土保持工程单元工程质量评定标准》正在编制中，为便于当前工作可按 GB/T 16453.1～6—1996、GB/T 15773—1995、GB/T 18377.3—2001 及有关规定进行质量评定。

4.4.2～4.4.3 一般质量事故、重大质量事故的界定按国家和水利部的有关规定执行。

水利工程质量检测技术规程

SL 734—2016

2016-06-07 发布　　　　2016-09-07 实施

前　言

根据水利技术标准制修订计划安排，按照 SL 1—2014《水利技术标准编写规定》的要求，编制本标准。

本标准共 9 章和 7 个附录，主要技术内容有：

——总则；

——术语；

——基本规定；

——地基处理与支护工程；

——土石方工程；

——混凝土工程；

——金属结构；

——机械电气；

——水工建筑物尺寸。

本标准为全文推荐。

本标准批准部门：**中华人民共和国水利部**

本标准主持机构：**水利部建设与管理司**

本标准解释单位：水利部建设与管理司
本标准主编单位：中国水利工程协会
北京海天恒信水利工程检测评价有限公司
中水淮河规划设计研究有限公司
安徽水安建设集团股份有限公司
本标准参编单位：安徽省·水利部淮河水利委员会水利科学研究院
黄河水利委员会黄河水利科学研究院
南京水利科学研究院
中国水利水电科学研究院
北京海策工程咨询有限公司
葛洲坝集团试验检测有限公司
重庆市弘禹水利咨询有限公司
中国水利水电第七工程局有限公司
湖北正平水利水电工程质量检测有限公司
本标准出版、发行单位：中国水利水电出版社
本标准主要起草人：韦志立　安中仁　丁　凯　伍宛生
孙献忠　崔德密　冷元宝　梅国兴
温彦锋　翟伟锋　张振宇　向　建
唐　涛　胡先林　武宝义　吕列民
李海芳　王　锐　戈雪良　吴崇良
杨清风　郭德生　雷　皓　张今阳
姚　亮　沈细中　安学利
本标准审查会议技术负责人：曹征齐
本标准体例格式审查人：牟广丞

本标准在执行过程中，请各单位注意总结经验，积累资料，随时将有关意见和建议反馈给水利部国际合作与科技司（通信地址：北京市西城区白广路二条2号；邮政编码：100053；电话：010－63204565；电子邮箱：bzh@mwr.gov.cn），以供今后修订时参考。

目　　次

1 总　　则

1.0.1 为加强水利工程质量检测管理，规范检测行为，保证检测工作质量，使检测工作标准化、规范化，制定本标准。

1.0.2 本标准适用于大中型水利工程（含1级、2级、3级堤防工程）的质量检测活动，小型水利工程可参照执行。

1.0.3 质量检测和评价主要依据如下：

1 国家和行业现行有关法律、法规、规章；

2 经批准的设计文件；

3 水利行业标准、国家标准、其他行业标准、地方标准和企业标准；

4 招标文件、合同文件；

5 主要设备、产品技术说明书等。

1.0.4 本标准主要引用下列标准主要有下列标准：

GB/T 228.1　金属材料　拉伸试验　第1部分：室温试验方法

GB/T 230.1　金属材料　洛氏硬度试验　第1部分：试验方法（A、B、C、D、E、F、G、H、K、N、T标尺）

GB/T 232　金属材料　弯曲试验方法

GB/T 528　硫化橡胶或热塑性橡胶　拉伸应力应变性能的测定

GB/T 529　硫化橡胶或热塑性橡胶撕裂强度的测定（裤形、直角形和新月形试样）

GB/T 531.1　硫化橡胶或热塑性橡胶压入硬度试验方法　第1部分：邵氏硬度计法（邵尔硬度）

GB/T 708　冷轧钢板和钢带的尺寸、外形、重量及允许偏差

GB/T 709　热轧钢板和钢带的尺寸、外形、重量及允许

偏差

GB 713 锅炉和压力容器用钢板

GB/T 755.2 旋转电机（牵引电机除外）确定损耗和效率的试验方法

GB/T 1029 三相同步电机试验方法

GB/T 1033.1 塑料 非泡沫塑料密度的测定 第1部分：浸渍法、液体比重瓶法和滴定法

GB/T 1172 黑色金属硬度及强度换算值

GB/T 1958 产品几何量技术规范（GPS）形状和位置公差检测规定

GB/T 2040 铜及铜合金板材

GB/T 2059 铜及铜合金带材

GB/T 2411 塑料和硬橡胶 使用硬度计测定压痕硬度（邵氏硬度）

GB/T 3216 回转动力泵 水力性能验收试验1级和2级

GB/T 3323 金属熔化焊焊接接头射线照相

GB/T 4509 沥青针入度测定法

GB/T 5321 量热法测定电机的损耗和效率

GB/T 6402 钢锻件超声检测方法

GB/T 7233.1 铸钢件 超声检测 第1部分：一般用途铸钢件

GB 7251.1 低压成套开关设备和控制设备 第1部分：总则

GB/T 7894 水轮发电机基本技术条件

GB/T 8564 水轮发电机组安装技术规范

GB 8918 重要用途钢丝绳

GB/T 8923.1 涂覆涂料前钢材表面处理 表面清洁度的目视评定 第1部分：未涂覆过的钢材表面和全面清除原有涂层后的钢材表面的锈蚀等级和处理等级

GB/T 9443 铸钢件渗透检测

GB/T 9444　铸钢件磁粉检测

GB/T 9652.2　水轮机控制系统试验

GB/T 9793　热喷涂　金属和其他无机覆盖层　锌、铝及其合金

GB 10068　轴中心高为56mm及以上电机的机械振动　振动的测量、评定及限值

GB/T 10069.1　旋转电机噪声测定方法及限值　第1部分：旋转电机噪声测定方法

GB/T 10969　水轮机、蓄能泵和水泵水轮机通流部件技术条件

GB/T 11344　无损检测　接触式超声脉冲回波法测厚方法

GB/T 11345　焊缝无损检测　超声检测　技术、检测等级和评定

GB/T 11348.5　旋转机械转轴径向振动的测量和评定　第5部分：水力发电厂和泵站机组

GB/T 13477.6　建筑密封材料试验方法　第6部分：流动性的测定

GB/T 13477.8　建筑密封材料试验方法　第8部分：拉伸粘结性的测定

GB/T 14039　液压传动　油液固体颗粒污染等级代号

GB/T 14173　水利水电工程钢闸门制造、安装及验收规范

GB/T 15345　混凝土输水管试验方法

GB/T 15468　水轮机基本技术条件

GB/T 15469.1　水轮机、蓄能泵和水泵水轮机空蚀评定　第1部：反击式水轮机的空蚀评定

GB/T 16270　高强度结构用调质钢板

GB/T 17189　水力机械（水轮机、蓄能泵和水泵水轮机）振动和脉动现场测试规程

GB/T 17394.1　金属材料　里氏硬度试验　第1部分：试验方法

GB 18173.1　高分子防水材料　第1部分：片材

GB 18173.2　高分子防水材料　第2部分：止水带

GB 18173.3　高分子防水材料　第3部分：遇水膨胀橡胶

GB/T 18482　可逆式抽水蓄能机组启动试运行规程

GB/T 19184　水斗式水轮机空蚀评定

GB 19189　压力容器用调质高强度钢板

GB/T 20043　水轮机、蓄能泵和水泵水轮机水力性能现场验收试验规程

GB/T 20835　发电机定子铁芯磁化试验导则

GB/T 21837　铁磁性钢丝绳电磁检测方法

GB/T 24179　金属材料　残余应力测定　压痕应变法

GB/T 29403　反击式水轮机泥沙磨损技术导则

GB/T 29529　泵的噪声测量与评价方法

GB/T 29531　泵的振动测量与评价方法

GB/T 29711　焊缝无损检测　超声检测　焊缝中的显示特征

GB/T 29712　焊缝无损检测　超声检测　验收等级

GB 50071　小型水力发电站设计规范

GB 50150　电气装置安装工程　电气设备交接试验标准

GB/T 50152　混凝土结构试验方法标准

GB 50172　电气装置安装工程　蓄电池施工及验收规范

GB 50204　混凝土结构工程施工质量验收规范

GB 50255　电气装置安装工程　电力变流设备施工及验收规范

GB 50275　风机、压缩机、泵安装工程施工及验收规范

GB/T 50784　混凝土结构现场检测技术标准

SL 31　水利水电工程钻孔压水试验规程

SL 36　水工金属结构焊接通用技术条件

SL 46　水工预应力锚固施工规范

SL 53　水工碾压混凝土施工规范

SL 62　水工建筑物水泥灌浆施工技术规范
SL 101　水工钢闸门和启闭机安全检测技术规程
SL 105　水工金属结构防腐蚀规范
SL 176　水利水电工程施工质量检测与评定规程
SL 197　水利水电工程测量规范
SL 228　混凝土面板堆石坝设计规范
SL 235　土工合成材料测试规程
SL 237　土工试验规程
SL 264　水利水电工程岩石试验规程
SL 282　混凝土拱坝设计规范
SL 291　水利水电工程钻探规程
SL 311　水利水电工程高压配电装置设计规范
SL 314　碾压混凝土坝设计规范
SL 317　泵站设备安装及验收规范
SL 319　混凝土重力坝设计规范
SL 321　大中型水轮发电机基本技术条件
SL 326　水利水电工程物探规程
SL 345　水利水电工程注水试验规程
SL 352　水工混凝土试验规程
SL 377　水利水电工程锚喷支护技术规范
SL 381　水利水电工程启闭机制造安装及验收规范
SL 382　水利水电工程清污机型式基本参数技术条件
SL 432　水利工程压力钢管制造安装及验收规范
SL 436　堤防隐患探测规程
SL 439　水利系统通信工程验收规程
SL 524　小型水电站机组运行综合性能质量评定标准
SL 545　铸铁闸门技术条件
SL 548　泵站现场测试与安全监测规程
SL 555　小型水电站现场效率试验规程
SL 582　水工金属结构制造安装质量检验通则

SL 583　泵站计算机监控系统与信息系统技术导则

SL 631～637　水利水电工程单元工程施工质量验收评定标准

SL 713　水工混凝土结构缺陷检测技术规程

CB/T 3395　残余应力测试方法　钻孔应变释放法

CECS 02　超声回弹综合法检测混凝土强度技术规程

CECS 03　钻芯法检测混凝土强度技术规程

CECS 21　超声法检测混凝土缺陷技术规程

CECS 69　拔出法检测混凝土强度技术规程

CJT 3006　供水排水用铸铁闸门

DL/T 330　水电水利工程金属结构及设备焊接接头衍射时差法超声检测

DL/T 474.1～474.5　现场绝缘试验实施导则

DL/T 489　大中型水轮发电机静止整流励磁系统及装置试验规程

DL/T 507　水轮发电机组启动试验规程

DL/T 583　大中型水轮发电机静止整流励磁系统及装置技术条件

DL/T 596　电力设备预防性试验规程

DL/T 822　水电厂计算机监控系统试验验收规程

DL/T 827　灯泡贯流式水轮发电机组启动试验规程

DL/T 949　水工建筑物塑性嵌缝密封材料技术标准

DL/T 5017　水电水利工程压力钢管制造安装及验收规范

DL/T 5044　电力工程直流电源系统设计技术规程

DL/T 5083　水电水利工程预应力锚索施工规范

DL/T 5112　水工碾压混凝土施工规范

DL/T 5113.8　水电水利基本建设工程　单元工程质量等级评定标准　第8部分：水工碾压混凝土工程

DL/T 5115　混凝土面板堆石坝接缝止水技术规范

DL/T 5144　水工混凝土施工规范

DL/T 5200 水电水利工程高压喷射灌浆技术规范

DL/T 5215 水工建筑物止水带技术规范

DL/T 5299 大坝混凝土声波检测技术规程

DL/T 5424 水电水利工程锚杆无损检测规程

JB/T 6062 无损检测 焊缝渗透检测

JB/T 6204 高压交流电机定子线圈及绕组绝缘耐电压试验规范

JB/T 8439 使用于高海拔地区的高压交流电机防电晕技术要求

JGJ/T 23 回弹法检测混凝土抗压强度技术规程

JGJ 79 建筑地基处理技术规范

JGJ 104 建筑工程冬期施工规程

JGJ 106 建筑基桩检测技术规范

JGJ/T 152 混凝土中钢筋检测技术规程

JGJ/T 208 后锚固法检测混凝土抗压强度技术规程

JTJ 270 水运工程混凝土试验规程

JTG E20 公路工程沥青及沥青混合料试验规程

NB/T 35002 水力发电厂工业电视系统设计规范

NB/T 35004 水力发电厂自动化设计技术规范

NB/T 35010 水力发电厂继电保护设计规范

NB/T 35045 水电工程钢闸门制造安装及验收规范

DB43/T 847 预应力混凝土箱梁桥腹板竖向预应力精轧螺纹钢筋张拉力检测规程

1.0.5 水利工程质量检测除应符合本标准规定外，尚应符合国家现行有关标准的规定。

2 术　　语

2.0.1 工程实体　project structure

由原材料、中间产品、构（部）件按一定的工艺或技术要求施工或制造、安装形成的结构体或设备。

2.0.2 检测单元　detection unit

根据水利工程的结构或设备特点及检测工作需要，采取相应检测技术、方法划分的可独立评价其质量的基本检测单位。

2.0.3 测区　detection area

按检测方法要求，在检测单元内为取得检测数据而选定的测试区域称为测区。

2.0.4 测线　line of detection

按检测方法要求，在检测单元内为取得检测数据而选定的测试线段称为测线。

2.0.5 测点　detection point

按检测方法要求，在检测单元内为取得检测数据而选定的测试点称为测点。

2.0.6 质量评价　quality evaluation

质量检测单位将质量检测成果与有关设计和技术标准进行比较，确定质量是否合格所进行的活动。

2.0.7 全数检测　comprehensive inspection

对工程项目中全部检测单元和检测项目进行的检测，简称全检。

2.0.8 抽样检测　sampling inspection

结合实际需要对工程项目中部分检测单元和检测项目进行的检测，简称抽检。

3 基本规定

3.0.1 施工单位、监理单位在施工过程中应按相关规定对工程施工质量进行检测。

3.0.2 项目法人在工程施工开始，应委托具有相应资质的检测单位对工程质量进行全过程检测。项目法人可组织质量检测、监理等单位，依据相关规定编制检测方案，报质量监督机构备案。水利工程项目法人全过程检测的基本要求见附录A。

3.0.3 质量监督机构、竣工验收主持单位等应根据相关规定和需要，对工程质量进行抽检。在抽检工作实施前，应视检测任务要求，依据本标准，结合工程实际，编制检测方案。水利工程竣工验收质量抽检基本要求见附录B。

3.0.4 检测单元的划分应遵循下列原则：

1 检测单元划分宜与结构设计（分缝、分段、分块）或功能相结合。

2 对于梁、柱、桩或板类的结构体，可将单根梁、柱、桩或单块板划分为一个检测单元；对于体积（面积）较大、线路较长的结构体，应根据使用的检测方法分块、分段划分检测单元。

3 对于金属结构、机电设备，以单台（套、扇）或制造段（安装段）作为一个检测单元。

3.0.5 在对工程实体进行质量检测时，应优先选用无损检测方法，宜避免对工程实体造成破坏。必要且具备条件时应对原材料、中间产品、构（部）件进行质量检测。

3.0.6 依据本标准对工程进行质量检测时，可根据实际需要增加检测项目和检测方法。同一个检测项目，有多种检测方法可以选择时，应优先选择精度高的检测方法。

3.0.7 依据本标准的规定对工程进行全检后，宜对工程进行综合质量评价；而根据工程实际情况和需要进行抽检后，则宜对抽检的检测单元或检测项目进行质量评价。

3.0.8 全部检测单元质量评价为合格的，则该工程综合质量可评价为合格。

3.0.9 工程质量检测中出现不合格检测项目时，检测单位确认后应及时通知委托方。委托方应进一步组织有关单位确认，按照有关规定进行处理。

3.0.10 检测单位的质量检测活动应客观、公正、规范，并接受水行政主管部门的监督管理。

3.0.11 检测单位和检测人员应按相关规定开展质量检测工作，对质量检测结果负责。质量检测单位检测工作流程见附录C，水利工程质量检测报告的基本要求见附录D。

3.0.12 检测单位所出具的检测数据应真实可靠，严禁伪造或随意舍弃、涂改检测数据；对可疑数据，应检查分析原因，并做出书面记录；当检测有不合格结果时，应建立检测不合格项台账登记备查；检测原始记录、分析计算等成果资料应完整齐全，按档案管理规定永久保存。

3.0.13 水利工程项目中的永久性房屋、铁路、公路、桥梁、码头、船闸、升船机等采用相应行业技术标准设计、施工的，工程质量检测应符合相应行业的规定及技术标准要求。

4 地基处理与支护工程

4.1 地 基 处 理

4.1.1 检测项目宜包括压实度、渗透系数、贯入度（贯入阻力）、载荷试验、桩身抗压强度、桩身搭接质量、竖向增强体质量。

4.1.2 检测单元应根据工程特点和施工情况划分，每个检测单元的面积不宜大于25m^2，应包含1根基桩，基桩位于检测单元中心附近。

4.1.3 检测方法应符合下列要求：

1 压实度、渗透系数、贯入度（贯入阻力）：采用的检测方法应执行SL 237的规定；高压喷射灌浆渗透系数检测采用围井注水试验方法，应执行DL/T 5200的规定；压实度检测采用附加质量法，应执行SL 326的规定。

2 载荷试验：复合地基应执行JGJ 79的规定，土质地基应执行SL 237的规定。

3 桩身抗压强度：采用钻芯法，应执行JGJ 106的规定。

4 桩身搭接质量：采用开挖检查、弹性波等方法，弹性波法应执行SL 326的规定。

5 竖向增强体质量：采用单桩载荷试验、单桩复合地基载荷试验、多桩复合地基载荷试验等方法。

4.1.4 测区（测线、测点）布置和数量应符合下列要求：

1 压实度：应不少于1个测点；检测单元内包括基槽的，基槽部位应增加1个测点；环刀法取样点应位于每层厚度的2/3处；采用附加质量法时，测点布置应执行SL 326的规定。

2 渗透系数：应不少于1个测点。

3 贯入度（贯入阻力）：应不少于1个测点；检测单元内包括基槽的，基槽部位应增加1个测点；采用换填垫层法施工的，每分层应不少于1个测点；对不加填料振冲加密处理的砂土地基和水泥土搅拌桩的桩身质量，应不少于3个测点；碎石桩桩体检测采用重型动力触探方法的，每根碎石桩应有1个测点。

4 载荷试验：应不少于1个测点。

5 桩身抗压强度：每根桩应有1个测点。

6 桩身搭接质量：根据检测方法布置测点。

7 竖向增强体质量：应不少于1个测点。

4.1.5 检测单元内全部检测项目满足下列要求的，该检测单元质量可评价为合格：

1 桩身搭接质量：检测结果未发现质量缺陷。

2 其他检测项目：检测结果达到设计和技术标准要求。

4.2 灌　　浆

4.2.1 检测项目宜包括下列内容：

1 帷幕灌浆和固结灌浆：孔位偏差、水泥结石的充填密实度、水泥结石与岩石胶结质量、透水率（或渗透系数）、深度、岩体波速。帷幕灌浆增加封孔孔口封填外观质量、封孔水泥结石的密实度及芯样获得率。

2 回填灌浆：浆液结石与围岩之间的脱空尺寸、浆液结石充填密实度、注浆量（或出浆流量）。设计不要求将空腔填满时增加浆液充填厚度。

4.2.2 检测单元应根据工程特点和施工情况，按下列要求划分：

1 帷幕灌浆：沿帷幕线，每12m长度划分为1个检测单元。

2 固结灌浆、回填灌浆（包括基岩、地下洞室）：结合混凝土浇筑（衬砌）块、段或施工分区，按每50m^{2}区域划分为1个检测单元；隧洞沿洞线长度，每8m划分为1个检测单元。

4.2.3 检测方法应符合下列要求：

1 帷幕灌浆和固结灌浆

1) 孔位偏差：采用全站仪、钢卷尺检测。

2）水泥结石的充填密实度、水泥结石与岩石胶结质量、深度、岩体波速：采用钻芯法检测，应执行 SL 62 和 SL 291 的规定；采用钻孔电视、层析成像（声波 CT）、声波法检测，应执行 SL 62 和 SL 326 的规定。

3）透水率：采用压水试验方法检测，应执行 SL 62—2014 附录 B 的规定；渗透系数，采用注水试验方法检测，应执行 SL 62 附录 C 的规定。

4）封孔孔口封填外观质量：采用目测检查。

5）封孔水泥结石的密实度及芯样的获得率：采用钻芯法检测，应执行SL 62的规定。

2 回填灌浆

1）浆液结石与围岩之间的脱空尺寸、浆液结石的充填密实度或浆液充填厚度：采用钻芯法检测，应执行 SL 62的规定；采用探地雷达法、超声波法等检测，应执行 SL 62 和 SL 326 的规定。

2）注浆量（或出浆流量）：应根据工程条件，选择采用单孔压浆试验方法或双孔连通试验方法中的一种或两种检测方法检测，均应执行 SL 62 的规定。

3 检查孔出现岩芯破碎、透水率（或渗透系数）严重超标等不正常的情况下，可采用钻孔电视技术或其他检测方法，检查孔内四壁浆液充填情况，辅助评价灌浆质量。

4.2.4 测区（测线、测点）布置和数量应符合下列要求：

1 帷幕灌浆

1）孔位偏差：对全部灌浆孔进行检测。

2）水泥结石的充填密实度、水泥结石与岩石胶结质量、透水率（或渗透系数）、深度、岩体波速：单排帷幕时，应在检测单元内灌浆孔之间，均匀布置检查孔不少于 2 个；双排或双排帷幕以上时，应在检测单元内帷幕线及灌浆孔之间，均匀布置检查孔不少于 4 个。帷幕灌浆检查孔按照有针对性（根据地质条件、灌浆过程中有异常现象的部位等情况）和随机性相结合的原则布置。有跨孔波速检测时，相邻两个检查孔间距应不大于4m。

3）孔口封填外观质量：对全部孔口进行检测。

4）封孔水泥结石的密实度及芯样获得率：宜布置1个检查孔，孔位宜根据孔口封填外观质量并尽量结合跨孔波速检测的孔距需要布置。

2 固结灌浆

1）孔位偏差：对全部灌浆孔进行检测。

2）其他检测项目：均匀布置不少于3个检查孔，检查孔布置原则同帷幕灌浆。

3 回填灌浆

1）浆液结石与围岩之间的脱空尺寸：应沿纵横方向布置测线，测线间距宜30～50cm，每条测线长度应覆盖检测单元同向长度。

2）浆液结石充填密实度、注浆量（或出浆流量）、浆液充填厚度：布置不少于1个检查孔。检查孔数量与位置宜结合灌前有较大脱空、灌浆过程中有串浆孔集中及灌浆情况异常的部位确定。

4.2.5 检测单元内全部检测项目满足下列要求的，该检测单元质量可评价为合格：

1 帷幕灌浆和固结灌浆

1）孔位偏差、深度：应达到SL 62的要求。

2）水泥结石的充填密实度、水泥结石与岩石胶结质量：检查孔钻孔取芯芯样的裂隙、空隙及破碎带部位均应被水泥结石充填饱满密实，水泥结石与岩石固结紧密。

3）透水率或渗透系数：应达到SL 62的要求。

4）岩体波速：设计有要求时，应达到设计要求，当设计没有要求时，对于重要工程或关键部位的灌浆工程应在有代表性的部位进行岩体波速试验，岩体波速提高不低于3%的波速值作为灌浆质量岩体波速评价指标。

5）帷幕灌浆孔封孔孔口封填外观质量密实度、水泥结石密实度、芯样获得率：全部孔口封填应密实不渗水，封孔取芯检查水泥结石应连续、较密实，芯样获得率应达到设计要求或不小于90%。

2 回填灌浆

1）浆液结石与围岩之间的脱空尺寸、浆液结石充填密实度：混凝土与围岩间的空隙或空洞中浆液充填饱满密实，水泥结石与结构物胶结紧密无脱空。

2）注浆量（或出浆流量）：检测结果应达到设计或SL 62的要求。

3）浆液充填厚度：对于不要求将空腔填满的部位，浆液充填厚度应达到设计要求。

4.3 防渗墙

4.3.1 检测项目宜包括渗透系数（抗渗等级）、抗压强度、墙体完整性（连续性）、墙体深度、厚度、防渗效果。塑性混凝土防渗墙宜增加墙体弹性模量。

4.3.2 检测单元应根据工程特点和施工情况划分，每检测单元的墙体长度不宜超过40m；以槽段为基础划分检测单元时，每个单元宜包括2～3个槽段。

4.3.3 检测方法应符合下列要求：

1 渗透系数（抗渗等级）、抗压强度和弹性模量：渗透系数（抗渗等级）的原位测试在墙体内布设检查孔，在检查孔中进行注水（压水）试验，钻孔应执行SL 291的规定，注水试验应执行SL 345的规定，压水试验应执行SL 31的规定；对采用高压喷射灌浆技术施工的墙体检测，可采用围井试验，围井试验应执行DL/T 5200的规定；室内进行渗透系数（抗渗等级）、抗压强度与弹性模量试验，应钻取或挖取芯样制备试样，制备试样及室内试验应执行SL 352、SL 237的规定。

2　完整性（连续性）：宜采用普查和详查相结合的方法，普查可采用垂直反射波法、探地雷达法、直流电法检测；对于重要墙体或普查工作发现异常处，应采用跨孔声波、弹性波 CT、全孔壁光学成像进行检测。

3　墙体深度：检查孔深度应不小于墙体设计深度；检测方法应执行 SL 326 的规定，钻孔应执行 SL 291 的规定。

4　墙体厚度：宜采用开挖尺量方法，不便开挖的，可采用打孔法检测墙体厚度。

5　防渗效果：有检查孔的情况下可利用全孔壁光学成像观察墙体质量；在墙身两侧有水位差的条件下可采用探地雷达法等检测，应执行 SL 326 的规定。根据实际情况还可采用其他检测方法。

4.3.4　测区（测线、测点）布置和数量应符合下列要求：

1　渗透系数（抗渗等级）、抗压强度和弹性模量：应布置不少于 2 个检查孔；检查孔位置应在检测单元内随机选取，在施工记录中存在异常情况的部位应增设 1 个检查孔。

2　完整性（连续性）：采用跨孔声波、弹性波 CT 检测，剖面应覆盖全部墙体；采用垂直反射波法、高密度电法、探地雷达法检测，测线应在墙头沿墙体轴线布置；采用高密度电法检测，测线在墙头无法布置时，也可在墙头附近紧贴墙体布置；采用全孔壁光学成像检测，测点在检查孔内布置。

3　墙体深度：应不少于 1 个测点；用于检测的钻孔应均匀布设，孔间距不宜大于 20m，孔深应大于墙底深度。

4　墙体厚度：应随机布置 2 个测点。

5　防渗效果：采用全孔壁光学成像，布置 1 个检查孔；采用探地雷达法，直流电法检测墙体两侧水位差判断防渗效果时，应在墙体两侧平行墙体各布置不少于 1 条测线。

4.3.5　检测单元内全部检测项目满足下列要求的，该检测单元质量可评价为合格：

1　完整性（连续性）：检测结果未发现不完整缺陷。

2 防渗效果：检测结果未发现渗漏缺陷。

3 其他检测项目：检测结果达到设计和技术标准要求。

4.4 基 桩

4.4.1 检测项目宜包括桩长、桩身完整性、桩身缺陷、单桩承载力及设计或委托方要求的其他检测项目。

4.4.2 检测单元划分：每根基桩为1个检测单元。

4.4.3 检测方法应符合下列要求：

1 桩长、桩身完整性、桩身缺陷：宜根据桩材质选择采用高应变法、低应变法、钻孔法、声波透射法检测，应执行JGJ 106的规定。

2 单桩承载力：单桩竖向抗压承载力检测可采用高应变法，应执行JGJ 106的规定。

4.4.4 测区（测线、测点）布置和数量应符合下列要求：

采用高应变法、低应变法时应不少于1个测点；采用钻孔法时，布置1个检查孔；采用声波透射法时，测管不少于3根，测点覆盖全管，测点距不大于20cm。

4.4.5 检测单元内全部检测项目达到设计要求的，该检测单元质量可评价为合格。

4.5 锚杆、锚筋桩、锚索

4.5.1 检测项目宜包括下列内容：

1 锚杆、锚筋桩：钢筋数量、位置偏差、钢筋直径、长度、饱满度、拉拔力。

2 锚索：位置偏差、长度、张拉力，必要时检测锚具硬度、饱满度。

4.5.2 检测单元应根据工程特点和施工情况划分，锚杆应以锚固面不大于30m^{2}作为1个检测单元；锚筋桩、锚索应以单桩、单索作为1个检测单元。

4.5.3 检测方法应符合下列要求：

1 钢筋数量、位置偏差：采用目测观察、尺量检测。

2 钢筋直径：采用游标卡尺量测读取不少于3个方向的读数。

3 长度（外露长度、锚固长度）、饱满度：外露长度采用尺量方法检测；锚固长度、饱满度采用声波反射波法，应执行DL/T 5424的规定。

4 拉拔力：采用荷载试验，应执行SL 377附录D的规定。

5 张拉力：采用锚索张拉力仪检测，应执行DL/T 5083的规定。

6 锚具硬度：采用洛氏硬度计检测，应执行DL/T 5083的规定。

4.5.4 测区（测线、测点）布置和数量：锚杆、锚筋桩、锚索均应进行全部检测。

4.5.5 检测单元内全部检测项目满足下列要求的，该检测单元质量可评价为合格：

1 锚杆、锚筋桩的钢筋数量、位置偏差、钢筋直径、拉拔力：检测结果应达到设计和技术标准要求。

2 锚杆长度、饱满度：检测结果应达到设计和DL/T 5424的要求。

3 锚筋桩长度：检测结果应达到设计要求。

4 锚索的位置偏差、长度、张拉力、锚具硬度、饱满度：检测结果应达到设计和技术标准要求。

4.6 喷射混凝土

4.6.1 检测项目宜包括：抗压强度、厚度、与围岩黏结强度、挂网位置和范围。

4.6.2 检测单元应根据工程特点和施工情况划分，每个检测单元面积应不大于$50m^2$。

4.6.3 检测方法应符合下列要求：

1 抗压强度：采用现场切割或钻芯取样的方法，试样制取和试验方法应执行 SL 377 和 SL 352 的规定。

2 厚度：根据喷射混凝土材料和工程情况采用切割或钻芯尺量法、雷达法或声波反射法检测。雷达法检测宜沿测线采用连续模式进行，如因工程条件限制，无法进行连续模式检测时，也可沿测线进行点测，点测间距不宜大于 0.05m；声波反射法测点间距与雷达法相同；探地雷达法和声波反射法检测方法应执行 SL 326 的规定。

3 与围岩黏结强度：采用预留试件拉拔法检测，应执行 SL 377附录 A 的规定。

4 挂网位置和范围：采用探地雷达法检测，应执行 SL 326 的规定。

4.6.4 测区（测线、测点）布置和数量应符合下列要求：

1 抗压强度：应随机布置 3 个测点，每个测点取样 1 组，每组不少于 3 个试件。

2 厚度：采用切割或钻芯尺量法时，应均匀间隔布置不少于 3 个测点，可结合抗压强度现场取样同步进行；采用雷达法或声波反射法检测时，可与挂网位置和范围检测同步进行。

3 与围岩黏结强度：应随机布置 3 个测点，每个测点取样 1 组，每组不少于 3 个试件。

4 挂网位置和范围：在喷射混凝土表面布设纵向或横向或垂直交叉的测线，测线间距不大于 1m，均匀覆盖全部检测面。

4.6.5 检测单元内全部检测项目达到设计和技术标准要求的，该检测单元质量可评价为合格。

5 土石方工程

5.1 一般规定

5.1.1 土石方工程相关检测项目的检测方法应符合下列要求：

1 土性分析、压实度或相对密度、颗粒级配、小于5mm砾含量：应执行SL 237的规定；含泥量：应执行SL 352的规定。

2 渗透系数、渗透坡降：室内检测、现场检测应执行SL 237的规定。

3 内部缺陷（隐患）：堤身（渠身）应执行SL 436的规定；坝体内部应执行SL 326的规定。

4 沥青马歇尔稳定度及流值：应执行JTG E20的规定。

5.1.2 检测单元内全部检测项目满足下列要求的，该检测单元质量可评价为合格：

1 渗透系数、渗透坡降：检测结果达到设计要求，未发现渗漏等缺陷。

2 内部缺陷（隐患）：检测结果未发现内部有缺陷（隐患）。

3 其他检测项目：检测结果达到设计和技术标准要求。

5.2 堤防、渠道

5.2.1 检测项目宜包括下列内容：

1 堤身（渠身）：土性分析、压实度或相对密度、渗透系数、渗透坡降、内部缺陷（隐患）。

2 堤顶（渠顶）道路：路面混凝土抗压强度、路面沥青马歇尔稳定度及流值、钢筋数量、钢筋间距、路面宽度、路面厚度、路面平整度、路肩石砌筑。

3 堤基（渠基）应按4.1节执行。

4 护坡（渠坡）应按5.4节和6.7节执行。

5 穿堤（渠）建筑物应按 6.3 节和 6.5 节执行。

6 防渗处理应按 4.2 节和 4.3 节执行。

5.2.2 检测单元应根据工程特点和施工情况划分，可沿堤（渠）轴线每 50m 一段划分为 1 个检测单元。

5.2.3 检测方法应符合下列要求：

1 路面混凝土抗压强度：应执行 SL 352 的规定。

2 钢筋数量、钢筋间距、路面厚度：采用探地雷达法应执行 SL 326 的规定，采用钢筋探测仪应执行 JGJ/T 152 的规定；路面厚度也可结合钻芯取样采用尺量方法检测。

3 路面宽度、路面平整度：采用直尺和 2m 靠尺量测方法。

4 路肩石砌筑：采用目测和尺量方法。

5 其他检测项目：可按本标准 5.1.1 条的有关要求执行。

5.2.4 测区（测线、测点）布置和数量应符合下列要求：

1 土性分析、压实度或相对密度：土性分析不少于 1 组，压实度或相对密度不少于 3 组。取样应执行 SL 237 的规定。

2 渗透系数、渗透坡降：现场测试沿堤（渠）轴线长度每 10m 布置 1 个测区；室内测试现场取样沿堤（渠）轴线长度每 20～30m 布置 1 个测区。

3 内部缺陷（隐患）：测线和测点布置应执行 SL 436 的规定。

4 路面混凝土抗压强度、路面沥青马歇尔稳定度及流值、钢筋数量、钢筋间距：抗压强度按断面方向间距均匀布置 1 组 3 个试样；沥青马歇尔稳定度及流值取样应执行 JTG E20 的规定；钢筋数量、钢筋间距测线沿钢筋布置方向垂直设置，测线长度覆盖检测单元。

5 路面宽度、路面厚度、路面平整度：均匀布置 3 个测点。

6 路肩石砌筑：均应进行全部检测。

5.3 土 石 坝

5.3.1 检测项目宜包括下列内容：

1 均质坝：坝体的土性分析（颗粒分析、液塑限）、压实度，反滤料的颗粒级配、相对密度和含泥量。

2 堆石坝：坝壳堆石料、过渡料、反滤料、垫层料的颗粒级配、相对密度、孔隙率，反滤料的含泥量，坝壳砾质土的压实度和小于5mm砾石含量、渗透系数。

3 黏性土、砾质土防渗体：土性分析（颗粒分析、液塑限）、压实度、渗透性和砾石含量。

4 混凝土防渗体：抗压强度、渗透系数（抗渗性能）、裂缝。

5 沥青混凝土防渗体：抗压强度、密度、孔隙率、渗透系数、沥青马歇尔稳定度及流值。

6 土工合成材料防渗体：防渗效果、材质及力学性能、焊黏接质量、厚度。

7 各类土石坝体：内部缺陷（隐患）。

5.3.2 检测单元应根据工程特点和施工情况按下列要求划分：

1 根据坝体材料分区，并按每10m（长）×10m（宽）×5m（深）划分为1个检测单元。

2 对于防渗体，按沿坝轴线方向每10m（长）×10m（宽）×3m（深）为1个检测单元。

5.3.3 检测方法应符合下列要求：

1 孔隙率：应执行SL 237的规定。

2 抗压强度：应执行SL 352的规定。

3 裂缝：长度、宽度检测采用尺量方法，深度检测应执行SL 352、SL 713和DL/T 5299的规定。

4 土工合成材料防渗效果、材质及力学性能、焊黏接质量、厚度：应执行SL 235的规定。

5 其他检测项目：可按本标准5.1.1条的有关要求执行。

5.3.4 测区（测线、测点）布置和数量应符合下列要求：

1 采用钻探法或坑探法检测，在中心位置布置测点1个，取样1件。

2 采用核子密度法、波速法、附加质量法等检测，纵横布置各3条测线，对于以测点读数方法则在每条测线上等分3点分别采集数据。

3 采用雷达法、电测法等检测，分高程等距布置测线 2 条。

5.4 砌　　石

5.4.1 检测项目宜包括下列内容：

1 砌石：抗压强度、软化系数、砌筑质量、垫层厚度、砌石厚度、表面平整度、腹石砌筑、坡度、块石尺寸。

2 浆砌石或混凝土砌石：应增加砌缝饱满度与密实度、砌缝宽度、排水孔反滤、排水孔位置，必要时可增加孔隙率检测。

5.4.2 检测单元应根据工程特点和施工情况按下列要求划分：

1 可沿长度或轴线方向每 10m 或按面积不超过 $50m^2$ 划分为 1 个检测单元。

2 小于该尺寸的砌石体可独立成为 1 个检测单元或与相邻检测单元合并等分为 2 个检测单元。

5.4.3 检测方法应符合下列要求：

1 抗压强度、软化系数：采用的检测方法应执行 SL 264 的规定。

2 砌筑质量、垫层厚度、砌石厚度、表面平整度、腹石砌筑、坡度、砌缝饱满度与密实度、砌缝宽度、排水孔反滤、排水孔位置：采用目测、尺量检测，应执行 SL 631、SL 634 的规定。

3 块石尺寸：采用钢直尺量测块石各边长及最小边长。

4 孔隙率：采用试坑法，应执行 SL 237 的规定。

5.4.4 测区（测线、测点）布置和数量应符合下列要求：

1 抗压强度、软化系数、块石尺寸、坡度：布置不少于 3 个测点，每点取样数量应满足有关技术标准规定。

2 砌筑质量、垫层厚度、砌石厚度、表面平整度、腹石砌筑、砌缝饱满度与密实度、砌缝宽度：采用网格法布置测点，应不少于 6 个测点。

3 排水孔反滤、排水孔位置：应不少于 2 个测点。

4 孔隙率：应不少于 1 个测点。

6 混凝土工程

6.1 一般规定

6.1.1 混凝土工程相关检测项目的检测方法应符合下列要求：

1 抗压强度：采用回弹法，应执行 SL 352 和 JGJ/T 23 的规定；采用超声回弹综合法，应执行 CECS 02 的规定；采用声波法，应执行 DL/T 5299 的规定；采用钻芯法，应执行 SL 352 的规定。

2 抗渗性能：检测方法应执行 SL 352 的规定，试样获取、试件数量、尺寸应执行 JTJ 270 的规定，检测结果处理应执行 GB/T 50784 的规定。

3 抗冻性能：检测方法和试样获取、试件加工、数量、尺寸应执行本标准附录 E“取芯法测定混凝土抗冻性”的规定。

4 钢筋数量、间距和保护层厚度：采用电磁感应法或探地雷达法，应执行 SL 713 或 JGJ/T 152 的规定。

5 裂缝：长度、宽度检测采用尺量方法，深度检测应执行 SL 352、SL 713、DL/T 5299 的规定。

6 连接缝止水：除进行外观检测外，应根据材质类型依据本标准附录 F 进行检测。

7 内部缺陷：应执行 SL 713 和 DL/T 5299 的规定。

8 轴向抗拉强度、弹性模量、表观密度、抗折性能、抗剪性能、抗冲耐磨性能：应执行 SL 352 和 GB/T 50784 的规定。

9 透水率：碾压混凝土采用钻孔压水检测，应执行设计的要求和 SL 31 的规定；涵、管、倒虹吸采用水压或压注水检测，应执行 GB/T 15345 的规定。

10 碾压混凝土表观密度：采用钻芯法，应执行 SL 264 和 SL 352 的规定。

11 脱空：采用声波法、探地雷达法等方法，应执行

SL 326的规定；采用声脉冲回波法，应执行 DL/T 5299 的规定；必要时采用钻孔验证。

12 承载力、挠度、抗裂度：采用的检测方法应执行GB/T 50152 和 GB 50204 的规定。

13 预应力筋（索）张拉力：采用的检测方法应执行 SL 46 或 DL/T 5083 的规定；桥梁、大跨度渡槽可参照 DB43/T 847 的规定。

14 结构尺寸：采用尺量方法。

15 涵、管、倒虹吸及其节（段）连接缝止水、连接装置及连接质量：根据材质类型分节（段）或设计要求依据相应技术标准采用水压试验等方法检测。

16 墙体完整性：应按本标准 4.3 节执行，墙体有临空面时，可在临空面布设测线，采用探地雷达法，应执行 SL 326 的规定。

17 平整度：采用直尺和 2m 靠尺在每个测点读取 10 个数据，计算算数平均值。

18 厚度：采用钻孔法，钻孔不少于 3 孔，应在孔径十字线位置量测 4 点厚度值，取其算术平均值为该孔厚度值；采用声波法，应执行 DL/T 5299 的规定。

19 搭接和固定方式：采用目测、尺量方法。

6.1.2 检测单元内检测项目满足下列要求的，该检测单元质量可评价为合格：

1 抗压强度：抗压强度推定值或推定区间上限值以及芯样抗压强度值、轴向抗拉强度不小于设计要求。

2 抗渗性能、抗冻性能、钢筋数量：检测结果达到设计要求。

3 钢筋间距和保护层厚度：检测结果合格率达到技术标准要求。

4 裂缝长度、宽度、深度：检测结果无贯穿裂缝，长度、宽度、深度不大于设计或技术标准要求。

5 连接缝止水：检测结果达到技术标准要求。

6 内部缺陷：检测结果无明显不密实区和空洞。

7 抗拉强度、抗折性能、抗剪性能：检测结果达到设计要求。

8 弹性模量：检测结果达到设计和技术标准要求。

9 碾压混凝土的表观密度：检测结果不小于配合比设计值的97%；轴向拉伸、层间抗剪性能：检测结果不小于设计要求；透水率：检测结果不大于设计要求；层间结合质量：检测结果达到技术标准要求。

10 脱空：检测结果无脱空。

11 抗冲耐磨性能：检测结果达到设计和技术标准要求。

12 承载力、预应力筋（索）张拉力：检测结果达到设计要求；挠度、抗裂度：检测结果达到设计和技术标准要求。

13 涵、管、倒虹吸及其节（段）连接缝止水、连接装置及连接质量：检测结果达到技术标准要求，且不应存在爆裂、局部凸起、渗漏或变形超标等缺陷。

14 平整度、排水孔反滤、排水孔位置、搭接和固定方式：检测结果达到设计和技术标准要求。

15 厚度：混凝土面板及衬砌混凝土、现浇混凝土护坡或挡墙的厚度不小于设计要求。

6.2 混凝土坝

6.2.1 检测项目宜包括下列内容：

1 各类混凝土坝：抗压强度、抗渗性能、抗冻性能，钢筋数量、间距和保护层厚度，裂缝、连接缝止水、内部缺陷。

2 拱坝坝体：宜增加轴向抗拉强度、抗折性能、弹性模量。

3 碾压混凝土坝：宜增加表观密度、轴向拉伸、抗剪性能、透水率、层间结合质量。

4 混凝土面板坝：宜增加面板厚度、脱空。

5 过水建筑物结构体：必要时可增加抗冲耐磨性能试验。

6.2.2 检测单元应根据工程特点和施工情况按下列要求划分：

1 重力坝、拱坝和碾压混凝土坝可按坝体段结构体和过水建筑物结构体两部分分别进行划分。

1) 坝体段结构体可沿大坝轴线方向30m长、50m高及相应位置断面宽度划分为1个检测单元；坝体高度不足50m，可按实际高度划分为1个检测单元。

2) 坝体溢流面部位、引输水建筑物导（侧）墙等过水建筑物结构体，可按顶或侧表面不超过200m^{2}划分为1个检测单元。

2 混凝土面板坝可沿面板拉模方向按滑模宽度每12m长划分为1个检测单元。

3 与坝体连接的厂房，其混凝土结构体的检测单元可按6.4节进行划分。

4 过水建筑物上、下游段和闸室段的墩、墙、板等结构体的检测单元可按6.3节进行划分。

6.2.3 测区（测线、测点）布置和数量应符合下列要求：

1 抗压强度：采用回弹法，应执行SL 352中“回弹法检测混凝土抗压强度”的规定；采用超声回弹综合法，应执行CECS 02的规定；采用钻芯法，布置的测点数不少于1个，取得抗压强度芯样试件不少于1组3个，可以是同一根芯样截取3个芯样试件，也可以同一检测单元的3根不同芯样分别截取。取芯深度可根据检测单元相应取芯方向的实际尺寸而定；采用射钉法，应执行SL 352中“射钉法检测混凝土强度”的规定。

2 抗渗性能、抗冻性能：重力坝、拱坝和碾压混凝土坝，布置的测点数不少于1个，芯样总长度应能满足制作各项性能试验用试件数量的需要；混凝土面板，布置的测点数不少于12个，均匀布置，芯样数量不少于可加工抗渗试件1组6个、抗冻试件1组3个，抗压强度试件3个。

3 钢筋数量、间距和保护层厚度：测线应与被检测钢筋分布方向垂直布置，各测线的长度与检测单元同向等长。

4 裂缝：应对所有长度、宽度进行检测，深度宜选择不少于裂缝总数10%且不少于3条裂缝进行检测。

5 连接缝止水：应逐缝进行检测。

6 内部缺陷：测线沿纵横方向垂直布置，测线间距宜不大于50cm，各测线的长度与检测单元同向等长。

7 轴向抗拉强度、抗折性能、弹性模量、表观密度、轴向拉伸、抗剪性能、透水率、层间结合质量：钻孔取芯测点随机布置，测点数量不少于1个，检测的芯样试件尺寸和数量应满足SL 352的要求。

8 混凝土面板厚度、脱空：采用雷达法、冲击回波法、超声波法或超声横波反射法检测，测线沿拉模方向距面板侧端应不大于0.5m布置，不少于2条，测线间距不宜大于3m；根据初测结果需追溯检测时，加密测线的方向、长度、间距应依追溯需要确定；钻孔验证测点位置和数量应根据前面的检测结果确定。

9 抗冲耐磨性能检测，随机均匀布置取样测点3个。

6.3 水　　闸

6.3.1 检测项目宜包括下列内容：

1 闸体：抗压强度、抗渗性能、抗冻性能，钢筋数量、间距和保护层厚度，裂缝、连接缝止水、内部缺陷。

2 混凝土墩、墙结构体：宜增加厚度。

3 混凝土板、梁结构体：必要时可增加轴向抗拉强度、抗折、抗剪性能、弹性模量，承载力、挠度、抗裂度，预应力筋（索）张拉力。

4 过水建筑物结构体：必要时可增加抗冲耐磨性能。

6.3.2 检测单元应根据工程特点和施工情况，按下列要求划分：

1 水闸按结构体功能分类，上游连结段（进口段）、闸室段、下游连结段（出口段）等可独立划分检测单元。

2 闸室段的闸墩、导（侧）墙、底板等检测单元不宜大于$50m^2$。

3　梁（不含吊车梁）、梁格内板和节点柱可按单跨、单块、单根为1个检测单元；对于吊车梁等动态承重受力结构体可按设计结构整体为1个检测单元，预应力筋（索）可按单根为1个检测单元。

6.3.3　检测项目的测区（测线、测点）布置和数量：承载力、挠度和抗裂度应按设计和技术标准要求布置；预应力筋（索）张拉力应按设计安装根数全部检测；其他检测项目可参照6.2.3条的有关要求布置。

6.4　电站、泵站

6.4.1　检测项目宜包括下列内容：

1　主体结构：抗压强度、抗渗性能、抗冻性能，钢筋数量、间距和保护层厚度，裂缝、连接缝止水、内部缺陷。

2　楼板、梁、墙、柱结构体：必要时可增加轴向抗拉强度、抗折性能、抗剪性能、弹性模量，承载力，挠度、抗裂度，预应力筋（索）张拉力。

3　地下厂房顶拱衬砌：必要时可增加混凝土与围岩接触面脱空。

4　过水建筑物结构体：必要时可增加抗冲耐磨性能。

6.4.2　检测单元应根据工程特点和施工情况，按下列要求划分：

1　上、下游输（引）水系统建筑物可参照6.3节的有关要求进行划分。

2　厂房内的机墩、机座、蜗壳、水轮机室按单机划分检测单元，楼板、墙板、缓台、踏步、楼梯、电梯井以及顶拱作为独立结构体划分检测单元。根据每楼层上、下游顺序按每不超过12m长、12m宽划分为1个检测单元，小于1/2的可并入相邻检测单元也可独立划为1个检测单元，面积不宜大于$50m^2$。

3　每单根梁、柱划分为1个检测单元。当检测单元与其他功能结构体交叉时，可调整检测单元位置以避开。

4　吊车梁或岩锚梁，有支撑柱的按柱间梁跨长度划分为1

个检测单元，无支撑柱的按梁的长度每7～9m划分为1个检测单元，对于动态承重受力结构体可按设计结构整体为1个检测单元。

5 桥梁参照吊车梁或上述相类似结构体划分检测单元。

6.4.3 测区（测线、测点）布置和数量应符合下列要求：

1 抗压强度、抗渗性能、抗冻性能、钢筋数量、间距和保护层厚度、内部缺陷、裂缝长度、宽度与深度：可参照本标准6.2.3条的有关要求布置。

2 吊车梁（岩锚梁）混凝土内部缺陷：应布置2条测线，测线长度与检测单元同向等长，测线间距为梁立面尺寸的1/3。

3 混凝土与围岩接触面脱空：可参照6.8.3条的有关要求布置。

4 其他检测项目：可参照6.2节、6.3节的有关要求布置。

6.5 涵、管、倒虹吸

6.5.1 检测项目宜包括下列内容：

1 主体结构：抗压强度、结构尺寸、钢筋数量、间距和保护层厚度，裂缝、连接缝止水、透水率、内部缺陷，必要且具备条件时可增加抗渗性能、抗冻性能。

2 PCCP、PVC、PE等复合材质管：连接装置及连接质量，必要时可增加材质和力学性能检测。

6.5.2 检测单元应根据工程特点和施工情况按下列要求划分：

1 对于现浇混凝土涵、管、倒虹吸，若内径大于等于2m时，可将每12m长的顶拱、底板及左、右侧墙段分别划分为1个检测单元；若内径小于2m时，可将每6m长段整体划分为1个检测单元；也可结合浇筑仓段划分，但每个检测单元长度不宜超过上述规定划分长度的1.3倍，若超出时可与前段合并平分为2个检测单元。

2 预制现场拼装的涵、管、倒虹吸，可将每预制节（段）单独为1个检测单元。

3　连接缝止水、连接装置，每节（段）单独为1个检测单元。

6.5.3　测区（测线、测点）布置和数量应符合下列要求：

1　抗压强度：采用超声回弹法时，视涵、管、倒虹吸的断面形状，均匀布置不少于10个测区，相邻两测区中心点距离不大于1.2m。

2　结构尺寸：布置3个测点，分别检测内、外部宽、高（或径、周长）尺寸和壁厚度。

3　钢筋数量、间距和保护层厚度，混凝土裂缝长度、宽度和深度，内部缺陷，抗渗性能、抗冻性能：可按6.2.3条的有关要求布置。

4　连接缝止水、连接装置及连接质量：应根据材质和装置类型依据相应技术标准全部检测。

5　透水率：采用水压或压（注）水，检测长度可按拼装节（段）或按设计要求确定。

6　材质及力学性能：按材料类型分批依据相关技术标准对预留样品进行检测，必要时可现场裁取样品实施检测。

6.6　渡　　槽

6.6.1　检测项目宜包括：抗压强度，槽身结构尺寸，钢筋数量、间距和保护层厚度，裂缝、连接缝止水、内部缺陷，必要时可增加抗渗性能、抗冻性能、弹性模量，承载力、挠度、抗裂度、预应力筋（索）张拉力。

6.6.2　检测单元应根据工程特点和施工情况按下列要求划分：

1　对于槽身，按槽底和左、右侧槽墙分别以槽轴方向将每12m长划分为1个检测单元。

2　对于槽墩（桩）、排架、槽柱、槽身顶部横梁，以单墩（桩）、架、柱、梁划分为1个检测单元；对于高度大于5m的墩、架、柱可按每增高5m另划分为1个检测单元；对于竖向排架柱外的横向排架支臂或搭接梁应单独划分为1个检测单元；对于已经预置埋设测试管的，可将完整的墩（桩）、柱划分为1个检测单元。

3 对于内径或底板宽度不超过1m的小型槽，可将每6m长度槽身段整体划分为1个检测单元。

4 对于预制现场拼装的槽，可将每节预制槽身段划分为1个检测单元，但每个检测单元长度不宜超过12m，否则，应划分为2个检测单元。

5 对于按整体槽身设计配置的受力结构或装置，可按每个整体槽身或装置划分为1个检测单元。

6.6.3 测区（测线、测点）布置和数量应符合下列要求：

1 抗压强度、钢筋数量、间距和保护层厚度、裂缝、连接缝止水、内部缺陷、抗渗性能、抗冻性能、弹性模量：可参照6.2.3条的要求布置。

2 结构尺寸：布置3个测点，分别检测内、外部宽、高（或径、周长）尺寸和槽壁厚度。

3 承载力、挠度、抗裂度、预应力筋（索）张拉力：可按本标准6.3.3条的有关要求布置。

6.7 护坡、挡墙

6.7.1 检测项目宜包括下列内容：

1 主体结构：抗压强度、墙体完整性、坡面平整度、厚度、排水孔反滤、排水孔位置，钢筋数量、间距、保护层厚度，内部缺陷。

2 混凝土预制块、模袋混凝土、预制连锁板护坡：应增加搭接和固定方式。

6.7.2 检测单元应根据工程特点和施工情况，以不大于20m长或50m^{2}面积的墙体划分为1个检测单元。

6.7.3 测区（测线、测点）布置和数量应符合下列要求：

1 抗压强度：现浇混凝土板护坡、挡墙，采用超声回弹综合法，不少于10个测区，测区间距不宜大于0.5m，采用钻芯法，取芯试验 1 组 3 件；预制块、板采用取样检测方法，取试样 1 组 3 件。

2 墙体完整性：应进行全部检测。

3 坡面平整度、厚度：应不少于 3 个测点。

4 排水孔反滤、排水孔位置：应不少于 2 个测点。

5 钢筋数量、间距、保护层厚度：沿钢筋布置方向垂直设置，测线长度与检测单元同向等长。

6 内部缺陷：沿墙体长度方向布置 1 条测线。

7 搭接和固定方式：应进行全部检测。

6.8 洞 室 衬 砌

6.8.1 检测项目宜包括：抗压强度，钢筋数量、间距和保护层厚度，内部缺陷、混凝土与围岩接触面脱空，衬砌厚度。必要时可增加抗渗性能。

6.8.2 检测单元应根据工程特点和施工情况，按下列要求划分：

1 隧洞结合混凝土衬砌施工仓段，宜将每 8m 长顶拱、左、右侧墙、底板分别划分为 1 个检测单元，不足 4m 长度可与相邻检测单元合并；洞径小于 3m 时，可将每 12m 长整体洞段划分为 1 个检测单元。

2 地下洞室结合混凝土衬砌施工仓段，宜将顶拱、侧墙分别划分为 1 个检测单元，每个检测单元面积不宜超过 $50m^2$。

6.8.3 测区（测线、测点）布置和数量应符合下列要求：

1 抗压强度，钢筋数量、间距和保护层厚度，衬砌厚度、抗渗性能：可参照 6.2.3 条的要求布置。

2 内部缺陷、混凝土与围岩接触面脱空：采用雷达法、冲击回波法、超声波法或超声横波反射法，测线沿隧洞轴向布置，拱部不少于 3 条、两侧墙与底部各不少于 1 条，地下洞室测线间距宜不大于 2m，测线长度应与检测单元同向等长，根据初测结果需追溯检测时，钻孔验证测点位置应结合初测显示的疑似部位布置，加密测线的方向、长度、间距应依追溯需要确定；采用雷达法，宜使用自动连续测点方式，使用手动方式时测点间距不大于0.05m，采用冲击回波法或超声横波反射法，测点间距宜不大于0.1m。

6.9 渠道衬砌

6.9.1 检测项目宜包括：抗压强度、衬砌厚度、裂缝、钢筋数量、间距和保护层厚度、内部缺陷、抗冻性能、抗渗性能。

6.9.2 检测单元应根据工程特点和施工情况，按每个检测单元的长度不宜超过20m或面积不超过$100m^2$进行划分。

6.9.3 测区（测线、测点）布置和数量，应符合下列要求：

1 抗压强度：采用超声回弹法或回弹法检测，布设不少于10个测区，测区应均匀分布，其间距不宜大于50cm；采用钻芯法，依据SL 352要求布置测点，试样尺寸和试验方法应符合SL 352的规定。

2 衬砌厚度、内部缺陷：每个检测单元布设若干条主测线，测线走向与渠段轴线平行，应布置在底板和两侧腰部，测线间距1～3m。采用雷达法，用连续模式沿测线进行检测；采用冲击回波法，测点间距宜为0.1m；采用超声横波反射法，测点间距宜为0.2m；采用钻孔法检测衬砌厚度，应均匀等距间隔布置3个测点。

3 裂缝：采用超声波法，每米裂缝长度均匀布置不少于3条测线，根据裂缝深度每条测线读数测点3～5个，间距应均匀。

4 钢筋数量、间距和保护层厚度：根据被测钢筋方向各布置垂直测线一条，测线长度与检测单元同向等长，测点数量覆盖测线所有被测钢筋。

5 抗冻性能、抗渗性能：采用切割方法取样1组，抗冻性能试样尺寸与试验方法应按本标准附录E执行，抗渗性能应按SL 352执行。

7 金属结构

7.1 一般规定

7.1.1 检测项目的检测方法、检测数量宜按下列规定执行：

1 钢板（材）厚度：采用超声波法，应执行 GB/T 11344 的规定；对主要构件按每种规格抽检 1 块钢板，均匀布置 5 个测点。

2 钢板（材）化学元素：采用光谱法或化学分析法，检测钢板（材）的主要化学元素成分，对主要构件按每种规格钢板（材）进行检测。

3 焊缝外观质量：采用焊接检验尺和钢直尺辅以目视对各类焊缝进行 100%检查。

4 焊缝内部质量：采用超声波法，应执行 GB/T 11345 的规定，各类焊缝的检测比例按照相关技术标准规定及设计或检测任务要求确定。当有质量争议时，宜采用射线法或衍射时差法，分别依据GB/T 3323或 DL/T 330 进行验证检测。

5 锈蚀深度和锈蚀面积：采用测厚仪、深度游标卡尺、钢板尺等仪器和工具进行锈蚀深度和锈蚀面积的检测，每个构件不少于 3 个检测断面。

6 防腐层厚度：采用磁性电涡流测厚仪或涂层测厚仪检测，应执行 SL 105 和 GB/T 9793 中的规定。

7 防腐层附着力：采用划格法或拉开法，应执行 SL 105 的规定。

7.1.2 各类金属结构产品的检测方法除执行所列相应的检测方法外，还应执行 SL 582 的有关规定。

7.1.3 检测单元质量评价：

检测单元内全部检测项目除应符合第 7 章各节有关检测单元质量评价的要求外，还应满足 SL 635 规定的质量要求，则该检测单元质量方可评价为合格。

7.2 闸　　门

7.2.1 检测项目宜包括下列内容：

1 钢闸门：钢板厚度、化学元素分析；橡胶水封硬度、厚度、止水表面平面度；焊缝质量（焊缝外观质量、焊缝内部质量）；锈蚀深度、锈蚀面积；防腐质量（防腐层厚度、防腐层附着力）；结构尺寸与变形（结构尺寸、组装偏差、变形量）；闸门及埋件安装质量；铸锻件内部质量；启闭运行试验。

2 铸铁闸门：铸造外观质量、结构尺寸与变形、闸门及埋件安装质量、启闭运行试验。

7.2.2 检测单元按下列要求划分：

1 对不分节制造的钢闸门，每扇门为 1 个检测单元。

2 对分节制造的钢闸门，每节为 1 个检测单元。

3 每扇（孔）闸门的门槽埋件为 1 个检测单元；每扇（孔）铸铁闸门为 1 个检测单元。

7.2.3 检测方法应符合下列要求：

1 橡胶水封硬度：采用橡胶硬度计进行检测，应执行 GB/T 531.1或 GB/T 2411 的规定。

2 橡胶水封厚度：采用钢尺、游标卡尺等尺具检测。

3 橡胶水封止水表面平面度：采用钢尺配合弦线、等高垫块检测。

4 结构尺寸与变形：采用钢卷尺、钢直（板）尺、游标卡尺和千分尺、水准仪、经纬仪或全站仪、塞尺并配合样板、弦线、等高垫块等仪器和工具进行检测。对钢闸门，应执行 GB/T 14173或 NB/T 35045 的规定；对铸铁闸门，应执行 SL 545和CJT 3006的规定。

5 闸门及埋件安装质量：采用精密水准仪和经纬仪、全站仪、钢直尺等仪器辅以钢弦线垂球悬挂、垫块等工具进行检测，应执行 GB/T 14173 或 NB/T 35045 的规定。

6　铸锻件内部质量：采用超声波法进行铸锻件内部质量探伤，应执行 GB/T 7233.1 和 GB/T 6402 的规定。

7　铸造外观质量：采用目测辅以尺量进行铸造外观质量检测。

8　启闭运行试验：钢闸门应执行 GB/T 14173 或NB/T 35045 的规定；铸铁闸门应参照钢闸门和 SL 545、CJT 3006 的规定。

9　其他检测项目：可按 7.1.1 条的有关要求执行。

7.2.4　检测数量布置应符合下列要求：

1　橡胶水封硬度、厚度、止水表面平面度：按每种规格橡胶水封每条均布 3 个测点，每测点记录 1 个数据；止水表面平面度对每条止水橡皮按每米 1 个测点进行检测。

2　结构尺寸与变形：对每扇闸门均应进行检测。

3　闸门及埋件安装质量：每孔所有轨道及止水座板（包括主轨、反轨、侧导轨、各止水座板等）按照类别和位置不同均进行轨道工作表面平面度、轨道间距、轨道垂直度和平行度等检测，每孔底槛按每米 1 个测点进行底槛工作表面平面度检测，每孔弧形闸门均进行支铰轴孔同轴度检测，每孔闸门均检测支撑行走装置安装质量和止水安装质量。

4　铸锻件内部质量：对闸门的支铰和铰轴、滚轮轴等进行100％超声波探伤扫查；铸铁闸门铸造外观质量：对每扇铸铁闸门均进行检测。

5　启闭运行试验：每孔闸门做 3 次。

6　其他检测项目：可按 7.1.1 条的有关要求执行。

7.2.5　检测单元内全部检测项目满足下列要求的，该检测单元质量可评价为合格：

1　钢板厚度：应符合设计要求、GB/T 708、GB/T 709 的规定。

2　钢板化学元素分析：应符合该钢材产品标准和GB/T 14173 或 NB/T 35045 的规定。

3　橡胶水封硬度、厚度、止水表面平面度：应符合设计要求和 GB/T 14173 或 NB/T 35045 的规定。

4 焊缝质量：应符合设计要求和 GB/T 14173 或 NB/T 35045 的规定。焊缝外观质量应符合 SL 36 的规定、一类、二类焊缝质量应符合 GB/T 11345、GB/T 29711、GB/T 29712 的规定；采用射线法或衍射时差法时，应符合 GB/T 3323 或 DL/T 330的规定。

5 锈蚀深度、锈蚀面积：应符合 SL 101 的规定。

6 防腐质量：应符合 SL 105 的规定。

7 结构尺寸与变形：钢闸门应符合设计要求和GB/T 14173 或 NB/T 35045 的规定；铸铁闸门应符合设计要求、SL 545、CJT 3006 的规定。

8 钢闸门及埋件安装质量：应符合 GB/T 14173 或 NB/T 35045的规定；铸铁闸门及埋件安装质量：应符合 SL 545 和 CJT 3006 的规定。

9 铸锻件内部质量：应符合设计要求；铸铁闸门铸造外观质量：应符合 SL 545 和 CJT 3006 的规定。

10 钢闸门启闭运行试验：应符合 GB/T 14173 或 NB/T 35045的规定；铸铁闸门启闭运行试验：应符合 SL 545 和 CJT 3006 的相关规定。

7.3 启闭机械

7.3.1 检测项目宜包括下列内容：

1 固定卷扬式启闭机：零部件制造组装质量（钢丝绳实测直径及不圆度、钢丝绳外观质量、钢丝绳内部质量、卷筒壁厚、卷筒铸造缺陷、开式齿轮啮合接触斑点、开式齿轮齿面硬度、开式齿轮法向啮合侧隙、制动轮与制动带接触面积、制动轮与制动带间隙、制动轮轮面硬度、电动机三相电流不平衡度、电动机绝缘电阻）、机架安装质量、运行试验（无负荷运行试验、负荷运行试验）、噪声。

2 螺杆式启闭机：螺杆直线度、运行试验（无荷载试验、荷载试验）。

3 液压式启闭机：活塞杆镀铬层厚度、液压油清洁度、安装质量、试运转试验、沉降性试验。

4 移动式启闭机：轨道和运行机构制造安装质量、跨中上拱度、悬臂端上翘度、试运行试验、静载试验、动载试验、固定卷扬式启闭机中的检测项目。

7.3.2 检测单元划分：每台（套）启闭机为1个检测单元。

7.3.3 检测方法应符合下列要求：

1 固定卷扬式启闭机

1） 钢丝绳实测直径及不圆度：采用尺具进行检测，应执行GB 8918的规定。

2） 钢丝绳外观质量：采用手感和目测检查，应执行GB 8918的规定。

3） 钢丝绳内部质量：采用钢丝绳探伤仪检测，应执行GB/T 21837的规定。

4） 卷筒壁厚：采用游标卡尺、千分尺、测厚仪等进行检测，应执行SL 381的规定。

5） 卷筒铸造缺陷：采用钢直尺、游标卡尺测量附以目测检测，应执行SL 381的规定。

6） 开式齿轮啮合接触斑点：采用颜料涂色并用钢直尺检测，应执行SL 381的规定。

7） 开式齿轮齿面硬度：采用硬度计进行检测，应执行GB/T 17394.1的规定。

8） 开式齿轮法向啮合侧隙：采用塞尺、钢直尺检测，应执行GB/T 17394.1的规定。

9） 制动轮与制动带接触面积：采用着色法涂颜料、尺量检测，应执行SL 381的规定。

10） 制动轮与制动带间隙：采用塞尺、钢直尺检测，应执行SL 381的规定。

11） 制动轮轮面硬度：采用硬度计检测，应执行GB/T

17394.1 的规定。

12） 电动机三相电流不平衡度：采用钳式电流表分别于空载和带外荷载情况下检测，应执行 SL 381 的规定。

13） 电动机绝缘电阻：采用高阻计或者摇表检测，应执行 SL 381 的规定。

14） 机架安装质量：采用水准仪、经纬仪、全站仪或者水平尺、钢直尺等仪器和工具检测，应执行 SL 381 的规定。

15） 运行试验：采用温度计、万能表等仪器检测并辅以目测或拍照，应执行 SL 381 的规定。

16） 噪声：采用分贝计（噪声计）检测，应执行 SL 381 的规定。

2 螺杆式启闭机

1） 螺杆直线度：采用直尺、弦线和垫块、垂准仪检测，应执行 SL 381 的规定。

2） 运行试验：采用温度计、万能表、荷载传感器等仪器检测并辅以目测或拍照，应执行 SL 381 的规定。

3 液压式启闭机

1） 活塞杆镀铬层厚度：采用涂层测厚仪检测，应执行 SL 105的规定。

2） 液压油清洁度：采用显微镜颗粒计数法或自动颗粒计数器取得液压油颗粒计数数据，应执行 SL 381 的规定。

3） 安装质量：采用水准仪、经纬仪或者全站仪、塞尺、框式水平仪等仪器检测，应执行 SL 381 的规定。

4） 试运行试验：采用压力表、温度计等检测并辅以目测或拍照，应执行 SL 381 的规定。

5） 沉降性试验；采用钢直尺或位移计检测闸门沉降量并辅以钟表计时，应执行 SL 381 的规定。

4 移动式启闭机

1）轨道和运行机构制造安装质量：采用直尺、卷尺、水准仪、经纬仪辅以弦线与垂球检测，应执行 SL 381 的规定。

2）跨中上拱度、悬臂端上翘度：采用直尺、卷尺、水准仪辅以弦线与垂球在无日照温度影响的情况下检测，应执行 SL 381 的规定。

3）试运行试验：采用温度计、万能表、噪声仪等仪器检测并辅以目测或拍照，应执行 SL 381 的规定。

4）静载试验、动载试验：采用应变仪、荷载传感器或钢丝绳测力计、温度计、万能表等仪器检测并辅以目测或拍照，应执行 SL 381 的规定。

7.3.4 检测数量布置应符合下列要求：

1 固定卷扬式启闭机

1）钢丝绳实测直径及不圆度：应执行 GB 8918 的规定，每根钢丝绳选取 2 个截面进行检测。

2）钢丝绳外观质量：对每根钢丝绳均应进行检测。

3）钢丝绳内部质量：对投入运行使用不大于 5 年的各类水工设备启闭机，按照 30％长度进行钢丝绳探伤检测；对投入运行使用大于 5 年的各类水工设备启闭机，按照 80％长度进行钢丝绳探伤检测；对每根检测的钢丝绳，测区布置应尽量覆盖经常使用的钢丝绳区段，并在非经常使用的钢丝绳区段建立局部损伤基准数据。

4）卷筒壁厚：每个卷筒不少于 3 个部位。

5）卷筒铸造缺陷：对每个卷筒均应进行检测。

6）开式齿轮啮合接触斑点：对每对开式齿轮均进行检测。

7）开式齿轮齿面硬度：对大、小开式齿轮分别随机测量 1 个齿，每个齿测试 2 个齿面，在每个齿面上测量 5 处。

8）开式齿轮法向啮合侧隙：对每对开式齿轮随机测量 3 个齿，每个齿测试 2 个齿面。

9）制动轮与制动带接触面积：对每个制动器均应进行

检测。

10）制动轮与制动带间隙：对每个制动器在圆周方向对称测量4～8点。

11）制动轮轮面硬度：对每个制动器的制动轮在轮面上随机测量5点。

12）电动机绝缘电阻、电动机三相电流不平衡度：对每台（套）电动机均应进行检测。

13）机架安装质量、运行试验：对每台（套）启闭机均进行检测。

14）噪声：对每台（套）启闭机在距减速器1m处测量4个方位。

2 螺杆式启闭机、液压式启闭机、移动式启闭机，所有检测项目均应进行检测。

7.3.5 检测单元内全部检测项目满足下列要求的，该检测单元质量可评价为合格：

1 固定卷扬式启闭机

1）钢丝绳实测直径及不圆度：应符合设计要求和GB 8918的规定。

2）钢丝绳外观质量：应符合GB 8918的规定。

3）钢丝绳内部质量：一般情况下，钢丝绳全测程中不允许有3处以上的严重LF，且不允许有断丝；全测程中LMA不大于5%。

4）零部件制造组装质量中其他检测项目及机架安装质量、运行试验、噪声：应符合SL 381的规定。

2 螺杆式启闭机

1）螺杆直线度：应符合SL 381的规定。

2）运行试验：应符合SL 381的规定。

3 液压式启闭机

1）活塞杆镀铬层厚度：应符合设计要求。

2）液压油清洁度：应符合GB/T 14039和SL 381的

规定。

3）安装质量：应符合 SL 381 的规定。

4）试运转试验和沉降性试验：应符合 SL 381 的规定。

4 移动式启闭机

1）轨道和运行机构制造安装质量：应符合 SL 381 的规定。

2）试运行试验、静载试验和动载试验：应符合 SL 381 的规定。

3）固定卷扬式启闭机的检测项目：应符合本标准 7.3.5 条第 1 款的规定。

7.4 拦污和清污装置

7.4.1 检测项目宜包括下列内容：

1 拦污栅：焊缝质量（焊缝外观质量、焊缝内部质量）、栅体和栅条间距尺寸、防腐质量（防腐层厚度、防腐层附着力）。

2 耙斗式清污机：空运转试验、空载试验、负荷试验。

3 回转式清污机：空载运行试验、静载试验。

7.4.2 检测单元划分：每扇拦污栅及其埋件、每台（套）清污机为 1 个检测单元。

7.4.3 检测方法应符合下列要求：

1 拦污栅

1）焊缝质量、防腐质量：可按 7.1.1 条的有关要求执行。

2）栅体和栅条间距尺寸：采用尺量并辅以弦线、垫块等工具进行检测，应执行 GB/T 14173 或 NB/T 35045 的规定。

2 耙斗式清污机的空运转试验、空载试验和负荷试验：应执行 SL 382 的规定。

3 回转式清污机的空载运行试验、静载试验：应执行 SL 382的规定。

7.4.4 检测数量布置宜符合下列要求：

1 拦污栅焊缝质量、防腐质量：可按 7.1.1 条的有关要求执行。

2 栅体和栅条间距尺寸：分别于栅体的上下、左右等处各布置 2 个测点；栅条间距尺寸抽检不少于 10%栅条。

3 耙斗式、回转式清污机的运行试验：每台（套）均应进行检测。

7.4.5 检测单元内全部检测项目满足下列要求的，该检测单元质量可评价为合格：

1 拦污栅

1）焊缝质量和防腐质量：应符合 7.2.5 条第 4、5、6、7 款的规定。

2）栅体和栅条间距尺寸：应符合设计要求和GB/T 14173 或 NB/T 35045 的规定。

2 耙斗式清污机的空运转试验、空载试验和负荷试验：应符合 SL 382 的规定。

3 回转式清污机的空载运行试验和静载试验：应符合 SL 382的规定。

7.5 自动控制设备和监控设施

7.5.1 检测项目宜包括下列内容：

1 控制柜：继电保护器（时间、电流、电压）、接触器（外观质量、绝缘电阻、弹跳时间）、断路器（外观质量、绝缘电阻、弹跳时间）。

2 传感器和开度仪：位移传感器（外观质量、位移、行程）、温度传感器（外观质量、温度）、压力传感器（外观质量、压力）、荷载传感器（外观质量、荷载）、开度仪（闸门开度）。

7.5.2 检测单元应按下列要求划分：每台（套）控制柜、每种规格传感器、每台（套）开度仪为 1 个检测单元。

7.5.3 检测方法应符合下列要求：

1 控制柜

1）继电保护器（时间）：采用秒表检测。

2）继电保护器（电流、电压）：采用继电保护测试仪、万用表等检测。

3）接触器和断路器（外观质量）：采用目测检测。

4）接触器和断路器（绝缘电阻）：采用兆欧表检测，应执行 GB 7251.1 的规定。

5）接触器和断路器（弹跳时间）：采用开关机械特性测试仪检测。

2 传感器和开度仪

1）传感器（外观质量）：采用外观目测检测，必要时辅助放大镜。

2）位移传感器（位移、行程）：采用钢卷尺、游标卡尺和激光测距仪等进行检测。

3）温度传感器（温度）：采用红外线测温仪或者其他温度仪表进行检测。

4）压力传感器（压力）：采用压力测试仪表等进行检测。

5）荷载传感器（荷载）：采用钢索内力测试仪、旁压式拉压力传感器等进行检测。

6）开度仪（闸门开度）：采用钢卷尺、游标卡尺和激光测距仪检测开度值与开度仪显示值比对。

7.5.4 检测数量布置宜符合下列要求：每台（套）控制柜内的继电保护器、接触器、断路器均全部检测，每种传感器和每台（套）开度仪均要进行检测。

7.5.5 检测单元内全部检测项目满足下列要求的，该检测单元质量可评价为合格：

1 控制柜

1）继电保护器（时间、电流、电压）：应符合设计要求和产品技术规定。

2）接触器和断路器（绝缘电阻）：应不小于 0.5MΩ（在

开关柜中每条电路对地的标称电压不小于1kΩ/V条件下）。

3）接触器和断路器（弹跳时间）：应符合设计要求和产品技术规定。

4）接触器和断路器外观质量：触头上无油污、花毛、异物；触头表面无氧化；运动部分无卡阻现象。

2 传感器和开度仪

1）传感器（外观质量）：产品完好，触头无异物。

2）位移传感器（位移、行程）：应符合设计要求和产品技术规定，位移、行程显示值与实测值偏差宜不超过±1%。

3）温度传感器（温度）：应符合设计要求和产品技术规定，温度显示值与实测值偏差宜不超过±1%。

4）压力传感器（压力）；应符合设计要求和产品技术规定，压力显示值与实测值偏差宜不超过±1%。

5）荷载传感器（荷载）；应符合设计要求和产品技术规定，荷载显示值与实测值偏差宜不超过±2%。

6）开度仪（闸门开度）；应符合设计要求和产品技术规定，开度仪显示值与实测值偏差宜不超过±1%。

7.6 钢 管

7.6.1 检测项目宜包括：壁厚、钢板（材）化学元素分析、结构尺寸、安装质量（安装中心和里程极限偏差、钢管横截面形状偏差、伸缩节安装质量）、焊缝质量（焊缝外观质量、焊缝内部质量）、锈蚀深度和锈蚀面积、防腐质量（防腐层厚度、防腐层附着力）、水压试验（压力钢管必做）。

7.6.2 检测单元划分：按照钢管轴线长度，每一个拼装节的长度为1个检测单元。

7.6.3 检测方法应符合下列要求：

1 结构尺寸：采用钢卷尺、游标卡尺等尺具检测。

2 安装质量：采用直尺、水准仪、经纬仪或全站仪、塞尺并配合样板、弦线、高垫块等检测，应执行 SL 432 或DL/T 5017的规定。

3 水压试验：采用在试验管路段装设压力表分级加压来进行试验，应执行 SL 432 或 DL/T 5017 的规定。

4 其他检测项目：可参照 7.1.1 条的有关要求执行。

7.6.4 检测数量布置应符合下列要求：

1 壁厚：布置一个测区，每个测区测 5 个点。

2 结构尺寸：应进行全部检测。

3 安装质量：应进行全部检测。

4 水压试验：根据钢管长度或设计要求确定试验段长度。

5 其他检测项目：可参照本标准 7.1.1 条的有关要求执行。

7.6.5 检测单元内全部检测项目满足下列要求的，该检测单元质量可评价为合格：

1 壁厚：应符合设计要求和 SL 432 或 DL/T 5017 的规定。

2 钢板（材）化学元素分析：应符合设计要求、GB/T 16270、GB 19189 等钢材产品标准的规定。

3 结构尺寸：应符合设计要求和 SL 432 或 DL/T 5017 的规定。

4 安装质量：应符合 SL 432 或 DL/T 5017 的规定，伸缩节安装质量应符合产品设计要求。

5 焊缝质量：应符合设计要求和 SL 432 或 DL/T 5017 及 7.2.5 条的规定。

6 锈蚀深度、锈蚀面积：应符合 7.2.5 条的规定。

7 防腐质量：应符合设计要求和 SL 432 或 DL/T 5017 及 7.2.5 条的规定。

8 水压试验：应符合设计要求和 SL 432 或 DL/T 5017 的规定。

8 机 械 电 气

8.1 水 轮 机

8.1.1 检测项目宜包括：振动、主轴摆度、压力脉动、转速、导叶漏水量、噪声、焊缝质量、变形、水轮机出力。必要时，可增加水轮机效率和耗水率、空蚀和磨蚀、转轮几何尺寸、转轮残余应力、止漏环间隙。

8.1.2 检测单元划分：每台水轮机为1个检测单元。

8.1.3 检测方法应符合下列要求：

1 振动：应执行 GB/T 17189 的规定。

2 主轴摆度：盘车摆度采用电动或机械盘车方式检测；运行摆度应执行 GB/T 17189 的规定。

3 压力脉动：应执行 GB/T 17189 的规定。

4 转速：采用数字式转速仪直接检测或采用先产生转速脉冲，通过程序间接计算方法。

5 导叶漏水量：宜采用容积法检测。

6 噪声：应执行 GB/T 10069.1 的规定。

7 焊缝质量：可按本标准 7.2.5 条的有关要求执行。

8 变形：机架变形，采用非接触法检测，主轴弯曲应执行 GB/T 1958 的规定；外壳凹陷检测以外观检查为主，可采用仪器辅助检测。

9 水轮机出力：应执行 SL 555 的规定。

10 水轮机效率与耗水率：应执行 GB/T 20043 的规定；小型水轮机应执行 SL 555 的规定。

11 空蚀和磨蚀：反击式水轮机空蚀应执行 GB/T 15469.1 的规定；反击式水轮机磨蚀应执行 GB/T 29403 的规定；冲击式水轮机空蚀应执行 GB/T 19184 的规定。

12 转轮几何尺寸：应执行 GB/T 10969 的规定。

13 转轮残余应力：应执行 GB/T 24179 或 GB/T 3395 的规定。

14 止漏环间隙：应执行 GB/T 8564 的规定。

8.1.4 检测数量布置：检测单元内的检测项目均应进行检测。

8.1.5 检测单元内全部检测项目满足下列要求的，该检测单元质量可评价为合格：

1 振动、压力脉动、导叶漏水量、噪声：应符合GB/T 15468 的规定。

2 主轴摆度：盘车摆度应符合 GB/T 8564 的规定；运行摆度应符合 GB/T 11348.5 的规定。

3 转速：应符合 SL 524 的规定。

4 焊缝质量：铸钢件渗透探伤应符合 GB/T 9443 的规定；铸钢件磁粉探伤应符合 GB/T 9444 的规定；焊缝射线探伤应符合 GB/T 3323 的规定，超声波探伤应符合 GB/T 11345 的规定。

5 变形：机架变形应满足设计要求；主轴弯曲不超过生产厂家提供的偏差上限值。

6 水轮机出力：应符合设计要求及合同保证值。

7 水轮机效率与耗水率：应符合 GB/T 20043 的规定；小型水轮机应符合 SL 555 的规定。

8 空蚀和磨蚀：反击式水轮机空蚀应符合 GB/T 15469.1 的规定；反击式水轮机磨蚀应符合 GB/T 29403 的规定；冲击式水轮机空蚀应符合 GB/T 19184 的规定。

9 转轮几何尺寸：应符合 GB/T 10969 的规定。

10 转轮残余应力：应符合转轮设计要求。

11 止漏环间隙：应符合 GB/T 8564 的规定。

8.2 发　电　机

8.2.1 检测项目宜包括下列内容：

1 发电机的机械部分：发电机振动、主轴摆度、轴承温度、噪声。

2　发电机的电气部分：绝缘电阻、直流电阻、交流耐压、定子绕组直流耐压、定子绕组泄漏电流、定子绕组吸收比或极化指数、定子铁芯磁化、相序、轴电压、短时过电流、短时升高电压、空载特性、三相稳态短路特性、绕组电抗和时间常数、温升。

3　必要时，可以增加以下测试项目：转子圆度、定子圆度、气隙、电压波形畸变率、电话谐波因数、三相突然短路、效率和损耗。

8.2.2　检测单元划分：每台发电机为1个检测单元。

8.2.3　检测方法应符合下列要求：

1　发电机振动：应执行GB/T 17189的规定。

2　主轴摆度：应执行本标准8.1.3条第2款的规定。

3　轴承温度：采用埋置检温计法检测。

4　噪声：应执行GB/T 10069.1的规定。

5　绝缘电阻：应执行DL/T 474.1的规定。

6　直流电阻、轴电压、短时过电流、短时升高电压试验、空载特性、三相稳态短路特性、绕组电抗和时间参数、温升试验、电压波形畸变率、电话谐波因数、三相突然短路：应执行GB/T 1029的规定。

7　交流耐压：应执行DL/T 474.4的规定。

8　定子绕组直流耐压、定子绕组泄漏电流：应执行DL/T 474.2的规定。

9　定子绕组吸收比或极化指数：应执行DL/T 474.1的规定。

10　定子铁芯磁化：应执行GB/T 20835的规定。

11　相序：采用相序仪在电压互感器低压侧进行检测。

12　转子圆度、定子圆度：应执行GB/T 8564的规定。

13　气隙：采用专用气隙传感器进行检测。

14　效率和损耗：应执行GB/T 755.2的规定。

8.2.4　检测数量布置：检测单元内的检测项目均应进行检测。

8.2.5 检测单元内全部检测项目满足下列要求的，该检测单元质量可评价为合格：

1 振动：应符合 SL 321 的规定。

2 主轴摆度：应符合本标准 8.1.5 条第 2 款的规定。

3 轴承温度、绝缘电阻、直流电阻、交流耐压试验、定子绕组直流耐压试验、定子绕组泄漏电流、定子绕组吸收比或极化指数、相序、短时过电流试验、温升试验、电压波形畸变率、电话谐波因数：应符合 SL 321 的规定。

4 噪声：应符合 GB/T 7894 的规定。

5 定子铁芯磁化试验、绕组电抗和时间参数、气隙、三相突然短路试验、效率和损耗：应符合设计要求。

6 轴电压：应在 2V 以下。

7 短时升高电压试验：试验应对电机无损害。

8 空载特性、三相稳态短路特性：应符合 DL/T 596 的规定。

9 转子圆度、定子圆度：应符合 GB/T 8564 的规定。

8.3 励磁系统

8.3.1 检测项目宜包括下列内容：

1 励磁变压器：绝缘和耐压试验、三相不对称试验。

2 磁场断路器及灭磁开关：绝缘和耐压试验、导电性能试验、操作性能试验、同步性能测试、分断电流试验。

3 非线性电阻及过电压保护器部件：绝缘和耐压试验、灭磁电阻试验、跨接器试验。

4 功率整流器和自动励磁调节器：绝缘和耐压试验。

5 励磁系统整体试验。

8.3.2 检测单元划分：每台励磁系统为 1 个检测单元。

8.3.3 检测方法应执行 DL/T 489 的规定。

8.3.4 检测数量：检测单元内的检测项目均应进行检测。

8.3.5 检测单元质量评价：全部检测项目符合 DL/T 583 的规

定，该检测单元质量评价为合格。

8.4 水轮机附属设备

8.4.1 检测项目宜包括下列内容：

1 调速系统：调速系统静态及动态特性、油压系统密封性及耐压特性、油泵试运转及输油量。

2 主阀：关闭严密性。

3 伸缩节：漏水量。

8.4.2 检测单元划分：每台调速系统、主阀和伸缩节各为 1 个检测单元。

8.4.3 检测方法应符合下列要求：

1 调速系统动态特性：应执行 GB/T 9652.2 的规定。

2 其他检测项目：应执行 SL 636 的规定。

8.4.4 检测数量布置：检测单元内的检测项目均应进行检测。

8.4.5 检测单元内全部检测项目满足下列要求的，该检测单元质量可评价为合格：

1 调速系统动态特性：应符合 GB/T 9652.2 规定。

2 其他检测项目：应符合 SL 636 的规定。

8.5 高压电气设备

8.5.1 检测项目宜包括下列内容：

1 断路器

1）油断路器：绝缘电阻、35kV 多油断路器的介质损耗角正切值 $\tan\delta$、35kV 以上少油断路器的直流泄漏电流、交流耐压、每相导电回路的电阻，油断路器的分、合闸时间和速度，油断路器主触头分、合闸的同期性，油断路器合闸电阻的投入时间及电阻值，油断路器分、合闸线圈及合闸接触器线圈的绝缘电阻及直流电阻，油断路器操动机构、断路器均压电容器、绝缘油、压力表及压力动作阀。

2）空气及磁吹断路器：绝缘拉杆的绝缘电阻、每相导电回路的电阻、支柱瓷套和灭弧室每个断口的直流泄漏电流、交流耐压，断路器主、辅触头分、合闸的配合时间，断路器的分、合闸时间，断路器主触头分、合闸的同期性，分、合闸线圈的绝缘电阻和直流电阻，断路器操动机构、断路器的并联电阻值、断路器电容器、压力表及压力动作阀。

3）真空断路器：绝缘电阻、每相导电回路的电阻、交流耐压，断路器主触头的分、合闸时间，分、合闸的同期性，合闸时触头的弹跳时间，分、合闸线圈及合闸接触器线圈的绝缘电阻和直流电阻，断路器操动机构。

4）六氟化硫断路器：绝缘电阻、每相导电回路的电阻、交流耐压、断路器均压电容器，断路器的分、合闸时间和速度，断路器主、辅触头分、合闸的同期性及配合时间，断路器合闸电阻的投入时间及电阻值，断路器分、合闸线圈绝缘电阻及直流电阻，断路器操动机构、套管式电流互感器、断路器内六氟化硫气体的含水量、密封性，气体密度继电器、压力表和压力动作阀。

2 互感器：绕组的绝缘电阻、35kV 及以上电压等级互感器的介质损耗角正切值 $\tan\delta$、局部放电、交流耐压、绝缘介质性能、绕组的直流电阻、接线组别和极性、误差、电流互感器的励磁特性曲线、电磁式电压互感器的励磁特性、电容式电压互感器（CVT）、密封性能、铁芯夹紧螺栓的绝缘电阻。

3 气体绝缘开关设备：主回路的导电电阻、主回路的交流耐压、密封性、六氟化硫气体含水量、封闭式组合电器内各元件、组合电器的操动，气体密度继电器、压力表和压力动作阀。

4 隔离开关、负荷开关及高压熔断器：绝缘电阻、高压限流熔丝管熔丝的直流电阻、负荷开关导电回路的电阻、交流耐压、操动机构线圈的最低动作电压、操动机构。

5 套管：绝缘电阻、20kV 及以上非纯瓷套管的介质损耗角

正切值 $\tan\delta$ 和电容值、交流耐压、绝缘油、六氟化硫套管气体。

6 悬式绝缘子和支柱绝缘子：绝缘电阻、交流耐压。

7 电力电缆线路：绝缘电阻；直流耐压试验及泄漏电流测量、交流耐压、金属屏蔽层电阻和导体电阻比、电缆线路两端的相位、充油电缆的绝缘油、交叉互联系统。

8 电容器：绝缘电阻，耦合电容器、断路器电容器的介质损耗角正切值 $\tan\delta$ 及电容值，耦合电容器的局部放电、并联电容器交流耐压、冲击合闸。

9 绝缘油和六氟化硫气体：水溶性酸、酸值、闪点（闭口）、水分、界面张力、介质损耗因数 $\tan\delta$、击穿电压、体积电阻率、油中含气量、油泥与沉淀物、油中溶解气体组分含量色谱分析。

10 避雷器：金属氧化物避雷器及基座绝缘电阻；金属氧化物避雷器的工频参考电压和持续电流、金属氧化物避雷器直流参考电压和0.75倍直流参考电压下的泄漏电流、放电记数器动作情况及监视电流表指示、工频放电电压。

11 接地装置：接地网电气完整性、接地阻抗。

12 电气设备配电装置安全净距。

8.5.2 检测单元划分：每台（套）设备为1个检测单元。

8.5.3 检测方法应符合下列要求：

1 电气设备配电装置安全净距：应执行SL 311的规定。

2 其他检测项目：应执行GB 50150的规定。

8.5.4 检测数量布置：不同厂不同型号、不同厂同型号、同厂不同型号的，各选择1台（套）进行检测。

8.5.5 检测单元内全部检测项目满足下列要求的，该检测单元质量可评价为合格：

1 电气设备配电装置安全净距：应符合SL 311的规定。

2 其他检测项目：应符合GB 50150的规定。

8.6 电气二次设备

8.6.1 检测项目宜包括下列内容：

1 计算机监控系统：软硬件配置、接线、绝缘电阻、功能与性能、电源适应能力、连续通电和可用性。

2 继电保护系统：系统构成、性能、与监控系统信息交换、级联保护装置。

3 直流系统：系统外部、蓄电池组核容、蓄电池引出电缆、蓄电池放电时间及单体电压、绝缘、二次回路、电源、充电装置精度、直流母线波纹系数、微机监控系统、绝缘监察及信号报警、噪声、录波信号。

4 同步系统：断路器同步操作、闭锁措施。

5 辅机及公用设备控制系统：油压控制系统、压缩空气控制系统、机组技术供水控制系统、排水控制系统、变压器冷却控制系统。

6 工业电视系统：系统总体性能、图像性能、系统主要性能。

7 通信系统：机房的环境与安全、通信铁塔及安装工艺、天线缆/馈线及安装敷设工艺、电源与接地、线缆、接口、单机、信道、系统。

8.6.2 检测单元划分：每套系统为1个检测单元。

8.6.3 检测方法应符合下列要求：

1 计算机监控系统：应执行DL/T 822的规定。

2 继电保护系统：应执行NB/T 35010的规定。

3 直流系统：应执行DL/T 5044的规定。

4 同步系统、辅机及公用设备控制系统：应执行NB/T 35004的规定。

5 工业电视系统：应执行NB/T 35002的规定。

6 通信系统：应执行SL 439的规定。

8.6.4 检测数量布置：检测单元内的检测项目均应进行检测。

8.6.5 检测单元内全部检测项目满足下列要求的，该检测单元质量可评价为合格：

1 计算机监控系统：应符合DL/T 822的规定。

2　继电保护系统：应符合 NB/T 35010 的规定。

3　直流系统：应符合 DL/T 5044 的规定。

4　同步系统、辅机及公用设备控制系统：应符合 NB/T 35004 的规定。

5　工业电视系统：应符合 NB/T 35002 的规定。

6　通信系统：应符合 SL 439 的规定。

8.7　水轮发电机组综合性能检测

8.7.1　检测项目宜包括：性能验收试验、启动试验。

8.7.2　检测单元划分：每整台（套）水轮发电机组为 1 个检测单元。

8.7.3　检测方法应符合下列要求：

1　性能验收试验：机组出力和效率试验，应执行GB/T 20043 的规定。

2　启动试验

1）混流和轴流式机组：应执行 DL/T 507 的规定。

2）灯泡贯流式机组：应执行 DL/T 827 的规定。

3）抽水蓄能机组：应执行 GB/T 18482 的规定。

8.7.4　整机综合质量评价：水轮发电机组整机检测结果满足下列要求，且本标准 8.1～8.6 节中各检测单元质量评价为合格，该台（套）水轮发电机组整机综合质量评价为合格。

1　性能验收试验：应符合设计要求。

2　启动试验

1）混流和轴流式机组：应符合 DL/T 507 的规定。

2）灯泡贯流式机组：应符合 DL/T 827 的规定。

3）抽水蓄能机组：应符合 GB/T 18482 的规定。

8.8　泵站主水泵

8.8.1　检测项目宜包括：振动、噪声、转速、效率、压力脉动、具有形状和位置公差要求的几何量（叶片、叶轮室、导叶过流部件变形，泵壳变形，泵轴弯曲、叶片与泵壳间隙）、缺陷［叶片、叶轮室、导叶过流部件磨蚀，泵壳磨蚀、泵轴裂纹及轴颈磨损、轴承（轴瓦）磨损］、叶片调节机构的灵活度、回复杆的行程以及调节装置的渗漏。

8.8.2 检测单元划分：每台水泵为1个检测单元。

8.8.3 检测方法应符合下列要求：

1 振动：应执行GB/T 29531的规定。

2 噪声：应执行GB/T 29529的规定。

3 转速：采用数字式转速仪直接测量或采用先产生转速脉冲，通过程序间接计算方法。

4 效率：应执行GB/T 3216的规定。

5 压力脉动：应执行GB/T 17189的规定。

6 叶片调节机构的灵活度、回复杆的行程以及调节装置的渗漏：采用目测方法。

7 具有形状和位置公差要求的几何量：应执行GB/T 1958的规定。

8 缺陷：宜采用无损检测方法中的渗透检测法：应执行GB/T 9443和JB/T 6062的规定。

8.8.4 检测数量布置：检测单元内的检测项目均应进行检测。

8.8.5 检测单元内全部检测项目满足下列要求的，该检测单元质量可评价为合格：

1 振动：应符合GB/T 29531的规定。

2 噪声：应符合GB/T 29529的规定。

3 效率和压力脉动：应符合合同要求。

4 其他检测项目：应符合SL 317的规定，且满足泵站设计要求和合同文件规定的技术要求。

8.9 泵站主电动机

8.9.1 检测项目宜包括下列内容：

1 主电动机的机械部分：振动、气隙、具有形状和位置公差要求的几何量［主轴弯曲，机座、机架及油箱（轴承室）变形，风扇叶片变形］、缺陷［主轴裂纹及轴颈磨损，机座、机架及油箱（轴承室）裂纹，推力头、镜板及轴瓦（轴承）磨损、滑环接触表面烧蚀和磨损、风扇叶片变形及裂纹］。

2 主电动机的电气部分：绝缘电阻、直流电阻、直流耐压性能、交流耐压性能、泄漏电流、吸收比。

8.9.2 检测单元划分：每台主电动机为1个检测单元。

8.9.3 检测方法应符合下列要求：

1 主电动机机械部分

1）振动：应执行GB 10068的规定。

2）气隙：采用专用气隙传感器进行检测。

3）具有形状和位置公差要求的几何量：应执行GB/T 1958的规定。

4）缺陷：宜采用无损检测方法中的渗透检测法，应执行GB/T 9443和JB/T 6062的规定。

2 主电动机电气部分

所有检测项目应执行SL 548的规定。

8.9.4 检测数量布置：检测单元内的检测项目均应进行检测。

8.9.5 检测单元内全部检测项目满足下列要求的，该检测单元质量可评价为合格：

1 振动：应符合GB 10068的规定。

2 气隙：应符合SL 317的规定。

3 机械部分其他检测项目：应符合SL 317的规定，且满足泵站设计要求和合同文件规定的技术要求。

4 电气部分检测项目：应符合SL 317的规定。

8.10 泵站传动装置

8.10.1 检测项目宜包括：振动、联轴器的同轴度、具有形状和位置公差要求的几何量（传动轴变形），齿轮箱漏油、缺陷（传动轴裂纹、磨损，联轴器缺陷、齿轮磨损，齿轮箱、轴承箱裂纹、轴承磨损)。

8.10.2 检测单元划分：每套传动装置为1个检测单元。

8.10.3 检测方法应符合下列要求：

1 振动：应执行GB/T 29531的规定。

2 联轴器同轴度：应执行SL 317的规定。

3 具有形状和位置公差要求的几何量：应执行GB/T 1958的规定。

4 齿轮箱漏油：采用目测方法。

5 缺陷：宜采用无损检测方法中的渗透检测法，并执行GB/T 9443和JB/T 6062的规定。

8.10.4 检测数量布置：检测单元内的检测项目均应进行检测。

8.10.5 检测单元内全部检测项目满足下列要求的，该检测单元质量可评价为合格：

1 振动：应符合SL 317的规定。

2 联轴器同轴度：应符合SL 317的规定。

3 齿轮箱漏油：应符合GB 50275的规定。

4 其他检测项目：应符合SL 317的规定，且满足泵站设计要求和合同文件规定的技术要求。

8.11 泵站电气设备

8.11.1 检测项目宜包括下列内容：

1 电力变压器：绕组连同套管的直流电阻、绕组连同套管的绝缘电阻和吸收比或极化指数、绕组连同套管的介质损耗因数$\tan\delta$、绕组连同套管的直流泄漏电流、绕组连同套管的交流耐压性能、所有分接头的变压比、绝缘油击穿电压。

2 高压开关设备：绝缘电阻、开关导电回路的电阻、交流耐压性能。

3 低压电器：低压电器连同所连接电缆及二次回路的绝缘电阻、阻器和变阻器的直流电阻、低压电器连同所连接电缆及二次回路的交流耐压性能。

4 电力电缆：绝缘电阻、直流耐压性能和泄漏电流、交流耐压性能。

5 接地装置：接地网电气完整性、接地阻抗。

8.11.2 检测单元划分：每台（套）电气设备或装置为1个检测单元，单根独立的电力电缆为1个检测单元。

8.11.3 检测方法要求：所有检测项目应执行SL 548的规定。

8.11.4 检测数量布置：检测单元内的检测项目均应进行检测。

8.11.5 检测单元内全部检测项目符合GB 50150的规定，该检测单元质量可评价为合格。

8.12 泵站电气二次设备

8.12.1 检测项目宜包括下列内容：

1 计算机监控系统：一般性能测试、针对性功能测试（模拟量数据采集与处理功能测试、数字量数据采集与处理功能测试、数据输出通道测试、网络通信功能测试、控制功能测试、实时性及负荷率测试、纠错性能测试）。

2 继电保护系统：对速断保护、过电流保护、低电压保护、转子接地保护、过负荷保护、失磁保护、失步保护、过电压保护、差动保护、高频（载波）保护进行整定及校核。

3 直流系统：蓄电池充电/放电、蓄电池容量、电压调节范围及稳压精度、电流调节范围及稳流精度、纹波及噪声、直流系统接地及直流馈线接地点、蓄电池监视装置试验。

4 辅机设备控制系统：技术供水泵控制系统检查、检修排水泵控制系统检查、消防泵控制系统检查、油罐控制系统检查、供排油齿轮油泵控制系统检查、滤油机控制系统检查。

5 视频监视系统：系统编程功能、遥控功能、监视功能、显示功能、记录功能、回放功能。

6 通信系统：环境安全、接地检查、综合布线检查、硬件检查测试、系统检查测试、设备功能与性能检查、试运行测试。

8.12.2 检测单元划分：每台（套）独立的电气二次设备为1个

检测单元。

8.12.3 检测数量布置：检测单元内的检测项目均应进行检测。

8.12.4 检测方法应符合下列要求：

1 计算机监控系统：应执行 SL 583 的规定。

2 继电保护系统：应执行 NB/T 35010 的规定。

3 直流系统：应执行 GB 50255 和 GB 50172 的规定。

4 辅机设备控制系统：应执行 NB/T 35004 的规定。

5 视频监视系统：应执行 SL 583 的规定。

6 通信系统：应执行 SL 439 的规定。

8.12.5 检测单元内全部检测项目满足下列要求的，该检测单元质量可评价为合格：

1 计算机监控系统：应符合 SL 583 的规定。

2 继电保护系统：应符合 NB/T 35010 的规定。

3 直流系统：应符合 GB 50255 和 GB 50172 的规定。

4 辅机设备控制系统：应符合 NB/T 35004 的规定。

5 视频监视系统：应符合 SL 583 的规定。

6 通信系统：应符合 SL 439 的规定。

8.13 水泵机组综合性能检测

8.13.1 检测项目宜包括：流量、扬程、转速、输入功率、装置效率。

8.13.2 检测单元划分：每台（套）水泵机组为 1 个检测单元。

8.13.3 检测方法应执行 SL 548 的规定。

8.13.4 整机综合质量评价：水泵机组综合性能检测项目的检测结果符合设计和技术标准要求，且本标准 8.8～8.12 节中各检测单元质量评价为合格，该台（套）水泵机组综合质量评价为合格。

9　水工建筑物尺寸

9.1　一 般 规 定

9.1.1　高程控制系统和平面控制系统的检测应执行 SL 197 的规定，采用的精度应与施工测量一致。

9.1.2　高程控制系统和平面控制系统检测应与施工测量采用相同的控制起始点。

9.1.3　检测点的布置应采用随机布点的原则。

9.1.4　为了使单项检测的检测数据真实可靠，检测记录及签证完整齐全，宜在检测过程中使用单项检测项目结果及评价表，见表 9.1.4。

表 9.1.4　单项检测项目结果及评价表

<table>
<tr><td rowspan="7">检测成果</td><td>序号</td><td>测点</td><td>设计值或规定值</td><td>实测值</td><td>偏差值</td><td>允许偏差值</td><td>结果</td></tr>
<tr><td>1</td><td></td><td></td><td></td><td></td><td></td><td></td></tr>
<tr><td>2</td><td></td><td></td><td></td><td></td><td></td><td></td></tr>
<tr><td>3</td><td></td><td></td><td></td><td></td><td></td><td></td></tr>
<tr><td></td><td></td><td></td><td></td><td></td><td></td><td></td></tr>
<tr><td>…</td><td></td><td></td><td></td><td></td><td></td><td></td></tr>
<tr><td colspan="2">测点总数</td><td></td><td colspan="2">合格点数</td><td colspan="2"></td></tr>
<tr><td rowspan="2">评价</td><td>检测结果</td><td colspan="6">1. 共检测____点，合格____点，合格率____%；
2. 不合格点不集中□　　不集中为√，集中为×。</td></tr>
<tr><td>结论</td><td colspan="6">不合格□
合格□
评价结论选择其一，用“√”表示</td></tr>
<tr><td colspan="2">测量人</td><td colspan="2"></td><td>审核人</td><td colspan="3"></td></tr>
<tr><td colspan="8">注：结果评定为合格打“√”，不合格打“×”。</td></tr>
</table>

9.2 检测项目及测区布置和数量

9.2.1 检测项目宜包括：高程、几何尺寸（长度、宽度、高度）、轴线坐标、坡度。

9.2.2 挡水建筑物的测区布置和数量应符合下列要求：

1 坝顶和马道高程测点按长度布置，长度小于500m，应按20～50m布置1个测点，长度500～1000m，应按50～100m布置1个测点，长度大于1000m，应按100～150m布置1个测点。总测点都不少于10个。

2 坝顶长度测点和坝轴线坐标测点沿坝顶轴线布置在两端起始点和轴线转折点。

3 坝顶和马道宽度以及坝坡坡度测点按断面布置，坝长小于500m，应按50～100m布置1个断面，坝长500～1000m，应按100～200m布置1个断面，总断面不少于3个；坝长大于1000m，应按200～300m布置1个断面，总断面不少于5个。

9.2.3 泄洪建筑物的测区布置和数量应符合下列要求：

1 进口段：每孔底板、墙（含闸墩）顶高程总测点不少于10个；宽度、墙厚各布置2～3个断面，底板、墙及闸墩长度各布置测点不少于10个。

2 消力池：底板、墙顶高程总测点不少于10个；底板的长度及宽度各布置5～10个断面，挡墙的长度总测点不少于10个。

3 坡度按长度方向布置，10～50m布置1～3个断面，总测点不小于10个，陡坡宽度及墙高各布置3～5个断面。

9.2.4 堤防、渠道、河道疏浚的测区布置和数量应符合下列要求：

1 堤顶、渠顶、渠底及河道疏浚河底高程测点按长度布置，小于等于1000m的，应按小于100m布置1个测点；大于1000m的，应按100～300m布置1个测点。总测点都不少于10个。

2　堤防、渠道的长度测点和轴线坐标测点沿轴线布置在两端起点和转折点。

3　堤顶、渠顶宽度以及边坡坡度测点按断面布置，堤防、渠道的长度不大于500m，应按50～100m布置1个断面；长度500～1000m，应按100～200m布置1个断面，长度不小于1000m，应按500～800m布置1个断面，总断面不少于5个。宽度和坡度有变化的，应加测1个断面。

4　渠道及河道疏浚的河床纵坡测点按长度布置，500～1000m布置1～3个测点，总测点不少于10个。

9.2.5　水闸、渡槽、涵管、倒虹吸的测区布置和数量应符合下列要求：

1　闸底板、闸顶、渡槽、涵管高程测点按长度布置，100～300m布置1个测点，总测点不少于10个；倒虹吸底部高程测点在进出口分别布置3～5个测点。

2　水闸长度测点布置在两端起点，渡槽、涵管、倒虹吸长度测点和纵坡测点布置在进出口处。

3　渡槽、涵管、倒虹吸高度、宽度测点按断面布置，长度小于等于500m，应布置1个断面；长度大于500m，应按200～300m布置1个断面，进出口应分别布置1个断面，总断面不少于5个。单孔水闸宽度布置2～3个断面。

4　水闸、渡槽、涵管、倒虹吸轴线坐标测点布置在两端起点和转折点。

9.2.6　隧洞的测区布置和数量应符合下列要求：

1　高程和纵坡测点按长度布置，500～1000m布置1至3个测点，总测点不少于10个。

2　几何尺寸按长度布置断面，长度小于等于500m，应布置1个断面；长度大于500m，每500～800m布置1个断面，进出口应分别布置1个断面，总断面不少于5个。

3　轴线坐标测点布置在进出口和转折点。

9.2.7　电站、泵站厂房的测区布置和数量应符合下列要求：

1　地面高程按每 $10m^2$ 布置 1 个测点，总测点不少于 10 个；机组安装高程每台机组布置 1～3 个测点。

2　长度、宽度和高度分别按断面布置，总断面不少于 3 个。

9.2.8　一般建（构）筑物的测区布置和数量应符合下列要求：

1　高程测点布置不少于 2～3 个。

2　长度、宽度、高度分别按断面布置，总断面不少于 3 个。

9.3　检测方法

9.3.1　高程应采用水准仪或全站仪进行水准检测。

9.3.2　几何尺寸应采用全站仪、经纬仪、钢卷尺、钢直尺进行检测。

9.3.3　轴线坐标应采用全站仪或 GPS 设备，按照设计已明确其坐标位置的特征点进行检测。

9.3.4　坡度应采用坡度仪进行测量，或采用全站仪测量顶部和底部的高程、坐标，通过计算得出。

9.3.5　检测使用的仪器设备见表 9.3.5。

表 9.3.5　检测使用的仪器设备表

<table>
<tr><th>序号</th><th>设备名称</th><th>单位</th><th>用　途</th><th>备　注</th></tr>
<tr><td>1</td><td>全站仪</td><td>台</td><td rowspan="2">平面控制网测量、平面测量、轴线坐标、几何尺寸、高程、坡度测量</td><td>含三脚架、棱镜、觇牌</td></tr>
<tr><td>2</td><td>GPS</td><td>台</td><td></td></tr>
<tr><td>3</td><td>经纬仪</td><td>台</td><td>平面控制网测量、平面测量、轴线坐标</td><td></td></tr>
<tr><td>4</td><td>水准仪</td><td>台</td><td>高程测量</td><td></td></tr>
<tr><td>5</td><td>钢卷尺</td><td>个</td><td>几何尺寸测量</td><td>2m、5m、20m、50m</td></tr>
<tr><td>6</td><td>直尺</td><td>个</td><td>几何尺寸测量</td><td>30cm、50cm</td></tr>
<tr><td>7</td><td>坡度仪</td><td>个</td><td>坡度测量</td><td>配 2m 靠尺</td></tr>
</table>

9.4　质量评价

9.4.1　高程允许偏差见表 9.4.1。

表 9.4.1　高程允许偏差表

序号	检测项目				允许偏差/cm
1	挡水建筑物		混凝土坝	坝顶	0～+3
2			土石坝	坝顶	0～+10
3			马道	顶部	±3
4	泄洪建筑物		进口	墙顶	0～+3
5				底板（溢流堰顶部）	0～+2
6			消力池	墙顶	0～+20
7				底板	−5～+3
8	引水建筑物		进口	墙顶	0～+10
9				底板	±0.5
10	过水建筑物		渠道	渠顶	0～+10
11				底板	±1
12			渡槽、涵管、倒虹吸、隧洞	进、出口底板	−2～+1
13	电站、泵站			前池底板高程	0～+2
14				厂（站）房地面高程	±1
15	堤防	河堤	堤身	堤顶	0～+10
16				平（戗）台顶	−10～+10
17			防浪墙	干砌石墙顶	0～+5
18				浆砌石墙顶	0～+4
19				混凝土墙顶	0～+3
20		海堤	堤身	堤顶	0～+20
21				平（戗）台顶	−15～+15
22			防浪墙	干砌石墙顶	−3～+10
23				浆砌石墙顶	−3～+8
24				混凝土墙顶	−3～+5
25	河道疏浚			平均底高程	设计高程±5

9.4.2 几何尺寸允许偏差见表9.4.2。

表9.4.2 几何尺寸允许偏差表

<table>
<tr><th>序号</th><th colspan="3">检 测 项 目</th><th>允许偏差/cm</th></tr>
<tr><td>1</td><td rowspan="3">挡水建筑物</td><td>混凝土坝</td><td>坝顶宽度</td><td>±3</td></tr>
<tr><td>2</td><td>土石坝</td><td>坝顶宽度</td><td>−5～+15</td></tr>
<tr><td>3</td><td>马道</td><td>宽度</td><td>±2</td></tr>
<tr><td>4</td><td rowspan="4">泄洪建筑物</td><td rowspan="2">进口</td><td>宽度</td><td>±1/200设计值</td></tr>
<tr><td>5</td><td>长度</td><td>0～+20</td></tr>
<tr><td>6</td><td rowspan="2">消力池</td><td>宽度</td><td>0～+10</td></tr>
<tr><td>7</td><td>长度</td><td>0～+20</td></tr>
<tr><td>8</td><td rowspan="2">引水建筑物</td><td rowspan="2">进口</td><td>宽度</td><td>0～+10</td></tr>
<tr><td>9</td><td>长度</td><td>±10</td></tr>
<tr><td>10</td><td rowspan="3">过水建筑物</td><td rowspan="2">渡槽、涵管、倒虹吸、隧洞</td><td>过流断面尺寸</td><td>±1/200设计值</td></tr>
<tr><td>11</td><td>宽度</td><td>±4</td></tr>
<tr><td>12</td><td>渠道</td><td>渠顶（底）宽</td><td>±1/200设计值</td></tr>
<tr><td>13</td><td rowspan="3">堤防</td><td colspan="2">堤顶宽度</td><td>−5～+15</td></tr>
<tr><td>14</td><td colspan="2">平（戗）台顶</td><td>−10～+15</td></tr>
<tr><td>15</td><td colspan="2">马道</td><td>±2</td></tr>
<tr><td>16</td><td rowspan="3">河道疏浚</td><td colspan="2">河道过水断面面积</td><td>不小于设计断面面积</td></tr>
<tr><td>17</td><td colspan="2">局部欠挖</td><td>深度小于0.3m，面积小于5.0m²</td></tr>
<tr><td>18</td><td colspan="2">开挖横断面每边最大超宽值、最大超深值</td><td>小于设计值×0.05，且不应危及堤防、护坡及岸边建筑物的安全</td></tr>
<tr><td>19</td><td>一般建筑物</td><td colspan="3">尺寸在50cm以内的，允许偏差在±1cm；50～200cm的，允许偏差在±2.5cm；200cm以上的，允许偏差在±5cm</td></tr>
</table>

9.4.3 轴线坐标的允许偏差应符合下列要求：

1 混凝土坝、水闸允许偏差为±1cm。

2 土石坝允许偏差为±2cm。

3 渠道、渡槽、涵管、倒虹吸、隧洞允许偏差为±1.5cm。

4 其他建筑物允许偏差为±3cm。

9.4.4 坡度的允许偏差应符合下列要求：

1 大坝、堤防、渠道等的边坡不能陡于设计值，陡于设计值为不合格。

2 过水建筑物的纵坡允许偏差为设计纵坡的±0.05。

9.4.5 检测项目质量评价

1 检测项目的测点实测值与设计值的误差在允许偏差范围内为合格点，合格点数除以总测点数为该项的合格率，合格率达到70%及以上，且不合格点不能集中，检测资料齐全，该检测项目评价为合格。

2 检测项目第一次检测合格率小于70%，可按原测点数的2倍数量复测。复测合格率达到70%及以上，且不合格点不集中，检测资料齐全，则该检测项目可评价为合格。

9.4.6 建筑物尺寸质量评价：全部检测项目评价为合格的，且检测资料齐全，则综合质量评价为合格。

附录A　水利工程项目法人全过程检测的基本要求

A.0.1　项目法人对工程质量的全过程检测是对施工单位（含供货单位及安装单位，下同）质量检测的复核性检验。

A.0.2　全过程检测对象可分为原材料、中间产品、构（部）件及工程实体（含金属结构、机电设备和水工建筑物尺寸）质量检测两个部分。

A.0.3　项目法人应与受委托的检测单位签定工程质量检测合同。检测合同应包括合同双方的责任、义务及工程检测范围、内容、费用等。

A.0.4　检测方案由项目法人提出编写原则及要求，受委托的检测单位负责编写，最后由项目法人认定，报质量监督机构备案。

A.0.5　检测方案应根据工程的实际情况编写，内容主要包括原材料、中间产品、构（部）件质量检测频次和数量，工程实体需明确检测的工程项目以及工程项目中的检测项目、检测单元的划分、采用的检测方法、测区、测点和测线的布置、质量评价的依据等。

A.0.6　原材料、中间产品、构（部）件质量检测数量宜按照下列原则确定：

　　1　原材料检测数量为施工单位检测数量的1/5～1/10。

　　2　中间产品、构（部）件的检测数量为施工单位检测数量的1/10～1/20。

A.0.7　工程实体质量应按照项目法人认定的检测方案中的检测项目、方法、数量进行检测。

A.0.8　实施过程中可根据工程变化情况和需要对原检测方案进行修改。

附录B　水利工程竣工验收质量抽检基本要求

B.0.1　竣工验收质量抽检应遵循的原则是：根据工程竣工验收范围，依据国家和行业有关法规、技术标准规定和设计文件要求，结合工程现场实际情况实施抽检工作。

B.0.2　承担竣工验收质量抽检的检测单位由竣工验收主持单位择定。检测单位应根据竣工验收主持单位、工程设计内容与实际完成情况等要求，确定抽检工程项目，依据本标准规定，划分检测单元，明确检测方法和数量、检测与评价依据，编写检测方案，与项目法人签订竣工验收质量抽检合同，依法实施检测工作，检测方案由项目法人报质量监督机构和竣工验收主持单位核备。

B.0.3　竣工验收质量抽检的范围，应为竣工验收所包含的全部永久工程中各主要建筑物及其主要结构构件和设施设备，抽检对象应具有同类结构构件及设施设备的代表性。

B.0.4　竣工验收质量抽检的数量，应不少于验收工程同类结构体和设备检测单元数量的1/3，最低不少于1个；水工建筑物尺寸抽检的数量宜按施工单位检测数量的1/10～1/20，但主要建筑物应全数检测。

当同一类检测单元数量大于10个时，抽检比例可为1/4；当同一类检测单元数量大于20个时，抽检比例可为1/5。对于堤防工程竣工验收工程质量抽样检测，宜不超过2km抽检1个检测单元，每段堤防至少抽检1个检测单元，对于填筑材料发生变化的堤段应重新布设检测单元。宜对抽检的检测单元内的检测项目全部进行检测。

B.0.5　水利工程竣工验收质量抽检的部位，除正常布置以外，应依据工程建设过程有关文件资料，在工程的重要部位、建设过程中发生过质量问题部位、在各类检查、稽察中提出过问题的部位、质量监督单位认为应重点检查的部位、完工后发现质量缺陷等部位单独增加布置检测单元。

B.0.6 当初步检测发现存在质量缺陷或质量问题时，应及时通报项目法人和竣工验收主持单位。对可即时实施返修或整改的质量缺陷或质量问题，应由相关责任单位实施返修或整改，然后再进行复检。对抽检发现的不能即时实施返修或整改的质量缺陷或质量问题，应报告竣工验收主持单位，竣工验收主持单位负责提出解决意见和措施。

B.0.7 竣工验收质量抽检宜采用无损检测方法，减少或避免对工程及其建筑物重要部位或受力结构造成不可恢复的损坏。

附录C　质量检测单位检测工作流程

C.0.1　质量检测单位与委托人签订质量检测合同，明确检测内容、检测项目、数量和检测费用及双方的责任和义务。

C.0.2　根据质量检测合同或任务要求，组织确定符合要求的检测人员，确定检测应依据的法规和技术标准，编制检测方案，选择检测仪器设备，做好检测准备工作。

C.0.3　签发检测任务书，明确检测专业负责人及检测具体技术要求。

C.0.4　如由委托人负责取样、送样，检测单位则负责检查样品，在送样登记表上给样品编号登记并签字盖章。如由检测单位负责取样，检测人员应按照委托人的要求，依据本标准划分检测单元，布设测区、测点、测线，按有关标准的规定取样，并对样品逐一进行编号标记并予以登记。

C.0.5　检测人员依据试验检测方法标准及作业指导书实施检测，记录原始数据，由检测人员、校核人员签字。

C.0.6　检测内业人员整理、统计、分析检测成果数据，审查人员按照规定在检测结果表格上签字。

C.0.7　相关人员编制、审核、批准检测报告，按照规定在检测报告上签字。

C.0.8　质量检测单位在合同约定的时间内向委托人发送正式检测报告。

C.0.9　如委托人对检测报告中的检测结果有异议，可按合同中约定的方式进行处理。

附录D　水利工程质量检测报告的基本要求

D.0.1　检测报告的内容应包括以下信息：

1　检测报告名称。

2　委托单位名称、工程名称、检测范围。

3　报告的唯一性标识和每页及总页数的标识。

4　样品接收日期、检测日期及报告日期。

5　样品名称、生产单位、规格型号、等级、代表批量。

6　检验样品的状态。

7　取样单应注明取样人姓名及单位。

8　检测依据或执行标准。

9　检测项目及检测方法（必要时）。

10　检测使用的主要仪器设备。

11　必要的检测说明和声明等。

12　编制、审核、批准人签名。

13　检测单位的名称、地址及通信信息。

D.0.2　当需对检测结果做出解释时，检测报告中还应包括下列内容：

1　对检测方法的偏离、增添或删减，以及特殊检测条件的信息。

2　需要时，符合（或不符合）要求或规范的说明。

3　适用时，提供检测结果不确定度的声明。

4　对所采用的任何非标准方法的明确说明。

D.0.3　检测报告的编制、审核、批准：

1　检测报告应结论准确、客观公正、信息齐全、用词规范、文字简练。

2　检测报告由检测人员编制，检测人员应对检测结果的真实性、准确性负责。

3 检测单位应明确报告审核人员，审核人员应对报告准确性、规范性负责。

4 检测报告由检测单位的负责人批准，批准人应对检测报告最终结果负责。

5 检测报告应加盖质量检测资质章、检测单位公章或检测专用章，多页检测报告应加盖骑缝章。

D.0.4 检测报告的发放应按检测项目、编号逐一进行登记，经办人应签名确认。

附录E　取芯法测定混凝土抗冻性

E.0.1　目的及适用范围：从混凝土结构或构件上钻取芯样，制备混凝土抗冻试件，测定混凝土芯样的抗冻性。

E.0.2　仪器设备：

1　取芯设备：混凝土取芯机。

2　切割设备：岩石切割机。

3　冷冻设备、测温设备、动弹性模量测定仪、台秤、试件盒等仪器设备应符合 SL 352 中“混凝土抗冻性试验”的要求。

E.0.3　试件制作：

1　依据 GB/T 50784 进行现场取样。

2　芯样应加工成 100mm×100mm×400mm 的棱柱体。

3　以 3 个抗冻试件为 1 组。

E.0.4　试验步骤：

1　将加工好的芯样抗冻试件在 20℃±3℃的水中浸泡 4 天。

2　将已浸泡的试件依据 SL 352 进行抗冻性试验，并计算出相对动弹性模量和质量损失率。

E.0.5　试验结果应进行下列处理：

1　相对动弹性模量下降至初始值的 60%或质量损失率达 5%时，即可认为试件已达破坏，并以相应的冻融循环次数作为基准循环次数 n，结构混凝土芯样的抗冻等级 F 为：

$$F=kn$$

式中　k——室内成型标准抗冻试件的冻融循环数与对应实体取芯试件的冻融循环数之比。系数 k 应事先经试验论证确定。

2　若冻融至预定的循环次数，而相对动弹性模量或质量损失率均未到达上述指标，可认为试验的混凝土抗冻性已满足设计要求。

附录F 止水材料质量试验检测依据标准

序号	项 目	检 测 依 据	评价依据
1	橡胶止水带	GB/T 528、GB/T 529、GB/T 531.1	GB 18173.1、GB 18173.2
2	SR塑性止水材料	GB/T 13477.6、GB/T 13477.8、GB/T 4509、GB/T 1033.1	1. DL/T949 2. 相关的《施工技术要求》
3	GB柔性填料	GB/T 13477.6、GB/T 13477.8、GB/T 4509、GB/T 1033.1	DL/T 5115
4	BW-2加强型止水条	GB/T 528	GB 18173.3
5	铜止水及铜止水片焊接接头	GB/T228.1、GB/T232	GB/T 2040、GB/T 2059、DL/T5144、DL/T5215

附录G　水轮发电机组（泵站机组）检测要求与评价表

G.1　水轮发电机组

表G.1.1　水轮机振动限值表

单位：μm

项目		额定转速 N/(r/min)			
		$n \leqslant 100$	$100 < n \leqslant 250$	$250 < n \leqslant 375$	$375 < n \leqslant 750$
立式机组	顶盖水平振动	0.09	0.07	0.05	0.03
	顶盖垂直振动	0.11	0.09	0.06	0.03
卧式机组	轴承的水平振动	0.08	0.07	0.05	0.04
	轴承的垂直振动	0.11	0.09	0.07	0.05
注：振动值系指机组在除过速运行以外的各种稳定运行工况下的双振幅值。					

表 G.1.2　水轮机机组轴线的允许摆度值（双振幅）表

单位：mm/m

轴名	测量部位	摆度类别	轴转速 n/(r/min)				
			$n<150$	$150 \leqslant n<300$	$300 \leqslant n<500$	$500 \leqslant n<750$	$n \geqslant 750$
发电机轴	上、下轴承处轴颈及法兰	相对摆度	0.03	0.03	0.02	0.02	0.02
水轮机轴	导轴承处轴颈	相对摆度	0.05	0.05	0.04	0.03	0.02
发电机轴	集电环	绝对摆度	0.50	0.40	0.30	0.20	0.10

注1：绝对摆度：指在测量部位测出的实际摆度值。

注2：相对摆度：绝对摆度（mm）与测量部位至镜板距离（m）之比值。

注3：在任何情况下，水轮机导轴承处的绝对摆度不得超过以下值：转速在250r/min的机组为0.35mm；转速在250～600r/min以下的机组为0.25mm；转速在600r/min及以上的机组为0.20mm。

注4：以上均指机组盘车摆度，并非运行摆度。

注5：机组运行摆度的评价按GB/T 11348.5附录A中图A.2执行。

表 G.1.3 水轮发电机组各部位振动允许值表

单位：mm

机组型式	项目		额定转速 n/(r/min)			
			$n<100$	$100\leqslant n<250$	$250\leqslant n<375$	$375\leqslant n<750$
立式机组	水轮发电机	带推力轴承支架的垂直振动	0.08	0.07	0.05	0.04
		带导轴承支架的水平振动	0.11	0.09	0.07	0.05
		定子铁芯部位机座水平振动	0.04	0.03	0.02	0.02
		定子铁芯振动（100Hz 双振幅值）	0.03	0.03	0.03	0.03
卧式机组	各部轴承垂直振动		0.11	0.09	0.07	0.05
灯泡贯流式机组	推力支架的轴向振动		0.10	0.08		
	各导轴承的径向振动		0.12	0.10		
	灯泡头的径向振动		0.12	0.10		

注：振动值系指机组在除过速运行以外的各种稳定运行工况下的双振幅值。

表 G.1.4　水轮发电机组定子试验项目及要求表

项　目	标　准	说　明
单个定子线圈交流耐电压	应符合表 H.1.2-3 要求	
测量定子绕组的绝缘电阻和吸收比或极化指数	1. 定子绕组对地和绕组间绝缘电阻测量：定子绕组的每相绝缘电阻值，在换算至 100℃时，不得低于按下式计算的数值： $R = U_N/(1000 + S_N/100)$ 式中　U_N—水轮发电机额定线电压，V； S_N—水轮发电机额定容量，kVA。 对于干燥清洁的水轮发电机，在室温 t(℃) 的定子绕组绝缘电阻 R_t(MΩ)，可按下式修正： $R_t = R \times 1.6 \times (100 - t)/10$ 式中　R—对应温度为 100℃的绕组热态绝缘电阻计算值，MΩ。 2. 在 40℃以下时，环氧粉云母绝缘的绝缘电阻吸收比 $R60/R15$ 不小于 1.6 或极化指数 $R10min/1min$ 不小于 2.0。 3. 各相绝缘电阻不平衡系数不应大于 2	用 2500V 及以上兆欧表
测量定子绕组的直流电阻	各相、各分支的直流电阻，校正由于引线长度不同而引起的误差后，相互间差别不应大于最小值的 2%	1. 在冷态下测量，绕组表面温度与周围空气温度之差不应大于 3K； 2. 当采用降压法时，通入电流不应大于额定电流的 20%； 3. 超过标准者，应查明原因

表 G.1.4（续）

项　目	标　　准	说　　明
定子绕组的直流耐电压试验并测量泄漏电流	1. 试验电压为 3.0 倍额定线电压值； 2. 泄漏电流不随时间延长而增大； 3. 在规定的试验电压下，各相泄漏电流的差别不应大于最小值的 50%	1. 宜在冷态下进行； 2. 试验电压按每级 0.5 倍额定电压分阶段升高，每阶段停留 1min，读取泄漏电流值； 3. 不符合标准（2）、（3）之一者，宜找出原因，并将其消除
定子绕组的交流耐电压试验	1. 对于整体到货的定子，定子绕组的交流耐电压试验电压应为出厂试验电压的 0.8 倍； 2. 对于在工地装配的定子，当额定线电压为 20kV 及以下时，试验电压为 2 倍额定线电压加 3kV； 3. 整机起晕电压应不小于 1.0 倍额定线电压	转子吊入前，按本标准进行耐电压试验；机组升压前，不再进行交流耐电压试验。 1. 交流耐电压试验应分相进行，升压时起始电压不宜超过试验电压值的 1/3，然后逐步升至试验电压值，历时宜为 10～15s； 2. 试验前应将定子绕组内所有的测温电阻短接接地； 3. 耐压前，应测量绝缘电阻及极化指数，并先进行直流耐电压试验； 4. 耐电压时，在额定线电压下，端部应无明显的金黄色亮点和连续晕带。当海拔超过 1000m 时，电晕起始试验电压值应按 JB/T 8439 进行修定

表 G.1.5　定子线圈工艺过程中交流耐压标准

单位：kV

绕组型式	试验阶段	额定电压	
		$2 \leqslant U_N \leqslant 6.3$	$6.3 < U_N \leqslant 24$
		试验标准	
圈式	1. 嵌装前； 2. 嵌装后（打完槽楔）	$2.75U_N+1.0$ $2.5U_N+0.5$	$2.75U_N+2.5$ $2.5U_N+2.5$
条式	1. 嵌装前； 2. 下层线圈嵌装后； 3. 上层线圈嵌装后（打完槽楔）	$2.75U_N+1.0$ $2.5U_N+1.0$ $2.5U_N+0.5$	$2.75U_N+2.5$ $2.5U_N+2.0$ $2.5U_N+1.0$

注：U_N 为发电机额定线电压，kV，加至额定试验电压后的持续时间，凡无特殊说明者均为 1min。

表 G.1.6　同步发电机、调相机定子绕组沥青云母和烘卷云母绝缘老化鉴定试验项目和要求表

<table>
<tr><th>项　目</th><th>要　求</th><th>说　明</th></tr>
<tr>
<td>整相绕组（或分支）及单根线棒的 $\tan\delta$ 增量（$\Delta\tan\delta$）</td>
<td>
1. 整相绕组（或分支）的 $\Delta\tan\delta$ 值不大于下列值：
<table>
<tr><th>定子电压等级/kV</th><th>$\Delta\tan\delta$/%</th></tr>
<tr><td>6</td><td>6.5</td></tr>
<tr><td>10</td><td>6.5</td></tr>
</table>
$\Delta\tan\delta$(%）值指额定电压下和起始游离电压下 $\tan\delta$(%）之差值。对于 6kV 及 10kV 电压等级，起始游离电压分别取 3kV 和 4kV；
2. 定子电压为 6kV 和 10kV 的单根线棒在两个不同电压下的 $\Delta\tan\delta$(%）值不大于下列值：
<table>
<tr><th>1.5U_n 和 0.5U_n</th><th>相邻 0.2U_n 电压间隔</th><th>0.8U_n 和 0.2U_n</th></tr>
<tr><td>11</td><td>2.5</td><td>3.5</td></tr>
</table>
凡现场条件具备者，最高试验电压可选择 1.5U_n；否则也可选择（0.8～1.0)U_n。相邻 0.2U_n 电压间隔值，即指 1.0U_n 和 0.8U_n、0.8U_n 和 0.6U_n，0.6U_n 和 0.4U_n、0.4U_n 和 0.2U_n
</td>
<td>
1. 在绝缘不受潮的状态下进行试验；
2. 槽外测量单根线棒 $\tan\delta$ 时，线棒两端应加屏蔽环；
3. 可在环境温度下试验
</td>
</tr>
</table>

表 G.1.6（续）

<table>
<tr><th>项　目</th><th>要　　求</th><th>说　　明</th></tr>
<tr>
<td>整相绕组（或分支）及单根线棒的第二电流增加率 $\Delta I(\%)$</td>
<td>1. 整相绕组（或分支）P_{i2}在额定电压 U_n 以内明显出现者（电流增加倾向倍数 $m_2>1.6$），属于有老化特征。绝缘良好者，P_{i2}不出现或在 U_n 以上不明显出现；
2. 单根线棒实测或由 P_{i2} 预测的平均击穿电压，不小于 $(2.5\sim3)U_n$；
3. 整相绕组电流增加率不大于下列值：
<table>
<tr><td>定子电压等级/kV</td><td>6</td><td>10</td></tr>
<tr><td>试验电压/kV</td><td>6</td><td>10</td></tr>
<tr><td>额定电压下电流增加率/%</td><td>8.5</td><td>12</td></tr>
</table>
</td>
<td>1. 在绝缘不受潮的状态下进行试验；
2. 按下图作出电流电压特性曲线
3. 电流增加率，即
$$\Delta I=\frac{I-I_0}{I_0}\times100\%$$
式中　I—在 U_n 下的实际电容电流；
I_0—在 U_n 下 $I=f(U)$ 曲线中按线性关系求得的电容电流。
4. 电流增加倾向倍数，即
$$m_2=\tan\theta_2/\tan\theta_0$$
式中　$\tan\theta_2$—$I=f(U)$ 特性曲线出现 P_{i2}点之斜率；
$\tan\theta_0$—$I=f(U)$ 特性曲线中出现 P_{i1} 点以下之斜率</td>
</tr>
</table>

表 G.1.6（续）

<table>
<tr><th>项　目</th><th colspan="3">要　　求</th><th>说　　明</th></tr>
<tr><td rowspan="6">整相绕组（或分支）及单根线棒之局部放电量</td><td colspan="3">1. 整相绕组（或分支）之局部放电量不大于下列值：</td><td rowspan="6"></td></tr>
<tr><td>定子电压等级/kV</td><td>6</td><td>10</td></tr>
<tr><td>最高试验电压/kV</td><td>6</td><td>10</td></tr>
<tr><td>局部放电试验电压/kV</td><td>4</td><td>6</td></tr>
<tr><td>最大放电量 C</td><td>1.5×10^{-8}</td><td>1.5×10^{-8}</td></tr>
<tr><td colspan="3">2. 单根线棒参照整相绕组要求执行</td></tr>
<tr><td>整相绕组（或分支）交、直流耐压试验</td><td colspan="3">应符合表 1 中序号 3、4 有关规定</td><td></td></tr>
<tr><td colspan="5">注 1：进行绝缘老化鉴定时，应对发电机的过负荷及超温运行时间、历次事故原因及处理情况、历次检修中发现的问题以及试验情况进行综合分析，对绝缘运行状况作出评定。
注 2：当发电机定子绕组绝缘老化程度达到如下各项状况时，应考虑处理或更换绝缘，其采用方式包括局部绝缘处理、局部绝缘更换及全部线棒更换。
（1）累计运行时间超过 30 年（对于沥青云母和烘卷云母绝缘为 20 年），制造工艺不良者，可适当提前；
（2）运行中或预防性试验中，多次发生绝缘击穿事故；
（3）外观和解剖检查时，发现绝缘严重分层发空、固化不良、失去整体性、局部放电严重及股间绝缘破坏等老化现象；
（4）鉴定试验结果与历次试验结果相比，出现异常并超出表中规定。
注 3：鉴定试验时，应首先做整相绕组绝缘试验，可在停机后热状态下进行，若运行或试验中出现绝缘击穿，同时整相绕组试验不合格者，应做单根线棒的抽样试验，抽样部位以上层线棒为主，并考虑不同电位下运行的线棒，抽样量不作规定。</td></tr>
</table>

表 G.1.7　同步发电机、调相机定子绕组环氧粉云母绝缘老化鉴定试验项目和要求表

<table>
<tr><th>项　目</th><th>要　求</th><th>说　明</th></tr>
<tr>
<td>整相绕组（或分支）对地或其他绕组（或分支）及单根线棒的 $\tan\delta$ 值</td>
<td>1. 整相绕组（或分支）的 $\Delta\tan\delta_N$ 值和 $\tan\delta_N$ 值小于下列规定值时合格：
<table>
<tr><th>定子电压等级/kV</th><th>$\Delta\tan\delta_N$/%</th><th>$\tan\delta_N$/%</th></tr>
<tr><td>10.5～24</td><td>4</td><td>6</td></tr>
</table>
2. 单根线棒 $\Delta\tan\delta_N$ 值和 $\tan\delta_N$ 值大于或等于下列值：
<table>
<tr><th rowspan="2">定子电压等级/kV</th><th colspan="2">$\Delta\tan\delta_N$/%</th><th>$\tan\delta_N$/%</th></tr>
<tr><th>相邻 $0.2U_N$ 电压间隔下的最大差值</th><th>$0.8U_N$ 和 $0.2U_N$ 电压下的差值</th><th>在 U_N 电压下</th></tr>
<tr><td>10.5～24</td><td>2</td><td>3</td><td>5</td></tr>
</table>
3. 相同试验条件下 $\Delta\tan\delta_N$ 值和 $\tan\delta_N$ 与上次试验值相比明显增大时，本项试验不合格</td>
<td>1. 整相（或分支）绕组的 $\Delta\tan\delta_N$ 值达到 2.5%时，应加强监视；
2. 电晕严重的发电机（包括无晕处理的发电机），$\Delta\tan\delta_N$ 和 $\tan\delta_N$ 等值有时会超出表中规定值，鉴定时应注意，不要和正常老化机组混淆</td>
</tr>
</table>

表 G.1.7（续）

<table>
<tr><th>项　目</th><th>要　求</th><th>说　明</th></tr>
<tr><td>整相绕组（或分支）对地或其他绕组（或分支）及单根线棒的电容增加率</td><td>1. 整相绕组（或分支）的电容增加率小于下列规定值时合格：
<table><tr><th>定子电压等级/kV</th><th>电容增加率 ΔC/%</th></tr><tr><td>10.5～24</td><td>8</td></tr></table>2. 单根线棒的电容增加率小于下列规定值时合格：
<table><tr><th>定子电压等级/kV</th><th>电容增加率 ΔC/%</th></tr><tr><td>10.5～24</td><td>10</td></tr></table>3. 相同试验条件下 ΔC 与上次试验值相比明显增大时，不合格</td><td>1. 定子绕组表面脏污或受潮时，会出现局部放电量偏高的现象；
2. 局部放电量高达 30000～40000C 时，应引起高度重视并注意历年变化</td></tr>
<tr><td>整相绕组（或分支）及单根线棒的局部放电量</td><td>整相绕组（或分支）及单根线棒的局部放电量小于下列规定值时合格：
<table><tr><th>定子电压等级/kV</th><th>在试验电压 $U_N/\sqrt{3}$下的最大局部放电量/pC</th></tr><tr><td>10.5～24</td><td>10000</td></tr></table></td><td></td></tr>
<tr><td>整相绕组（或分支）及单根线棒的介电强度</td><td>整相绕组（或分支）达到 DL/T 596 的有关规定时合格；单根线棒达到 JB/T 6204—2002的有关规定时合格</td><td></td></tr>
</table>

G.2 泵 站 机 组

表 G.2.1 泵站机组振动限值表

单位：mm

项 目	额定转速 n/(r/min)					
	$n \leqslant 100$	$100 < n \leqslant 250$	$250 < n \leqslant 375$	$375 < n \leqslant 750$	$750 < n \leqslant 1000$	$1000 < n \leqslant 1500$
立式机组带推力轴承支架的水平振动	0.10	0.08	0.07	0.06	—	—
立式机组带导轴承支架的水平振动	0.14	0.12	0.10	0.08	—	—
立式机组定子铁芯部分水平振动	0.04	0.03	0.02	0.02	—	—
卧式机组各部轴承振动	0.16	0.14	0.12	0.10	0.08	0.06
注：振动值指机组在额定转速、正常工况下的测量值。						

表 G.2.2 转子试验项目及要求表

项 目	要 求	说 明
转子绕组的绝缘电阻	宜不低于 0.5MΩ	
转子绕组的直流电阻	测量值与制造厂测得值相比较，应不超过 2%	在冷状态下时
转子绕组交流耐压试验	试验电压为额定励磁电压的 7.5 倍，应不低于 1200V，但应不高于出厂试验电压的 75%	
绕线式电动机的转子绕组交流耐压试验电压	转子不可逆的试验电压为 $1.5U_k+750$；转子可逆的试验电压为 $3.0U_k+750$	U_k 为转子静止时，在定子绕组上施加额定电压时，转子绕组开路时测的电压

表 G.2.3 定子试验项目及要求表

<table>
<tr><th>项目</th><th>要求</th><th>说明</th></tr>
<tr><td>单个定子线圈交流耐压试验</td><td>备用线圈和自制线圈均应符合设备制造厂的标准</td><td>下线后接头连接前进行，下线前可不作耐压试验</td></tr>
<tr><td>定子线组的绝缘电阻和吸收比测量</td><td>1. 额定电压为1000V以下者，常温下绝缘电阻应不低于0.5MΩ；
2. 额定电压为1000V及以上者，在接近运行温度的绝缘电阻值，定子线圈应不低于1MΩ/kV；
3. 1000V及以上的电动机应测量吸收比，对沥青浸胶及烘卷云母绝缘吸收比应不低于1.3，对环氧粉云母应不低于1.6；有条件时宜分相测量；
4. 多绕组设备进行绝缘试验时，非被试验绕组应予短路接地</td><td>定子线圈绝缘电阻温度换算系数 K（换算至运行温度）：
<table>
<tr><th rowspan="2">定子线圈温度/℃</th><th colspan="2">换算系数 K</th></tr>
<tr><th>热塑性绝缘</th><th>B级热固性绝缘</th></tr>
<tr><td>70</td><td>1.4</td><td>4.1</td></tr>
<tr><td>60</td><td>2.8</td><td>6.6</td></tr>
<tr><td>50</td><td>5.7</td><td>10.5</td></tr>
<tr><td>40</td><td>11.3</td><td>16.8</td></tr>
<tr><td>30</td><td>22.6</td><td>26.8</td></tr>
<tr><td>20</td><td>45.3</td><td>43</td></tr>
<tr><td>10</td><td>90.5</td><td>68.7</td></tr>
<tr><td>5</td><td>128</td><td>87</td></tr>
</table></td></tr>
</table>

表 G.2.3（续）

<table>
<tr><th>项　　目</th><th>要　　求</th><th>说　　明</th></tr>
<tr><td>定子线组的直流电阻</td><td>电动机各相或各分支绕组的直流电阻，在校正了由于引线长度不同而引起的误差后，相互间差别应不超过其最小值的 2%；与产品出厂时测得的数值换算至同温度下的数值比较，其相对变化应不大于 2%</td><td>1. 在冷状态下测量，绕组表面温度与周围温度之差应不大于±3℃；
2. 当采用降压法时，通入电流应不大于额定电流的 20%</td></tr>
<tr><td>定子绕组的交流耐压试验</td><td><table><tr><th>额定电压/kV</th><th>试验电压/kV</th></tr><tr><td>3</td><td>5</td></tr><tr><td>6</td><td>10</td></tr><tr><td>10</td><td>16</td></tr></table></td><td>1. 耐压试验前应测量绝缘电阻及吸收比，并应满足要求；
2. 交流耐压试验应分相进行，升压时起始电压应不超过试验电压值的 1/2，然后逐步连续升压至满值，升压速度从 1/2 至满值历时 10～15s，无特殊说明时应加至额定试验电压后持续 1min</td></tr>
<tr><td>定子绕组的直流耐压试验及泄漏电流</td><td>1. 3 倍额定电压值；
2. 各泄漏电流不随时间延长而增大；
3. 在规定的试验电压下各相泄漏电流的差别不大于最小值的 50%。当最大泄漏电流在 20μA 以下，各相间差值与出厂试验值比较应不有明显差别；
4. 当不符合上述规定之一时，应找出原因，并将其消除</td><td>1. 在冷状态下进行；
2. 试验电压按每级 0.5 倍额定电压分阶段升高，每阶段停留 1min，读取泄漏电流值；
3. 在机组升压前，必要时可用 2～2.5 倍额定电压的直流耐压作检查性试验；
4. 试验时微安表接在高压侧或采用清除杂散电流影响的其他接线方式</td></tr>
</table>

条文说明

1 总 则

1.0.1 水利工程质量检测工作最先按照2000年1月4日水利部发布的《水利工程质量检测管理规定》（水建管〔2000〕2号）实施，2009年1月1日起按照新颁布的《水利工程质量检测管理规定》（水利部令第36号）实施，但一直没有操作层面的规程可依。国家对水利工程质量管理工作日趋重视，质量检测工作更加重要。因此，编制本标准是非常必要的。

1.0.2 本标准的适用范围只提出了工程规模的要求。实际上在工程规模范围内建设期、运行期进行的各类质量检测活动都要执行本标准的有关规定，如司法鉴定检测、安全鉴定检测等。

1.0.3 在质量检测和评价中，当有多个技术标准可选用时，优先选用水利行业标准，其次是国家标准、其他行业标准、经设计审批单位认可的地方标准和企业标准；当设计指标与技术标准不一致时，优先选用设计指标。

2 术 语

2.0.2 检测单元是本标准的新提法。与以前检测工作开展时所用的测区、测线、测点等均有所差别，通常意义上，检测单元所表示的范围要大于测区、测线、测点。

2.0.3～2.0.5 测区、测线、测点布置是按照采用的检测方法决定，不是所有的检测单元都需要布置测区、测线、测点。

3 基本规定

3.0.1 本条规定了施工单位的质量自检工作和监理单位按照施工监理规范进行的质量检测工作。

3.0.2 本条规定了项目法人的质量检测工作。鼓励项目法人推行工程质量的全过程检测。附录A对项目法人全过程检测做出了原则性的要求。

3.0.3 本条重点规定了相关单位的质量检测工作。特别对水利工程竣工验收质量抽检做出了详细要求。

3.0.5 实体质量检测时，应优先选用无损检测方法，需要时辅以钻孔、挖凿、裁切、拆卸等方法；另外，实体质量检测一般不进行原材料质量检测。但如果发现实体质量不满足要求、认为有必要对原材料、构（部）件进行检测且现场也具备检测条件时，即可以进行原材料及构（部）件检测。本标准中的工程实体包括了金属结构和机械电气设备。

3.0.6 随着新技术的应用和工程质量检测的实际需要，可增加检测项目和检测方法，实际工作中不限于本标准所列的检测项目和检测方法。

3.0.9 工程质量检测过程中，某个检测项目会出现不合格情况，由检测单位依据质量管理体系的规定，启动相关确认程序，确认不合格检测结果。委托方可组织有关单位查阅检测单位有关资料后确认，也可委托有资质的检测单位进行复验后确认，如仍不合格时，委托方应及时组织整改，如无法整改时，可组织设计单位进行论证，并提出意见。加测检测费用需另行支付。

4 地基处理与支护工程

4.1 地基处理

4.1.2 检测单元划分时，如检测区域内有基桩，则每个检测单元应最少含1根基桩。

4.1.3 渗透系数的检测可采用原位测试与取样测试结合的方法进行，原位测试宜采用注水试验或压水试验的方法；对高压喷射灌浆技术施工的基础和不适合开展注水试验或压水试验的工程，宜采用围井试验的方法。

抗压强度检测是指对桩身材料的检测，可采用钻芯取样的方法进行检测；竖向增强体是指各种形式的桩体结构。

4.1.4 本标准中，测区（测点、测线）布置和数量均指在1个检测单元内。

4.2 灌 浆

4.2.1 本条参照SL 62《水工建筑物水泥灌浆施工技术规范》、SL 326《水利水电工程物探规程》以及SL 633《水利水电单元工程施工质量验收评定标准——地基处理与基础工程》中灌浆工程的主要性能指标和质量控制项目等技术标准规定，结合建成后的实体工程检测的可操作性而确定的检测项目。如有特殊要求时，可相应增加检测项目。

4.2.2 本条参照SL 633中的单元工程划分规定，结合国内不同规模工程项目灌浆工程单元工程划分的实际情况以及灌浆工程实体质量检测及评价要求，确定提出的检测单元划分原则。

4.2.3 本条根据现行有关技术标准提出了相应检测项目的检测方法。

由于灌浆工程钻孔取芯及压水试验检测场地多狭小、检测设备笨重、工作量较大、工期较长，难以做到对检测单元内所有灌浆孔进行质量检测，故同时采用跨孔声波检测方法对孔间岩体波速进行检测，岩体声波波速的高低可反映岩体密实程度，根据灌后岩体波速增加程度，对灌浆质量进行评价。

封孔质量检测采用在原灌浆孔内钻孔取芯方法进行检查，钻孔过程中严格控制钻压，随时测量孔斜，尽可能保证钻孔至原灌浆孔孔底，这样可同时对原钻孔深度是否满足设计要求进行检查；如因地质条件等原因，钻孔过程中偏离原孔孔向，在原灌浆孔中钻孔深度应不少于15m。

4.2.4 如有特殊要求时，应结合灌浆工程特点以及检测单元内工程质量评价需要确定检测数量。

4.3 防 渗 墙

4.3.2 检测单元大小划分应兼顾检测方法的技术要求，检测单元不宜过大，应满足弹性波 CT 测试孔布置需要。

4.3.3 防渗墙墙体渗透系数检测时，注水试验适用于不能进行压水试验的防渗墙墙体。对于防渗系数设计指标较低、墙体较薄的塑性混凝土防渗墙，宜采用注水试验或围井试验。塑性混凝土试样的抗渗性测试宜采用稳定渗流法。试验完毕后，应采用合适的材料进行封孔处理，保证墙体的防渗性能，可以采用黏土、砂浆或高聚物材料进行封孔。利用钻孔芯样测试的渗透系数，一般存在小于原位测试结果的情况，评价时应注意修正系数或相应降低指标要求。防渗效果也可根据工程情况，选用注水（压水）试验、围井试验等方法进行检测评价。

4.3.4 检查孔的布置应考虑到各检测项目的需要，统筹布置。取样检查孔可用于进一步开展跨孔声波、弹性波 CT 等方法，为保证弹性波 CT 检测效果，检查孔孔距不宜过大。

4.4 基　　桩

4.4.1 设计或委托方要求开展桩身材料抗压强度检测、桩身内力测试等项目的，可根据相应技术标准开展检测。

4.4.3 采用低应变法检测桩长范围时，应在现场开展试验进行确定。对于桩径大于 2m 和桩长大于 40m 的基桩，宜用声波透射法进行检测。进行灌注桩的竖向抗压承载力检测时，应具有现场实测经验和本地区相近条件下的可靠对比验证资料；对于大直径扩底桩和 $Q-S$ 曲线具有缓变型特征的大直径灌注桩，不宜采用高应变法进行竖向抗压承载力检测。

4.5 锚杆、锚筋桩、锚索

4.5.1 长度等于锚固长度（或称为入岩长度、入孔长度）和外露长度之和。

“必要时检测锚具硬度、饱满度”是指当有锚具硬度检测任务要求或设计要求锚索注浆时需进行检测。

4.5.2 检测单元的划分应考虑工程特点，同一检测区域内的工程地质条件、锚杆形式、锚杆设计指标、受力情况应相似。检测单元不宜过大，应便于开展检测工作和保证检测结果的代表性。

4.5.3 检测工作应优先选择无损检测方法，当发现或怀疑有质量问题锚杆时，再增加拉拔力试验。

无损检测与拉拔力检测对锚杆外露长度要求不同，进行无损检测时，锚杆外露长度不应过长，宜小于0.2m；拉拔力检测时，锚杆外露长度不宜过小，应符合检测设备的要求。

对于特殊受力结构使用异形预应力筋或索的检测应根据其具体弯曲或折角形式遵循相应技术标准实施检测。

4.5.5 检测单元位置所在工程或结构体部位属性是指其工程应用、受力等重要程度区分的关键部位、常规部位、辅助一般部位或临时部位等，应依据有关设计或技术标准的相关规定确定。

4.6 喷射混凝土

4.6.2 检测单元面积不宜过大，且应便于开展检测工作和保证检测结果的代表性。

4.6.3 与围岩黏结强度检测应优先采用预留试件拉拔法，没有预留试件的，应采用钻芯拉拔法。

5 土石方工程

5.1 一般规定

5.1.1 本条是对各节中有共性的检测项目的检测方法和质量评价提出要求。

5.2 堤防、渠道

5.2.1 堤身（渠身）土性分析指通过颗粒分析、液塑限试验对土进行分类定名。堤顶（渠顶）道路对钢筋直径有特殊要求的，应进行检测。每个测区取一组3个试样，试验方法应执行JGJ/T 152《混凝土中钢筋检测技术规程》的规定。堤顶（渠顶）道路路面的检测，适用于水利工程场内道路路面的检测。

5.2.2 检测单元检测单元划分时，应综合考虑工程特点、施工方法、质量控制和检测等方面。

5.3 土 石 坝

5.3.1 除了应对各种填筑料的材质进行检测外，影响堆石料等粗粒土力学性质主要因素是其干密度和颗粒级配，影响黏性土防渗体土力学性质主要因素是其干密度，影响反滤料的主要因素是颗粒级配和含泥量，故要求对其进行检测。

土石坝体内部缺陷一般包括局部填筑土性不符合设计要求或技术标准规定、存在严重不密实区、渗漏通道或管涌及各种原因形成的洞穴等。

5.3.2 检测单元划分以基本能够全面控制土石坝质量为原则，进行全数检测时可以按深度最小值划分单元，进行抽检时可以按深度最大值划分单元。

5.4 砌 石

5.4.1 有特殊质量要求时，要相应增加检测项目。砌筑质量具体见 SL 631 的规定；另对于浆砌石或混凝土砌石，必要且具备条件时还应增加砌石用砂浆或混凝土的抗渗性能检测。

5.4.2 检测单元划分时，应综合考虑工程特点、施工方法、质量控制和检测方法等方面情况。

6 混凝土工程

6.1 一 般 规 定

6.1.1 本条是对各节中有共性的检测项目的检测方法、测区（测线、测点）布置和数量、质量评价提出要求。

结构混凝土强度检测方法有很多种，这些检测方法有的在水利行业中应用较多，有的在建筑行业广泛应用，且各自都存在优缺点和适用范围。检测时，需要根据工程特点和合同约定要求，选择适宜的检测方法进行混凝土强度检测。

混凝土抗渗性能、抗冻性能和轴向抗拉强度，通常的做法是预留标准混凝土试件在实验室内进行检验。当对结构实体质量产生怀疑或者对既有工程进行质量检测或安全性评估时，需要对实体结构的相关耐久性能或轴向抗拉强度进行检测，此时，可以通过在结构实体上钻取芯样，再按 SL 352《水工混凝土试验规程》、JTJ 270《水运工程混凝土试验规程》进行检验。在对混凝土抗冻性能进行实体检测时，考虑到钻芯试件与室内成型试件之间的差异，依据大量的科研成果，在附录 E 中做了专门规定。

混凝土内部缺陷的检测，目前比较成熟的方法是超声法，超声横波反射法检测效果更理想，该方法是利用了横波对缺陷的更敏感，SL 352 和 CECS 21《超声法检测混凝土缺陷技术规程》中均提出了超声法。雷达法和冲击回波法实际工程中应用较多，建筑行业正在制订行业标准。SL 713《水工混凝土结构缺陷检测技术规程》、SL 326 中规定有探地雷达法检测混凝土缺陷。当采用无损检测方法检测混凝土缺陷时，必要时可以采用钻芯法直观验证检测结果。

洞室衬砌的衬砌厚度、脱空、内部缺陷检测，当洞室衬砌为无钢筋或较稀疏的单层钢筋混凝土时，可选用探地雷达，技术要求应参考 SL 713 和 SL 326；当洞室衬砌为较密的单层或多层的钢筋混凝土时，可选用冲击回波法，重要的异常部位宜选用声波 CT 和跨孔声波法复测，利用钻孔采用声波反射法、冲击回波法、声波 CT 和跨孔声波法检测的技术要求应参考 SL 326。

6.1.2 本条规定了检测单元的质量评价。

（1）要求芯样混凝土抗压强度检测结果达到设计值，但对芯样混凝土抗压强度评价时应保证取芯部位实体混凝土已有足够的养护成熟度，具体可参见 JGJ 104《建筑工程冬期施工规程》。

（2）SL 632《水利水电工程单元工程施工质量验收评定标准——混凝土工程》规定的混凝土工程抗拉强度验收评价标准为

"满足设计要求"；依据 SL 282 中要求，拱坝混凝土的轴向抗拉强度达到设计值。

（3）SL 632 规定的混凝土工程抗渗性能验收合格评标准为"满足设计要求"，DL/T 5113.8 采用钻孔取样对碾压混凝土抗渗性的评定标准为"不小于设计值"，本条进行了借鉴。

（4）SL 632 规定的混凝土工程抗冻性能验收合格评定标准为"设计龄期抗冻性合格率 80%"；在芯样的抗冻性方面，DL/T 5113.8规定的评定标准为"不小于设计值"，抗冻试件采用的是室内成型标准试件，而实体混凝土的抗冻评定标准目前暂无规定。对于重力坝、拱坝、碾压混凝土而言，由于室内成型标准试件与芯样试件中粗骨料粒径差异较大，以及芯样钻取切割带来的影响，本标准附录 E 列出了"取芯法测定混凝土抗冻性"试验的方法，按本规程试验的检测结果，要求混凝土芯样抗冻等级达到设计值。

（5）对于混凝土保护层厚度的评价，水利行业与建筑行业有所区别。因此，对于闸墩、工作桥梁等水工结构混凝土，保护层厚度合格率不小于 70%为达到规范要求，而对于桥头堡、泵站厂房等需要按 GB 50204《混凝土结构现场检测技术标准》标准执行的，保护层厚度合格点应不小于 90%。

（6）面板混凝土的裂缝长度、宽度和深度依据 SL 228《混凝土面板堆石坝设计规范》中的要求确定。对于其他钢筋混凝土结构，当设计规范对裂缝的宽度和深度有要求时，也应依据相应的规范进行评价。

（7）对于碾压混凝土表观密度，SL 53《水工碾压混凝土施工规范》规定碾压混凝土铺筑现场压实容重采用核子水分密度仪或压实密度计检测，每铺筑 100～200m^2 碾压混凝土至少应有一个检测点，每层应有 3 个以上检测点，测试宜在压实后 1h 内进行，并以"每个铺筑层测得的容重应有 80%不小于设计值"为评定标准；SL 53 还采用相对压实度来评价碾压混凝土的压实质量，对于内部碾压混凝土，规定"相对压实度不得小于 97%"；

DL/T 5113.8 中规定，湿表观密度大于配合比设计值的 97%；本标准采用芯样对碾压混凝土湿表观密度进行检测，因此，本条规定湿表观密度达到配合比设计值的 97%。

（8）对于碾压混凝土钻孔压水试验，SL 632 中硬化碾压混凝土性能评定未涉及钻孔压水试验；SL 53 钻孔取样评定碾压混凝土综合质量中包括了压水试验，但对压水试验结果的评定未作规定；DL/T 5113.8 规定钻孔压水试验单位吸水率不大于 1.0Lu 为合格，因此，本条借鉴了 DL/T 5113.8 的有关规定，并考虑到施工工艺等因素，规定钻孔压水试验单位吸水率不大于设计值。

（9）对于碾压混凝土层间原位直剪试验（平推法），SL 632 中碾压混凝土工程性能评定未涉及层面摩擦系数与凝聚力；SL 53 碾压混凝土质量管理与评定中未包含针对层面结合性能的检测方法与评定参数；考虑到碾压混凝土层间结合性能对整体力学强度、抗渗性、抗滑稳定性均具有重要影响，本标准采用摩擦系数、凝聚力不低于设计值的质量评价要求。

（10）混凝土内部缺陷的评价一般为定性评价，当结构混凝土内部无明显不密实区或连续缺陷形成的空洞时，评价为混凝土密实性总体较好。

6.2 混 凝 土 坝

6.2.1 本条规定了混凝土重力坝、拱坝、面板坝和碾压混凝土坝等大坝实体检测的项目。主要参照 SL 632 和 DL/T 5113.8 中的工程质量等级评定参数，以及 SL 319《混凝土重力坝设计规范》、SL 282《混凝土拱坝设计规范》、SL 228、SL 314《碾压混凝土坝设计规范》中规定的坝体混凝土应考虑的主要性能指标，结合建成后的实体工程检测的可操作性而确定。

6.2.2 本条规定了混凝土大坝实体检测的基本检测单元。目前，钻芯取样孔深最大可达 100m 左右，综合考虑钻芯机钻取深度、检测成本、芯样钻取后坝面外观和质量等因素来确定检测单元。混凝土坝过水建筑物检测单元划分主要根据检测项目所需的试件数量确定。面板混凝土主要以滑模施工为主，所以以滑模宽度作为检测单元的宽度。

6.2.3 本条规定了混凝土坝实体检测项目的测区（测线、测点）布置与数量。由于芯样钻取较深，在实际检测过程中，除面板坝外，用于抗压强度、抗渗性、抗冻性、拱坝混凝土轴向抗拉强度、碾压混凝土表观密度等检测项目所需的试件均可从该芯样上获得，因此，每个检测单元布置不少于1个测点即可。对于面板坝来讲，为了保证芯样可加工足够检测项目所需的试件数量，每个检测单元布置的测点数不少于12个，且布置均匀。

在确定取芯孔孔位时，要充分考虑坝体、廊道、钢筋密集部位和混凝土品种、级配、强度等级等内部结构的实际情况，使取芯孔尽可能覆盖不同部位和不同品种的混凝土，取得全面可靠的数据，同时检查基础混凝土与基岩结合情况，地质缺陷部位固结灌浆的质量情况等，取芯时应避开监测电缆和排水孔、止水等预埋件。

混凝土坝过水建筑物如溢流面部位等，由于该部位混凝土厚度有限，因此，在每个检测单元内可适当增加测点数，以满足检测项目所需试件数量的要求，测点应布置均匀。

回弹法、超声回弹综合法、射钉法、超声波法、超声横波反射法检测混凝土的有关性能时，按相应检测方法的要求进行测点布置。

碾压混凝土钻孔压水试验按SL 31《水利水电工程钻孔压水试验规程》的要求布点，尽可能结合混凝土性能试验的取芯孔进行。

对于面板坝，采用超声回弹法检测抗压强度，裂缝长度、宽度和深度，钢筋数量、间距和保护层厚度时，以及采用超声波法检测脱空时，均以区域为测试范围，因此，每个检测单元布置1个测区，测区内的测点按相应方法布置。

钻芯孔的单孔和跨孔超声波波速可用于检测混凝土内部缺陷，评判混凝土强度均匀性，该方法适用的跨孔间距在2～3m范围内；利用雷达探测混凝土质量时，目前手持式混凝土雷达的探测深度为300mm，因此，这些检测方法是否适合大坝内部缺陷的检测，应根据实际的检测需要而定。

对于利用钻芯法检测混凝土抗压强度，在SL 352中只有芯样试件混凝土抗压强度值，没有评价方法，尤其是没有涉及目前常用的钻芯法批量检测结构混凝土强度方法。因此，本条规定依据CECS 03《钻芯法检测混凝土强度技术规程》布置测区和钻取芯样数量，依据SL 352钻取和加工芯样试件、进行样品养护和抗压强度试验。当需要进行批量评价时，依据CECS 03进行。

其他检测方法包括拔出法、后锚固法、射钉法等微破损检测方法检测混凝土抗压强度，测区布置和数量分别依据CECS 69《后装拔出法检测混凝土强度技术规程》、JGJ/T 208《后锚固法检测混凝土抗压强度技术规程》和SL 352执行。

对于混凝土内部缺陷的检测，SL 352中把裂缝深度和内部缺陷分节进行规定，条文中没有规定混凝土内部缺陷测试如何布置测区，而CECS 21中对于各类混凝土内部缺陷（包括深裂缝、浅裂缝）都做出相应规定。因此，本标准中规定依据CECS 21检测水闸结构混凝土内部缺陷。

对于混凝土裂缝的分布、长度和宽度的测量，应进行全数检查，以便准确分析裂缝成因，制定后期的修补方案；而对于裂缝深度，因检测难度远大于长度和宽度的，一般则是选择一定数量的典型裂缝的典型段进行抽样。

对于交通桥梁等的承载力、挠度、抗裂度、预应力筋（索）张拉力，应按SL 214第3.1.3条要求确定抽检数量：闸孔数不大于5时，抽样比例为50%～100%，闸孔数为6～10时，抽样比例为30%～50%，闸孔数为11～20时，抽样比例为20%～30%，闸孔数大于20时，抽样比例为20%。

对于结构混凝土抗冻性和抗渗性，SL 352没有作出相应规定，目前各检测单位均按JTJ 270执行，JTJ 270—1998第8.6节、8.7节分别为取芯法测定混凝土抗冻性和抗渗性。抗冻性评价依据本标准附录E进行。

6.3 水　闸

6.3.1 本条规定了水闸结构混凝土除一般规定中规定的其他检测项目。包括裂缝深度检测；混凝土内部缺陷也适用于灌注桩混凝土缺陷检测和钢管混凝土缺陷检测。对于混凝土耐久性方面，应进行钢筋锈蚀检测与评估，有抗冻、抗渗要求的还应包括抗冻、抗渗性能。

钢筋锈蚀：SL 352 和 JGJ/T 152 提出的对于钢筋锈蚀的检测方法都是参照美国标准 ASTM C876—91（Reapproved 1999）编写的。我国很多省份的检测单位还根据需要制定了地方标准，提出了电阻率法、锈蚀电流密度法等钢筋锈蚀检测方法和动态的健康监测方法，如安徽省地方标准 DB34/T 1929—201《混凝土中钢筋腐蚀检测技术规程》。

6.3.3 抗渗性能、抗冻性能检测的测点布置按照 6.2.3 条 2 款 1）项中的重力坝、拱坝和碾压混凝土坝等大坝实体布置。

6.5 涵、管、倒虹吸

本节中的“涵”包括涵洞和箱涵，“管”包括明管和涵管。

6.7 护坡、挡墙

6.7.2 检测单元划分时，应综合考虑工程特点、施工方法、质量控制和检测等方面。

6.7.3 采用超声回弹综合法测定混凝土强度时，测区间距不宜大于 2m，测区距护坡端部或施工缝边缘的距离不宜大于 0.5m，且不宜小于 0.2m。

6.9 渠道衬砌

6.9.3 初测结果发现缺陷需实施进一步追溯检测时，可布置辅测线，其方向、长度、数量及间距可根据需要现场确定。

7 金属结构

7.1 一般规定

7.1.1 本条是对各节中有共性的检测项目的检测方法、检测数量提出要求。

1 钢板（材）厚度检测针对闸门、启闭机和压力钢管等金属结构的主要承力构件，如闸门的主梁、面板等构件。

2 主要考虑现场快速进行水工金属结构产品的钢板（材）化学元素分析，不排除取样带回实验室进行室内试验的可能性。检测钢板（材）的主要化学元素成分，主要是指检测钢材的C、S、P、Si、Mn及其他合金元素的化学元素成分，其目的是为了推定和判别钢材牌号是否用错，必要时还应通过硬度测试后换算强度，综合进行分析。如进行钢板（材）硬度辅助测试，推荐采用硬度计法，依据GB/T 17394.1《金属材料　里氏硬度试验　第1部分：试验方法》或GB/T 230.1《金属材料　里氏硬度试验　第1部分：试验方法（A、B、C、D、E、F、G、H、K、N、T标尺）》相应的试验方法进行检测，对主要构件按每种规格抽检1块钢板，均匀布置5个测点；钢板（材）硬度检测结果按GB/T 1172换算成对应强度值，再按钢材产品标准的相应规定进行评价。

4 衍射时差法是近年从国外引进的TOFD超声波成像检测技术，具有这种设备和具备这种检测能力的检测单位可采取这种技术进行验证检测。

5 锈蚀深度和锈蚀面积。对钢闸门和启闭机之外的其他金属结构的锈蚀检测，亦可参照SL 101《水工钢闸门和启闭机安全检测技术规程》的规定进行检测和质量评价。

如在金属结构防腐过程中需要进行钢板（材）的锈蚀处理等级检验，则应按GB/T 8923.1《涂覆涂料前钢材表面处理表面清洁度的目视评定　第1部分：未涂覆过的钢材表面和全面清除原有涂层后的钢材表面的锈蚀等级和处理等级》规定的标准图片与处理表面进行目视比较，从而评定该钢板（材）的锈蚀处理等级。

7 对防腐层附着力检验结果有争议需要进行破坏性验证试验时宜采用拉开法进行测试。

7.1.3 考虑到新近实施的SL 635《水利水电单元工程施工质量验收评定标准——水工金属结构安装工程》对水工金属结构安装工程质量有一些规定，故在进行检测单元质量评价时也做出相应规定。

7.2 闸　　门

7.2.1 本条将平面、弧形、人字、三角、升卧等不同形式钢闸门以及铸铁闸门有共性的检测项目和个别特殊的检测项目均放在一起罗列，以避免重复。

钢闸门检测项目中闸门及埋件安装质量的主要检测参数是指轨道工作表面平面度检测、轨道间距、轨道垂直度和平行度、底槛工作表面平面度、闸门支撑行走装置安装质量、闸门止水安装质量、支铰轴孔同轴度等；铸锻件内部质量的主要检测参数是指闸门的支铰和铰轴、滚轮轴等内部质量。

7.2.3

4 条款中选用了标准GB/T 14173或NB/T 35045，实际工作中应优先选用GB/T 14173，如设计选用了NB/T 35045标准，则可按设计要求选用。以下有关条款类同。

5 闸门及埋件安装质量。在闸门及埋件安装质量检测中，诸如对支铰轴孔同轴度检测，不排除使用其他先进的检测方法，如光电投影法等。

8 启闭运行试验。主要检查吊头连接情况、滚轮滚动情况、升降有无卡阻、止水橡皮有无损伤、止水橡皮压紧程度、电气设备是否异常情况等。以灯光照射和透射、目测观察为主，结合相机拍照，必要时辅以钢直尺、电气检测仪器等仪器设备检测。

7.2.4

3 考虑到轨道以及底槛工作表面平面度对闸门运行和止水的重要性，故要求每孔对全部埋件进行检测。

7.2.5

5 根据 GB/T 14173 或 NB/T 35045 对焊缝未焊透深度的规定，对一类、二类焊缝内部质量，在按 GB/T 11345 和 GB/T 29712 的规定进行内部质量评定的基础上进行了适当放宽。

7.3 启闭机械

7.3.1 本条仅列出几种常用启闭机的检测项目，对特殊形式的启闭机可参照执行，如固定门座式启闭机可参照移动式启闭机。

1 固定卷扬式启闭机要求做钢丝绳内部质量探伤超出了 SL 381 的规定，但是考虑到钢丝绳安全性至关重要，不能舍去。固定卷扬式启闭机检测项目中机架安装质量的主要检测参数是指机架和传动轴水平度、机架纵横向中心线偏差等影响启闭运行性能的参数。

3 液压式启闭机检测项目之所以超出 SL 381《水利水电工程启闭机制造安装及验收规范》规定要求做液压油清洁度、活塞杆镀铬层厚度，是考虑到液压油对保证液压系统运行性能至关重要，而活塞杆镀铬层是防止活塞杆锈蚀破坏的关键。液压式启闭机检测项目中安装质量的主要检测参数是指推力支座安装质量、机架和油缸铰座横向中心线与高程偏差等影响启闭运行性能的参数。

4 移动式和固定式启闭机可能包括固定卷扬式启闭机，本部分未将与固定卷扬式启闭机相同的检测项目再重复列出，在执行时可根据具体启闭机的情况决定检测与固定卷扬式启闭机相同的检测项目。移动式启闭机检测项目中的轨道和运行机构制造安装质量的主要检测参数有小车轨道接头错位及间隙、大车轨轮与轨道面接触状况、大车轨面接头错位与间隙、车轮垂直偏斜量、车轮水平偏斜量、小车轨距偏差、小车跨度相对差、大车轨距偏差、大车跨度偏差与相对差、大车同一轨面的相对高差、大车轨道全行程高差、小车轨道同一横面相对高差等。

7.3.3 液压式启闭机。关于用显微镜颗粒计数法或自动颗粒计数器取得液压油颗粒计数数据，说明如下：用显微镜计数所报告的污染等级代号，由不小于 5μm 和不小于 15μm 两个颗粒尺寸范围的颗粒浓度代码组成，这两个代码按次序书写，相互间用一条斜线分隔。用自动颗粒计数器计数所报告的污染等级代号由三个代码组成，第一个代码按不小于 4μm(c) 的颗粒数来确定，第二个代码按不小于 6μm(c) 的颗粒数来确定，第三个代码按不小于 14μm(c) 的颗粒数来确定，这三个代码按次序书写，相互间用一条斜线分隔。

7.3.5 各个启闭机运行试验是对安装质量好坏的直接验证，包括对安装位置定位准确性的验证，故要求按照 SL 381 的规定进行检测和评价，但是其中有关负荷试验的评价可根据工程具体条件的允许进行实际评价。

LF 是指钢丝绳中的局部损伤，诸如断丝、磨损、锈蚀，疲劳或其他钢丝绳局部物理状态的退化等；LMA 是指钢丝绳金属横截面积损失，即钢丝绳上特定区域中标准（质量）缺损的相对度量，它是通过比较检测点与钢丝绳上象征最大金属横截面积的基准点来测定的。

7.4 拦污和清污装置

7.4.1 本条仅列出两种常用清污机的检测项目，对特殊形式的清污机可参照执行。考虑到清污机特殊性，未列出制造安装检测项目而只要求进行空运转试验、空载试验、负荷试验等，目的是通过上述运行试验来间接验证其制造安装质量。

3 未将回转式清污机与耙斗式清污机相同的检测项目再重复列出，在执行时可根据具体启闭机的情况决定检测与耙斗式清污机相同的检测项目。

7.5 自动控制设备和监控设施

7.5.1 本条仅针对保证启闭金属结构和安全运行有关的低压电气设备（开关控制柜）、各类传感器和开度仪等产品设备的检测项目和参数做出了一些规定，未考虑其他高压电气设备和观测设施。

7.5.2 传感器种类繁多，考虑将一个工程的监控设施中用到的所有规格传感器（如位移传感器、温度传感器、压力传感器、荷载传感器等）视作为一个检测单元。

7.6 钢　　管

7.6.1 对压力钢管而言，所有检验项目均必做。

7.6.2 对不同类别钢管的检测单元划分，规定就是按照钢管轴线长度，每一个拼装节的长度作为一个检测单元。这样划分是为了结合施工便于检测。

8 机 械 电 气

8.1 水　轮　机

8.1.1 机电设备质量检测主要是安装过程中和启动试运行阶段以及设备性能保证的质量检测。若上述检测涉及设备制造中的质量问题，可增加对设备制造阶段的原材料、部（构）件进行检测。本条规定了水轮机安装、调试及启动试运行阶段质量检测的常规检测项目。振动、主轴摆度、压力脉动、转速、导叶漏水量、噪声、焊缝质量、变形、水轮机出力均为必检项目，必要时可增加水轮机效率和耗水率、空蚀和磨蚀、转轮几何尺寸和残余应力、止漏环间隙。考虑到焊接质量和安装质量两项已在其他标准中有专章明确说明，本标准未列出具体检测内容，仅指出参考标准名称；磨蚀与变形检测适用于运行年久的机组安全性检测。

8.1.2 每台水轮机检测单元含蜗（机）壳、导叶、转轮、尾水管等主要部件。对于机电设备，将每台（套）相对独立的设备划分为一个检测单元，将发电机组性能或水泵机组性能划分为一个检测单元，以便对每个检测单元进行质量评价，进而对发电机组或水泵机组进行综合评价。以下检测单元划分遵循此原则。

8.1.5 水轮机及发电机振动评价标准引用不同，水轮机振动评价标准按 GB/T 15468《水轮机基本技术条件》执行，发电机振动评价标准按 GB/T 8564《水轮发电机组安装技术规范》执行，因为前者针对水轮机振动的规定较全面且与后者无矛盾，所以分别引用。

3 压力脉动检测需通过测定各部位在不同水头、不同负荷下的压力脉动值分析水轮机稳定运行情况。甩全部或部分负荷时，除检测各测点的压力脉动情况外，还应检测蜗壳进口压力的最大值、压力上升率及尾水锥管的真空度，蜗壳进口压力最大值与压力上升率及尾水锥管真空度应满足设计要求。

4 甩全部或部分负荷时，水轮机转速上升率 β 应满足调节保证设计值的要求。

对于小型水电机组，可参照 SL 524 第 3.2.10 条的有关规定执行：机组额定功率甩全部负荷时，最大转速上升率 β 不应超过 50%，机组容量占电力系统容量比重小时，机组额定功率甩全部负荷时，最大转速上升率 β 不应超过 60%，超过时应按 GB 50071《小型水力发电站设计规范》要求进行论证或按设计要求执行，但不宜超过 70%。机组过速试验时，应检测导叶关闭时动作转速及机组的最高转速，动作转速与最高转速应符合设计要求。

5 导叶漏水量：

1） 先关闭检修闸门，测定一段时间内进水管测量段的水位下降，计入进水管的断面面积和坡度来确定漏水量。

2） 在额定水头下，圆柱式导叶漏水量不应大于水轮机额定流量的 3‰。圆锥式导叶漏水量不应大于水轮机额定流量的 4‰。冲击式水轮机新喷嘴在全关时不应漏水。

6 水轮机正常运行时，在水轮机机坑地板上方1m处所测得的噪声不应大于90dB(A)，在距尾水管进人门1m处所测得的噪声不应大于95dB(A)，冲击式水轮机机壳上方1m处所测得的噪声不应大于85dB(A)，贯流式水轮机转轮室周围1m内所测得的噪声不应大于90dB(A)。

8 变形：

1) 对于大型机组，宜检测荷重机架的变形，机架变形以机架挠度来反映，可用非接触法测量，机架变形应满足设计要求。

2) 主轴弯曲（直线度偏差）测量按GB/T 1958《产品几何量技术规范（GPS）形状和位置公差检测规定》的有关规定执行。

9 按式（1）计算水轮机出力：

$$P_t = \frac{P_u}{\eta_g} \tag{1}$$

式中 P_u——机组出力；

η_g——发电机效率。

发电机效率根据GB/T 755.2《旋转电机（牵引电机除外）确定损耗和效率的试验方法》和GB/T 5321《量热法测定电机的损耗和效率》有关规定进行测量。若未实测发电机效率，发电机效率可取厂家提供的设计值。

10 水轮机效率与耗水率

按式（2）计算机组效率：

$$\eta_U = \frac{P_G}{\rho g Q H} \tag{2}$$

式中 P_G——发电机输出功率，kW；

ρ——水密度，kg/m^3；

Q——水轮机流量，m^3/s；

g——当地重力加速度，m/s^2；

H——水轮机工作水头，m。

发电机输出功率、水轮机流量、水轮机工作水头的测量，以及水密度和重力加速度的取值按 GB/T 20043《水轮机、蓄能泵和水泵水轮机水力性能现场验收试验规程》有关规定执行，小型水轮机按按 SL 555《小型水电站现场效率试验规程》规定执行。

耗水率＝3600×流量/发电机出力，其中流量单位为 m^3/s，发电机出力单位为 kW。

机组效率与耗水率按是否满足设计要求及合同保证值来进行评价。

11 空蚀和磨蚀：水轮机空蚀和磨蚀用最大深度、磨蚀面积和剥落体积三指标来衡量。

13 转轮残余应力一般需检测叶片进水边上冠处与叶片出水边下环处的焊缝中心、溶合线和热影响区，其他地方检测根据需要而定。转轮残余应力检测常采用盲孔法或压痕法。

8.2 发 电 机

本节从机械和电气两方面规定了发电机的检测内容。对于涉及交接验收试验和启动调试试验的内容应在交接验收和启动调试时实施，对于性能试验部分可以在机组投运后择机进行。

8.2.3

3 发电机在额定运行工况下，检测轴承温度。

5 绝缘电阻包括定子绕组、转子绕组、测温元件、轴承的绝缘电阻。

6 直流电阻包括定子绕组、转子绕组的直流电阻。

7 交流耐压试验包括定子绕组、转子绕组的交流耐压试验。

9 GB 50150 规定对应容量 200MW 及以上机组应测量极化指数，极化指数不应小于 2.0。

11 为使发电机顺利并列，在启动试验前应用相序表对发电机的相序进行确定。

12 水轮发电机应测量轴对机座的电压，分别在空载额定电压时及带负荷后测定。通常在业主和厂家的合同中包含有电机阻抗参数和时间参数，因此本标准第8.2.3条中规定了采用三相突然短路法确定发电机部分阻抗参数与时间参数。三相突然短路可在机端电压0.1～0.4倍电压下进行。该电压下的三相突然短路试验非用来校核电机机械设计。

8.3 励磁系统

8.3.1

5 具体项目包括：零起升压、自动升压和软起励试验，升降压及逆变灭磁特性试验，自动/手动及两套独立通道的切换试验，空载状态下10%阶跃响应试验，调压精度试验，电压给定值整定范围及变化速度测试，测录自动励磁调节器的发电机电压-频率特性，电压/频率限制试验，TV断线模拟试验，励磁系统整流柜的均流试验，发电机电压调差率试验，发电机无功负荷调整及甩负荷试验，发电机空载和额定工况下的灭磁试验，过励磁限制功能试验，欠励磁限制功能试验，励磁各系统的温升试验，励磁系统在额定工况下的72h连续试运行。

8.4 水轮机附属设备

8.4.1 水力机械附属设备安装过程中的检测项目和评价依据按SL 637《水利水电单元工程施工质量验收评定标准——水力机械附属设备系统安装工程》有关规定执行。

8.4.4 调速系统动态特性包括开停机试验、增减负荷试验、甩负荷试验、空载扰动试验。

8.5 高压电气设备

8.5.4 如有不合格检测项目，需再检测同类产品的其他设备。

8.7 水轮发电机组综合性能检测

8.7.1 水轮发电机组安装过程中的检测项目和评价依据按

SL 636《水利水电单元工程施工质量验收评定标准——水轮发电机组安装工程》有关规定执行。

8.7.3 转桨式水轮机宜进行相对效率试验，以便用于修正导叶开口与叶片转角间的协联关系。其他型式水轮机，可与业主协商进行相对效率试验或绝对效率试验。

如果业主仅委托做整机检测时，应包括压力脉动试验和振动摆度试验。

水轮发电机组及相关机电设备安装完工检验合格后，应进行启动试运行试验。

8.8 泵站主水泵

8.8.1 本节泵轴弯曲（直线度偏差）目前无国家统一标准，以生产厂家提供的偏差上限值为评价依据。水泵一般包括泵壳、导叶、叶轮、泵轴等主要部件。

8.8.3 泵机组效率为泵输出功率除以电动机输入功率，需要测量的参数包括电动机输入功率、水泵流量与扬程，泵机组效率检测按 GB/T 3216《回转动力泵　水力性能验收试验 1 级和 2 级》规定执行。

水泵效率为泵输出功率除以泵轴功率，即泵机组效率乘以电机效率。水泵效率测试需测量扬程、流量、电动机输入功率、电机效率，水泵效率检测按 GB/T 3216 规定执行。

8.9 泵站主电动机

8.9.1 本节机械及电气两部分所有项目均可作为安全质量检测项目。

2 电气部分：定子绕组绝缘电阻、转子绕组的绝缘电阻、定子绕组交流耐压试验是必检项目。绝缘电阻包括绕组、可变电阻器、起动电阻器、灭磁电阻器、电动机轴承绝缘垫的绝缘电阻；直流电阻包括绕组、可变电阻器、起动电阻器、灭磁电阻器的直流电阻；直流耐压性能是定子绕组的直流耐压性能；交流耐压性能是指定子绕组、绕线式电动机转子绕组、同步电（动）机转子绕组的交流耐压性能；泄漏电流是指定子绕组的泄漏电流；吸收比是指绕组的吸收比。

8.10 泵站传动装置

8.10.1 水泵与电动机联轴器同轴度无现行国家标准及行业标准要求，一般按设计要求执行，如三峡水利枢纽工程液压启闭机液压系统设备的制造，设计要求组装好的电机轴和油泵轴之间的同轴度误差不大于 0.1mm。

8.11 泵站电气设备

8.11.1 针对泵站，本节涵盖了电力变压器、高压开关设备、低压电器、电力电缆，接地装置等的安全检测。所有项目可作为安全质量检测项目。

8.13 水泵机组综合性能检测

8.13.1 泵站机组装置效率是反映抽水设备及泵站各部分效率的综合指标，是泵站更新改造或拆除重建必须进行的测试项目。本条中所列出的前四项均是测算泵站机组装置效率的必要参数。

9 水工建筑物尺寸

9.2 检测项目及测区布置和数量

9.2.1 几何尺寸中的高度，在一些建筑物也称为厚度或深度。

9.2.2 挡水建筑物指土坝、混凝土重力坝、拱坝、土石坝（沥青混凝土心墙土石坝、混凝土面板堆石坝）、碾压混凝土坝。本节中总测点都不少于 10 个测点的要求，是参照 SL 176—2007《水利水电工程施工质量检测与评定规程》附录 A 的规定提出的。

9.2.6 隧洞如已投入运行通水或隧洞直径、高度小于 2m，测点只宜布置在进出口。

9.3 检 测 方 法

9.3.4 当测量人员安全能有保证的情况下可使用坡度仪进行测量，例如：测量渠道边坡、坝下游护坡等。在不能保证测量人员安全的情况下应使用全站仪及配套棱镜、觇牌测量坡度，例如：混凝土面板堆石坝上游坡度、溢洪道泄洪陡坡度的测量等。

9.4 质 量 评 价

9.4.5 土建类 SL 631～634—2012《水利水电单元工程施工质量验收评定标准——土石方、混凝土、地基处理与基础、堤防工程》规定合格等级为应有 70%及以上的检验点合格，且不合格点不能集中。

若一次检测不能达到标准要求者，可按总测点的 2 倍数量复测，若仍不能达到标准要求，判为不合格，是参照 SL 176—2007“工程中出现检验不合格的项目时，按以下规定进行处理：原材料、中间产品一次抽样检验不合格时，应及时对同一取样批次另取两倍数量进行检验，如仍不合格，则该批次原材料或中间产品不合格，不得使用”的规定提出的。

附录 E 取芯法测定混凝土抗冻性

E.0.5 附录 E 规定了取芯法测定混凝土抗冻性的试验方法，主要依据 SL 352 中《混凝土抗冻性试验》、JTJ 270 中《取芯法测定混凝土抗冻性》，以及 GB/T 50784 中《取样快冻法检测混凝土的抗冻性能》，结合大坝混凝土芯样的特点而制定。由于大坝混凝土芯样试件中粗骨料粒径与室内成型标准抗冻试件差异较大，在试验结果处理时，要求首先通过试验论证确定室内成型标准抗冻试件的冻融循环数与对应实体取芯试件的冻融循环数之比值。若无试验论证资料，参考国内某些大型水电站碾压混凝土芯样抗冻试验成果，大坝芯样冻融循环次数仅能达到设计循环次数（室内成型标准抗冻试件冻融循环次数）的 1/2。对于混凝土面板坝，室内成型标准抗冻试件与芯样抗冻试件中粗骨料最大粒径基本一致，但是考虑到芯样试件通过钻取和切割加工，试样表面结构被破坏，因此，芯样抗冻取室内成型标准试件抗冻的1.2倍。

水利水电工程单元工程施工质量验收评定标准——土石方工程

SL 631—2012 替代 SDJ 249.1—88、SL 38—92

2012-09-19 发布　　2012-12-19 实施

前　言

根据水利部2004年水利行业标准制修订计划，按照《水利技术标准编写规定》（SL 1—2002）的要求，修订《水利水电基本建设工程单元工程质量等级评定标准（一）（试行）》（SDJ 249.1—88）和《水利水电基本建设工程单元工程质量等级评定标准（七）——碾压式土石坝和浆砌石坝》（SL 38—92）两项标准，按专业类别重新划分，编制成“土石方工程”、“混凝土工程”、“地基处理与基础工程”3项标准。修订后的标准名称为《水利水电工程单元工程施工质量验收评定标准——土石方工程》。

本标准共8章25节114条和1个附录，主要技术内容包括：

——本标准的适用范围；

——单元工程划分的原则以及划分的组织和程序；

——单元工程质量验收评定的组织、条件、方法；

——土石方工程的施工质量检验项目、质量要求、检验方法和检验数量。

本次修订的主要内容有：

——将原标准的“说明”修改为“总则”，并增加和修改了部分内容；

——增加了术语；

——增加了基本规定。明确了验收评定的程序，强化了在验收评定中对施工过程检验资料、施工记录的要求；

——较原标准增加了划分工序的单元工程；

——改变了原标准中质量检验项目分类。将原标准中的“保证项目”、“基本项目”、“主要项目”、“一般项目”等统一规定为“主控项目”和“一般项目”两类；

——增加了土质洞室开挖、干砌石工程和土工合成材料滤层、排水、防渗工程等施工质量的验收评定标准；

——增加了条文说明。

本标准为全文推荐。

本标准所替代标准的历次版本为：

——SDJ 249.1—88

——SL 38—92

本标准批准部门：**中华人民共和国水利部**

本标准主持机构：**水利部建设与管理司**

本标准解释单位：**水利部建设与管理司**

本标准主编单位：**水利部水利建设与管理总站**

本标准参编单位：**河北省水利水电勘测设计研究院**

本标准出版、发行单位：**中国水利水电出版社**

本标准主要起草人：**张严明　吴春良　张忠生　傅长锋**

栗保山　窦宝松　庞晓岚　孙继江

孙景亮　杨铁荣　景书达　张米军

本标准审查会议技术负责人：**曹征齐**

本标准体例格式审查人：**陈登毅**

目　　次

1 总　　则

1.0.1 为加强水利水电工程施工质量管理，统一土石方工程的单元工程施工质量验收评定标准，规范单元工程验收评定工作，制定本标准。

1.0.2 本标准适用于大中型水利水电工程的土石方工程的单元工程施工质量验收评定。小型水利水电工程可参照执行。

1.0.3 土石方工程施工质量不符合本标准合格要求的单元工程，不应通过验收。

1.0.4 本标准的引用标准主要有以下标准：

《水利水电工程施工质量检验与评定规程》（SL 176）

《水利水电工程单元工程施工质量验收评定标准——混凝土工程》（SL 632）

《水利水电工程单元工程施工质量验收评定标准——地基处理与基础工程》（SL 633）

1.0.5 土石方工程的单元工程施工质量验收评定除应符合本标准外，尚应符合国家现行有关标准的规定。

2 术　　语

2.0.1　单元工程　separated item project

依据建筑物设计结构、施工部署和质量考核要求，将分部工程划分为若干个层、块、区、段，每一层、块、区、段为一个单元工程，通常是由若干工序组成的综合体，是施工质量考核的基本单位。

2.0.2　工序　working procedure

按施工的先后顺序将单元工程划分成的若干个具体施工过程或施工步骤。对单元工程质量影响较大的工序称为主要工序。

2.0.3　主控项目　dominant item

对单元工程的功能起决定作用或对安全、卫生、环境保护有重大影响的检验项目。

2.0.4　一般项目　general item

除主控项目以外的检验项目。

3 基本规定

3.1 一般要求

3.1.1 单元工程划分应符合下列要求：

1 分部工程开工前应由建设单位或监理单位组织设计、施工等单位，根据本标准要求，共同划分单元工程。

2 建设单位应根据工程性质和部位确定重要隐蔽单元工程和关键部位单元工程。

3 单元工程划分结果应书面报送质量监督机构备案。

3.1.2 单元工程按工序划分情况，分为划分工序单元工程和不划分工序单元工程。

1 划分工序单元工程应先进行工序施工质量验收评定。在工序验收评定合格和施工项目实体质量检验合格的基础上，进行单元工程施工质量验收评定。

2 不划分工序单元工程的施工质量验收评定，在单元工程中所包含的检验项目检验合格和施工项目实体质量检验合格的基础上进行。

3.1.3 检验项目分为主控项目和一般项目。

3.1.4 工序和单元工程施工质量等各类项目的检验，应采用随机布点和监理工程师现场指定区位相结合的方式进行。检验方法及数量应符合本标准和相关标准的规定。

3.1.5 工序和单元工程施工质量验收评定表及其备查资料的制备由工程施工单位负责，其规格宜采用国际标准A4（210mm×297mm），验收评定表一式4份，备查资料一式2份，其中验收评定表及其备查资料各1份应由监理单位保存，其余应由施工单位保存。

3.2 工序施工质量验收评定

3.2.1 单元工程中的工序分为主要工序和一般工序。主要工序和一般工序的划分应按本标准的规定执行。

3.2.2 工序施工质量验收评定应具备下列条件：

1 工序中所有施工项目（或施工内容）已完成，现场具备验收条件。

2 工序中所包含的施工质量检验项目经施工单位自检全部合格。

3.2.3 工序施工质量验收评定应按下列程序进行：

1 施工单位应首先对已经完成的工序施工质量按本标准进行自检，并做好检验记录。

2 施工单位自检合格后，应填写工序施工质量验收评定表(附录A)，质量责任人履行相应签认手续后，向监理单位申请复核。

3 监理单位收到申请后，应在4h内进行复核。复核应包括下列内容：

1） 核查施工单位报验资料是否真实、齐全。

2） 结合平行检测和跟踪检测结果等，复核工序施工质量检验项目是否符合本标准的要求。

3） 在施工单位提交的工序施工质量验收评定表中填写复核记录，并签署工序施工质量评定意见，核定工序施工质量等级，相关责任人履行相应签认手续。

3.2.4 工序施工质量验收评定应包括下列资料：

1 施工单位报验时，应提交下列资料：

1） 各班、组的初检记录、施工队复检记录、施工单位专职质检员终验记录。

2） 工序中各施工质量检验项目的检验资料。

3） 施工单位自检完成后，填写的工序施工质量验收评定表。

2 监理单位应提交下列资料：

1） 监理单位对工序中施工质量检验项目的平行检测资料。

2） 监理工程师签署质量复核意见的工序施工质量验收评

定表。

3.2.5 工序施工质量评定分为合格和优良两个等级，其标准应符合下列规定：

1 合格等级标准应符合下列规定：

1）主控项目，检验结果应全部符合本标准的要求。

2）一般项目，逐项应有70%及以上的检验点合格，且不合格点不应集中。

3）各项报验资料应符合本标准要求。

2 优良等级标准应符合下列规定：

1）主控项目，检验结果应全部符合本标准的要求。

2）一般项目，逐项应有90%及以上的检验点合格，且不合格点不应集中。

3）各项报验资料应符合本标准要求。

3.3 单元工程施工质量验收评定

3.3.1 单元工程施工质量验收评定应具备下列条件：

1 单元工程所含工序（或所有施工项目）已完成，施工现场具备验收的条件。

2 已完工序施工质量经验收评定全部合格，有关质量缺陷已处理完毕或有监理单位批准的处理意见。

3.3.2 单元工程施工质量验收评定应按下列程序进行：

1 施工单位应首先对已经完成的单元工程施工质量进行自检，并填写检验记录。

2 施工单位自检合格后，应填写单元工程施工质量验收评定表（附录A），向监理单位申请复核。

3 监理单位收到申报后，应在8h内进行复核。复核应包括下列内容：

1）核查施工单位报验资料是否真实、齐全。

2）对照施工图纸及施工技术要求，结合平行检测和跟踪检测结果等，复核单元工程质量是否达到本标准要求。

3）检查已完单元工程遗留问题的处理情况，在施工单位提交的单元工程施工质量验收评定表中填写复核记录，并签署单元工程施工质量评定意见，评定单元工程施工质量等级，相关责任人履行相应签认手续。

4）对验收中发现的问题提出处理意见。

4 重要隐蔽单元工程和关键部位单元工程施工质量的验收评定应由建设单位（或委托监理单位）主持，应由建设、设计、监理、施工等单位的代表组成联合小组，共同验收评定，并应在验收前通知工程质量监督机构。

3.3.3 单元工程施工质量验收评定应包括下列资料：

1 施工单位申请验收评定时，应提交下列资料：

1）单元工程中所含工序（或检验项目）验收评定的检验资料。

2）各项实体检验项目的检验记录资料。

3）施工单位自检完成后，填写的单元工程施工质量验收评定表。

2 监理单位应提交下列资料：

1）监理单位对单元工程施工质量的平行检测资料。

2）监理工程师签署质量复核意见的单元工程施工质量验收评定表。

3.3.4 划分工序单元工程施工质量评定分为合格和优良两个等级，其标准应符合下列规定：

1 合格等级标准应符合下列规定：

1）各工序施工质量验收评定应全部合格。

2）各项报验资料应符合本标准要求。

2 优良等级标准应符合下列规定：

1）各工序施工质量验收评定应全部合格，其中优良工序应达到50%及以上，且主要工序应达到优良等级。

2）各项报验资料应符合本标准要求。

3.3.5 不划分工序单元工程施工质量评定分为合格和优良两个

等级，其标准应符合下列规定：

1 合格等级标准应符合下列规定：

1) 主控项目，检验结果应全部符合本标准的要求。

2) 一般项目，逐项应有70%及以上的检验点合格，且不合格点不应集中。

3) 各项报验资料应符合本标准要求。

2 优良等级标准应符合下列规定：

1) 主控项目，检验结果应全部符合本标准的要求。

2) 一般项目，逐项应有90%及以上的检验点合格，且不合格点不应集中。

3) 各项报验资料应符合本标准要求。

3.3.6 单元工程施工质量验收评定未达到合格标准时，应及时进行处理，处理后应按下列规定进行验收评定：

1 全部返工重做的，重新进行验收评定。

2 经加固处理并经设计和监理单位鉴定能达到设计要求时，其质量评定为合格。

3 处理后的单元工程部分质量指标仍未达到设计要求时，经原设计单位复核，建设单位及监理单位确认能满足安全和使用功能要求，可不再进行处理；或经加固处理后，改变了建筑物外形尺寸或造成工程永久缺陷的，经建设单位、设计单位及监理单位确认能基本满足设计要求，其质量可认定为合格，并按规定进行质量缺陷备案。

4 明挖工程

4.1 一般规定

4.1.1 明挖工程施工应自上而下进行，并分层检查和检测，同时应做好施工记录。

4.1.2 施工中应按施工组织设计要求在指定地点设置弃渣场并弃渣，不应随意弃渣。

4.1.3 开挖坡面应稳定，无松动，且应不陡于设计坡度。

4.2 土方开挖

4.2.1 单元工程宜以工程设计结构或施工检查验收的区、段划分，每一区、段划分为一个单元工程。

4.2.2 土方开挖施工单元工程宜分为表土及土质岸坡清理、软基和土质岸坡开挖2个工序，其中软基和土质岸坡开挖为主要工序。

4.2.3 表土及土质岸坡清理施工质量标准见表4.2.3。

表4.2.3 表土及土质岸坡清理施工质量标准

项次		检验项目	质量要求	检验方法	检验数量
主控项目	1	表土清理	树木、草皮、树根、乱石、坟墓以及各种建筑物全部清除；水井、泉眼、地道、坑窖等洞穴的处理符合设计要求	观察，查阅施工记录	全数检查
	2	不良土质的处理	淤泥、腐殖质土、泥炭土全部清除；对风化岩石、坡积物、残积物、滑坡体、粉土、细砂等处理符合设计要求		
	3	地质坑、孔处理	构筑物基础区范围内的地质探孔、竖井、试坑的处理符合设计要求；回填材料质量满足设计要求	观察，查阅施工记录，取样试验等	

表 4.2.3（续）

项次		检验项目	质量要求	检验方法	检验数量
一般项目	1	清理范围	满足设计要求。长、宽边线允许偏差：人工施工 0～50cm，机械施工 0～100cm	量测	每边线测点不少于 5 个点，且点间距不大于 20m
	2	土质岸边坡度	不陡于设计边坡		每 10 延米量测 1 处；高边坡需测定断面，每 20 延米测 1 个断面

4.2.4 软基或土质岸坡开挖施工质量标准见表 4.2.4。

表 4.2.4　软基或土质岸坡开挖施工质量标准

项次		检验项目	质量要求			检验方法	检验数量
主控项目	1	保护层开挖	保护层开挖方式应符合设计要求，在接近建基面时，宜使用小型机具或人工挖除，不应扰动建基面以下的原地基			观察、测量、查阅施工记录	全数检查
	2	建基面处理	构筑物软基和土质岸坡开挖面平顺。软基和土质岸坡与土质构筑物接触时，采用斜面连接，无台阶、急剧变坡及反坡				
	3	渗水处理	构筑物基础区及土质岸坡渗水（含泉眼）妥善引排或封堵，建基面清洁无积水				
一般项目	1	基坑断面尺寸及开挖面平整度	无结构要求或无配筋	长或宽不大于 10m	符合设计要求，允许偏差为 －10～20cm	观察、测量、查阅施工记录	检测点采用横断面控制，断面间距不大于 20m，各横断面点数间距不大于 2m，局部突出或凹陷部位（面积在 0.5m² 以上者）应增设检测点
				长或宽大于 10m	符合设计要求，允许偏差为 －20～30cm		
				坑（槽）底部标高	符合设计要求，允许偏差为 －10～20cm		
				垂直或斜面平整度	符合设计要求，允许偏差为 20cm		

表 4.2.4（续）

项次		检验项目	质量要求			检验方法	检验数量
一般项目	1	基坑断面尺寸及开挖面平整度	有结构要求有配筋预埋件	长或宽不大于10m	符合设计要求，允许偏差为0～20cm	观察、测量、查阅施工记录	检测点采用横断面控制，断面间距不大于20m，各横断面点数间距不大于2m，局部突出或凹陷部位（面积在0.5m² 以上者）应增设检测点
				长或宽大于10m	符合设计要求，允许偏差为0～30cm		
				坑（槽）底部标高	符合设计要求，允许偏差为0～20cm		
				斜面平整度	符合设计要求，允许偏差为15cm		

注："—"表示欠挖。

4.3 岩石岸坡开挖

4.3.1 单元工程宜以施工检查验收的区、段划分，每一区、段为一个单元工程。

4.3.2 岩石岸坡开挖施工单元工程宜分为岩石岸坡开挖、地质缺陷处理2个工序，其中岩石岸坡开挖工序为主要工序。

4.3.3 岩石岸坡开挖施工质量标准见表4.3.3。

表 4.3.3 岩石岸坡开挖施工质量标准

项次		检验项目	质量要求	检验方法	检验数量
主控项目	1	保护层开挖	浅孔、密孔、少药量、控制爆破	观察、量测、查阅施工记录	每个单元抽测3处，每处不少于10m²
	2	开挖坡面	稳定且无松动岩块、悬挂体和尖角	观察、仪器测量、查阅施工记录	全数检查
	3	岩体的完整性	爆破未损害岩体的完整性，开挖面无明显爆破裂隙，声波降低率小于10%或满足设计要求	观察、声波检测（需要时采用）	符合设计要求

表 4.3.3（续）

<table>
<tr><th colspan="2">项次</th><th>检验项目</th><th colspan="2">质 量 要 求</th><th>检验方法</th><th>检验数量</th></tr>
<tr><td rowspan="6">一般项目</td><td>1</td><td>平均坡度</td><td colspan="2">开挖坡面不陡于设计坡度，台阶（平台、马道）符合设计要求</td><td rowspan="6">观察、测量、查阅施工记录</td><td rowspan="6">总检测点数量采用横断面控制，断面间距不大于10m，各横断面沿坡面斜长方向测点间距不大于5m，且点数不少于6个点；局部突出或凹陷部位（面积在0.5m²以上者）应增设检测点</td></tr>
<tr><td>2</td><td>坡角标高</td><td colspan="2">±20cm</td></tr>
<tr><td>3</td><td>坡面局部超欠挖</td><td colspan="2">允许偏差：欠挖不大于20cm，超挖不大于30cm</td></tr>
<tr><td rowspan="3">4</td><td rowspan="3">炮孔痕迹保存率</td><td>节理裂隙不发育的岩体</td><td>>80%</td></tr>
<tr><td>节理裂隙发育的岩体</td><td>>50%</td></tr>
<tr><td>节理裂隙极发育的岩体</td><td>>20%</td></tr>
</table>

4.3.4 岩石岸坡地质缺陷处理施工质量标准见表4.4.4。

4.4 岩石地基开挖

4.4.1 单元工程宜以施工检查验收的区、段划分，每一区、段为一个单元工程。

4.4.2 岩石地基开挖施工单元工程宜分为岩石地基开挖、地质缺陷处理2个工序，其中岩石地基开挖为主要工序。

4.4.3 岩石地基开挖施工质量标准见表4.4.3。

表 4.4.3 岩石地基开挖施工质量标准

<table>
<tr><th colspan="2">项次</th><th>检验项目</th><th>质 量 要 求</th><th>检验方法</th><th>检验数量</th></tr>
<tr><td rowspan="3">主控项目</td><td>1</td><td>保护层开挖</td><td>浅孔、密孔、小药量、控制爆破</td><td rowspan="3">观察、量测、查阅施工记录</td><td>每个单元抽测3处，每处不少于10m²</td></tr>
<tr><td>2</td><td>建基面处理</td><td>开挖后岩面应满足设计要求，建基面上无松动岩块，表面清洁、无泥垢、油污</td><td rowspan="2">全数检查</td></tr>
<tr><td>3</td><td>多组切割的不稳定岩体开挖和不良地质开挖处理</td><td>满足设计处理要求</td></tr>
</table>

表 4.4.3（续）

项次		检验项目	质量要求		检验方法	检验数量
主控项目	4	岩体的完整性	爆破未损害岩体的完整性，开挖面无明显爆破裂隙，声波降低率小于10%或满足设计要求		观察、声波检测（需要时采用）	符合设计要求
一般项目	1	无结构要求或无配筋的基坑断面尺寸及开挖面平整度	长或宽不大于10m	符合设计要求，允许偏差为－10～20cm	观察、仪器测量、查阅施工记录	检测点采用横断面控制，断面间距不大于20m，各横断面点数间距不大于2m，局部突出或凹陷部位（面积在0.5m^2以上者）应增设检测点
			长或宽大于10m	符合设计要求，允许偏差为－20～30cm		
			坑（槽）底部标高	符合设计要求，允许偏差为－10～20cm		
			垂直或斜面平整度	符合设计要求，允许偏差为20cm		
	2	有结构要求或有配筋预埋件的基坑断面尺寸及开挖面平整度	长或宽不大于10m	符合设计要求，允许偏差为0～10cm		
			长或宽大于10m	符合设计要求，允许偏差为0～20cm		
			坑（槽）底部标高	符合设计要求，允许偏差为0～20cm		
			垂直或斜面平整度	符合设计要求，允许偏差为15cm		

4.4.4 地质缺陷处理施工质量标准见表4.4.4。

表4.4.4 地质缺陷处理施工质量标准

项次		检验项目	质量要求	检验方法	检验数量
主控项目	1	地质探孔、竖井、平洞、试坑处理	符合设计要求	观察、量测、查阅施工记录等	全数检查
	2	地质缺陷处理	节理、裂隙、断层、夹层或构造破碎带的处理符合设计要求		
	3	缺陷处理采用材料	材料质量满足设计要求	查阅施工记录、取样试验等	每种材料至少抽验1组
	4	渗水处理	地基及岸坡的渗水（含泉眼）已引排或封堵，岩面整洁无积水	观察、查阅施工记录	全数检查
一般项目	1	地质缺陷处理范围	地质缺陷处理的宽度和深度符合设计要求。地基及岸坡岩石断层、破碎带的沟槽开挖边坡稳定，无反坡，无浮石，节理、裂隙内的充填物冲洗干净	测量、观察、查阅施工记录	检测点采用横断面或纵断面控制，各断面点数不小于5个点，局部突出或凹陷部位（面积在$0.5m^2$以上者）应增设检测点
注：构筑物地基、岸坡地质缺陷处理的灌浆、沟槽回填混凝土等工程措施，按SL 633或SL 632中的有关条文执行。					

5　洞室开挖工程

5.1　一般规定

5.1.1　洞室开挖方法与地下建筑物的规模和地质条件密切相关，开挖期间应对揭露的各种地质现象进行编录，预测预报可能出现的地质问题，修正围岩工程地质分段分类以研究改进围岩支护方案。

5.1.2　施工中应按施工组织设计要求在指定地点设置弃渣场弃渣、不应随意弃渣。

5.1.3　洞室开挖壁（坡）面应稳定，无松动岩块，且应满足设计要求。

5.2　岩石洞室开挖

5.2.1　单元工程宜按下列规定划分：

1　平洞开挖工程宜以施工检查验收的区、段或混凝土衬砌的设计分缝确定的块划分，每一个施工检查验收的区、段或一个浇筑块为一个单元工程。

2　竖井（斜井）开挖工程宜以施工检查验收段每 5～15m 划分为一个单元工程。

3　洞室开挖工程可参照平洞或竖井划分单元工程。

5.2.2　岩石洞室开挖施工质量标准见表 5.2.2。

表 5.2.2　岩石洞室开挖施工质量标准

项次		检验项目	质量要求	检验方法	检验数量
主控项目	1	光面爆破和预裂爆破效果	残留炮孔痕迹分布均匀，预裂爆破后的裂缝连续贯穿。相邻两孔间的岩面平整，孔壁无明显的爆破裂隙，两茬炮之间的台阶或预裂爆破孔的最大外斜值不宜大于 10cm。炮孔痕迹保存率：完整岩石在 90%以上，较完整和完整性差的岩石不小于 60%，较破碎和破碎岩石不宜小于 20%	观察、量测、统计等	每个单元抽测 3 处，每处不少于 2～5m^2

表 5.2.2（续）

项次		检验项目	质量要求			检验方法	检验数量
主控项目	2	洞、井轴线	符合设计要求，允许偏差为−5～5cm			测量、查阅施工记录	全数检查
	3	不良地质处理	符合设计要求			查阅施工记录	
	4	爆破控制	爆破未损害岩体的完整性，开挖面无明显爆破裂隙，声波降低率小于10%，或满足设计要求			观察、声波检测（需要时采用）	符合设计要求
一般项目	1	洞室壁面清撬	洞室壁面上无残留的松动岩块和可能塌落危石碎块，岩石面干净，无岩石碎片、尘埃、爆破泥粉等			观察、查阅施工记录	全数检查
	2	岩石壁面局部超、欠挖及平整度	无结构要求、无配筋预埋件	底部标高	符合设计要求，允许偏差为−10～20cm	测量	采用横断面控制，间距不大于5m，各横断面点数间距不大于2m，局部突出或凹陷部位（面积在$0.5m^2$以上者）应增设检测点
				径向尺寸	符合设计要求，允许偏差为−10～20cm		
				侧向尺寸	符合设计要求，允许偏差为−10～20cm		
				开挖面平整度	符合设计要求，允许偏差为15cm		
	3		有结构要求或有配筋预埋件	底部标高	符合设计要求，允许偏差为0～15cm		
				径向尺寸	符合设计要求，允许偏差为0～15cm		
				侧向尺寸	符合设计要求，允许偏差为0～15cm		
				开挖面平整度	符合设计要求，允许偏差为10cm		

注：“−”表示欠挖。

5.3 土质洞室开挖

5.3.1 本节适用于土质洞室、砂砾石洞室开挖。对岩土过渡段洞室，岩石洞室的软弱岩层、断层及构造破碎带段洞室等，可参照执行。

5.3.2 单元工程宜以施工检查验收的区、段、块划分，每一个施工检查验收的区、段、块（仓），划分为一个单元工程。

5.3.3 土质洞室开挖施工质量标准见表5.3.3。

表5.3.3 土质洞室开挖施工质量标准

项次		检验项目	质量要求	检验方法	检验数量
主控项目	1	超前支护	钻孔安装位置、倾斜角度准确。注浆材料配比与凝胶时间、灌浆压力、次序等符合设计要求	观察，量测、查阅施工记录	每个单元抽检3处，每处每项不少于3个点
	2	初期支护	安装位置准确。初喷、喷射混凝土、回填注浆材料配比与凝胶时间、灌浆压力、次序以及喷射混凝土厚度等符合设计要求。喷射混凝土密实、表面平整，平整度应满足±5cm	观察、量测、喷射面插标尺	每个单元抽检3～5处
	3	洞、井轴线	符合设计要求，允许偏差为−5～5cm	测量、查阅施工记录	全数检查
一般项目	1	洞面清理	洞壁围岩无松土、尘埃		
	2	底部标高	符合设计要求，允许偏差为0～10cm	激光指向仪、断面仪、经纬仪、水准仪以及拉线检查	采用横断面控制，间距不大于5m，各横断面点数间距不大于2m，局部突出或凹陷部位（面积在0.5m²以上者）应增设检测点
	3	径向尺寸	符合设计要求，允许偏差为0～10cm		
	4	侧向尺寸	符合设计要求，允许偏差为0～10cm		
	5	开挖面平整度	符合设计要求，允许偏差为10cm		
	6	洞室变形监测	土质洞室的地面、洞室壁面变形监测点埋设符合设计或有关规范要求	观察、测量、查阅观测记录	全数观测。根据围岩变形稳定情况确定观测频次，但每天不少于2次
注：土质洞室开挖不允许欠挖。					

6 土石方填筑工程

6.1 一般规定

6.1.1 土石方填筑施工应分层进行，分层检查和检测，并应做好施工记录。

6.1.2 土石方填筑料如土料、砂砾料、堆石料、反滤料等材料的质量指标应符合设计要求。

6.1.3 土石方填筑料在铺填前，应进行碾压试验，以确定碾压方式及碾压质量控制参数。

6.2 土料填筑

6.2.1 本节适用于土石坝防渗体土料铺填施工，其他土料铺填可参照执行。

6.2.2 单元工程宜以工程设计结构或施工检查验收的区、段、层划分，通常每一区、段的每一层即为一个单元工程。

6.2.3 土料铺填施工单元工程宜分为结合面处理、卸料及铺填、土料压实、接缝处理4个工序，其中土料压实工序为主要工序。

6.2.4 结合面处理施工质量标准见表6.2.4。

表6.2.4 结合面处理施工质量标准

项次		检验项目	质量要求	检验方法	检验数量
主控项目	1	建基面地基压实	黏性土、砾质土地基土层的压实度等指标符合设计要求。无黏性土地基土层的相对密实度符合设计要求	方格网布点检查	坝轴线方向50m，上下游方向20m范围内布点。检验深度应深入地基表面以下1.0m，对地质条件复杂的地基，应加密布点取样检验

表 6.2.4（续）

项次		检验项目	质量要求	检验方法	检验数量
主控项目	2	土质建基面刨毛	土质地基表面刨毛3～5cm，层面刨毛均匀细致，无团块、空白	方格网布点检查	每个单元不少于30个点
	3	无黏性土建基面的处理	反滤过渡层材料的铺设应满足设计要求	检验方法及数量详见6.5节	
	4	岩面和混凝土面处理	与土质防渗体接合的岩面或混凝土面，无浮渣、污物杂物，无乳皮粉尘、油垢，无局部积水等。铺填前涂刷浓泥浆或黏土水泥砂浆，涂刷均匀，无空白，混凝土面涂刷厚度为3～5mm；裂隙岩面涂刷厚度为5～10mm；且回填及时，无风干现象。铺浆厚度允许偏差0～2mm	方格网布点检查	每个单元不少于30个点
一般项目	1	层间结合面	上下层铺土的结合层面无砂砾、无杂物、表面松土、湿润均匀、无积水	观察	全数检查
	2	涂刷浆液质量	浆液稠度适宜、均匀无团块，材料配比误差不大于10%	观察，抽测	每拌和一批至少抽样检测1次

6.2.5 卸料及铺填施工质量标准见表6.2.5。

表 6.2.5 卸料及铺填施工质量标准

项次		检验项目	质量要求	检验方法	检验数量
主控项目	1	卸料	卸料、平料符合设计要求，均衡上升。施工面平整、土料分区清晰，上下层分段位置错开	观察	全数检查

表 6.2.5（续）

项次		检验项目	质量要求	检验方法	检验数量
主控项目	2	铺填	上下游坝坡铺填应有富裕量，防渗铺盖在坝体以内部分应与心墙或斜墙同时铺填。铺料表面应保持湿润，符合施工含水量	观察	全数检查
一般项目	1	结合部土料铺填	防渗体与地基（包括齿槽）、岸坡、溢洪道边墙、坝下埋管及混凝土齿墙等结合部位的土料铺填，无架空现象。土料厚度均匀，表面平整，无团块、无粗粒集中，边线整齐	观察	全数检查
	2	铺土厚度	铺土厚度均匀，符合设计要求，允许偏差为0～－5cm	测量	网格控制，每$100m^2$为1个测点
	3	铺填边线	铺填边线应有一定宽裕度，压实削坡后坝体铺填边线满足0～10cm（人工施工），0～30cm（机械施工）要求	测量	每条边线，每10延米1个测点

6.2.6 土料压实施工质量标准见表6.2.6。

表 6.2.6 土料压实施工质量标准

项次		检验项目	质量要求	检验方法	检验数量
主控项目	1	碾压参数	压实机具的型号、规格，碾压遍数、碾压速度、碾压振动频率、振幅和加水量应符合碾压试验确定的参数值	查阅试验报告、施工记录	每班至少检查2次
	2	压实质量	压实度和最优含水率符合设计要求。1级、2级坝和高坝的压实度不低于98%；3级中低坝及3级以下中坝的压实度不低于96%；土料的含水量应控制在最优量的－2%～3%之间。取样合格率不小于90%。不合格试样不应集中，且不低于压实度设计值的98%	取样试验，黏性土宜采用环刀法、核子水分密度仪。砾质土可采用挖坑灌砂（灌水）法，土质不均匀的黏性土和砾质土的压实度检测也可采用三点击实法	黏性土1次/（100～$200m^3$），砾质土1次/（200～$500m^3$）
	3	压实土料的渗透系数	符合设计要求	渗透试验	满足设计要求

表 6.2.6（续）

项次		检验项目	质量要求	检验方法	检验数量
一般项目	1	碾压搭接带宽度	分段碾压时，相邻两段交接带碾压迹应彼此搭接，垂直碾压方向搭接带宽度应不小于0.3～0.5m；顺碾压方向搭接带宽度应为1.0～1.5m	观察、量测	每条搭接带每个单元抽测3处
	2	碾压面处理	碾压表面平整，无漏压，个别有弹簧、起皮、脱空，剪力破坏部位的处理符合设计要求	现场观察、查阅施工记录	全数检查

6.2.7 接缝处理施工质量标准见表6.2.7。

表 6.2.7 接缝处理施工质量标准

项次		检验项目	质量要求	检验方法	检验数量
主控项目	1	接合坡面	斜墙和心墙内不应留有纵向接缝。防渗体及均质坝的横向接坡不应陡于1∶3，其高差应符合设计要求，与岸坡接合坡度应符合设计要求。均质坝纵向接缝斜坡坡度和平台宽度应满足稳定要求，平台间高差不大于15m	观察、测量	每一结合坡面抽测3处
	2	接合坡面碾压	接合坡面填土碾压密实，层面平整、无拉裂和起皮现象	观察、取样检验	每10延米取试样1个，如一层达不到20个试样，可多层累积统计；但每层不应少于3个试样
一般项目	1	接合坡面填土	填土质量符合设计要求，铺土均匀、表面平整，无团块、无风干	观察、取样检验	全数检查
	2	接合坡面处理	纵横接缝的坡面削坡、润湿、刨毛等处理符合设计要求	观察、布置方格网量测	每个单元不少于30个点

6.3 砂砾料填筑

6.3.1 本节主要适用于坝体（壳）砂砾料填筑工程。

6.3.2 单元工程宜以设计或施工铺填区段划分，每一区、段的每一铺填层划分为一个单元工程。

6.3.3 砂砾料铺填施工单元工程宜分为砂砾料铺填、压实 2 个工序，其中砂砾料压实工序为主要工序。

6.3.4 砂砾料铺填施工质量标准见表 6.3.4。

表 6.3.4 砂砾料铺填施工质量标准

项次		检验项目	质量要求	检验方法	检验数量
主控项目	1	铺料厚度	铺料层厚度均匀，表面平整，边线整齐。允许偏差不大于铺料厚度的 10%，且不应超厚	按 20m × 20m 方格网的角点为测点，定点测量	每个单元不少于 10 个点
	2	岸坡接合处铺填	纵横向接合部应符合设计要求；岸坡接合处的填料不应分离、架空；检测点允许偏差 0～10cm	观察、量测	每条边线，每 10 延米量测 1 组
一般项目	1	铺填层面外观	砂砾料铺填力求均衡上升，无团块、无粗粒集中	观察	全数检查
	2	富裕铺填宽度	富裕铺填宽度满足削坡后压实质量要求。检测点允许偏差 0～10cm	观察、量测	每条边线，每 10 延米量测 1 组

6.3.5 砂砾料压实施工质量标准见表 6.3.5。

表 6.3.5 砂砾料压实施工质量标准

项次		检验项目	质量要求	检验方法	检验数量
主控项目	1	碾压参数	压实机具的型号、规格，碾压遍数、碾压速度、碾压振动频率、振幅和加水量应符合碾压试验确定的参数值	按碾压试验报告检查、查阅施工记录	每班至少检查 2 次

表 6.3.5（续）

项次		检验项目	质量要求	检验方法	检验数量
主控项目	2	压实质量	相对密度不低于设计要求	查阅施工记录，取样试验	按铺填 1000～5000m³ 取 1 个试样，但每层测点不少于 10 个点，渐至坝顶处每层或每个单元不宜少于 5 个点；测点中应至少有 1～2 个点分布在设计边坡线以内 30cm 处，或与岸坡接合处附近
一般项目	1	压层表面质量	表面平整，无漏压、欠压	观察	全数检查
	2	断面尺寸	压实削坡后上、下游设计边坡超填值允许偏差 ±20cm，坝轴线与相邻坝料接合面距离的允许偏差 ±30cm	测量检查	每层不少于 10 处

6.4 堆石料填筑

6.4.1 单元工程宜以设计或施工铺填区段划分；每一区、段的每一铺填层划分为一个单元工程。

6.4.2 堆石料铺填施工单元工程宜分为堆石料铺填、压实 2 个工序，其中堆石料压实工序为主要工序。

6.4.3 堆石料铺填施工质量标准见表 6.4.3。

表 6.4.3 堆石料铺填施工质量标准

项次		检验项目	质量要求	检验方法	检验数量
主控项目	1	铺料厚度	铺料厚度应符合设计要求，允许偏差为铺料厚度的 −10%～0，且每一层应有 90% 的测点达到规定的铺料厚度	方格网定点测量	每个单元的有效检测点总数不少于 20 个点

表 6.4.3（续）

项次		检验项目	质量要求	检验方法	检验数量
主控项目	2	接合部铺填	堆石料纵横向结合部位宜采用台阶收坡法，台阶宽度应符合设计要求，结合部位的石料无分离、架空现象	观察、查阅施工记录	全数检查
一般项目	1	铺填层面外观	外观平整，分区均衡上升，大粒径料无集中现象	观察	全数检查

6.4.4 堆石料压实施工质量标准见表 6.4.4。

表 6.4.4 堆石料压实施工质量标准

<table>
<tr><th colspan="2">项次</th><th>检验项目</th><th colspan="3">质量要求</th><th>检验方法</th><th>检验数量</th></tr>
<tr><td rowspan="2">主控项目</td><td>1</td><td>碾压参数</td><td colspan="3">压实机具的型号、规格，碾压遍数、碾压速度、碾压振动频率、振幅和加水量应符合碾压试验确定的参数值</td><td>查阅试验报告、施工记录</td><td>每班至少检查 2 次</td></tr>
<tr><td>2</td><td>压实质量</td><td colspan="3">孔隙率不大于设计要求</td><td>试坑法</td><td>主堆石区每5000～50000m³ 取样 1 次；过渡层区每 1000～5000m³ 取样 1 次</td></tr>
<tr><td rowspan="5">一般项目</td><td>1</td><td>压层表面质量</td><td colspan="3">表面平整，无漏压、欠压</td><td>观察</td><td>全数检查</td></tr>
<tr><td rowspan="4">2</td><td rowspan="4">断面尺寸</td><td rowspan="2">下游坡铺填边线距坝轴线距离</td><td>有护坡要求</td><td>符合设计要求，允许偏差为±20cm</td><td rowspan="4">测量</td><td rowspan="4">每一检查项目，每层不少于 10 个点</td></tr>
<tr><td>无护坡要求</td><td>符合设计要求，允许偏差为±30cm</td></tr>
<tr><td colspan="2">过渡层与主堆石区分界线距坝轴线距离</td><td>符合设计要求，允许偏差为±30cm</td></tr>
<tr><td colspan="2">垫层与过渡层分界线距坝轴线距离</td><td>符合设计要求，允许偏差为−10～0cm</td></tr>
</table>

6.5 反滤（过渡）料填筑

6.5.1 单元工程宜以反滤层、过渡层工程施工的区、段、层划分，每一区、段的每一层划分为一个单元工程。

6.5.2 反滤（过渡）料铺填单元工程施工宜分为反滤（过渡）料铺填、压实2个工序，其中反滤（过渡）料压实工序为主要工序。

6.5.3 反滤（过渡）料铺填施工质量标准见表6.5.3。

表6.5.3 反滤（过渡）料铺填施工质量标准

项次		检验项目	质量要求	检验方法	检验数量
主控项目	1	铺料厚度	铺料厚度均匀，不超厚，表面平整，边线整齐；检测点允许偏差不大于铺料厚度的10%，且不应超厚	方格网定点测量	每个单元不少于10个点
	2	铺填位置	铺填位置准确，摊铺边线整齐，边线偏差为±5cm	观察、测量	每条边线，每10延米检测1组，每组2个点
	3	接合部	纵横向符合设计要求，岸坡接合处的填料无分离、架空	观察、查阅施工记录	全数检查
一般项目	1	铺填层面外观	铺填力求均衡上升，无团块、无粗粒集中	观察	全数检查
	2	层间结合面	上下层间的结合面无泥土、杂物等		

6.5.4 反滤（过渡）料压实施工质量标准见表6.5.4。

表6.5.4 反滤（过渡）料压实施工质量标准

项次		检验项目	质量要求	检验方法	检验数量
主控项目	1	碾压参数	压实机具的型号、规格，碾压遍数、碾压速度、碾压振动频率、振幅和加水量应符合碾压试验确定的参数值	查阅试验报告、施工记录	每班至少检查2次

表 6.5.4（续）

项次		检验项目	质量要求	检验方法	检验数量
主控项目	2	压实质量	相对密实度不小于设计要求	试坑法	每 200～400m^3 检测 1 次，每个取样断面每层所取的样品不应少于 1 组
一般项目	1	压层表面质量	表面平整，无漏压、欠压和出现弹簧土现象	观察	全数检查
	2	断面尺寸	压实后的反滤层、过渡层的断面尺寸偏差值不大于设计厚度的 10%	查阅施工记录、测量	每 100～200m^3 检测 1 组，或每 10 延米检测 1 组，每组不少于 2 个点

6.6 垫 层 工 程

6.6.1 本节主要适用于面板堆石坝的垫层工程，起反滤层、过渡层作用的护坡垫层可参照 6.5 节评定。

6.6.2 单元工程宜以垫层工程施工的区、段划分，每一区、段划分为一个单元工程。

6.6.3 垫层料铺填单元工程施工宜分为垫层料铺填、压实 2 个工序，其中垫层料压实工序为主要工序。

6.6.4 垫层料铺填施工质量标准见表 6.6.4。

表 6.6.4 垫层料铺填施工质量标准

项次		检验项目	质量要求	检验方法	检验数量
主控项目	1	铺料厚度	铺料厚度均匀，不超厚。表面平整，边线整齐，检查点允许偏差为±3cm	方格网定点测量	铺料厚度按 10m×10m 网格布置测点，每个单元不少于 4 个点

表 6.6.4（续）

项次		检验项目	质量要求		检验方法	检验数量
主控项目	2	铺填位置	垫层与过渡层分界线与坝轴线距离	符合设计要求，允许偏差为－10～0cm	测量	每个单元不少于10处
			垫层外坡线距坝轴线（碾压层）	符合设计要求，允许偏差为±5cm		
	3	结合部	垫层摊铺顺序、纵横向接合部符合设计要求。岸坡接合处的填料不应分离、架空		观察、查阅施工记录	全数检查
一般项目	1	铺填层面外观	铺填力求均衡上升，无团块、无粗粒集中		观察	全数检查
	2	接缝重叠宽度	接缝重叠宽度应符合设计要求，检查点允许偏差±10cm		查阅施工记录、量测	每10延米检测1组，每组2个点
	3	层间结合面	上下层间的结合面无撒入泥土、杂物等		观察	全数检查

6.6.5 垫层料压实施工质量标准见表 6.6.5－1，垫层坡面防护层检验项目及偏差标准见表 6.6.5－2。

表 6.6.5－1 垫层料压实施工质量标准

项次		检验项目	质量要求	检验方法	检验数量
主控项目	1	碾压参数	压实机具的型号、规格，碾压遍数、碾压速度、碾压振动频率、振幅和加水量应符合碾压试验确定的参数值	查阅试验报告、施工记录	每班至少检查2次
	2	压实质量	压实度（或相对密实度）不低于设计要求	查阅施工记录、观察，试坑法测定，试坑均匀分布于断面	水平面按每500～1000m^3检测1次，但每个单元取样不应少于3次；斜坡面按每1000～2000m^3检测1次

表 6.6.5-1（续）

项次		检验项目	质量要求	检验方法	检验数量
一般项目	1	压层表面质量	层面平整，无漏压、欠压，各碾压段之间的搭接不小于 1.0m	观察	全数检查
	2	垫层坡面保护	保护形式、采用材料及其配合比应满足设计要求。坡面防护层应做到喷、摊均匀密实，无空白、鼓包，表面平整、洁净。防护层应符合表 6.6.5-2 的质量要求	详见表 6.6.5-2 的要求	

表 6.6.5-2　垫层坡面防护层检验项目及偏差标准

项次	项　目		允许偏差	检验方法	检测数量
1	保护层材料		满足设计要求	取样抽验	每批次或每单位工程取样 3 组
2	配合比		满足设计要求	取样抽验	每种配合比至少取样 1 组
3	碾压水泥砂浆	铺料厚度	设计厚度±3cm	拉线测量	沿坡面按 20m×20m 网格布置测点
		摊铺每条幅宽度大于等于 4m	0～10cm	拉线测量	每 10 延米检测 2 组
		碾压方法及遍数	满足设计要求	观察、查阅施工记录	全数检查
		碾压后砂浆表面平整度	偏离设计线 +5～-8cm	拉线测量	沿坡面按 20m×20m 网格布置测点
		砂浆初凝前应碾压完毕，终凝后洒水养护	满足设计要求	观察、查阅施工记录	全数检查
4	喷射混凝土或水泥砂浆	喷层厚度偏离设计线	±5cm	拉线测量	沿坡面按 20m×20m 网格布置测点
		喷层施工工艺	满足设计要求	观察、查阅施工记录	全数检查
		喷层表面平整度	±3cm	拉线测量	沿坡面按 20m×20m 网格布置测点
		喷层终凝后洒水养护	满足设计要求	观察、查阅施工记录	全数检查

表 6.6.5-2（续）

项次	项 目		允许偏差	检验方法	检测数量
5	阳离子乳化沥青	喷涂层数	满足设计要求	查阅施工记录	全数检查
		喷涂间隔时间	不小于 24h 或满足设计要求		
		喷涂前应清除坡面浮尘，喷涂后随即均匀撒砂	满足设计要求		

6.7 排 水 工 程

6.7.1 本节适用于以砂砾料、石料作为排水体的工程，如坝体贴坡排水、棱体排水和褥垫排水等。

6.7.2 单元工程宜以排水工程施工的区、段划分；每一区、段为划分一个单元工程。

6.7.3 排水工程单元工程施工质量标准见表 6.7.3。

表 6.7.3 排水工程单元工程施工质量标准

项次		检验项目	质量要求	检验方法	检验数量
主控项目	1	结构型式	排水体结构型式，纵横向接头处理，排水体的纵坡及防冻保护措施等应满足设计要求	观察、查阅施工记录	全数检查
	2	压实质量	无漏压、欠压，相对密实度或孔隙率应满足设计要求	试坑法	按每 200～400m^3 检测 1 次，每个取样断面每层取样不少于 1 次
一般项目	1	排水设施位置	排水体位置准确，基底高程、中（边）线偏差为±3cm	测量	基底高程、每中（边）线每 10 延米检测一组，每组不少于 3 个点

表 6.7.3（续）

<table>
<tr><th colspan="2">项次</th><th>检验项目</th><th colspan="2">质量要求</th><th>检验方法</th><th>检验数量</th></tr>
<tr><td rowspan="5">一般项目</td><td>2</td><td>结合面处理</td><td colspan="2">层面接合良好，与岸坡接合处的填料无分离、架空现象，无水平通缝。靠近反滤层的石料为内小外大，堆石接缝为逐层错缝，不应垂直相接，表面的砌石为平砌，平整美观</td><td>观察、查阅施工记录</td><td>每 100m^2 检查 1 处，每处检查面积为 10m^2；排水管路按每 50 延米检查 1 处，每处检查长度为 5m（含 1 个管路接头）</td></tr>
<tr><td>3</td><td>排水材料摊铺</td><td colspan="2">摊铺边线整齐，厚度均匀，表面平整，无团块、粗粒集中现象；检测点允许偏差为±3cm</td><td>观察，水准仪或拉线量测</td><td>铺料厚度按 10m×10m 网格布置测点，每个单元不少于 4 个点</td></tr>
<tr><td>4</td><td>排水体结构外轮廓尺寸</td><td colspan="2">压实后排水体结构外轮廓尺寸应不小于设计尺寸的 10%</td><td>查阅施工记录、测量</td><td>每 50m^2 或 20 延米检测 6 点，检测点采用横断面或纵断面控制，各断面点数不小于 3 点，局部突出或凹陷部位（面积在 0.5m^2 以上者）应增设检测点</td></tr>
<tr><td rowspan="2">5</td><td rowspan="2">排水体外观</td><td>表面平整度</td><td>符合设计要求。干砌：允许偏差为±5cm；浆砌：允许偏差为±3cm</td><td>用 2m 靠尺测量</td><td>每个单元检测点数不少于 10 个点</td></tr>
<tr><td>顶标高</td><td>符合设计要求。干砌：允许偏差为±5cm；浆砌：允许偏差为±3cm</td><td>水准仪测</td><td>每 10 延米测 1 个点</td></tr>
</table>

7 砌石工程

7.1 一般规定

7.1.1 砌石工程施工应自下而上分层进行，分层检查和检测，并应做好施工记录。

7.1.2 砌石工程采用的石料和胶结材料如水泥砂浆、混凝土等质量指标应符合设计要求。

7.2 干砌石

7.2.1 单元工程宜以施工检查验收的区、段划分，每一区、段为一个单元工程。

7.2.2 干砌石单元工程施工质量标准见表7.2.2。

表7.2.2 干砌石单元工程施工质量标准

项次		检验项目	质量要求	检验方法	检验数量
主控项目	1	石料表观质量	石料规格应符合设计要求	量测、取样试验	根据料源情况抽验1～3组，但每一种材料至少抽验1组
	2	砌筑	自下而上错缝竖砌，石块紧靠密实，垫塞稳固，大块压边；采用水泥砂浆勾缝时，应预留排水孔。砌体应咬扣紧密、错缝	观察、翻撬或铁钎插检。 对砌墙（坝）必要时采用试坑法检查孔隙率	网格法布置测点，上游面护坡工程每个单元的有效检测点总数不少于30个点，其他护坡工程每个单元的有效检测点总数不少于20个点
一般项目	1	基面处理	基面处理方法、基础埋置深度应符合设计要求	观察、查阅施工验收记录	全数检查
	2	基面碎石垫层铺填质量	碎石垫层料的颗粒级配、铺填方法、铺填厚度及压实度应满足设计要求	量测、取样试验	每个单元检测点总数不少于20个点

表 7.2.2（续）

项次		检验项目	质量要求		检验方法	检验数量
一般项目	3	干砌石体的断面尺寸	表面平整度	符合设计要求。允许偏差为5cm	用2m靠尺量测	每个单元检测点数不少于25～30个点
			厚度	符合设计要求。允许偏差为±10%	测量	每$100m^2$测3个点
			坡度	符合设计要求，允许偏差为±2%	坡尺及垂线	每个单元实测断面不少于2个

7.3 水泥砂浆砌石体

7.3.1 单元工程宜以施工检查验收的区、段、块划分，每一个（道）墩、墙划分为一个单元工程，或每一施工段、块的一次连续砌筑层（砌筑高度一般为3～5m）为一个单元工程。

7.3.2 水泥砂浆砌石体施工单元工程宜分为浆砌石体层面处理、砌筑、伸缩缝3个工序，其中砌筑工序为主要工序。

7.3.3 水泥砂浆砌石体层面处理施工质量标准见表7.3.3。

表 7.3.3 水泥砂浆砌石体层面处理施工质量标准

项次		检验项目	质量要求	检验方法	检验数量
主控项目	1	砌体仓面清理	仓面干净，表面湿润均匀。无浮渣，无杂物，无积水，无松动石块	观察、查阅验收记录	全数检查
	2	表面处理	垫层混凝土表面、砌石体表面局部光滑的砂浆表面应凿毛，毛面面积应不小于95%的总面积	观察、方格网法量测	整个砌筑面
一般项目	1	垫层混凝土	已浇垫层混凝土，在抗压强度未达到设计要求前，不应在其面层上进行上层砌石的准备工作	观察、查阅施工记录	全数检查

7.3.4 水泥砂浆砌石体砌筑施工质量标准见表 7.3.4－1；水泥砂浆砌体表面砌缝宽度控制标准见表 7.3.4－2；浆砌石坝体外轮廓尺寸偏差控制标准见表 7.3.4－3；浆砌石墩、墙砌体位置、尺寸偏差控制标准见表 7.3.4－4；浆砌石溢洪道溢流面砌筑结构尺寸偏差控制标准见表 7.3.4－5。

表 7.3.4－1　水泥砂浆砌石体砌筑施工质量标准

项次		检验项目	质量要求	检验方法	检验数量
主控项目	1	石料表观质量	石料规格应符合设计要求，表面湿润、无泥垢、油渍等污物	观察、测量	逐块观察、测量。根据料源情况抽验1～3组，但每一种材料至少抽验1组
	2	普通砌石体砌筑	铺浆均匀，无裸露石块；灌浆、塞缝饱满，砌缝密实，无架空等现象	观察、翻撬观察	翻撬抽检每个单元不少于3块
	3	墩、墙砌石体砌筑	先砌筑角石，再砌筑镶面石，最后砌筑填腹石。镶面石的厚度应不小于30cm。临时间断处的高低差应不大于1.0m，并留有平缓台阶	观察、测量	全数检查
	4	墩、墙砌筑型式	内外搭砌，上下错缝；丁砌石分布均匀，面积不少于墩、墙砌体全部面积的1/5，且长度大于60cm；毛块石分层卧砌，无填心砌法；每砌筑70～120cm高度找平一次；砌缝宽度基本一致	观察、测量	每20延米抽查1处，每处3延米，但每个单元工程不应少于3处

表 7.3.4-1（续）

项次			检验项目	质量要求	检验方法	检验数量
主控项目	5	砌石坝	砌石体质量	密度、孔隙率应符合设计要求	试坑法	坝高 1/3 以下，每砌筑 10m 高挖试坑 1 组；坝高 1/3～2/3 处，每砌筑 15m 高挖试坑 1 组；坝高 2/3 以上，每砌筑 20m 高挖试坑 1 组
	6		抗渗性能	对有抗渗要求的部位，砌体透水率（吕荣 Lu）应符合设计要求	压水试验	每砌筑 2 层高，进行 1 次钻孔压水试验，每 100～$200m^2$ 坝面钻孔 3 个，每次试验不少于 3 孔
	7		砌缝饱满度与密实度	饱满且密实	钻孔检查	每 $100m^3$ 砌体钻孔取芯 1 次
一般项目	1		水泥砂浆沉入度	符合设计要求，允许偏差为±1cm	现场抽检	每班不少于 3 次
	2		砌缝宽度	水泥砂浆砌体表面砌缝宽度应符合表 7.3.4-2 规定	见表 7.3.4-2	
	3		浆砌石坝体的外轮廓尺寸	浆砌石坝体的外轮廓尺寸偏差应符合表 7.3.4-3 规定	见表 7.3.4-3	
	4		浆砌石墩、墙砌体尺寸、位置	浆砌石墩、墙砌体位置、尺寸应符合表 7.3.4-4 规定	见表 7.3.4-4	
	5		浆砌石溢洪道溢流面砌筑结构尺寸和位置	浆砌石溢洪道溢流面砌筑结构尺寸偏差应符合表 7.3.4-5 规定	见表 7.3.4-5	

表 7.3.4-2　水泥砂浆砌体表面砌缝宽度控制标准

项次	砌缝类别	砌缝宽度（mm）			允许偏差（%）	检验方法	检验数量
		粗料石	预制块	块石			
1	平缝	15～20	10～15	20～25	10	观察，测量	每砌筑表面 $10m^2$ 抽检 1 处，每个单元工程不少于 10 处，每处检查不少于 1m 缝长
2	竖缝	20～30	15～20	20～40			

表 7.3.4-3　浆砌石坝体外轮廓尺寸偏差控制标准

项次	项目			允许偏差（mm）	检验方法	检验数量
1	坝体轮廓线	平面		±40	仪器测量	沿坝轴线方向每 10～20m 校核 1 点，每个单元工程不少于 10 个点
		高程	重力坝	±30		
			拱坝、支墩坝	±20		沿坝轴线方向每 3～5m 校核 1 点，每个单元工程不少于 20 个点
2	浆砌石（混凝土预制块）护坡	表面平整度		≤30		每个单元检测点数不少于 25～30 个点
		厚度		±30		每 $100m^2$ 测 3 个点
		坡度		±2%		每个单元实测断面不少于 2 个

表 7.3.4-4　浆砌石墩、墙砌体位置、尺寸偏差控制标准

项次	类别		允许偏差（mm）	检验方法及数量
1	轴线位置偏移		10	经纬仪、拉线测量，每 10 延米检查 1 个点
2	顶面标高		±15	水准仪测量，每 10 延米检查 1 个点
3	厚度	设闸门部位	±10	测量检查，每 1 延米检查 1 个点
		无闸门部位	±20	测量检查，每 5 延米检查 1 个点

表 7.3.4-5　浆砌石溢洪道溢流面砌筑结构尺寸偏差控制标准

项次	类别	项目	允许偏差（mm）	检验方法及数量
1	砌缝类别	平缝宽 15mm	±2	测量。每 $100m^2$ 抽查 1 处，每处 $10m^2$，每个单元不少于 3 处
		竖缝宽 15～20mm	±2	
2	平面控制	堰顶	±10	经纬仪、水准仪测量，每 $100m^2$ 抽查 20 个点
		轮廓线	±20	
3	竖向控制	堰顶	±10	
		其他位置	±20	
4	表面平整度		20	2m 靠尺检查，每 $100m^2$ 抽查 20 个点

7.3.5　水泥砂浆砌石体伸缩缝（填充材料）施工质量标准见表 7.3.5。

表 7.3.5　水泥砂浆砌石体伸缩缝（填充材料）施工质量标准

项次		检验项目	质量要求	检验方法	检验数量
主控项目	1	伸缩缝缝面	平整、顺直、干燥，外露铁件应割除，确保伸缩有效	观察	全部
	2	材料质量	符合设计要求	观察、抽查试验	
一般项目	1	涂敷沥青料	涂刷均匀平整、与混凝土粘接紧密，无气泡及隆起现象	观察	全部
	2	粘贴沥青油毛毡	铺设厚度均匀平整、牢固、搭接紧密		
	3	铺设预制油毡板或其他闭缝板	铺设厚度均匀平整、牢固、相邻块安装紧密平整无缝		

7.4　混凝土砌石体

7.4.1　单元工程宜以施工检查验收的区、段、块划分，每一个（道）墩、墙或每一施工段、块的一次连续砌筑层（砌筑高度一般为3～5m）划分为一个单元工程。

7.4.2 混凝土砌石体单元工程施工宜分为砌石体层面处理、砌筑、伸缩缝3个工序，其中砌石体砌筑工序为主要工序。

7.4.3 层面处理施工质量标准见表7.3.3。

7.4.4 混凝土砌石体砌筑施工质量标准见表7.4.4-1，细石混凝土砌体表面砌缝宽度控制标准见表7.4.4-2。

表7.4.4-1 混凝土砌石体砌筑施工质量标准

项次		检验项目	质量要求	检验方法	检验数量
主控项目	1	石料表观质量	石料规格应符合设计要求，表面湿润、无泥垢及油渍等污物	观察、测量	逐块观察、测量。根据料源情况抽验1～3组，但每一种材料至少抽验1组
	2	砌石体砌筑	混凝土铺设均匀，无裸露石块；砌石体灌注、塞缝混凝土饱满，砌缝密实，无架空现象	观察、翻撬检查	翻撬抽检每个单元不少于3块
	3	腹石砌筑型式	粗料石砌筑，宜一丁一顺或一丁多顺；毛石砌筑，石块之间不应出现线或面接触	现场观察	每100m² 坝面抽查1处，每处面积不小于10m²，每个单元不应少于3处
	4	砌石体质量	抗渗性、密度、孔隙率应符合设计要求	检验方法及数量详见表7.3.4-1	
一般项目	1	混凝土维勃稠度或坍落度	拌和物均匀，维勃稠度或坍落度偏离设计中值不大于2cm	现场抽检	每班不少于3次
	2	表面砌缝宽度	砌体表面砌缝宽度应满足表7.4.4-2的质量要求		
	3	混凝土砌石体的外轮廓尺寸	混凝土砌石体的外轮廓尺寸应满足表7.3.4-3、表7.3.4-4、表7.3.4-5的质量要求		

表 7.4.4-2 细石混凝土砌体表面砌缝宽度控制标准

砌缝类别	砌缝宽度（mm）			允许偏差（%）	检验方法	检验数量
	粗料石	预制块	块石			
平缝	25～30	20～25	30～35	10	观察、测量	每砌筑表面 $10m^2$ 抽检 1 处，每个单元工程不少于 10 处，每处检查缝长不少于 1m
竖缝	30～40	25～30	30～50			

7.4.5 混凝土浆砌石体伸缩缝施工质量标准见表 7.3.5。

7.5 水泥砂浆勾缝

7.5.1 本节适用于浆砌石体迎水面水泥砂浆防渗砌体勾缝，其他部位的水泥砂浆勾缝可参照执行。

7.5.2 单元工程宜以水泥砂浆勾缝的砌体面积或相应的砌体分段、分块划分。

7.5.3 勾缝采用的水泥砂浆应单独拌制，不应与砌筑砂浆混用。

7.5.4 水泥砂浆勾缝单元工程施工质量标准见表 7.5.4。

表 7.5.4 水泥砂浆勾缝单元工程施工质量标准

项次		检验项目	质量要求	检验方法	检验数量
主控项目	1	清缝	清缝宽度不小于砌缝宽度，水平缝清缝深度不小于 4cm，竖缝清缝深度不小于 5cm；缝槽清洗干净，缝面湿润，无残留灰渣和积水	观察、测量	每 $10m^2$ 砌体表面抽检不少于 5 处，每处缝长不少于 1m
	2	勾缝	勾缝型式符合设计要求，分次向缝内填充、压实，密实度达到要求，砂浆初凝后不应扰动	砂浆初凝前通过压触对比抽检勾缝的密实度。抽检压触深度不应大于 0.5cm	每 $100m^2$ 砌体表面至少抽检 10 处，每处缝长不少于 1m
	3	养护	有效及时，一般砌体养护 28d；对有防渗要求的砌体养护时间应满足设计要求。养护期内表面保持湿润，无时干时湿现象	观察、检查施工记录	全数检查
一般项目	1	水泥砂浆沉入度	符合设计要求，允许偏差为±1cm	现场抽检	每班不少于 3 次

8　土工合成材料滤层、排水、防渗工程

8.1　一般规定

8.1.1　本章适用于土工织物滤层、排水工程或土工膜防渗体工程。

8.1.2　土工合成材料的结构型式应满足设计要求，铺设土工合成材料的基面应经验收合格后方可铺设。

8.1.3　土工合成材料铺设应按设计要求的顺序进行，并应做好施工记录。

8.1.4　土工合成材料的质量指标应符合设计要求。

8.2　土工织物滤层与排水

8.2.1　单元工程宜以设计和施工铺设的区、段划分。平面形式每500～1000m^2划分为一个单元工程；圆形、菱形或梯形断面（包括盲沟）形式每50～100延米划分为一个单元工程。

8.2.2　土工织物施工单元工程宜分为场地清理与垫层料铺设、织物备料、土工织物铺设、回填和表面防护4个工序，其中土工织物铺设工序为主要工序。

8.2.3　场地清理与垫层料铺设施工质量标准见表8.2.3。

表8.2.3　场地清理与垫层料铺设施工质量标准

项次		检验项目	质量要求	检验方法	检验数量
主控项目	1	场地清理	地面无尖棱硬物，无凹坑，基面平整	观察，查阅施工记录	全数检查
	2	垫层料的铺填	铺摊厚度均匀，碾压密实度符合设计要求	量测、取样试验	铺填厚度每个单元检测30个点；碾压密实度每个单元检测1组

表 8.2.3（续）

项次		检验项目	质量要求	检验方法	检验数量
一般项目	1	场地清理、平整及铺设范围	场地清理平整与垫层料铺设的范围符合设计的要求	量测	每条边线，每10延米检测1点。清整边线应大于土工织物铺设边线外50cm；垫层料的铺填边线不小于土工织物铺设边线

8.2.4 织物备料质量标准见表8.2.4。

表 8.2.4 织物备料质量标准

项次		检验项目	质量要求	检验方法	检验数量
主控项目	1	土工织物的性能指标	土工织物的物理性能指标、力学性能指标、水力学指标，以及耐久性指标均应符合设计要求	查阅出厂合格证和原材料试验报告，并抽样复查	每批次或每单位工程取样1～3组进行试验检测
一般项目	1	土工织物的外观质量	无疵点、破洞等	观察	全数检查

8.2.5 土工织物铺设施工质量标准见表8.2.5。

表 8.2.5 土工织物铺设施工质量标准

项次		检验项目	质量要求	检验方法	检验数量
主控项目	1	铺设	土工织物铺设工艺符合要求，平顺、松紧适度、无皱褶，与土面密贴；场地洁净，无污物污染，施工人员佩带满足现场操作要求	观察	全数检查
	2	拼接	搭接或缝接符合设计要求，缝接宽度不小于10cm；平地搭接宽度不小于30cm；不平整场地或极软土搭接宽度不小于50cm；水下及受水流冲击部位应采用缝接，缝接宽度不小于25cm，且缝成两道缝	观察、量测	逐缝，全数检查
一般项目	1	周边锚固	锚固型式以及坡面防滑钉的设置符合设计要求。水平铺设时其周边宜将土工织物延长回折，做成压枕的型式	观察、量测、查阅施工记录	周边锚固每10延米检测1个断面，坡面防滑钉的位置偏差不大于10cm

8.2.6 回填和表面防护施工质量标准见表 8.2.6。

表 8.2.6　回填和表面防护施工质量标准

项次		检验项目	质量要求	检验方法	检验数量
主控项目	1	回填材料质量	回填材料性能指标应符合设计要求，且不应含有损坏织物的物质	观察、取样试验	软化系数、抗冻性、渗透系数等每批次或每单位工程取样3组；粒径、级配、含泥量、含水量等每100～200m³取样1组
	2	回填时间	及时，回填覆盖时间超过48h应采取临时遮阳措施	观察、查阅施工记录	全数检查
一般项目	1	回填保护层厚度及压实度	符合设计要求，厚度允许误差0～5cm，压实度符合设计要求	观察、量测、查阅施工记录	回填铺筑厚度每个单元检测30个点；碾压密实度每个单元检测1组

8.3　土工膜防渗

8.3.1 单元工程宜以施工铺设的区、段划分，每一次连续铺填的区、段或每 500～1000m² 划分为一个单元工程。土工膜防渗体与刚性建筑物或周边连接部位，应按其连续施工段（一般 30～50m）划分为一个单元工程。

8.3.2 土工膜防渗体单元工程施工宜分为下垫层和支持层、土工膜备料、土工膜铺设、土工膜与刚性建筑物或周边连接处理、上垫层和防护层 5 个工序，其中土工膜铺设工序为主要工序。

8.3.3 下垫层和支持层施工质量可参照 6.5 节反滤（过渡）料铺填等相关标准评定。

8.3.4 土工膜备料质量标准见表 8.3.4。

8.3.5 土工膜铺设施工质量标准见表 8.3.5。

8.3.6 土工膜与刚性建筑物或周边连接处理施工质量标准见表 8.3.6。

表 8.3.4　土工膜备料质量标准

项次		检验项目	质量要求	检验方法	检验数量
主控项目	1	土工膜的性能指标	土工膜的物理性能指标、力学性能指标、水力学指标，以及耐久性指标应符合设计要求	查阅出厂合格证和原材料试验报告，并抽样复查	每批次或每单位工程取样1～3组进行试验检测
一般项目	1	土工膜的外观质量	无疵点、破洞等，符合国家标准	观察	全数检查

表 8.3.5　土工膜铺设施工质量标准

项次	检验项目		质量要求	检验方法	检验数量
主控项目	1	铺设	土工膜的铺设工艺应符合设计要求，平顺、松紧适度、无皱褶、留有足够的余幅，与下垫层密贴	观察、查阅验收记录	全数检查
	2	拼接	拼接方法、搭接宽度应符合设计要求，粘接搭接宽度宜不小于15cm，焊缝搭接宽度宜不小于10cm。膜间形成的节点，应为T形，不应做成十字形。接缝处强度不低于母材的80%	目测法、现场检漏法和抽样测试法	每100延米接缝抽测1处，但每个单元工程不少于3处。接缝处强度每一个单位工程抽测1～3次
	3	排水、排气	排水、排气的结构型式符合设计要求，阀体与土工膜连接牢固，不应漏水漏气	目测法、现场检漏法和抽样测试法	逐个检查
一般项目	1	铺设场地	铺设面应平整、无杂物、尖锐凸出物。铺设场区气候适宜，场地洁净，无污物污染，施工人员佩带满足现场操作要求	观察、查阅验收记录	全数检查

表 8.3.6　土工膜与刚性建筑物或周边连接处理施工质量标准

项次	检验项目		质量要求	检验方法	检验数量
主控项目	1	周边封闭沟槽结构、基础条件	封闭沟槽的结构型式、基础条件应符合设计要求	观察、查阅施工记录	全数检查
	2	封闭材料质量	封闭材料质量应满足设计要求，试样合格率不小于95%，不合格试样不应集中，且不低于设计指标的0.98倍	观察、查阅验收记录、现场取样试验	每个单元至少取1组，试验项目应满足设计要求
一般项目	1	沟槽开挖、结构尺寸	周边封闭沟槽土石方开挖尺寸，封闭材料如黏土、混凝土结构尺寸应满足设计要求。检测点误差为±2cm	观察、测量	沿封闭沟槽每5延米测1横断面，每断面不少于5个点

8.3.7　上垫层和防护层施工质量可参照6.5节反滤（过渡）料铺填等相关标准评定；防护层施工质量参照第7章砌石工程等相关标准评定。

附录 A 工序施工质量及单元工程施工质量验收评定表（样式）

A.0.1 划分工序的单元工程，其工序、单元工程施工质量验收评定应分别采用表 A.0.1-1、表 A.0.1-2。

表 A.0.1-1 工序施工质量验收评定表

<table>
<tr><td colspan="2">单位工程名称</td><td colspan="2"></td><td>工序编号</td><td colspan="2"></td></tr>
<tr><td colspan="2">分部工程名称</td><td colspan="2"></td><td>施工单位</td><td colspan="2"></td></tr>
<tr><td colspan="2">单元工程名称、部位</td><td colspan="2"></td><td>施工日期</td><td colspan="2">年 月 日～ 年 月 日</td></tr>
<tr><td colspan="2">项次</td><td>检验项目</td><td>质量标准</td><td>检查（测）记录</td><td>合格数</td><td>合格率</td></tr>
<tr><td rowspan="5">主控项目</td><td>1</td><td></td><td></td><td></td><td></td><td></td></tr>
<tr><td>2</td><td></td><td></td><td></td><td></td><td></td></tr>
<tr><td>3</td><td></td><td></td><td></td><td></td><td></td></tr>
<tr><td>4</td><td></td><td></td><td></td><td></td><td></td></tr>
<tr><td></td><td></td><td></td><td></td><td></td><td></td></tr>
<tr><td rowspan="5">一般项目</td><td>1</td><td></td><td></td><td></td><td></td><td></td></tr>
<tr><td>2</td><td></td><td></td><td></td><td></td><td></td></tr>
<tr><td>3</td><td></td><td></td><td></td><td></td><td></td></tr>
<tr><td>4</td><td></td><td></td><td></td><td></td><td></td></tr>
<tr><td></td><td></td><td></td><td></td><td></td><td></td></tr>
<tr><td colspan="2">施工单位自评意见</td><td colspan="5">主控项目检验点100%合格，一般项目逐项检验点的合格率 %，且不合格点不集中分布。
工序质量等级评定为：
（签字，加盖公章） 年 月 日</td></tr>
<tr><td colspan="2">监理单位复核意见</td><td colspan="5">经复核，主控项目检验点100%合格，一般项目逐项检验点的合格率 %，且不合格点不集中分布。
工序质量等级评定为：
（签字，加盖公章） 年 月 日</td></tr>
</table>

表 A.0.1－2　单元工程施工质量验收评定表（划分工序）

<table>
<tr><td colspan="2">单位工程名称</td><td></td><td>单元工程量</td><td></td></tr>
<tr><td colspan="2">分部工程名称</td><td></td><td>施工单位</td><td></td></tr>
<tr><td colspan="2">单元工程名称、部位</td><td></td><td>施工日期</td><td>年　月　日～　年　月　日</td></tr>
<tr><td>项次</td><td colspan="2">工序编号</td><td colspan="2">工序质量验收评定等级</td></tr>
<tr><td>1</td><td colspan="2"></td><td colspan="2"></td></tr>
<tr><td>2</td><td colspan="2"></td><td colspan="2"></td></tr>
<tr><td>3</td><td colspan="2"></td><td colspan="2"></td></tr>
<tr><td>4</td><td colspan="2"></td><td colspan="2"></td></tr>
<tr><td>5</td><td colspan="2"></td><td colspan="2"></td></tr>
<tr><td>6</td><td colspan="2"></td><td colspan="2"></td></tr>
<tr><td></td><td colspan="2"></td><td colspan="2"></td></tr>
<tr><td>施工单位
自评意见</td><td colspan="4">各工序施工质量全部合格，其中优良工序占　　%，且主要工序达到　　等级。
单元质量等级评定为：
（签字，加盖公章）　　年　月　日</td></tr>
<tr><td>监理单位
复核意见</td><td colspan="4">经抽查并查验相关检验报告和检验资料，各工序施工质量全部合格，其中优良工序占　　%，且主要工序达到　　等级。
单元工程质量等级评定为：
（签字，加盖公章）　　年　月　日</td></tr>
<tr><td colspan="5">注1：对重要隐蔽单元工程和关键部位单元工程的施工质量验收评定应有设计、建设等单位的代表签字，具体要求应满足 SL 176 的规定。
注2：本表所填“单元工程量”不作为施工单位工程量结算计量的依据。</td></tr>
</table>

A. 0. 2 不划分工序的单元工程施工质量验收评定应采用表 A. 0. 2。

表 A. 0. 2 单元工程施工质量验收评定表（不划分工序）

<table>
<tr><td colspan="2">单位工程名称</td><td colspan="2"></td><td>单元工程量</td><td colspan="3"></td></tr>
<tr><td colspan="2">分部工程名称</td><td colspan="2"></td><td>施工单位</td><td colspan="3"></td></tr>
<tr><td colspan="2">单元工程
名称、部位</td><td colspan="2"></td><td>施工日期</td><td colspan="3">年 月 日～ 年 月 日</td></tr>
<tr><td colspan="2">项次</td><td>检验项目</td><td>质量标准</td><td colspan="2">检查（测）记录或
备查资料名称</td><td>合格数</td><td>合格率</td></tr>
<tr><td rowspan="5">主
控
项
目</td><td>1</td><td></td><td></td><td colspan="2"></td><td></td><td></td></tr>
<tr><td>2</td><td></td><td></td><td colspan="2"></td><td></td><td></td></tr>
<tr><td>3</td><td></td><td></td><td colspan="2"></td><td></td><td></td></tr>
<tr><td>4</td><td></td><td></td><td colspan="2"></td><td></td><td></td></tr>
<tr><td></td><td></td><td></td><td colspan="2"></td><td></td><td></td></tr>
<tr><td rowspan="5">一
般
项
目</td><td>1</td><td></td><td></td><td colspan="2"></td><td></td><td></td></tr>
<tr><td>2</td><td></td><td></td><td colspan="2"></td><td></td><td></td></tr>
<tr><td>3</td><td></td><td></td><td colspan="2"></td><td></td><td></td></tr>
<tr><td>4</td><td></td><td></td><td colspan="2"></td><td></td><td></td></tr>
<tr><td></td><td></td><td></td><td colspan="2"></td><td></td><td></td></tr>
<tr><td colspan="2">施工单位
自评意见</td><td colspan="6">主控项目检验点100%合格，一般项目逐项检验点的合格率 %，且不合格点不集中分布。
单元质量等级评定为：
（签字，加盖公章） 年 月 日</td></tr>
<tr><td colspan="2">监理单位
复核意见</td><td colspan="6">经抽检并查验相关检验报告和检验资料，主控项目检验点100%合格，一般项目逐项检验点的合格率 %，且不合格点不集中分布。
单元质量等级评定为：
（签字，加盖公章） 年 月 日</td></tr>
<tr><td colspan="8">注 1：对关键部位单元工程和重要隐蔽单元工程的施工质量验收评定应有设计、建设等单位的代表签字，具体要求应满足 SL 176 的规定。
注 2：本表所填“单元工程量”不作为施工单位工程量结算计量的依据。</td></tr>
</table>

条文说明

1 总 则

1.0.1 为统一土石方工程单元工程施工质量验收评定要求，按照严格过程控制、强化质量检验、规范验收评定工作、保证工程质量的原则，对原标准进行全面的修订。

本标准对单元工程划分原则、工序划分、施工质量检验项目（主控项目和一般项目）和检验标准以及验收评定条件和程序等进行了规定。

1.0.2 本标准是《水利水电工程施工质量检验与评定规程》（SL 176—2007）系列标准之一。结合当前国内水利工程建设施工质量管理水平，本标准只对大、中型水利水电工程单元工程施工质量的验收评定工作进行规范。小型水利水电工程可根据具体情况，有分析地参照本标准的规定执行。

SL 176—2007 主要规定了分部工程、单位工程和工程项目的检验与评定，本标准主要规定土石方单元工程的验收评定。

1.0.3 本标准所规定的土石方工程施工质量标准是单元工程施工质量应达到的基本要求，对于低于本标准要求的单元工程不应进行验收。

3 基本规定

3.1 一般要求

3.1.1 按照 SL 176—2007 的规定，水利水电工程质量检验与评定应进行项目划分，项目按级划分为单位工程、分部工程、单元工程等 3 级，其施工质量评定是从单元工程到分部工程再到单位工程逐级进行，分部工程的质量评定是在本分部工程所含的单元工程评定的基础上进行，因此，本标准规定，在分部工程开工前进行单元工程划分，划分工作更有针对性。

单元工程划分是一项重要工作，应由建设单位主持或授权监理单位组织设计、施工单位和相关技术人员，按本标准的要求划分。强调建设单位应对关键部位单元工程和重要隐蔽单元工程进行确定，并由其负责。

3.1.2 单元工程施工质量验收评定，一般是在工序验收评定合格的基础上进行。当该单元工程未划分出工序时，按检验项目直接验收评定。

3.1.5 工序和单元工程施工质量验收评定表及其备查资料的制备应由工程施工单位负责，其规格应满足国家有关工程档案管理的相关规定，验收评定表和备查资料的份数除满足本标准要求外还应满足合同要求，本标准所指的备查资料也含影像资料。

3.2 工序施工质量验收评定

3.2.1 本标准中，根据工序对单元工程施工质量的影响程度不同，规定了每个单元工程的主要工序和一般工序，以便验收评定时抓住重点。

3.2.2～3.2.4 规定了工序施工质量验收评定的条件、程序和应提交的资料。需要强调的有：一是工序完成后，应由施工单位自评合格后才能申请验收评定，否则监理单位不予受理；二是工序验收评定合格后，监理单位应及时签署结论，不能在事后补签（特殊情况下除外），相关责任人均应当场履行签认手续，这样做是防止漏签或造假。

3.2.5 规定了工序施工质量验收评定合格和优良的标准。

在工序施工质量验收评定时，强调主控项目所包含的检验点应全部合格，一般项目的每个检验项目中所包含的检验点应有70%及以上合格，不合格的检验点不是集中在一个区域时可以评定为合格工序；当一般项目的每个检验项目中所包含的检验点达到90%及以上合格，不合格的检验点也不集中在一个区域时可以评定为优良工序。

需要重点说明的是，主控项目是对单元工程的基本质量起决定性影响的检验项目，因此应全部符合本规范的规定，这意味着主控项目不允许有不符合要求的检验结果，即这种项目的检查具有否决权。一般项目指对施工质量不起决定性作用的检验项目，本条70%及以上的规定是参照原验收标准及工程实际情况确定的；70%及以上合格的规定是一般性规定，不同单元工程的工序对验收的要求不尽一致，文中对合格率另有规定的，应按具体条文的规定执行。

3.3 单元工程施工质量验收评定

3.3.1～3.3.3 规定了单元工程施工质量验收评定的条件、程序、内容和应提交的资料。

需要强调的是：一是单元工程完成后，应由施工单位自评合格后才能申请验收评定，否则监理单位不予受理；二是重要隐蔽单元工程和关键部位单元工程的验收评定，应由建设单位组织参建单位进行联合验收评定，并在此之前通知该工程施工质量监督机构，以便质量监督机构根据情况决定是否参加；三是单元工程验收评定合格后，监理单位应及时签署结论，不能在事后补签(特殊情况下除外)，责任单位、责任人及相关责任人均应当场履行签认手续，这样做是防止漏签或造假。

关于施工检验记录资料，需要说明的是：一是施工记录一定要完整、齐全，叙事要清楚，时间、地点、施工部位、工序内容、质量情况（或问题)、施工方法、措施、施工结果、现场参加人员等，均应记录清楚，不应追记或造假。责任单位和责任人应当场签认；二是提供的资料应真实，因为虚假材料将造成判断失真，甚至不合格工程被验收评定为合格工程，危害极大，一旦发现将追究其责任单位、责任人及相关当事人的责任；三是所有检验项目包括原材料和机电产品进场检验，施工质量项目（主控和一般）及抽样（或见证）检验的重要质量指标和效果检验，均应依据相关标准和规定判定该项目检验结果是否符合标准和设计要求，以便验收评定得出合理结论。

3.3.4、3.3.5 规定了划分工序单元工程和不划分工序单元工程施工质量验收评定合格或优良的标准。

对已划分成多工序的单元工程，其单元工程的施工质量是在各工序验收评定合格的基础上进行评定的，由于每个工序对单元工程施工质量的影响程度不同，为体现这一因素，在单元工程施工质量的优良标准中，除本条所列对施工单位提交资料和单元工程效果检验的要求外，还针对不同的单元工程提出该单元工程中重要工序应达到优良的要求。

3.3.6 本条给出了当单元工程施工质量不符合要求时的处理办法。一般情况下，不符合要求的现象在单元工程验收评定时就应发现并及时处理，否则将影响后续单元工程、分部工程的验收。因此，所有质量隐患应尽快消灭在萌芽状态，这也是施工质量“过程控制”原则的体现。

4 明挖工程

4.2 土方开挖

4.2.1、4.2.2 土方开挖系指以人工方式，无需采用爆破技术可直接使用手工工具或土方机械开挖的材料。

土方明挖分为一般明挖和沟槽开挖。一般明挖系指在一般工作条件下，不需设临时支撑，进行的大断面地面开挖；沟槽开挖需运用小型土方开挖器具或人工进行的小断面局部开挖。

对深厚大体积的土方明挖工程，一般不进行施工质量验收评定，本标准是从建基面保护层开挖进行评定。

4.2.3 表土与土质岸坡清理属隐蔽工程，直接影响构筑物的安全，因此应严格按设计要求进行。必要时进行摄影、录像、取样和试验［具体要求可参照《水利水电工程施工地质勘察规程》（SL 313—2004）进行］。

一般情况下主体工程施工场地地表的植被清理，应延伸至构筑物最大开挖边线或建筑物基础边线（或铺填坡脚线）外侧至少5m的距离；挖除树根的范围应延伸到最大开挖边线、铺填线或建筑物基础外侧至少3m的距离；原坝体加高培厚工程，其清理范围应包括原坝顶及坝坡。

对建基面以下不良土质需要置换的或较大规模的不良地基土层处理、坑洞等回填料的质量验收标准应按相应标准和设计要求单独进行，其取样试验数量应符合设计或相应单元工程质量评定要求，可不纳入本单元工程进行综合评价。

4.2.4 软基和土质岸坡开挖时应对易风化、易崩解的岩石和土层进行保护，开挖后不能及时回填者，应留保护层，或喷水泥砂浆或喷射混凝土保护。开挖后的构筑物地基及土质岸坡面应平顺、且不向下游倾斜。开挖范围内的渗水（含泉眼）应妥善引排或封堵，对较大规模的引排或封堵工程应符合设计或相应单元工程质量评定要求，可不纳入本单元工程进行综合评价。

土质岸坡开挖时，为保护开挖边坡免受雨水冲刷，开挖前宜在边坡上部修建导流截水沟，并注意保护已开挖的永久边坡面，以免遭受雨水冲刷和渗水侵蚀破坏。

4.3 岩石岸坡开挖

4.3.4 岩石岸坡开挖与岩石地基开挖中的地质缺陷处理，其检验项目、质量要求以及检查方法和数量基本一致，其施工质量验收标准详见表4.4.4地质缺陷处理施工质量标准。

本节其他条文的说明，详见4.4节岩石地基开挖。

4.4 岩石地基开挖

石方明挖系指需要进行系统钻孔和爆破作业的岩石开挖，以及体积大于0.7m³需用钻爆方法破碎的孤石或岩块。对深厚大体积的石方明挖工程，一般不进行施工质量验收评定，本标准是从建基面保护层开挖进行评定。

岩石在开挖前一般先进行爆破试验，以确定合理的炮孔深度、单孔装药量等爆破控制参数。河床部位开挖深度较大时，应采用分层开挖方法，梯段（或分层）的高度可根据爆破方式（如预裂爆破、光面爆破）、施工机械性能以及开挖区布置等因素确定，垂直边坡梯段高度宜控制在 10m 之内，严禁采取自下而上的开挖方式。

“主控项目”强调了保护层对地基开挖的重要性，对紧邻设计建基面及防护目标地带的开挖，一般均采用预留岩体保护层的开挖方法，预留保护层厚度应不小于 1.5m，若减小或取消保护层，须有专门论证。上部岩体开挖的炮孔不应穿入保护层，开挖保护层时，无论采用何种开挖爆破方法，钻孔均不应钻入建基面岩体。岩体的完整性检查方法中，考虑到大多数大中型工程具备声波检测的能力，增加了声波检测内容文，其判断标准为声波降低率小于 10%或达到设计要求声波值以上。声波降低率小于 10%主要参照《水工建筑物岩石基础开挖工程施工规范》（SL 47—94）、《水电水利基本建设工程　单工程质量等级评定标准　第 1 部分：土建工程》（DL/T 5113.1—2005）标准中数值制定。

对地基及岸坡范围内出露的软弱岩层和构造破碎带，以及地质探孔、竖井、平洞、试坑等应按设计要求进行处理，不留隐患。采用的灌浆、沟槽回填混凝土等措施的工程质量验收标准，应按相应标准和设计要求单独进行，其取样试验数量应符合设计或相应单元工程质量评定要求，可不纳入本单元工程进行综合评价。

岩石岸坡和岩石地基开挖，对某些特殊部位，如结构设计不允许欠挖、周边部位需要立模的，其允许超欠挖尺寸应满足设计要求。

检测方法“采用横断面控制”，力求使检测点做到均匀分布，其中的“横断面”为垂直于边坡坡面的铅垂断面。

本章表中所列允许偏差值系指个别欠挖的突出部位（面积不小于 $0.5m^2$）的平均值和局部超挖的凹陷部位（面积不小于 $0.5m^2$）的平均值（地质原因除外）。

5 洞室开挖工程

5.1 一般规定

对无衬砌洞室，开挖壁（坡）面是建筑物的表面，应按设计要求并参照 SL 176—2007 进行表观质量验收评定；对开挖后进行衬砌的洞室，开挖壁（坡）面属重要隐蔽部位单元工程，应进行联合验收。联合验收小组成员及其职责应满足 SL 176—2007 的规定要求。

5.2 岩石洞室开挖

5.2.1 岩石洞室开挖是指对岩体中的隧洞、竖（斜）井、地下厂房、调压井、水下岩塞等地下建筑物的开挖。本节岩石洞室开挖仅针对于钻爆法，对采用 TBM 等施工方法的应另行制定评定标准。

岩石洞室工程开挖，由于使用功能和施工条件的差异，一般可分为平洞、竖井、斜井和洞室四类。按照倾角大小确定，倾角不大于 6°～75°时为斜井开挖；倾角大于 75°时为竖井开挖。在具体工程施工时，宜结合工程的特殊性划分单元工程，科学合理地调整检验项目及其质量标准，采取有效的检查方法和检查数量，确保洞挖有序进行和生产安全。

5.2.2 岩石洞室开挖前施工单位应进行专门的钻孔爆破施工组织设计，重点检查：掏槽方式、炮眼布置、装药量、装药结构以及炮孔堵塞方式、起爆方法和顺序、绘制爆破图等内容。

洞室的开挖一般应采用光面爆破和预裂爆破技术，其目的在于控制开挖断面规格。爆破的主要控制参数宜通过试验确定。光面爆破和预裂爆破试验采用的参数可参照《锚杆喷射混凝土支护技术规范》（GB 50086—2001）的相关条款选用。爆破试验时应重点检查检验：爆破材料性能、爆破参数、爆破效果，以及爆破对已建邻近建筑物的影响。

岩石洞室开挖工程一般不应欠挖，尽量减少超挖。多年来的工程实践表明地下开挖工程平均超挖均大于20cm，采取光面爆破、预裂爆破措施后超挖量有所减少，本次修订考虑到平洞、斜井、竖井施工条件的差异，参照其他行业统计分析成果，平均径向超挖值按20cm计，如遇不良地质段的允许超挖，应由监理工程师根据地质条件与施工单位据实商定；在实施开挖过程中，应认真做好施工原始记录，作为建基面基础验收时应提交的资料之一。

爆破钻孔孔位应符合爆破试验确定的位置要求，轮廓线和掏槽孔的孔位偏差不宜大于5cm，其他炮孔孔位偏差不宜大于10cm；炮孔的孔底应落在爆破设计规定的平面上。爆破孔装药量、堵塞和引爆线路联结符合爆破设计要求，且在起爆前应认真检查。岩石爆破的过程不构成主体工程结构，故未列入施工验收评定项目。

随着洞室开挖工程的施工进度，应及时测绘开挖竣工断面，以真实和全面提供实际开挖效果。在每次放炮后，均应进行规格检查，对开挖中存在的超欠挖及时修正爆破参数，指导施工，减少超挖。

对岩石洞室开挖时出露的软弱岩层和构造破碎带等不良地质段的开挖和处理措施，应参照5.3节土质洞室开挖进行。在实施过程中，应加强监测工作，充分发挥围岩自承能力。

5.3 土质洞室开挖

5.3.1 本节适用于土质洞室、砂砾石洞室、岩土过渡段洞室、岩石洞室的断层及破碎带段洞室等开挖。土质洞室开挖方法受地下建筑物的规模和地质条件的影响极大，开挖期间应对揭露的各种地质现象进行编录，预测预报可能出现的地质问题，修正围岩工程地质分段分类以研究改进围岩支护方案。

5.3.2 土洞开挖不允许爆破，宜采用风镐、风铲或人工开挖，也可采用专用设备开挖。为增加掌子面的空间效应可采用分台阶或留核心的开挖方式。开挖前施工单位应进行专门的施工组织设计，重点检查和评估：进洞方式、支护结构布置、开挖顺序、开挖步长、应急措施、预留变形量、开挖图的绘制等。开挖前依据开挖设计宜选用围岩相似的试验洞段进行试验，以确定开挖控制参数等。

超前支护重点检查和评估：超前大管棚、格栅拱架制作、安装及注浆；超前小导管加工、安装及注浆预加固地层；超前锚杆加工制作、安装预加固地层等，其标准宜根据开挖试验确定的参数进行。依据超前支护工作量的大小，上述3项均可按独立的单元工程施工质量进行单独验收评定。超前支护是土质洞室开挖前重要的安全保障措施，但不属于永久工程的主体结构，故本标准不再赘述。

初期支护重点检查和评估：初喷；锁脚锚杆、横向支撑梁加工制作、安装；格栅钢架加工制作、安装及挂网；喷射混凝土；初支回填灌浆等。依据初期支护工作量的大小，上述5项均可按独立的单元工程施工质量进行单独验收评定，其标准宜根据开挖试验确定的参数进行。初期支护是土质洞室开挖后衬砌前的临时安全保护措施，也不属于永久工程的主体结构，故本标准不再赘述。

土洞开挖后应及时进行钢筋混凝土衬砌（二衬），开挖掌子面与混凝土衬砌段的距离一般不超过2个浇筑段长度。二衬钢筋混凝土的检验方法、检查数量及检验项目详见《水利水电工程单元工程施工质量验收评定标准——混凝土工程》（SL 632—2012）。

在我国南水北调中线工程总干渠古运河暗渠工程、天津市城市地铁等工程中，土洞的预支护类型主要有3种，即超前锚杆、小导管注浆和管棚格栅拱架。

在黄土层开挖后形成临空面的数小时内可能剥落或局部坍塌部位可采用超前锚杆加固。锚杆一般设置在顶拱范围和拱脚附近，锚杆直径20～24mm，长3.5m，锚杆间距30～50cm，钻孔直径大于40mm。顶拱锚杆纵向两排搭接长度不小于1.0m，钻孔充填 M20 早强水泥砂浆。锚杆外插角顶拱部位 5°～20°，边墙部位 10°～30°。超前锚杆宜与环向格栅拱架焊接在一起。

在较干燥的沙土层或断层破碎带可采用小导管注浆方法加固土层。小导管是沿隧洞纵向在顶拱开挖轮廓线以外向前上方倾斜一定角度，或者沿隧洞横向在拱脚附近向下方倾斜一定角度的密排注浆花管。注浆花管的外露端通常支撑在开挖掌子面后面的格栅拱架上，共同组成预支护系统。小导管用 42～50mm 热轧钢管加工制成，长 3～5m，小导管前部设注浆孔，后部预留止浆段，小导管环向间距 20～50cm，外插角 10°～30°，两组水平搭接长度不小于 1.0m。超前小导管顶部呈尖锥状，尾部焊箍，顶入钻孔长度不小于管长的 90%。

格栅拱架又称花拱，常用 ϕ22～30mm 主筋和 ϕ12～16mm 构造筋，经冷弯焊接而成。格栅拱架比超前锚杆或小导管的支护能力强大，且简单易行。对于自稳能力较低的含水砂土层，可采用管棚钢架支护系统。管棚是将钢花管安插在已钻孔的孔中，沿隧洞开挖轮廓线外形成钢管棚，管内注浆，有时还可加钢筋笼，并与型钢钢架组合成预支护系统。

管棚钢管直径 80～180mm，长度 10～45m，分段安装，段长 4～6m，两段之间用对焊或丝扣连接。导管前部须设注浆孔，后部留止浆段，导管内充填 M20 早强水泥砂浆。导管设置间距 30～50cm，两组搭接长度不小于 1.5m。钻孔比钢管大 2～3cm，外插角 1°～2°，对较弱土层可直接顶入。

导管安装误差 $\Delta \leqslant (0.006 \sim 0.015) l$，式中 l 为导管长度。导管根据地质情况一般可设在顶拱部位，可为单层或双层。

钢架安装垂直度允许误差为±2°，中线及高程误差为±5cm。

6 土石方填筑工程

6.1 一 般 规 定

6.1.2 本章土石填筑料，如土料、砂砾料、堆石料、反滤料等材料的质量，应按土料的种类及其料场料源情况进行抽验，根据料场料源及填筑用量，通常在铺填仓面抽验1～3组，但每一料场料源至少抽验一组。

6.1.3 土石料铺填前应进行碾压试验，以确定碾压方式及碾压质量控制参数。在施工过程中，多数是以控制碾压参数为主，但由于碾压参数受人、机、料以及施工环境的影响较大，这些控制参数也不能反映土石料铺填后土体的密实程度，所以不能作为最终评定压实情况的指标。

6.2 土料填筑

本节适用于土石坝防渗体土料铺填施工，主要包括均质土坝土料、黏土斜（心）墙土料等以土料作为主要或唯一防渗体的施工。其他无防渗要求的土料铺填可参照执行或按设计要求进行。

本节增加了对黏性土、砾质土地基处理碾压密实度的评定标准，重点控制地基处理质量应符合设计要求。地层压实度的评定方式多数采用方格网布点抽样检查，对黏性土、砾质土地层一般按轴线方向50m，上下游方向20m布点，对于砂、卵石等粗颗粒土地基上下游方向可增加到30～50m布点。检验深度应深入地基表面1.0m，对地质条件复杂的地基，应加密布点取样检验。

为了加强结合层面的刨毛质量、土质防渗体与岩面或混凝土面之间涂刷浓泥浆或黏土水泥砂浆的质量，采用方格网布点量测进行检验评价，每个单元不少于30点。原标准没有对结合面浆液稠度、配比及其材料的抽样检验做出规定，本次修订增加抽样检查的具体数量和要求。

对防渗体与坝基（包括齿槽）、两岸岸坡、溢洪道边墙、坝下埋管及混凝土齿墙等结合部位的土料应采用薄层铺填并加强压实。防渗体压实质量控制除按规定取样检查外，还应在所有压实可疑处及坝体所有结合点处取样，测定压实度、含水率等。

防渗体土料的压实质量原标准采用干密度（干容重）控制，由于土料中常常含有粗砂和砾石，干密度值存在较大的变化幅度，用一个干密度指标控制不准确。故改用压实度和最优含水率指标评定。

防渗体土料的渗透系数是最为重要的控制指标，取样做渗透系数试验的时间相对较长，一般不能在单元或工序工程质量评定时得出试验结论，此时可以采用缺项验收的方式进行。但当压实质量达到合格标准时，渗透系数有可能还不能满足设计要求的情况，使问题变的相对复杂起来，它涉及土料的质量等问题，在这种情况下应由建设、设计和监理单位共同研究并提出具体的施工控制指标，或另行选择其他防渗体土料料源。

斜墙、心墙以及均质土坝的纵向接缝平台高差应控制在15m以内，目的是要求坝体尽可能地均衡上升，防止因坝体不均匀沉陷引起结合面上产生应力集中，导致土体剪切破坏。

6.3 砂砾料填筑

首层砂砾料铺填的基面为天然地基时，建基面处置属重要隐蔽部位单元工程，应按设计要求进行处理，并应进行联合验收。

为保证砂砾料边缘的压实质量，铺填时应留足富裕量，富裕量的尺寸与碾压机具、边坡比、铺土厚度等有关，目前我国大多数预留0.3～1.0m，有的达到了1.2m宽，无论预留多少都应保证削坡后坝体设计断面边缘的压实质量满足设计要求。

砂砾料压实质量原标准采用干密度（干容重）控制，本次修订改用相对密实度指标评定，与《土工试验规程》（SL 237—1999）的规定一致。

原标准中坝体铺填砂砾料每400～2000m^{3}取一个试样，DL/T 5129—2001中要求每5000～10000m^{3}取样（检测）1次，根据目前施工质量控制情况，本标准在送审稿专家审查时，经专家讨论认为1000～5000m^{3}取样（检测）1次较为合理。

6.4 堆石料填筑

首层堆石料铺填的基面为天然地基时，建基面处置属重要隐蔽部位单元工程，应按设计要求进行处理，并应进行联合验收。

堆石料压实质量原标准采用干密度（干容重）控制，由于堆石料的级配、大块石含量在一定的范围内变化，干密度值存在较大的变化幅度，故本次修订改用孔隙率指标评定，与 SL 237—1999 的规定一致。

6.5 反滤（过渡）料填筑

首层反滤（过渡）料铺填的基面为天然地基时，建基面处置属重要隐蔽部位单元工程，应按设计要求进行处理，并应进行联合验收。

过渡层工程的评定属本次修订增加的内容，由于过渡层与反滤层在材料、铺填等方面的要求基本一致，故将过渡层工程与反滤层工程纳入一节。反滤层、过渡层的结构层数、层间系数、铺填顺序应符合设计要求。坝体上、下游反滤层、过渡层宜与心墙、斜墙和部分坝壳平起铺填，防止分离；分段施工时，接缝处的各层联结应做成阶梯状，不应混杂和层间错断。对靠近岸坡、结构物边角处的砂砾料应以小型或轻型机具加强压实，或采用人工夯实。

反滤料和过渡料按每 200～400m^3 检测 1 次，一般情况下，反滤层材料取小值，过渡层材料取大值，具体可根据工程量的大小确定。

当遇特殊条件如水下铺填反滤层、过渡层材料时，应根据设计提出的施工技术要求进行施工质量控制和验收评定。

6.6 垫层工程

本节主要适用于面板堆石坝的垫层工程，起反滤层、过渡层作用的护坡垫层可按 6.5 节评定。

护坡垫层料铺填顺序应符合设计要求，垫层料应与一定宽度的主堆石的坝体平起铺填，及时平料，均衡上升，防止骨料分离；纵横向接合部位应符合设计要求，与岸坡接合处的填料不应分离、架空。摊铺后边线整齐，铺料厚度均匀，不超厚，且表面平整，无团块、无粗粒集中现象。周边缝下特殊垫层区应人工配合机械薄层摊铺和压实，每层厚度不宜超过 20cm。

垫层坡面压实后应及时保护，保护形式有多种，目前常采用的有碾压水泥砂浆、喷射混凝土或水泥砂浆、阳离子乳化沥青等。碾压水泥砂浆与喷射混凝土可以起到调整坡面不平整度的作用，其表面与设计线偏差对碾压水泥砂浆宜控制在－8～＋5cm之内，喷射混凝土表面与设计控制线允许偏差为±5cm，喷阳离子乳化沥青层由于厚度很薄，难以起到调整、修补边坡不平整度的效果。

6.7 排水工程

本节适用于以砂砾料、石料作为排水体的工程，如坝体贴坡排水、棱体排水和褥垫排水等。排水料施工宜按整体单元工程进行评定。当排水体铺填某一工序工作量较大时，可根据实际施工情况，将其划分为划分工序单元工程，在工序施工质量评定的基础上对单元工程进行评价。

首层排水体铺填料的基面为天然地基时，建基面处置属重要隐蔽部位单元工程，应按设计要求进行处理，并应进行联合验收。

排水体铺填料压实质量应采用相对密实度指标评定。

7 砌石工程

7.1 一般规定

7.1.2 本章石料质量，应按石料的种类及其料场料源情况进行抽验，根据料场料源及其用量，通常应在现场抽验 1～3 组，但每一料场料源至少抽验 1 组。

本章砌筑用的胶结材料，如水泥砂浆、混凝土的强度等级及其配合比等质量指标应符合设计要求，通常应在现场查阅胶结材料的配合比试验报告、原材料的出厂合格证等，并进行取样试验。根据大多数工程统计，同标号胶结材料试件的数量28d龄期，每200m³砌体取试件1组3个；设计龄期每400m³砌体取试件1组3个。勾缝水泥砂浆每班取试件不少于1组。

水泥砂浆、混凝土的取样试验应执行《水工混凝土试验规程》(SL 352—2006)，质量评定应按SL 176—2007的规定进行。

7.2 干 砌 石

干砌石主要用于护坡工程和非重要且低矮的挡墙（坝）工程上，干砌石施工宜采用整体单元工程进行评定。当护坡砌（填）筑某一工序工作量较大时，可根据实际施工情况，将其划分为划分工序单元工程，在工序施工质量评定的基础上再对其单元工程进行评价。

干砌石护坡坡度整体上应符合设计要求，其误差值不宜大于2%。对干砌石护坡厚度多数工程是采用一个常值±5cm控制(与SDJ 249.1—88相同)，亦可采用干砌石护坡厚度的允许偏差值为10%作为控制指标，当两者不一致时取其小值控制为宜，对不影响相临结构安全或美观的情况下，对超厚的块石可认为是合格的。

干砌石护坡质量检查常采用翻撬或铁钎插检相结合的方法进行，具体操作时可根据具体情况选择合适的方法，但每个单元翻撬检查点不宜少于3处。

对于干砌石土墙（堤）应按照堆石料的质量控制标准孔隙率指标控制，宜采用试坑法检查，每个单元至少应检验1次。

本次修订增加护坡坡面坡度、干砌石土墙（堤）的检查内容。

7.3 水泥砂浆砌石体

水泥砂浆砌石体在工序或单元工程评定时，不一定都要求有钻孔压水试验成果和砌石体的密度、孔隙率检测成果；但当砌石体砌筑高度达到 4～5m 高时应有钻孔压水试验成果，砌石体砌筑高度达到 10～20m 高时应有密度、孔隙率检测成果。

对有抗渗要求的部位，应按设计规定的方法进行压水试验，测定单位吸水率，其值应满足设计要求。检测数量宜控制在每砌筑 2 层高，进行 1 次钻孔压水试验，每 100～200m² 坝面钻孔 3 个，每次试验不少于 3 孔。

水泥砂浆初凝前允许 1 次连续砌筑两层，介于初凝和终凝之间的砌体不允许扰动，终凝以后，需待胶结材料强度达到 2.5MPa 以上时方允许继续砌筑。

为更好地控制岩石地基面、老混凝土表面与防渗体之间的良好结合，对铺填在基岩表面上的水泥砂浆厚度、均匀性，通常采用方格网布点检测，其质量指标应满足设计要求。

水泥砂浆砌石体工程一般都有伸缩缝（填充材料），具体质量标准见表 7.3.5。水泥砂浆砌石体工程中的其他预埋件也可能由止水、排水系统、灌浆管路、铁件、安全监测设施等，可参照 SL 632—2012 中的有关章节评定。在施工过程中应进行保护，防止移位、变形、损坏及堵塞。预埋件的结构型式、位置、尺寸及材料的品种、规格、性能等应符合设计要求和有关标准。所有预埋件都应进行材质证明检查，需要抽检的材料应按有关规范进行。

7.4 混凝土砌石体

以混凝土为胶结材料的砌石体与以水泥砂浆为胶结材料的砌石体比较，最大的区别是胶结材料的不同，其他质量要求基本一致。

混凝土砌石体在原标准中采用整体单元工程进行评定，为了与水泥砂浆砌石体评定一致，本次修订也将混凝土砌石体分成砌石体层面处理、砌筑、伸缩缝 3 个工序进行评定。

本节其他条文的说明，详见 7.3 节水泥砂浆砌石体。

7.5 水泥砂浆勾缝

本节适用于浆砌石体迎水面水泥砂浆防渗砌体勾缝。水泥砂浆勾缝宜采用整体单元工程进行评定。

8 土工合成材料滤层、排水、防渗工程

8.1 一般规定

土工合成材料在我国的应用已有30多年的历史，已在多个基础产业部门的土木工程上应用，积累了大量的施工实践经验。土工合成材料在产品开发、应用技术研究上已取得了突破性进展，逐渐形成了功能齐全的系列产品和相应工艺技术。土工合成材料的发展和应用领域还在不断地扩大。

水利水电工程中使用最多、应用最广的土工合成材料主要有两大类：一类是用于起滤层、排水作用的土工织物；另一类是用于起防渗作用的土工膜。

8.2 土工织物滤层与排水

土工织物可以取代传统的粒料建造滤层和排水体，土工织物的施工质量可按场地清整与垫层料铺设、织物备料、铺设、回填和表面防护等4个工序进行评定，按设计和施工铺设的区、段划分，每一区、段或每500～1000m^2划分为一个单元工程。

土工织物是聚合材料，在紫外线直接照射下，会引起材料的降解破坏，故铺设后应尽早覆盖保护，一般不应超过48h。

对土工织物外侧的垫层（或保护层）主要应控制其通水能力，土工织物外侧不应直接铺设或覆盖不透水材料。土工织物内侧一般按设计要求设置平面排水网或方便面式的排水带；对渗流不稳定的土体区域宜在内侧加设垫层，且垫层料的含泥量不应超过设计要求，使土体与垫层之间、垫层与土工织物之间满足设计要求的滤层准则或排水准则。

选择土工织物除应满足材质、厚度、单位面积质量、力学、水力学等物理力学参数外，还应满足土工织物的等效孔径 O_{95}、渗透系数 k_g 的要求，确保土工织物滤层与排水具有保土性、透水性和防土性。

为防止拉扯或风吹位移，铺设土工织物时一般在其搭接缝处适当加以临时点压，覆盖回填前应清除与回填材料不同的点压材料。为防止回填料刺破土工织物，回填时应适当保护土工织物，并控制其抛填高度。

8.3 土工膜防渗

按照《水利水电工程土工合成材料应用技术规范》（SL/T 225—98）的规定，土工膜防渗体一般由防护层和上垫层、土工膜防渗体、下垫层和支持层、土工膜防渗体与刚性建筑物或周边连接等结构组成，按土工膜防渗体的结构不同可分成 5 个工序。评定时应根据实际工程情况、工程量的大小，也可将每一个工序作为一个单元工程进行评定。

土工膜防渗体的单元工程宜按其铺填区、段划分，每一次连续铺填的区、段即为一个单元工程。土工膜防渗体与刚性建筑物或周边连接部位，可按其连续施工段（一般 30～50m）划分单元，如土工膜防渗体与坝基截水墙连接时，其中的每一个施工段即为一个单元工程。

土工膜是聚合材料，在紫外线直接照射下，同样会引起材料的降解破坏，故铺设后应尽早覆盖保护，一般不应超过 48h。为防止回填料刺破土工膜，回填时应适当保护土工膜，并控制其抛填高度。

土工膜拼接应根据膜材种类、厚度等条件选用热焊接或胶粘法进行，胶粘法多用于局部补强。视工程的重要性，有时要求焊平行两道缝。复合土工膜焊接后应将破坏了的两侧土工织物进行恢复，或采取必要的保护措施。土工膜的接头施工前应进行生产性工艺试验，以确定拼接工艺和拼接控制参数，并对接缝作拉伸、强度试验，要求接缝处强度不低于母材的80%。膜间形成的结点，应为T形，不应做成十字形。

接缝检测方法有：目测法、现场检漏法和抽样测试法，详见SL/T 225—98。

土工膜周边封闭质量是保证土工膜防渗体系的重要组成部分，封闭沟槽的结构型式及其结构尺寸、地基地质条件应符合设计质量要求。混凝土、黏性土土料等封闭材料质量应满足设计要求，取样合格率应不小于95%，不合格试样不应集中，且应不低于设计指标的0.98倍。当封闭沟槽混凝土、黏性土土料铺填量较大时，可根据实际施工情况，将其划分为划分工序单元工程，在工序施工质量评定的基础上对单元工程进行评价。

回填防护时不应损坏土工织物，土工织物上至少有30cm厚的松土层后，方可采用轻碾压密。

水利水电工程单元工程施工质量验收评定标准——混凝土工程

SL 632—2012 替代 SDJ 249.1—88、SL 38—92

2012-09-19 发布 2012-12-19 实施

前 言

根据水利部2004年水利行业标准制修订计划，按照《水利技术标准编写规定》（SL 1—2002）的要求，修订《水利水电基本建设工程单元工程质量等级评定标准——水工建筑物（试行）》（SDJ 249.1—88）和《水利水电基本建设工程单元工程质量等级评定标准（七）——碾压式土石坝和浆砌石坝》（SL 38—92）两项标准，按专业类别重新划分，编制成“土石方工程”、“混凝土工程”、“地基处理与基础工程”三项标准。修订后的标准名称为《水利水电工程单元工程施工质量验收评定标准——混凝土工程》。

本标准共11章33节136条和5个附录。

本标准主要技术内容包括：

——本标准的适用范围；

——单元工程划分的原则以及划分的组织和程序；

——单元工程质量验收评定的组织、条件、方法；

——混凝土工程施工质量检验项目、质量要求、检验方法和检验数量。

本次修订的主要内容有：

——将原标准的“说明”修改为“总则”，并增加和修改了部分内容；

——增加了术语；

——增加了基本规定，明确了验收评定的程序，强化了在验收评定中对施工过程检验资料、施工记录的要求；

——较原标准增加和修订了普通混凝土、碾压混凝土、混凝土面板、沥青混凝土、预应力混凝土、混凝土预制构件安装、坝体接缝灌浆、安全监测设施安装等单元工程的施工质量验收评定标准；

——改变了原标准中质量检验项目分类。将原标准中的“保证项目”、“基本项目”、“主要项目”、“一般项目”等统一规定为“主控项目”和“一般项目”两类；

——增加了条文说明。

本标准为全文推荐。

本标准所替代标准的历次版本为：

——SDJ 249.1—88

——SL 38—92

本标准批准部门：**中华人民共和国水利部**

本标准主持机构：**水利部建设与管理司**

本标准解释单位：**水利部建设与管理司**

本标准主编单位：**水利部水利建设与管理总站**

本标准参编单位：**河北省水利水电勘测设计研究院**

本标准出版、发行单位：**中国水利水电出版社**

本标准主要起草人：**张严明　吴春良　张忠生　魏朝坤　窦宝松　栗保山　于子忠　庞晓岚　傅长锋　邵　亮　别德波　赵　宏　朱明昕**

本标准审查会议技术负责人：**曹征齐　钟彦祥**

本标准体例格式审查人：**陈登毅**

目　次

1 总 则

1.0.1 为加强水利水电工程施工质量管理，统一混凝土工程的单元工程施工质量验收评定标准，规范单元工程验收评定工作，制定本标准。

1.0.2 本标准适用于大中型水利水电工程的混凝土工程的单元工程施工质量验收评定，小型水利水电工程可参照执行。

1.0.3 混凝土工程施工质量不符合本标准合格要求的单元工程，不应通过验收。

1.0.4 本标准的引用标准主要有以下标准：

《预应力筋用锚具、夹具和连接器》(GB/T 14370)

《混凝土结构工程施工质量验收规范》(GB 50204)

《水工建筑物滑动模板施工技术规范》(SL 32)

《水利水电施工质量检验与评定规程》(SL 176)

《水利水电工程单元工程施工质量验收评定标准——土石方工程》(SL 631)

1.0.5 混凝土工程的单元工程施工质量验收评定除应符合本标准外，尚应符合国家现行有关标准的规定。

2 术　语

2.0.1 单元工程　separated item project

依据建筑物设计结构、施工部署和质量考核要求，将分部工程划分为若干个层、块、区、段，每一层、块、区、段为一个单元工程，通常是由若干个工序组成的综合体，是施工质量考核的基本单位。

2.0.2 工序　working procedure

按施工的先后顺序将单元工程划分成的若干个具体施工过程或施工步骤。对单元工程质量影响较大的工序称为主要工序。

2.0.3 主控项目　dominant item

对单元工程的功能起决定作用或对安全、卫生、环境保护有重大影响的检验项目。

2.0.4 一般项目　general item

除主控项目以外的检验项目。

3 基本规定

3.1 一般要求

3.1.1 单元工程划分应符合下列要求：

1 分部工程开工前应由建设监理单位组织设计、施工等单位，根据本标准要求，共同划分单元工程。

2 建设单位应根据工程性质和部位确定重要隐蔽单元工程和关键部位单元工程。

3 单元工程划分结果应书面报送质量监督机构备案。

3.1.2 单元工程按工序划分情况，应分为划分工序单元工程和不划分工序单元工程。

1 划分工序单元工程应先进行工序施工质量验收评定。应在工序验收评定合格和施工项目实体质量检验合格的基础上，进行单元工程施工质量验收评定。

2 不划分工序单元工程的施工质量验收评定，应在单元工程中所包含的检验项目检验合格和施工项目实体质量检验合格的基础上进行。

3.1.3 检验项目应分为主控项目和一般项目。

3.1.4 工序和单元工程施工质量等各类项目的检验，应采用随机布点和监理工程师现场指定区位相结合的方式进行。检验方法及数量应符合本标准和相关标准的规定。

3.1.5 工序和单元工程施工质量验收评定表及其备查资料的制备应由工程施工单位负责，其规格宜采用国际标准 A4（210mm×297mm），验收评定表一式 4 份，备查资料一式 2 份，其中验收评定表及其备查资料各 1 份应由监理单位保存，其余应由施工单位保存。

3.2 工序施工质量验收评定

3.2.1 单元工程中的工序分为主要工序和一般工序。主要工序和一般工序的划分应按本标准的规定执行。

3.2.2 工序施工质量验收评定应具备下列条件：

1 工序中所有施工项目（或施工内容）已完成，现场具备验收条件。

2 工序中所包含的施工质量检验项目经施工单位自检全部合格。

3.2.3 工序施工质量验收评定应按下列程序进行：

1 施工单位应首先对已经完成的工序施工质量按本标准进行自检，并做好检验记录。

2 施工单位自检合格后，应填写工序施工质量验收评定表（附录 A），质量责任人履行相应签认手续后，向监理单位申请复核。

3 监理单位收到申请后，应在4h内进行复核。复核包括下列内容：

1）核查施工单位报验资料是否真实、齐全。

2）结合平行检测和跟踪检测结果等，复核工序施工质量检验项目是否符合本标准的要求。

3）在施工单位提交的工序施工质量验收评定表中填写复核记录，并签署工序施工质量评定意见，核定工序施工质量等级，相关责任人履行相应签认手续。

3.2.4 工序施工质量验收评定应包括下列资料：

1 施工单位报验时，应提交下列资料：

1）各班（组）的初检记录、施工队复检记录、施工单位专职质检员终检记录。

2）工序中各施工质量检验项目的检验资料。

3）施工单位自检完成后，填写的工序施工质量验收评定表。

2 监理单位应提交下列资料：

1）监理单位对工序中施工质量检验项目的平行检测资料。

2）监理工程师签署质量复核意见的工序施工质量验收评

定表。

3.2.5 工序施工质量验收评定分为合格和优良两个等级，其标准应符合下列规定：

1 合格等级标准应符合下列规定：

1） 主控项目，检验结果应全部符合本标准的要求。

2） 一般项目，逐项应有70%及以上的检验点合格，且不合格点不应集中。

3） 各项报验资料应符合本标准的要求。

2 优良等级标准应符合下列规定：

1） 主控项目，检验结果应全部符合本标准的要求。

2） 一般项目，逐项应有90%及以上的检验点合格，且不合格点不应集中。

3） 各项报验资料应符合本标准的要求。

3.3 单元工程施工质量验收评定

3.3.1 单元工程施工质量验收评定应具备下列条件：

1 单元工程所含工序（或所有施工项目）已完成，施工现场具备验收的条件。

2 已完工序施工质量经验收评定全部合格，有关质量缺陷已处理完毕或有监理单位批准的处理意见。

3.3.2 单元工程施工质量验收评定应按下列程序进行：

1 施工单位应首先对已经完成的单元工程施工质量进行自检，并填写检验记录。

2 施工单位自检合格后，应填写单元工程施工质量验收评定表（附录A），向监理单位申请复核。

3 监理单位收到申报后，应在8h内进行复核。复核应包括下列内容：

1） 核查施工单位报验资料是否真实、齐全。

2） 对照施工图纸及施工技术要求，结合平行检测和跟踪检测结果等，复核单元工程质量是否达到本标准的要求。

3）检查已完单元遗留问题的处理情况，在施工单位提交的单元工程施工质量验收评定表中填写复核记录，并签署单元工程施工质量评定意见，核定单元工程施工质量等级，相关责任人履行相应签认手续。

4）对验收中发现的问题提出处理意见。

4 重要隐蔽单元工程和关键部位单元工程施工质量的验收评定应由建设单位（或委托监理单位）主持，应由建设、设计、监理、施工等单位的代表组成联合小组，共同验收评定，并应在验收前通知工程质量监督机构。

3.3.3 单元工程施工质量验收评定应包括下列资料：

1 施工单位申请验收评定时，应提交下列资料：

1）单元工程中所含工序（或检验项目）验收评定的检验资料。

2）原材料、拌和物与各项实体检验项目的检验记录资料。

3）施工单位自检完成后，填写的单元工程施工质量验收评定表。

2 监理单位应提交下列资料：

1）监理单位对单元工程施工质量的平行检测资料。

2）监理工程师签署质量复核意见的单元工程施工质量验收评定表。

3.3.4 划分工序单元工程施工质量评定分为合格和优良两个等级，其标准应符合下列规定：

1 合格等级标准应符合下列规定：

1）各工序施工质量验收评定应全部合格。

2）各项报验资料应符合本标准的要求。

2 优良等级标准应符合下列规定：

1）各工序施工质量验收评定应全部合格，其中优良工序应达到50%及以上，且主要工序应达到优良等级。

2）各项报验资料应符合本标准的要求。

3.3.5 不划分工序单元工程施工质量评定分为合格和优良两个等级，其标准应符合下列规定：

1 合格等级标准应符合下列规定：

1） 主控项目，检验结果应全部符合本标准的要求。

2） 一般项目，逐项应有70%及以上的检验点合格，且不合格点不应集中。

3） 各项报验资料应符合本标准的要求。

2 优良等级标准应符合下列规定：

1） 主控项目，检验结果应全部符合本标准的要求。

2） 一般项目，逐项应有90%及以上的检验点合格，且不合格点不应集中。

3） 各项报验资料应符合本标准的要求。

3.3.6 单元工程施工质量验收评定未达到合格标准时，应及时进行处理，处理后应按下列规定进行验收评定：

1 全部返工重做的，重新进行验收评定。

2 经加固补强并经设计和监理单位鉴定能达到设计要求时，其质量评定为合格。

3 处理后的单元工程部分质量指标仍未达到设计要求时，经原设计单位复核，建设单位及监理单位确认能满足安全和使用功能要求，可不再进行处理；或经加固补强后，改变了建筑物外形尺寸或造成工程永久缺陷的，经建设单位、设计单位及监理单位确认能基本满足设计要求，其质量可评定为合格，并按规定进行质量缺陷备案。

4 普通混凝土工程

4.1 一 般 规 定

4.1.1 普通混凝土单元工程宜以混凝土浇筑仓号或一次检查验收范围划分。对混凝土浇筑仓号，应按每一仓号分为一个单元工程；对排架、梁、板、柱等构件，应按一次检查验收的范围分为一个单元工程。

4.1.2 普通混凝土单元工程分为基础面或施工缝处理、模板安装、钢筋制作及安装、预埋件（止水、伸缩缝等）制作及安装、混凝土浇筑（含养护、脱模）、外观质量检查6个工序，其中钢筋制作及安装、混凝土浇筑（含养护、脱模）工序宜为主要工序。

4.1.3 水泥、钢筋、掺合料、外加剂、止水片（带）等原材料质量应按有关规范要求进行全面检验，进场检验结果应满足相关产品标准，不合格产品不应使用。不同批次原材料在工程中的使用部位应有记录，原材料及中间产品备查表见附录B。

4.1.4 砂石骨料的质量应符合附录C.1节规定的质量标准。

4.1.5 混凝土拌和物性能应符合附录C.2节规定的质量标准。

4.1.6 硬化混凝土性能应符合附录C.3节规定的质量标准。

4.2 基础面、施工缝处理

4.2.1 基础面处理施工质量标准见表4.2.1。

表4.2.1 基础面处理施工质量标准

项次		检验项目		质量要求	检验方法	检验数量
主控项目	1	基础面	岩基	符合设计要求	观察、查阅设计图纸或地质报告	全仓
			软基	预留保护层已挖除；基础面符合设计要求	观察、查阅测量断面图及设计图纸	

表 4.2.1（续）

项次		检验项目	质量要求	检验方法	检验数量
主控项目	2	地表水和地下水	妥善引排或封堵	观察	全仓
一般项目	1	岩面清理	符合设计要求；清洗洁净、无积水、无积渣杂物	观察	
注：构筑物基础的整体开挖应符合 SL 631 中的有关标准。					

4.2.2 混凝土施工缝处理质量标准见表 4.2.2。

表 4.2.2　混凝土施工缝处理质量标准

项次		检验项目	质量要求	检验方法	检验数量
主控项目	1	施工缝的留置位置	符合设计或有关施工规范规定	观察、量测	全数
	2	施工缝面凿毛	基面无乳皮，成毛面，微露粗砂	观察	
一般项目	1	缝面清理	符合设计要求；清洗洁净、无积水、无积渣杂物	观察	

4.3 模板制作及安装

4.3.1 本节适用于定型或现场装配式钢、木模板等的制作及安装；对于特种模板（镶面模板、滑升模板、拉模及钢模台车等）除应符合本标准外，还应符合有关技术标准和设计要求等的规定。

4.3.2 模板制作及安装施工质量标准见表 4.3.2。

表 4.3.2　模板制作及安装施工质量标准

项次		检验项目	质量要求	检验方法	检验数量
主控项目	1	稳定性、刚度和强度	满足混凝土施工荷载要求，并符合模板设计要求	对照模板设计文件及图纸检查	全部

表 4.3.2（续）

项次		检验项目		质量要求		检验方法	检验数量
主控项目	2	承重模板底面高程		允许偏差 0～+5mm		仪器测量	模板面积在 $100m^2$ 以内，不少于 10 个点；每增加 $100m^2$，检查点数增加不少于 10 个点
	3	排架、梁板、柱、墙	结构断面尺寸	允许偏差±10mm		钢尺测量	
			轴线位置	允许偏差±10mm		仪器测量	
			垂直度	允许偏差±5mm		2m 靠尺量测、或仪器测量	
	4	结构物边线与设计边线		外露表面	内模板：允许偏差−10mm～0；外模板：允许偏差 0～+10mm	钢尺测量	
				隐蔽内面	允许偏差 15mm		
	5	预留孔、洞尺寸及位置		孔、洞尺寸	允许偏差−10mm	测量、查看图纸	
				孔洞位置	允许偏差±10mm		
一般项目	1	模板平整度、相邻两板面错台		外露表面	钢模：允许偏差 2mm；木模：允许偏差 3mm	2m 靠尺量测或拉线检查	模板面积在 $100m^2$ 以内，不少于 10 个点；每增加 $100m^2$，检查点数增加不少于 10 个点
				隐蔽内面	允许偏差 5mm		
	2	局部平整度		外露表面	钢模：允许偏差 3mm；木模：允许偏差 5mm	按水平线（或垂直线）布置检测点，2m 靠尺量测	模板面积在 $100m^2$ 以上，不少于 20 个点。每增加 $100m^2$，检查点数增加不少于 10 个点
				隐蔽内面	允许偏差 10mm		

表 4.3.2（续）

项次		检验项目	质量要求		检验方法	检验数量
一般项目	3	板面缝隙	外露表面	钢模：允许偏差 1mm；木模：允许偏差 2mm	量测	100m² 以上，检查 3～5 个点。100m² 以内，检查 1～3 个点
			隐蔽内面	允许偏差 2mm		
	4	结构物水平断面内部尺寸	允许偏差±20mm		测量	100m² 以上，不少于 10 个点；100m² 以内，不少于 5 个点
	5	脱模剂涂刷	产品质量符合标准要求，涂刷均匀，无明显色差		查阅产品质检证明，观察	全面
	6	模板外观	表面光洁、无污物		观察	

注 1：外露表面、隐蔽内面系指相应模板的混凝土结构物表面最终所处的位置。

注 2：有专门要求的高速水流区、溢流面、闸墩、闸门槽等部位的模板，还应符合有关专项设计的要求。

4.4 钢筋制作及安装

4.4.1 钢筋进场时应逐批（炉号）进行检验，应查验产品合格证、出厂检验报告和外观质量并记录，并按相关规定抽取试样进行力学性能检验，不符合标准规定的不应使用。

4.4.2 钢筋制作及安装施工质量标准见表 4.4.2-1，钢筋连接施工质量标准见表 4.4.2-2。

表 4.4.2-1 钢筋制作及安装施工质量标准

项次		检验项目	质量要求	检验方法	检验数量
主控项目	1	钢筋的数量、规格尺寸、安装位置	符合质量标准和设计的要求	对照设计文件检查	全数

表 4.4.2-1(续)

<table>
<tr><th colspan="2">项次</th><th colspan="2">检验项目</th><th>质量要求</th><th>检验方法</th><th>检验数量</th></tr>
<tr><td rowspan="4">主控项目</td><td>2</td><td colspan="2">钢筋接头的力学性能</td><td>符合规范要求和国家及行业有关规定</td><td>对照仓号在结构上取样测试</td><td>焊接 200 个接头检查 1 组，机械连接 500 个接头检验 1 组</td></tr>
<tr><td>3</td><td colspan="2">焊接接头和焊缝外观</td><td>不允许有裂缝、脱焊点、漏焊点，表面平顺，没有明显的咬边、凹陷、气孔等，钢筋不应有明显烧伤</td><td>观察并记录</td><td>不少于 10 个点</td></tr>
<tr><td>4</td><td colspan="2">钢筋连接</td><td colspan="3">钢筋连接的施工质量标准见表 4.4.2-2</td></tr>
<tr><td>5</td><td colspan="2">钢筋间距、保护层</td><td>符合规范和设计要求</td><td>观察、量测</td><td>不少于 10 个点</td></tr>
<tr><td rowspan="6">一般项目</td><td>1</td><td colspan="2">钢筋长度方向</td><td>局部偏差 ±1/2 净保护层厚</td><td>观察、量测</td><td rowspan="4">不少于 5 个点</td></tr>
<tr><td rowspan="2">2</td><td rowspan="2">同一排受力钢筋间距</td><td>排架、柱、梁</td><td>允许偏差 ±0.5d</td><td>观察、量测</td></tr>
<tr><td>板、墙</td><td>允许偏差 ±0.1 倍间距</td><td>观察、量测</td></tr>
<tr><td>3</td><td colspan="2">双排钢筋，其排与排间距</td><td>允许偏差 ±0.1 倍排距</td><td>观察、量测</td></tr>
<tr><td>4</td><td colspan="2">梁与柱中箍筋间距</td><td>允许偏差 ±0.1 倍箍筋间距</td><td>观察、量测</td><td>不少于 10 个点</td></tr>
<tr><td>5</td><td colspan="2">保护层厚度</td><td>局部偏差 ±1/4 净保护层厚</td><td>观察、量测</td><td>不少于 5 个点</td></tr>
</table>

表 4.4.2-2　钢筋连接施工质量标准

<table>
<tr><th>序号</th><th colspan="3">检验项目</th><th>质量要求</th><th>检验方法</th><th>检验数量</th></tr>
<tr><td rowspan="5">1</td><td rowspan="5">点焊及电弧焊</td><td colspan="2">帮条对焊接头中心</td><td>纵向偏移差不大于 0.5d</td><td rowspan="5">观察、量测</td><td rowspan="12">每项不少于 10 个点</td></tr>
<tr><td colspan="2">接头处钢筋轴线的曲折</td><td>≤4°</td></tr>
<tr><td rowspan="3">焊缝</td><td>长度</td><td>允许偏差−0.5d</td></tr>
<tr><td>高度</td><td>允许偏差−0.5d</td></tr>
<tr><td>表面气孔夹渣</td><td>在 2d 长度上数量不多于 2 个；气孔、夹渣的直径不大于 3mm</td></tr>
<tr><td rowspan="4">2</td><td rowspan="4">对焊及熔槽焊</td><td rowspan="2">焊接接头根部未焊透深度</td><td>ϕ25～40mm 钢筋</td><td>≤0.15d</td><td rowspan="4">观察、量测</td></tr>
<tr><td>ϕ40～70mm 钢筋</td><td>≤0.10d</td></tr>
<tr><td colspan="2">接头处钢筋中心线的位移</td><td>0.10d 且不大于 2mm</td></tr>
<tr><td colspan="2">焊缝表面（长为 2d）和焊缝截面上蜂窝、气孔、非金属杂质</td><td>≤1.5d</td></tr>
<tr><td rowspan="3">3</td><td rowspan="3">绑扎连接</td><td colspan="2">缺扣、松扣</td><td>不大于 20%且不集中</td><td>观察、量测</td></tr>
<tr><td colspan="2">弯钩朝向正确</td><td>符合设计图纸</td><td>观察</td></tr>
<tr><td colspan="2">搭接长度</td><td>允许偏差−0.05 设计值</td><td>量测</td></tr>
</table>

表 4.4.2-2（续）

序号	检验项目			质量要求	检验方法	检验数量
4	机械连接	带肋钢筋冷挤压连接接头	压痕处套筒外形尺寸	挤压后套筒长度应为原套筒长度的1.10～1.15倍，或压痕处套筒的外径波动范围为原套筒外径的0.8～0.9倍	观察并量测	每项不少于10个点
			挤压道次	符合型式检验结果	观察、量测	
			接头弯折	≤4°	观察、量测	
			裂缝检查	挤压后肉眼观察无裂缝	观察、量测	
		直（锥）螺纹连接接头	丝头外观质量	保护良好，无锈蚀和油污，牙形饱满光滑	观察、量测	
			套头外观质量	无裂纹或其他肉眼可见缺陷	观察、量测	
			外露丝扣	无1扣以上完整丝扣外露	观察、量测	
			螺纹匹配	丝头螺纹与套筒螺纹满足连接要求，螺纹结合紧密，无明显松动，以及相应处理方法得当	观察、量测	

4.5 预埋件制作及安装

4.5.1 水工混凝土中的预埋件包括止水、伸缩缝（填充材料）、排水系统、冷却及灌浆管路、铁件、安全监测设施等。在施工中应进行全过程检查和保护，防止移位、变形、损坏及堵塞。

4.5.2 预埋件的结构型式、位置、尺寸及材料的品种、规格、性能等应符合设计要求和有关标准。所有预埋件都应进行材质证明检查，需要抽检的材料应按有关规范进行。

4.5.3 安全监测设施预埋施工质量标准见第11章。

4.5.4 预埋件制作及安装施工质量标准见表4.5.4-1～表4.5.4-5。

表4.5.4-1 止水片（带）施工质量标准

<table>
<tr><th colspan="2">项次</th><th colspan="2">检验项目</th><th>质量要求</th><th>检验方法</th><th>检验数量</th></tr>
<tr><td rowspan="5">主控项目</td><td>1</td><td colspan="2">片（带）外观</td><td>表面平整，无浮皮、锈污、油渍、砂眼、钉孔、裂纹等</td><td>观察</td><td>所有外露止水片（带）</td></tr>
<tr><td>2</td><td colspan="2">基座</td><td>符合设计要求（按基础面要求验收合格）</td><td>观察</td><td>不少于5个点</td></tr>
<tr><td>3</td><td colspan="2">片（带）插入深度</td><td>符合设计要求</td><td>检查，量测</td><td>不少于1个点</td></tr>
<tr><td>4</td><td colspan="2">沥青井（柱）</td><td>位置准确、牢固，上下层衔接好，电热元件及绝热材料埋设准确，沥青填塞密实</td><td>观察</td><td>检查3～5个点</td></tr>
<tr><td>5</td><td colspan="2">接头</td><td>符合工艺要求</td><td>检查</td><td>全数</td></tr>
<tr><td rowspan="4">一般项目</td><td rowspan="3">1</td><td rowspan="3">片(带)偏差</td><td>宽</td><td>允许偏差±5mm</td><td rowspan="3">量测</td><td rowspan="3">检查3～5个点</td></tr>
<tr><td>高</td><td>允许偏差±2mm</td></tr>
<tr><td>长</td><td>允许偏差±20mm</td></tr>
<tr><td>2</td><td>搭接长度</td><td>金属止水片</td><td>≥20mm，双面焊接</td><td>量测</td><td>每个焊接处</td></tr>
</table>

表 4.5.4-1（续）

项次		检验项目		质量要求	检验方法	检验数量
一般项目	2	搭接长度	橡胶、PVC止水带	≥100mm	量测	每个连接处
			金属止水片与PVC止水带接头栓接长度	≥350mm（螺栓栓接法）	量测	每个连接带
	3	片（带）中心线与接缝中心线安装偏差		允许偏差±5mm	量测	检查1～2个点

表 4.5.4-2　伸缩缝（填充材料）施工质量标准

项次		检验项目	质量要求	检验方法	检验数量
主控项目	1	伸缩缝缝面	平整、顺直、干燥，外露铁件应割除，确保伸缩有效	观察	全部
一般项目	1	涂敷沥青料	涂刷均匀平整、与混凝土粘接紧密，无气泡及隆起现象	观察	
	2	粘贴沥青油毛毡	铺设厚度均匀平整、牢固、搭接紧密	观察	
	3	铺设预制油毡板或其他闭缝板	铺设厚度均匀平整、牢固、相邻块安装紧密平整无缝	观察	

表 4.5.4-3　排水系统施工质量标准

项次		检验项目	质量要求	检验方法	检验数量
主控项目	1	孔口装置	按设计要求加工、安装，并进行防锈处理，安装牢固，不应有渗水、漏水现象	观察、量测	全部
	2	排水管通畅性	通畅	观察	

表 4.5.4-3（续）

<table>
<tr><th colspan="2">项次</th><th colspan="3">检验项目</th><th>质量要求</th><th>检验方法</th><th>检验数量</th></tr>
<tr><td rowspan="5">一般项目</td><td>1</td><td colspan="3">排水孔倾斜度</td><td>允许偏差 4%</td><td>量测</td><td rowspan="5">全部</td></tr>
<tr><td>2</td><td colspan="3">排水孔（管）位置</td><td>允许偏差 100mm</td><td>量测</td></tr>
<tr><td rowspan="3">3</td><td rowspan="3">基岩排水孔</td><td rowspan="2">倾斜度</td><td>孔深不小于 8m</td><td>允许偏差 1%</td><td>量测</td></tr>
<tr><td>孔深小于 8m</td><td>允许偏差 2%</td><td>量测</td></tr>
<tr><td colspan="2">深度</td><td>允许偏差±0.5%</td><td>量测</td></tr>
</table>

表 4.5.4-4　冷却及灌浆管路施工质量标准

<table>
<tr><th colspan="2">项次</th><th>检验项目</th><th>质量要求</th><th>检验方法</th><th>检验数量</th></tr>
<tr><td>主控项目</td><td>1</td><td>管路安装</td><td>安装牢固、可靠，接头不漏水、不漏气、无堵塞</td><td>通气、通水</td><td>所有接头</td></tr>
<tr><td>一般项目</td><td>1</td><td>管路出口</td><td>露出模板外 300～500mm，妥善保护，有识别标志</td><td>观察</td><td>全部</td></tr>
</table>

表 4.5.4-5　铁件施工质量标准

<table>
<tr><th colspan="2">项次</th><th colspan="2">检验项目</th><th>质量要求</th><th>检验方法</th><th>检验数量</th></tr>
<tr><td>主控项目</td><td>1</td><td colspan="2">高程、方位、埋入深度及外露长度等</td><td>符合设计要求</td><td>对照图纸现场观察、查阅施工记录、量测</td><td rowspan="4">全部</td></tr>
<tr><td rowspan="3">一般项目</td><td>1</td><td colspan="2">铁件外观</td><td>表面无锈皮、油污等</td><td>观察</td></tr>
<tr><td rowspan="2">2</td><td rowspan="2">锚筋钻孔位置</td><td>梁、柱的锚筋</td><td>允许偏差 20mm</td><td>量测</td></tr>
<tr><td>钢筋网的锚筋</td><td>允许偏差 50mm</td><td>量测</td></tr>
</table>

表 4.5.4-5（续）

<table>
<tr><th colspan="2">项次</th><th>检验项目</th><th>质量要求</th><th>检验方法</th><th>检验数量</th></tr>
<tr><td rowspan="3">一般项目</td><td>3</td><td>钻孔底部的孔径</td><td>锚筋直径 20mm</td><td>量测</td><td rowspan="3">全部</td></tr>
<tr><td>4</td><td>钻孔深度</td><td>符合设计要求</td><td>量测</td></tr>
<tr><td>5</td><td>钻孔的倾斜度相对设计轴线</td><td>允许偏差5%（在全孔深度范围内）</td><td>量测</td></tr>
</table>

4.6 混凝土浇筑

4.6.1 所选用的混凝土浇筑设备能力应与浇筑强度相适应，确保混凝土施工的连续性。

4.6.2 混凝土浇筑施工质量标准见表 4.6.2。

表 4.6.2 混凝土浇筑施工质量标准

<table>
<tr><th colspan="2">项次</th><th>检验项目</th><th>质量要求</th><th>检验方法</th><th>检验数量</th></tr>
<tr><td rowspan="5">主控项目</td><td>1</td><td>入仓混凝土料</td><td>无不合格料入仓。如有少量不合格料入仓，应及时处理至达到要求</td><td>观察</td><td>不少于入仓总次数的50%</td></tr>
<tr><td>2</td><td>平仓分层</td><td>厚度不大于振捣棒有效长度的90%，铺设均匀，分层清楚，无骨料集中现象</td><td>观察、量测</td><td rowspan="4">全部</td></tr>
<tr><td>3</td><td>混凝土振捣</td><td>振捣器垂直插入下层5cm，有次序，间距、留振时间合理，无漏振、无超振</td><td>在混凝土浇筑过程中全部检查</td></tr>
<tr><td>4</td><td>铺筑间歇时间</td><td>符合要求，无初凝现象</td><td>在混凝土浇筑过程中全部检查</td></tr>
<tr><td>5</td><td>浇筑温度（指有温控要求的混凝土）</td><td>满足设计要求</td><td>温度计测量</td></tr>
</table>

表 4.6.2（续）

项次		检验项目	质量要求	检验方法	检验数量
主控项目	6	混凝土养护	表面保持湿润；连续养护时间基本满足设计要求	观察	全部
一般项目	1	砂浆铺筑	厚度宜为 2～3cm，均匀平整，无漏铺	观察	全部
	2	积水和泌水	无外部水流入，泌水排除及时	观察	
	3	插筋、管路等埋设件以及模板的保护	保护好，符合设计要求	观察、量测	
	4	混凝土表面保护	保护时间、保温材料质量符合设计要求	观察	
	5	脱模	脱模时间符合施工技术规范或设计要求	观察或查阅施工记录	不少于脱模总次数的 30%

4.7 外观质量检查

4.7.1 混凝土拆模后，应检查其外观质量。当发生混凝土裂缝、冷缝、蜂窝、麻面、错台和变形等质量问题时，应及时处理，并做好记录。

4.7.2 混凝土外观质量评定可在拆模后或消除缺陷处理后进行。

4.7.3 外观质量检查标准见表 4.7.3。

表 4.7.3 外观质量检查标准

项次		检验项目	质量要求	检验方法	检验数量
主控项目	1	表面平整度	符合设计要求	使用 2m 靠尺或专用工具检查	100m² 以上的表面检查 6～10 个点；100m² 以下的表面检查 3～5 个点

表 4.7.3（续）

项次		检验项目	质量要求	检验方法	检验数量
主控项目	2	形体尺寸	符合设计要求或允许偏差±20mm	钢尺测量	抽查15%
	3	重要部位缺损	不允许，应修复使其符合设计要求	观察、仪器检测	全部
一般项目	1	麻面、蜂窝	麻面、蜂窝累计面积不超过0.5%。经处理符合设计要求	观察	全部
	2	孔洞	单个面积不超过0.01m^2，且深度不超过骨料最大粒径。经处理符合设计要求	观察、量测	
	3	错台、跑模、掉角	经处理符合设计要求	观察、量测	
	4	表面裂缝	短小、深度不大于钢筋保护层厚度的表面裂缝经处理符合设计要求	观察、量测	

5 碾压混凝土工程

5.1 一般规定

5.1.1 碾压混凝土单元工程宜以一次连续填筑的段、块划分，每一段、块为一单元工程。

5.1.2 碾压混凝土单元工程分为基础面及层面处理、模板安装、预埋件制作及安装、混凝土浇筑、成缝、外观质量检查 6 个工序，其中基础面及层面处理、模板安装、混凝土浇筑宜为主要工序。

5.1.3 水泥、钢筋、掺合料、外加剂、止水片（带）等原材料质量应按有关规范要求进行全面检验，进场检验结果应满足相关产品标准，不合格产品不应使用。不同批次原材料在工程中的使用部位应有记录，原材料及中间产品检验备查表见附录 B。

5.1.4 砂石骨料的质量应符合附录 D.1 节规定的质量标准。

5.1.5 混凝土拌和物性能应符合附录 D.2 节规定的质量标准。

5.1.6 硬化混凝土性能应符合附录 D.3 节规定的质量标准。

5.2 基础面、层面处理

5.2.1 碾压混凝土基础面处理施工质量标准见表 4.2.1。

5.2.2 碾压混凝土层面处理施工质量标准见表 5.2.2。

表 5.2.2 碾压混凝土层面处理施工质量标准

<table>
<tr><th colspan="2">项 次</th><th>检验项目</th><th>质量要求</th><th>检验方法</th><th>检验数量</th></tr>
<tr><td>主控项目</td><td>1</td><td>施工层面凿毛</td><td>刷毛或冲毛，无乳皮、表面成毛面</td><td>观察</td><td rowspan="2">全仓</td></tr>
<tr><td>一般项目</td><td>1</td><td>施工层面清理</td><td>符合设计要求；清洗洁净、无积水、无积渣杂物</td><td>观察</td></tr>
</table>

5.3 模板、预埋件制作及安装

5.3.1 模板制作及安装施工质量标准见表 5.3.1。

表 5.3.1 模板制作及安装施工质量标准

项次		检验项目	质量要求		检验方法	检验数量
主控项目	1	稳定性、刚度和强度	符合模板设计要求		对照文件和图纸检查	全部
	2	结构物边线与设计边线	钢模：允许偏差 10mm； 木模：允许偏差 15mm		量测	不少于5个点
	3	结构物水平断面内部尺寸	允许偏差±20mm		量测	
	4	承重模板标高	允许偏差±5mm		量测	
一般项目	1	模板平整度：相邻两板面错台	外露表面	钢模：允许偏差 2mm； 木模：允许偏差 3mm	按照水平方向布点 2m 靠尺量测	模板面积在 $100m^2$ 以内，不少于 10 个点；$100m^2$ 以上，不少于 20 个点
			隐蔽内面	允许偏差 5mm		
	2	局部不平整度	外露表面	钢模：允许偏差 2mm； 木模：允许偏差 5mm	2m 靠尺量测	不少于5个点
			隐蔽内面	允许偏差 10mm		
	3	板面缝隙	外露表面	钢模：允许偏差 1mm； 木模：允许偏差 2mm	量测	
			隐蔽内面	允许偏差 2mm		
	4	模板外观	规格符合设计要求；表面光洁、无污物		查阅图纸及目视检查	定型钢模板应抽查同一类型，同一规格模板的 10%，且不少于 3 件，其他逐件检查

表 5.3.1（续）

项次		检验项目	质量要求	检验方法	检验数量
一般项目	5	预留孔、洞尺寸边线	钢模：允许偏差±10mm；木模：允许偏差±15mm	查阅图纸、测量	全数
	6	预留孔、洞中心位置	允许偏差±10mm	查阅图纸、测量	全数
	7	脱模剂	质量符合标准要求，涂抹均匀	观察	全部
注：外露表面、隐蔽内面系指相应模板的混凝土结构物表面最终所处的位置。					

5.3.2 预埋件制作及安装施工质量应符合 4.5 节的规定。

5.4 混凝土浇筑

5.4.1 混凝土浇筑包括垫层混凝土（异种混凝土）浇筑、混凝土铺筑碾压、变态混凝土施工。

5.4.2 碾压施工参数如压实机具的型号、规格，铺料厚度，碾压遍数，碾压速度等应由碾压试验确定。

5.4.3 垫层混凝土（异种混凝土）浇筑施工质量应符合第 4 章的规定。

5.4.4 混凝土铺筑碾压施工质量标准见表 5.4.4。

表 5.4.4 混凝土铺筑碾压施工质量标准

项次		检验项目	质量要求	检验方法	检验数量
主控项目	1	碾压参数	应符合碾压试验确定的参数值	查阅试验报告、施工记录	每班至少检查 2 次
	2	运输、卸料、平仓和碾压	符合设计要求，卸料高度不大于 1.5m；迎水面防渗范围平仓与碾压方向不允许与坝轴线垂直，摊铺至碾压间隔时间不宜超过 2h	观察、记录间隔时间	全部
	3	层间允许间隔时间	符合允许间隔时间要求	观察、记录间隔时间	

表 5.4.4（续）

项次		检验项目	质量要求	检验方法	检验数量
主控项目	4	控制碾压厚度	满足碾压试验参数要求	使用插尺、直尺量测	每个仓号均检测 2～3 个点
	5	混凝土压实密度	符合规范或设计要求	密度检测仪测试混凝土岩芯试验（必要时）	每 100～200m^2 碾压层测试 1 次，每层至少有 3 个点
一般项目	1	碾压条带边缘的处理	搭接 20～30cm 宽度与下一条同时碾压	观察、量测	每个仓号均检测 1～2 个点
	2	碾压搭接宽度	条带间搭接 10～20cm；端头部位搭接不少于 100cm	观察	每个仓号抽查 1～2 个点
	3	碾压层表面	不允许出现骨料分离	观察	全部
	4	混凝土养护	仓面保持湿润，养护时间符合要求，仓面养护到上层碾压混凝土铺筑为止	观察	

5.4.5 变态混凝土施工质量标准见表 5.4.5。

表 5.4.5 变态混凝土施工质量标准

项次		检验项目	质量要求	检验方法	检验数量
主控项目	1	灰浆拌制	由水泥与粉煤灰并掺用外加剂拌制，水胶比宜不大于碾压混凝土的水胶比，保持浆体均匀	查阅试验报告、施工记录或比重计量测	全部
	2	灰浆铺洒	加浆量满足设计要求，铺洒方式符合设计及规范要求，间歇时间低于规定时间	观察、记录间隔时间	
	3	振捣	符合规定要求，间隔时间符合规定标准	浇筑过程中全部检查	

表 5.4.5（续）

项次		检验项目	质量要求	检验方法	检验数量
一般项目	1	与碾压混凝土振碾搭接宽度	应大于 20cm	观察	每个仓号抽查 1～2 个点
	2	铺层厚度	符合设计要求	量测	全部
	3	施工层面	无积水，不允许出现骨料分离；特殊地区施工时空气温度应满足施工层面需要	观察	

5.5 成缝及外观质量

5.5.1 碾压混凝土成缝施工质量标准见表 5.5.1。

表 5.5.1 碾压混凝土成缝施工质量标准

项次		检验项目	质量要求	检验方法	检验数量
主控项目	1	缝面位置	应满足设计要求	观察、量测	全部
	2	结构型式及填充材料	应满足设计要求	观察	
	3	有重复灌浆要求横缝	制作与安装应满足设计要求	观察、量测	
一般项目	1	切缝工艺	应满足设计要求	量测	
	2	成缝面积	满足设计要求	量测	

5.5.2 混凝土外观质量检查标准见 4.7 节。

6 混凝土面板工程

6.1 一 般 规 定

6.1.1 本章适用于混凝土面板堆石坝（含砂砾石填筑的坝）中面板及趾板混凝土施工质量的验收评定。

6.1.2 混凝土面板工程宜以每块面板或每块趾板划分为一个单元工程。

6.1.3 混凝土面板单元工程分为基面清理、模板安装、钢筋制作及安装、预埋件制作及安装、混凝土浇筑（含养护）、外观质量检查6个工序，其中钢筋制作及安装、混凝土浇筑（含养护）工序宜为主要工序。

6.1.4 原材料和中间产品的质量标准应符合4.1节的规定。

6.2 基 面 清 理

6.2.1 趾板基础面处理质量标准见4.2.1条。

6.2.2 面板基面清理施工质量标准见表6.2.2。

表6.2.2 面板基面清理施工质量标准

项次		检验项目	质量要求	检验方法	检验数量
主控项目	1	垫层坡面	符合设计要求；预留保护层已挖除，坡面保护完成	观察、查阅设计图纸	全数
	2	地表水和地下水	妥善引排或封堵	观察	
一般项目	1	基础清理	符合设计要求；清洗洁净、无积水、无积渣杂物	观察、查阅测量断面图	
	2	混凝土基础面	洁净、无乳皮、表面成毛面；无积水；无积渣杂物	观察	

6.3 模板、钢筋制作及安装

6.3.1 本节适用于混凝土模板滑模制作及安装、滑模轨道安装工序的施工质量评定，其他模板应符合4.3节的规定。

6.3.2 滑模施工应符合SL 32的要求和模板设计要求。

6.3.3 模板制作及安装施工质量标准见表6.3.3。

表6.3.3 滑模制作及安装施工质量标准

项次		检验项目		质量要求	检验方法	检验数量
主控项目	1	滑模结构及其牵引系统		应牢固可靠，便于施工，并应设有安全装置	观察、试运行	全数
	2	模板及其支架		满足设计稳定性、刚度和强度要求	观察、查阅设计文件	
一般项目	1	模板表面		处理干净，无任何附着物，表面光滑	观察	全数
	2	脱模剂		涂抹均匀	观察	
	3	滑模制作及安装	外形尺寸	允许偏差±10mm	量测	每$100m^2$不少于8个点
	4		对角线长度	允许偏差±6mm	量测	每$100m^2$不少于4个点
	5		扭曲	允许偏差4mm	挂线检查	每$100m^2$不少于16个点
	6		表面局部不平度	允许偏差3mm	2m靠尺量测	每$100m^2$不少于20个点
	7		滚轮及滑道间距	允许偏差±10mm	量测	每$100m^2$不少于4个点
	8	滑模轨道制作及安装	轨道安装高程	允许偏差±5mm	量测	每10延米各测一点，总检测点不少于20个点
	9		轨道安装中心线	允许偏差±10mm	量测	
	10		轨道接头处轨面错位	允许偏差2mm	量测	每处接头检测2个点

6.3.4 钢筋制作及安装施工质量应符合 4.4 节的规定。

6.4 预埋件制作及安装

6.4.1 本工序主要包括预埋件制作及安装中止水及伸缩缝设置等内容，混凝土面板中预埋件制作及安装除应符合本节的要求外，尚应符合 4.5 节的规定。

6.4.2 止水片（带）施工质量标准见表 6.4.2。

表 6.4.2 止水片（带）施工质量标准

<table>
<tr><th colspan="2">项次</th><th colspan="2">检验项目</th><th>质量要求</th><th>检验方法</th><th>检验数量</th></tr>
<tr><td rowspan="2">主控项目</td><td rowspan="2">1</td><td colspan="2" rowspan="2">止水片（带）连接</td><td>铜止水片连（焊）接表面光滑、无孔洞、无裂缝；对缝焊应为单面双层焊接；搭接焊应为双面焊接，搭接长度应大于 20mm。拼接处的抗拉强度不小于母材强度</td><td>观察、量测、工艺试验</td><td rowspan="2">每种焊接工艺不少于 3 组</td></tr>
<tr><td>PVC 止水带采用热粘接或热焊接，搭接长度不小于 150mm；橡胶止水带硫化连接牢固。接头内不应有气泡、夹渣或渗水。拼接处的抗拉强度不小于母材强度</td><td>观察、取样检测</td></tr>
<tr><td rowspan="4">一般项目</td><td>1</td><td colspan="2">止水片（带）外观</td><td>表面浮皮、锈污、油漆、油渍等清除干净；止水片（带）无变形、变位</td><td>观察</td><td>全数</td></tr>
<tr><td>2</td><td colspan="2">PVC（或橡胶）垫片</td><td>平铺或粘贴在砂浆垫（或沥青垫）上，中心线应与缝中心线重合；允许偏差±5mm</td><td>观察、量测</td><td rowspan="3">每 5 延米检测 1 个点</td></tr>
<tr><td rowspan="2">3</td><td rowspan="2">制作（成型）</td><td>宽度</td><td>铜止水允许偏差±5mm；PVC 或橡胶止水带允许偏差±5mm</td><td rowspan="2">量测</td></tr>
<tr><td>鼻子或立腿高度</td><td>铜止水允许偏差±2mm</td></tr>
</table>

表 6.4.2（续）

项次		检验项目		质 量 要 求	检验方法	检验数量
一般项目	3	制作（成型）	中心部分直径	PVC或橡胶止水带允许偏差±2mm	量测	每5延米检测1个点
	4	安装	中心线与设计	铜止水允许偏差±5mm；PVC或橡胶止水带允许偏差±5mm	仪器测量	
			两侧平段倾斜	铜止水允许偏差±5mm；PVC或橡胶止水带允许偏差±10mm		

6.4.3 伸缩缝施工质量标准见表6.4.3。

表 6.4.3 伸缩缝施工质量标准

项次		检验项目	质 量 要 求	检验方法	检验数量
主控项目	1	柔性料填充	满足设计断面要求，边缘允许偏差±10mm；面膜按设计结构设置，与混凝土面应黏结紧密，锚压牢固，形成密封腔	抽样检测	每50～100m为一检测段
	2	无黏性料填充	填料填塞密实，保护罩的外形尺寸符合设计要求，安装锚固用的角钢、膨胀螺栓规格、间距符合设计要求，并经防腐处理。位置偏差不大于30mm；螺栓孔距允许偏差不大于50mm；螺栓孔深允许偏差不大于5mm	观察、量测	每10延米抽检一个断面
一般项目	1	面板接缝顶部预留填塞柔性填料的V形槽	位置准确，规格、尺寸符合设计要求	观察、量测	每5延米测一横断面，每断面不少于3个测点
	2	预留槽表面处理	清洁、干燥，黏结剂涂刷均匀、平整、不应漏涂，涂料应与混凝土面黏结紧密	观察	全数

表 6.4.3（续）

项次		检验项目	质量要求	检验方法	检验数量
一般项目	3	砂浆垫层	平整度、宽度符合设计要求；平整度允许偏差±2mm；宽度允许偏差不大于5mm	用2m靠尺量测	平整度，每5延米检测1点，宽度每5延米检测1个断面
	4	柔性填料表面	混凝土表面应平整、密实；无松动混凝土块、无露筋、蜂窝、麻面、起皮、起砂现象	自下而上观察	每5延米检测1点

6.5 混凝土浇筑及外观质量

6.5.1 混凝土浇筑包括混凝土面板和趾板混凝土浇筑，趾板混凝土施工质量应符合本标准4.6节的规定。

6.5.2 混凝土面板浇筑施工质量标准见表6.5.2。

表 6.5.2 混凝土面板浇筑施工质量标准

项次		检验项目	质量要求	检验方法	检验数量
主控项目	1	滑模提升速度控制	滑模提升速度由试验确定，混凝土浇筑连续，不允许仓面混凝土出现初凝现象。脱模后无鼓胀及表面拉裂现象，外观光滑平整	观察、查阅施工记录	全部
	2	混凝土振捣	有序振捣均匀、密实	观察	
	3	施工缝处理	按设计要求处理	观察、量测	
	4	裂缝	无贯穿性裂缝，出现裂缝按设计要求处理	检查、进行统计描述裂缝情况的位置、深度、宽度、长度等	
一般项目	1	铺筑厚度	符合规范要求	量测	每10延米测1点
	2	面板厚度（mm）	符合设计要求。允许偏差－50～100mm	测量	
	3	混凝土养护	符合规范要求	观察、查阅施工记录	全部

6.5.3 混凝土外观质量检查标准见第4.7节。

7 沥青混凝土工程

7.1 一般规定

7.1.1 本章适用于碾压式沥青混凝土心墙、沥青混凝土面板工程。

7.1.2 沥青及其他混合材料的质量应满足技术规范的要求；沥青混凝土的配合比应通过试验确定；碾压施工参数如压实机具的型号、规格、碾压遍数、碾压速度等应通过现场碾压试验确定。

7.1.3 沥青混凝土宜按施工铺筑区、段、层划分，每一区、段的每一铺筑层为一个单元工程。

7.1.4 沥青质量的进场检验结果应满足相关产品标准，并符合附录E.1节规定的质量标准。

7.1.5 粗细骨料、掺料的质量应符合附录E.2节规定的质量标准。

7.1.6 沥青拌和物及沥青混凝土质量应符合附录E.3节规定的质量标准。

7.2 沥青混凝土心墙

7.2.1 沥青混凝土心墙施工分为基座结合面处理及沥青混凝土结合层面处理、模板制作及安装（心墙底部及两岸接坡扩宽部分采用人工铺筑时有模板制作及安装）、沥青混凝土的铺筑3个工序，沥青混凝土的铺筑工序宜为主要工序。

7.2.2 基座结合面处理及沥青混凝土结合层面处理施工质量标准见表7.2.2。

表7.2.2 基座结合面处理及沥青混凝土结合层面处理施工质量标准

项次		检验项目	质量要求	检验方法	检验数量
主控项目	1	沥青涂料和沥青胶配料比	配料比准确，所用原材料符合国家相应标准	查阅配合比试验报告、原材料出厂合格证明	每种配合比至少抽检1组

表 7.2.2（续）

项次		检验项目	质量要求	检验方法	检验数量
主控项目	2	基座接合面处理	结合面干净、干燥、平整、粗糙，无浮皮、浮渣，无积水	观察、查阅施工记录	全数
	3	层面清理	层面干净、平整，无杂物，无水珠，返油均匀，层面下 1cm 处温度不低于 70℃，且各点温差不大于 20℃	观察、测量，查阅施工记录	每 $10m^2$ 量测 1 个点，每单元温度测量点数不少于 10 个点
一般项目	1	沥青涂料、沥青胶涂刷	涂刷厚度符合设计要求，均匀一致，与混凝土贴附牢靠，无鼓包，无流淌，表面平整光顺	观察、量测	每 $10m^2$ 量测 1 个点，每验收单元不少于 10 个点
	2	心墙上下层施工间歇时间	不宜超过 48h	观察、查阅施工记录	全数

7.2.3 模板制作及安装施工质量标准见表 7.2.3。

表 7.2.3 模板制作及安装施工质量标准

项次		检验项目	质量要求	检验方法	检验数量
主控项目	1	稳定性、刚度和强度	符合设计要求	对照文件或设计图纸检查	全部
	2	模板安装	符合设计要求，牢固、不变形、拼接严密	观察、查阅设计图纸	抽查同一类型同一规格模板数量的 10%，且不少于 3 件
	3	结构物边线与设计边线	符合设计要求，允许偏差±15mm	钢尺测量	模板面积在 $100m^2$ 以内，不少于 10 个点；$100m^2$ 以上，不少于 20 个点

表 7.2.3（续）

项次		检验项目	质量要求	检验方法	检验数量
主控项目	4	预留孔、洞尺寸及位置	位置准确，尺寸允许偏差±10mm	测量、核对图纸	抽查点数不少于总数 30%
一般项目	1	模板平整度：相邻两板面错台	允许偏差 5mm	尺量（靠尺）测或拉线检查	模板面积在 $100m^2$ 以内，不少于 10 个点；$100m^2$ 以上，不少于 20 个点
	2	局部平整度	允许偏差 10mm	按水平线（或垂直线）布置检测点，靠尺检查	$100m^2$ 以上，不少于 10 个点；$100m^2$ 以内，不少于 5 个点
	3	板块间缝隙	允许偏差 3mm	尺量	$100m^2$ 以上，检查 3～5 个点；$100m^2$ 以内，检查 1～3 个点
	4	结构物水平断面内部尺寸	符合设计要求，允许偏差±20mm	尺量或仪器测量	$100m^2$ 以上，不少于 10 个点；$100m^2$ 以内，不少于 5 个点
	5	脱模剂涂刷	产品质量符合标准要求。涂抹均匀，无明显色差	查阅产品质检证明，目视检查	全部

7.2.4 沥青混凝土的铺筑施工质量标准见表 7.2.4。

表 7.2.4 沥青混凝土的铺筑施工质量标准

项次		检验项目	质量要求	检验方法	检验数量
主控项目	1	碾压参数	应符合碾压试验确定的参数值	测量温度、查阅试验报告、施工记录	每班 2～3 次

表 7.2.4（续）

项次		检验项目	质量要求	检验方法	检验数量
主控项目	2	铺筑宽度（沥青混凝土心墙厚度）	符合设计要求，表面光洁、无污物；允许偏差为心墙厚度的10%	观察、尺量、查阅施工记录	每10延米检测一组，每组不少于2个点，每一验收单元不少于10组
	3	压实系数	质量符合标准要求，取值1.2～1.35	量测	每100～150m³检验1组
	4	与刚性建筑物的连接	符合规范和设计要求	观察	全部
一般项目	1	铺筑厚度	符合设计要求	观察、量测	每班2～3次
	2	铺筑速度（采用铺筑机）	规格符合设计要求或1～3m/min	观察、量测、查阅施工记录	每班2～3次
	3	碾压错距	符合规范和设计要求	观察、量测	全部
	4	特殊部位的碾压	符合规范和设计要求	观察、量测、查阅施工记录	
	5	施工接缝处及碾压带处理	符合规范和设计要求；重叠碾压10～15cm	观察、量测	
	6	平整度	符合设计要求，或在2m范围内起伏高度差小于10mm	观察、靠尺量测	每10延米测1组，每组不少于2个点
	7	降温或防冻措施	符合规范和设计要求	观察、量测	全部
	8	层间铺筑间隔时间	宜不小于12h	观察、量测、查阅施工记录	

7.3 沥青混凝土面板

7.3.1 沥青混凝土面板施工分为整平胶结层（含排水层）、防渗层、封闭层、面板与刚性建筑物连接4个工序，其中整平胶结层（含排水层）、防渗层工序宜为主要工序。

7.3.2 沥青混凝土面板整平胶结层（含排水层）施工质量标准见表7.3.2。

表7.3.2 沥青混凝土面板整平胶结层（含排水层）施工质量标准

项次		检验项目	质量要求	检验方法	检验数量
主控项目	1	碾压参数	应符合碾压试验确定的参数值	测量温度、查阅试验报告、施工记录	每班2～3次
	2	整平层、排水层的铺筑	应在垫层（含防渗底层）质量验收后，并须待喷涂的乳化沥青（或稀释沥青）干燥后进行	查阅施工记录、验收报告	全部
一般项目	1	铺筑厚度	符合设计要求	观察、尺量、查阅施工记录	摊铺厚度每$10m^2$量测1个点，但每单元不少于20个点
	2	层面平整度	符合设计要求	摊铺层面平整度用2m靠尺量测	每$10m^2$量测1个点，各点允许偏差不大于10mm
	3	摊铺碾压温度	初碾压温度110～140℃，终碾压温度80～120℃	温度计量测	坝面每30～$50m^2$量测1个点

7.3.3 防渗层施工质量标准见表7.3.3。

表7.3.3 防渗层施工质量标准

项次		检验项目	质量要求	检验方法	检验数量
主控项目	1	碾压参数	符合碾压试验确定的参数值	测量温度、查阅试验报告、施工记录	每班2～3次

表 7.3.3（续）

项次		检验项目	质量要求	检验方法	检验数量
主控项目	2	防渗层的铺筑及层间处理	应在整平层质量检测合格后进行；上层防渗层的铺筑应在下层防渗层检测合格后进行。各铺筑层间的坡向或水平接缝应相互错开	查阅施工记录、验收报告	全数
一般项目	1	摊铺厚度	符合设计要求	观察、尺量、查阅施工记录	摊铺厚度每 10m² 量测1个点，但每验收单元不少于10个点
	2	层面平整度	符合设计要求	摊铺层面平整度用 2m 靠尺量测	每 10m² 量测1个点，各点允许偏差不大于10mm
	3	沥青混凝土防渗层表面	不应出现裂缝、流淌与鼓包	观察	全数
	4	铺筑层的接缝错距	上下层水平接缝错距 1.0m，允许偏差 0～20cm；上下层条幅坡向接缝错距（以 $1/n$ 条幅宽计）允许偏差 0～20cm（n 为铺筑层数）	观测、查阅检测记录	各项测点均不少于10个点
	5	摊铺碾压温度	初碾压温度 110～140℃，终碾压温度 80～120℃	现场量测	坝面每30～50m² 测1个点

7.3.4 封闭层施工质量标准见表 7.3.4。

表 7.3.4 封闭层施工质量标准

项次		检验项目	质量要求	检验方法	检验数量
主控项目	1	封闭层涂抹	应均匀一致，无脱层和流淌，涂抹量应在 2.5～3.5kg/m² 之间，或满足设计要求涂抹量合格率不小于85%	观察、查阅施工记录	每天至少观察并计算铺抹量1次，且全部检查铺抹过程

表 7.3.4（续）

项次		检验项目	质量要求	检验方法	检验数量
一般项目	1	沥青胶最低软化点	沥青胶最低软化点不应低于 85℃，试样合格率不小于 85%	查阅施工记录，取样量测	每 500～1000m^2 的铺抹层至少取 1 个试样，1 天铺抹面积不足 500m^2 的也取 1 个试样
	2	沥青胶的铺抹	应均匀一致，铺抹量应在 2.5～3.5kg/m^2 之间，或满足设计要求铺抹量合格率不小于 85%	观察、称量	每天至少观察并计算铺抹量 1 次，且全部检查铺抹过程
	3	沥青胶的施工温度	搅拌出料温度 190℃±10℃；铺抹温度不小于 170℃或满足设计要求	查阅施工记录、现场实测	搅拌出料温度，每盘（罐）出料时量测 1 次；铺抹温度每天至少实测 2 次

7.3.5　面板与刚性建筑物连接施工质量标准见表 7.3.5。

表 7.3.5　面板与刚性建筑物连接施工质量标准

项次		检验项目	质量要求	检验方法	检验数量
主控项目	1	楔形体的浇筑	施工前应进行现场铺筑试验以确定合理施工工艺，满足设计要求；保持接头部位无熔化、流淌及滑移现象	观察、查阅施工记录	全数
	2	防滑层与加强层的敷设	满足设计要求，接头部位无熔化、流淌及滑移现象	观察、查阅施工记录	
	3	铺筑沥青混凝土防渗层	在铺筑沥青混凝土防渗层时，应待滑动层与楔形体冷凝且质量合格后进行，满足设计要求	观察、查阅施工记录	
一般项目	1	橡胶沥青胶防滑层的敷设	应待喷涂乳化沥青完全干燥后进行，满足设计要求	观察、查阅施工记录	全数
	2	沥青砂浆楔形体浇筑温度	150℃±10℃	检查施工记录和现场量测	每盘 1 次

表 7.3.5（续）

项次		检验项目	质量要求	检验方法	检验数量
一般项目	3	橡胶沥青胶滑动层拌制温度	190℃±5℃	检查施工记录和现场量测	每盘1次
	4	连接面的处理	施工前应进行现场铺筑试验，确定施工工艺，满足设计要求	观察、查阅施工工艺记录和施工记录	全数
	5	加强层	上下层接缝的搭接宽度，符合设计要求	检查施工记录和现场检测	测点不少于10个点

8 预应力混凝土工程

8.1 一 般 规 定

8.1.1 本章适用于水工建筑物中闸墩、板梁、隧洞衬砌锚固等预应力混凝土后张法施工（包括有黏结、无黏结两种工艺）质量的验收评定。

8.1.2 预应力混凝土工程宜以混凝土浇筑段或预制件的一个制作批次划分为一个单元工程。

8.1.3 预应力混凝土单元工程分为基础面或施工缝处理、模板安装、钢筋制作及安装、预埋件（止水、伸缩缝等设置）制作及安装、混凝土浇筑（养护、脱模）、预应力筋孔道预留、预应力筋制作及安装、预应力筋张拉、灌浆、外观质量检查10个工序，其中混凝土浇筑、预应力筋张拉宜为主要工序。

8.1.4 基础面或施工缝处理、模板安装、钢筋制作及安装、预埋件（止水、伸缩缝等设置）制作及安装、混凝土浇筑（养护、脱模）工序施工质量应符合第4章的规定。

8.1.5 原材料和中间产品的质量标准应符合4.1节的规定。

8.2 预应力工程施工

8.2.1 预应力筋孔道施工质量标准见表8.2.1。

表8.2.1 预应力筋孔道施工质量标准

项次		检验项目	质量要求	检验方法	检验数量
主控项目	1	孔道位置	位置和间距符合设计要求	观察、量测	全数
	2	孔道数量	符合设计要求	观察、量测	
	3	孔口承压钢垫板尺寸及强度	几何尺寸、结构强度应满足设计要求	量测	

表 8.2.1（续）

项次		检验项目		质量要求	检验方法	检验数量
一般项目	1	造孔		埋管的管模应架立牢靠，并加妥善保护；拔管时间应通过现场试验确定	观察	全数
	2	孔径		符合设计要求	量测	
	3	孔道的通畅性		孔道通畅、平顺；接头应严密且不应漏浆	观察、测试	
	4	孔口承压钢垫板	垂直度	承压面与锚孔轴线应保持垂直，其误差不应大于 0.5°	量测	
			位置	孔道中心线应与锚孔轴线重合	量测	
			牢固度	承压钢垫板底部混凝土或水泥砂浆充填密实，安装牢固	观察	
	5	灌浆孔和泌水孔的设置		数量、位置、规格符合设计要求；连接通畅	观察、量测	
	6	环锚预留槽		喇叭管中心线应与槽板垂直		

8.2.2 预应力筋制作及安装质量标准见表 8.2.2。

表 8.2.2 预应力筋制作及安装质量标准

项次		检验项目	质量要求	检验方法	检验数量
主控项目	1	锚具、夹具、连接器的质量	符合 GB/T 14370 和设计要求	试验、查看试验报告、观察	每批外观检查 10%，硬度检查 5%，静载试验 3 套；硬度检查要求同一部件应不少于 3 个点

表 8.2.2（续）

项次		检验项目	质量要求	检验方法	检验数量
一般项目	1	预应力筋制作	当钢丝束两端采用镦头锚具时，各根钢丝长度差不大于下料长度的1/5000，且不应超过5mm；下料时应采用机械切割机切割，不应采用电弧切割，其他类型锚头的锚束下料长度与切割方法，应按施工要求选定	观察、量测	全数
	2	安装	预应力筋束号应与孔号一致	观察	
	3	无黏结预应力筋的铺设	预应力筋应定位准确、安装牢固，浇筑混凝土时不应出现移位和变形；护套应完整	观察、量测	

8.2.3 预应力筋张拉施工质量标准见表8.2.3。

表 8.2.3 预应力筋张拉施工质量标准

项次		检验项目	质量要求	检验方法	检验数量
主控项目	1	混凝土抗压强度	预应力筋张拉时，混凝土强度应符合设计要求；当设计无具体要求时，闸墩混凝土抗压强度应达到设计值的90%，梁板混凝土抗压强度不低于设计值的70%	试件试验报告	全数
	2	张拉设备	应配套标定，定期率定，且在有效期内使用	观察、检查率定合格证	
	3	张拉程序	技术指标符合设计要求和规范规定	观察、量测、检查张拉记录	

表 8.2.3（续）

项次		检验项目	质量要求	检验方法	检验数量
一般项目	1	稳压时间	不少于 2min	量测、检查张拉记录	全数
	2	外锚头防护	确保防腐脂不外漏	观察	
	3	无黏结型永久防护	措施应可靠、耐久，并且有良好的化学稳定性，应符合设计要求	观察	
	4	环锚预留槽回填	回填前对槽内冲洗干净、涂浓水泥浆。回填混凝土强度等级应与衬砌圈混凝土一致	观察、检查记录	

8.2.4 有黏结预应力筋灌浆施工质量标准见表 8.2.4。

表 8.2.4 有黏结预应力筋灌浆施工质量标准

项次		检验项目	质量要求	检验方法	检验数量
主控项目	1	浆液质量	水泥浆水灰比宜采用 0.3～0.4；水泥砂浆水灰比宜采用 0.5	试验	同一配合比至少检查 1 次
	2	灌浆质量	封孔灌浆应形成密实的、完整的保护层	检查孔，施工记录，观察	全数

8.2.5 闸墩、隧洞衬砌等现浇混凝土的外观质量检查标准见 4.7 节。

8.2.6 混凝土预制件外观质量检查标准见第 9 章。

9 混凝土预制构件安装工程

9.1 一 般 规 定

9.1.1 混凝土预制构件安装工程单元工程宜以每一次检查验收的根、组、批划分，或者按安装的桩号、高程划分，每一根、组、批或某桩号、高程之间的预制构件安装为一个单元工程。

9.1.2 混凝土预制构件安装单元工程分为构件外观质量检查、吊装、接缝及接头处理3个工序，其中吊装工序宜为主要工序。

9.1.3 混凝土预制构件质量应满足设计要求。从场外购买的混凝土预制构件，则应提供构件性能检验等质量合格的相关证明资料。不合格构件不应使用。

9.1.4 原材料和中间产品的质量标准应符合4.1节的规定。

9.2 混凝土预制构件安装

9.2.1 构件外观质量检查标准见表9.2.1。

表9.2.1 构件外观质量检查标准

项次		检验项目	质量要求	检验方法	检验数量
主控项目	1	外观检查	无缺陷	观察，量测	全数
	2	尺寸偏差	预制构件不应有影响结构性能和安装、使用功能的尺寸偏差	量测	
一般项目	1	预制构件标识	应在明显部位标明生产单位、构件型号、生产日期和质量验收标志	观察	
	2	构件上的预埋件、插筋和预留孔洞的规格、位置和数量	应符合标准图或设计的要求	观察	

9.2.2 吊装施工质量标准见表9.2.2。

表9.2.2 吊装施工质量标准

项次		检验项目			质量要求	检验方法	检验数量
主控项目	1	构件型号和安装位置			符合设计要求	查阅施工图纸	全数
	2	构件吊装时的混凝土强度			符合设计要求。设计无规定时，不应低于设计强度标准值的70%；预应力构件孔道灌浆的强度，应达到设计要求	查阅试验资料和施工记录	
一般项目	1	柱	中心线和轴线位移		允许偏差±5mm	测量	
	2		垂直度	柱高10m以下	允许偏差10mm	测量	
	3			柱高10m及其以上	允许偏差20mm	测量	
	4		牛腿上表面、柱顶标高		允许偏差-8～0mm	测量	
	5	梁或吊车梁	中心线和轴线位移		允许偏差±5mm	测量	
	6		梁顶面标高		允许偏差-5～0mm	测量	
	7	屋架	下弦中心线和轴线位移		允许偏差±5mm	测量	
	8		垂直度	桁架、拱形屋架	允许偏差1/250屋架高	测量	
	9			薄腹梁	允许偏差5mm		
	10	板	相邻两板下表面平整	抹灰	允许偏差5mm	用2m靠尺量测	
	11			不抹灰	允许偏差3mm		
	12	预制廊道、井筒板（埋入建筑物）		中心线和轴线位移	允许偏差±20mm	测量检查	
	13			相邻两构件的表面平整	允许偏差10mm	用2m靠尺量测	
	14	建筑物外表面模板		相邻两板面高差	允许偏差3mm（局部5mm）	用2m靠尺量测	
				外边线与结构物边线	允许偏差±10mm	用2m靠尺量测	

9.2.3 接缝及接头处理施工质量标准见表9.2.3。

表9.2.3 接缝及接头处理施工质量标准

项次		检验项目	质量要求	检验方法	检验数量
主控项目	1	构件连接	构件与底座、构件与构件的连接应符合设计要求，受力接头应符合GB 50204的规定	观察，查阅试验资料和施工记录	全数
一般项目	1	接缝凿毛处理	符合设计要求	观察	全面
	2	构件接缝的混凝土（砂浆）	养护符合设计要求，且在规定的时间内不应拆除其支承模板	观察	

10 混凝土坝坝体接缝灌浆工程

10.1 一 般 规 定

10.1.1 混凝土坝坝体接缝灌浆工程宜以设计、施工确定的灌浆区（段）划分，每一灌浆区（段）为一个单元工程。

10.1.2 混凝土坝坝体接缝灌浆单元工程分为灌浆前检查和灌浆2个工序，其中灌浆工序宜为主要工序。

10.1.3 原材料和中间产品的质量标准应符合4.1节的规定。

10.1.4 灌浆前的准备工作完成后应及时灌浆，避免灌缝及管路污染或堵塞。灌浆用水、水泥和外加剂等材料的质量标准应符合设计和相关产品质量标准的要求。效果检查（如钻孔取芯及压水试验检查）应符合设计要求。

10.2 混凝土坝坝体接缝灌浆

10.2.1 当坝体温度达到设计规定的温度时，方可进行灌浆。

10.2.2 灌浆前检查质量标准见表10.2.2。

表10.2.2 灌浆前检查质量标准

<table>
<tr><th colspan="2">项次</th><th>检验项目</th><th>质量要求</th><th>检验方法</th><th>检验数量</th></tr>
<tr><td rowspan="5">主控项目</td><td>1</td><td>灌浆系统</td><td>埋设、规格、尺寸、进回浆方式等符合设计要求</td><td>观察、尺量</td><td rowspan="5">逐区</td></tr>
<tr><td>2</td><td>灌浆管路通畅情况</td><td>灌区至少应有一套灌浆管路畅通，其流量宜大于30L/min</td><td>通水试验，测量出水量</td></tr>
<tr><td>3</td><td>缝面畅通情况</td><td>两根排气管的单开出水量均宜大于25L/min</td><td>采用“单开通水检查”方法</td></tr>
<tr><td>4</td><td>灌区封闭情况</td><td>缝面漏水量宜小于15L/min</td><td>通水试验</td></tr>
<tr><td>5</td><td>灌区两侧坝块及压重块混凝土的温度</td><td>符合设计要求</td><td>充水闷管测温法或设计规定的其他方法</td></tr>
</table>

表 10.2.2（续）

项次		检验项目	质量要求	检验方法	检验数量
一般项目	1	灌浆前接缝张开度	符合设计要求，灌浆前接缝张开度宜大于0.5mm	测缝计、孔探仪或厚薄规量测等	逐区
	2	管路及缝面冲洗	冲洗时间和压力符合设计要求，回水清净	检查冲洗记录，查看压力表压力和回水	

10.2.3 灌浆施工质量标准见表10.2.3。

表 10.2.3 灌浆施工质量标准

项次		检验项目	质量要求	检验方法	检验数量
主控项目	1	排气管管口压力或灌浆压力	符合设计要求	压力表量测	逐区
	2	浆液浓度变换及结束标准	符合设计要求	查看记录，用比重秤、自动记录仪及量浆尺检测	
	3	排气管出浆密度	两根排气管均应出浆，其出浆密度均大于$1.5g/cm^3$	观察、比重称量测	
	4	灌浆记录	接缝灌浆施工全过程各项指标均应详细记录，原始记录应真实、齐全、完整。记录人、检验人等相关责任人均应签字并注明时间	查阅原始记录	全面
一般项目	1	灌浆过程中接缝张开度变化	符合设计要求	千（百）分表量测	逐区
	2	灌浆中有无串漏	应无串漏。或虽稍有串漏，但经处理后，不影响灌浆质量	观察、测量和分析	
	3	灌浆中有无中断	应无中断。或虽有中断，但处理及时，措施合理，经检查分析不影响灌浆质量	根据施工记录和实际情况检查	

11 安全监测设施安装工程

11.1 一般规定

11.1.1 本章适用于水工建筑物工程安全观测主要仪器设备安装，其他未涉及的安全监测设施的安装质量标准，应结合产品要求和工程的具体情况另行制定。

11.1.2 宜按每一单支仪器或按照建筑物结构、监测仪器分类划分为一个单元工程。

11.1.3 安全监测设施安装工程主要有监测仪器设备安装埋设、观测孔（井）工程、外部变形观测设施等。

11.2 安全监测仪器设备安装埋设

11.2.1 安全监测仪器设备安装埋设分为仪器设备检验、仪器安装埋设、观测电缆敷设3个工序，其中监测仪器安装埋设宜为主要工序。

11.2.2 安全监测仪器设备检验质量标准应见表11.2.2。

表11.2.2 安全监测仪器设备检验质量标准

项次		检验项目	质量要求	检验方法	检验数量
主控项目	1	力学性能检验	符合设计和规范要求	对照检验率定记录检查	全面
	2	防水性能检查	符合设计和规范要求	对照检验率定记录检查	
	3	温度性能检验	检验仪器的温度、绝缘电阻满足设计及规范要求	对照检验率定记录检查，并与技术指标要求进行对比判定仪器是否合格	
	4	电阻比电桥检验	绝缘电阻、零位电阻及变差、电阻比及电阻准确度、内附检流计灵敏度及工作时间符合规范要求	对照规范要求检查	
	5	检验记录	准确、完整、清晰	查阅原始记录，查阅仪器率定报告	逐个

表 11.2.2（续）

项次		检验项目	质量要求	检验方法	检验数量
一般项目	1	仪器设备现场检验	检查仪器工作状态；校核仪器出厂参数；验证仪器各项质量指标	检查合格证书	全面
	2	仪器保管	仪器设备安装埋设前，应存放在温度、湿度满足要求的仓库内上架保管	对照记录检查，是否按要求进行保管	

11.2.3 安全监测仪器安装埋设质量标准见表 11.2.3。

表 11.2.3　安全监测仪器安装埋设质量标准

项次		检验项目	质量要求	检验方法	检验数量
主控项目	1	外观	表面无锈蚀、伤痕及裂痕，引出的电缆护套无损伤	检查	逐个
	2	规格、型号、数量	符合设计和规范要求	检查	
	3	埋设部位预留孔槽、导管及各种预埋件	符合设计要求	检查测量放线资料	
	4	观测用电缆连接与接线	符合规范要求	对照设计图纸及厂家说明书检查	
	5	屏蔽电缆连接	各芯线应等长，电缆芯线和外套均可用热缩管热缩接头，也可采用专用电缆接头保护套	对照设计图纸及厂家说明书检查	
一般项目	1	埋设仪器及附件预安装	埋设前应进行配套组装并检验合格	按照相关规范要求检查	全面
	2	仪器编号	复查设计编号、出厂编号、自由状态测试	全面检查	逐个
	3	仪器安装埋设方向误差	应符合设计要求	对照相关规范要求检查	全面

表 11.2.3（续）

项次		检验项目	质量要求	检验方法	检验数量
一般项目	4	基岩中仪器埋设	槽孔应清洗干净，回填砂浆符合设计要求	对照设计检查	全面
	5	混凝土中仪器埋设	符合设计要求	对照设计检查	
	6	仪器保护检查调试	埋设过程中应经常监测仪器工作状态，发现异常及时采取补救或更换仪器。埋设应做好标记，派专人维护，以防损坏	现场检查	
	7	仪器埋设记录	仪器埋设质量验收表、竣工图、考证表、测量资料、施工记录、安装照片和相关土建工作验收资料	位置准确、资料齐全、规格统一、记录真实可靠	逐个
	8	观测时间及测次规定	仪器埋设后立即全面检测电阻比、温度电阻、总电阻、分线电阻和绝缘性能，判断仪器工作状态、采集初始读数	检查观测温度、电阻读数记录资料	

11.2.4 观测电缆敷设施工质量标准见表 11.2.4。

表 11.2.4 观测电缆敷设施工质量标准

项次		检验项目	质量要求	检验方法	检验数量
主控项目	1	电缆编号	观测端应有 3 个编号；仪器端应有 1 个编号；每隔适当距离应有 1 个编号；编号材料应能防水、防污、防锈蚀	目测	逐根

表 11.2.4（续）

项次		检验项目	质量要求	检验方法	检验数量
主控项目	2	电缆接头连接质量	符合规范的要求；1.0MPa 压力水中接头绝缘电阻大于 50MΩ	按照规范和设计要求现场检查，必要时拍摄照片或录像	逐根
	3	水平敷设	符合规范和设计要求		
	4	垂直牵引	符合规范和设计要求		
一般项目	1	敷设路线	符合规范和设计要求	现场检查必要时拍摄照片或录像	
	2	跨缝处理	符合规范和设计要求		
	3	止水处理	符合规范和设计要求		
	4	电缆布设保护	电缆的走向按设计要求，做好电缆临时测站保护箱及在牵引过程中保护等工作	检查保护措施是否得当，有无损坏现象	
	5	电缆连通性和绝缘性能检查	按规定时段对电缆连通性和仪器状态及绝缘情况进行检查并填写检查记录和说明；在回填或埋入混凝土前后，立即检查	使用测读仪表现场检查记录	

11.3 观测孔（井）工程

11.3.1 观测孔（井）工程施工包括造孔、测压管制作与安装、率定等 3 个工序，其中率定为主要工序。

11.3.2 观测孔（井）造孔施工质量标准见表 11.3.2。

表 11.3.2 观测孔（井）造孔施工质量标准

项次		检验项目	质量要求	检验方法	检验数量
主控项目	1	造孔工艺	符合设计要求	观察、查阅记录	逐孔
	2	孔（井）尺寸	孔位允许偏差±10cm；孔深允许偏差 0～20cm；钻孔倾斜度小于 1%；孔径（有效孔径）允许偏差 0～2cm	测量	

表 11.3.2（续）

项次		检验项目	质量要求	检验方法	检验数量
主控项目	3	洗孔	孔口回水清洁，肉眼观察无岩粉出现，洗孔时间不应小于15min；孔底沉积厚度小于200mm	现场检查、测量、查阅施工记录	逐个
一般项目	1	造孔时间	在设计规定的时间段内	观察、查阅记录	
	2	钻孔柱状图绘制	造孔过程中连续取样，对地层结构进行描绘，记录初见水位、终孔水位等	查阅记录、钻孔柱状图	
	3	施工记录	内容齐全，满足设计要求	查阅	全数

11.3.3 测压管制作与安装施工质量标准见表11.3.3。

表 11.3.3　测压管制作与安装施工质量标准

项次		检验项目	质量要求	检验方法	检验数量
主控项目	1	材质规格	材质规格符合设计要求；顺直而无凹弯现象，无压伤和裂纹，管内清洁、未受腐蚀	查阅合格证，材料试验或检验报告等	全部
	2	滤管加工	透水段开孔孔径、位置满足设计要求，开孔周围无毛刺，用手触摸时不感到刺手，外包裹层结构及其加工工艺符合设计要求；管段两端外丝扣、外箍接头、管底焊接封闭满足设计要求	观察、用手触摸，查阅记录	逐个
	3	测压管安装	安装埋设后，及时测量管底高程、孔口高程、初见水位等。孔位允许偏差±10cm；孔深允许偏差±10cm；倾斜度小于1%	测量	逐孔

表 11.3.3（续）

项次		检验项目	质量要求	检验方法	检验数量
一般项目	1	滤料填筑	下管前孔（井）底滤料、下管后管外滤料规格，填入高度及其填入工艺满足设计要求；测压管埋设过程中，套管应随回填反滤料而逐段拔出	观察，查阅记录	逐孔
	2	封孔	封孔材料、黏土球粒径、潮解后的渗透系数、填入高度及其填入工艺满足设计要求	观察，查阅记录	
	3	孔口保护	孔口保护设施、结构型式及尺寸满足设计要求	观察，查阅记录	
	4	施工记录	内容齐全，满足设计要求	查阅	全数

11.3.4 观测孔（井）率定施工质量标准见表 11.3.4。

表 11.3.4 观测孔（井）率定施工质量标准

项次		检验项目	质量要求	检验方法	检验数量
主控项目	1	率定方法	符合设计要求	查阅率定预案	全数
	2	注水量	满足设计要求	测量	逐孔
	3	水位降值	在规定的时间内，符合设计要求	测量	
一般项目	1	管内水位	试验前、后分别测量管内水位，允许偏差±2cm	测量，查阅记录	
	2	观测孔（井）考证	按设计要求的格式填制考证表	查阅，对照记录检查	全数
	3	施工期观测	观测频次、成果记录、成果分析符合设计要求	查阅	
	4	施工记录	内容齐全，满足设计要求	查阅	

11.4 外部变形观测设施

11.4.1 水工建筑物外部变形观测设施安装应主要包括垂线、引张线、视准线、激光准直系统等的安装。

11.4.2 各项监测设施，应按设计要求的埋设时间及时安装，在施工中应进行全过程检查和保护，防止移位、变形、损坏或堵塞。

11.4.3 垂线安装分为正垂线安装和倒垂线安装，其质量标准分别见表11.4.3-1、表11.4.3-2。

表11.4.3-1 正垂线安装质量标准

项次		检验项目	质量要求	检验方法	检验数量
主控项目	1	垂线材质、规格、温度膨胀系数	符合设计要求；安装位置稳定，且调换方便	观察、量测 查阅材料 检测报告	全数
	2	支点、固定夹线和活动夹线装置安装位置	符合设计要求	量测	
	3	重锤及其阻尼箱规格	符合设计要求	观察、量测	全面
一般项目	1	预留孔或预埋件位置	符合设计要求	量测	全数
	2	防风管	安装牢固，中心位置和测线一致	量测	全面

表11.4.3-2 倒垂线安装质量标准

项次		检验项目	质量要求	检验方法	检验数量
主控项目	1	倒垂线钻孔	孔位允许偏差±10cm；孔深允许偏差0～20cm；钻孔倾斜度小于0.1%；孔径（有效孔径）允许偏差0～2cm	量测	逐孔
	2	垂线材质、规格	符合设计要求	观察、量测	全数
	3	锚块	锚块高出水泥浆面约10cm；埋设位置使垂线处于保护管有效孔径中心，允许偏差±5mm	量测	

表 11.4.3-2（续）

<table>
<tr><th colspan="2">项次</th><th>检验项目</th><th>质量要求</th><th>检验方法</th><th>检验数量</th></tr>
<tr><td>主控项目</td><td>4</td><td>浮体组安装</td><td>浮子水平，连接杆垂直并在油桶中心，处于自由状态</td><td>检查施工记录</td><td rowspan="4">全数</td></tr>
<tr><td rowspan="4">一般项目</td><td>1</td><td>防风管和防风管中心位置</td><td>和测线一致，保证测线在管中有足够的位移范围</td><td>量测</td></tr>
<tr><td>2</td><td>观测墩</td><td>与坝体牢固结合，基座面水平，其允许偏差不大于4′</td><td>对照图纸检查，量测</td></tr>
<tr><td>3</td><td>孔口保护装置</td><td>符合设计要求</td><td>对照图纸检查，量测</td></tr>
<tr><td>4</td><td>钻孔柱状图绘制</td><td>造孔过程中应连续取样，并对地层结构进行描述，并记录初见水位、终孔水位</td><td>查阅施工记录、钻孔柱状图</td><td>逐孔</td></tr>
</table>

11.4.4 引张线安装质量标准见表11.4.4。

表 11.4.4 引张线安装质量标准

<table>
<tr><th colspan="2">项次</th><th>检验项目</th><th>质量要求</th><th>检验方法</th><th>检验数量</th></tr>
<tr><td rowspan="2">主控项目</td><td>1</td><td>端点滑轮、线垂连接器、重锤、定位卡</td><td>符合设计要求；误差值不大于设计规定</td><td>对照图纸检查，现场调试</td><td rowspan="4">逐个</td></tr>
<tr><td>2</td><td>测点水箱、浮船（盒）、读数设备</td><td>符合设计要求；误差值不大于设计规定</td><td>对照图纸检查，现场调试</td></tr>
<tr><td rowspan="4">一般项目</td><td>1</td><td>端点混凝土墩座</td><td>符合设计要求</td><td>对照图纸检查，现场测量</td></tr>
<tr><td>2</td><td>测点位置、保护箱</td><td>符合设计要求</td><td>量测</td></tr>
<tr><td>3</td><td>测线</td><td>规格符合设计要求，安装平顺</td><td>查阅材料检测报告</td><td>逐根</td></tr>
<tr><td>4</td><td>保护管</td><td>支架安装牢固，规格符合设计要求，测线位于保护管中心</td><td>查阅施工记录量测</td><td>全数</td></tr>
</table>

11.4.5 视准线安装质量标准见表11.4.5。

表11.4.5 视准线安装质量标准

项次		检验项目	质量要求	检验方法	检验数量
主控项目	1	观测墩顶部强制对中底盘	尺寸允许偏差0.2mm。水平倾斜度允许偏差不大于4′	量测	逐个
	2	同段测点底盘中心	在两端点底盘中心的连线上，允许偏差20mm	量测	
一般项目	1	视准线旁离障碍物	大于1m	量测	全数
	2	观测墩	埋设位置、外形尺寸以及钢筋混凝土标号等满足设计要求。观测墩在新鲜的岩石或稳定土层内	观测、测量、查看施工记录	逐个

11.4.6 激光准直安装分为真空激光准直安装和大气激光准直安装，其质量标准分别见表11.4.6-1、表11.4.6-2。

表11.4.6-1 真空激光准直安装质量标准

项次		检验项目		质量要求	检验方法	检验数量
主控项目	1	真空管道内壁清理		清洁，无锈皮、杂物和灰尘	观察	在安装前、后，以及正式投入运行前反复进行数次
	2	测点箱与法兰管的焊接	焊接质量	焊接质量短管内外两面焊。长管道的焊接，在两端打出高5mm的30°坡口，采用两层焊	量测	每1测点箱和每段管道焊接处至少量测1次
			效果检查	无漏孔	检测，可采用充气、涂肥皂水观察法	每1测点箱和每段管道焊接完成后至少1次

表 11.4.6-1（续）

项次		检验项目	质量要求	检验方法	检验数量
主控项目	3	点光源的小孔光栏、激光探测仪和端点观测墩	结合牢固，两者位置稳定不变	检测	全数
	4	波带板与准直线	波带板中心在准直线上，偏离值小于10mm，距点光源最近的几个测点偏离值小于3mm，波带板的板面垂直于基准线	测量	全面
一般项目	1	观测墩的位置	便于测点固定	观察	
	2	保护管的安装	符合设计要求	观察	

表 11.4.6-2　大气激光准直安装质量标准

项次		检验项目	质量要求	检验方法	检验数量
主控项目	1	点光源的小孔光栏、激光探测仪和端点观测墩	结合牢固，两者位置稳定不变	检测	全数
	2	波带板与准直线	波带板中心在准直线上，偏离值小于10mm，距点光源最近的几个测点偏离值小于3mm，波带板的板面垂直于基准线	量测	
一般项目	1	测点观测墩的位置	便于测点固定	观察	全面
	2	保护管的安装	符合设计要求	观察	

附录A　工序施工质量及单元工程施工质量验收评定表（样式）

A.0.1　划分工序的单元工程，其工序、单元工程的施工质量验收评定应分别采用表A.0.1－1、表A.0.1－2。

表A.0.1－1　工序施工质量验收评定表

<table>
<tr><td colspan="3">单位工程名称</td><td></td><td>工序编号</td><td colspan="2"></td></tr>
<tr><td colspan="3">分部工程名称</td><td></td><td>施工单位</td><td colspan="2"></td></tr>
<tr><td colspan="3">单元工程名称、部位</td><td></td><td>施工日期</td><td colspan="2">年　月　日～　年　月　日</td></tr>
<tr><td colspan="2">项次</td><td>检验项目</td><td>质量标准</td><td>检查（测）记录</td><td>合格数</td><td>合格率</td></tr>
<tr><td rowspan="5">主控项目</td><td>1</td><td></td><td></td><td></td><td></td><td></td></tr>
<tr><td>2</td><td></td><td></td><td></td><td></td><td></td></tr>
<tr><td>3</td><td></td><td></td><td></td><td></td><td></td></tr>
<tr><td>4</td><td></td><td></td><td></td><td></td><td></td></tr>
<tr><td></td><td></td><td></td><td></td><td></td><td></td></tr>
<tr><td rowspan="5">一般项目</td><td>1</td><td></td><td></td><td></td><td></td><td></td></tr>
<tr><td>2</td><td></td><td></td><td></td><td></td><td></td></tr>
<tr><td>3</td><td></td><td></td><td></td><td></td><td></td></tr>
<tr><td>4</td><td></td><td></td><td></td><td></td><td></td></tr>
<tr><td></td><td></td><td></td><td></td><td></td><td></td></tr>
<tr><td>施工单位自评意见</td><td colspan="6">主控项目检验点100%合格，一般项目逐项检验点的合格率　　　%，且不合格点不集中分布。
工序质量等级评定为：
（签字，加盖公章）　　　年　月　日</td></tr>
<tr><td>监理单位复核意见</td><td colspan="6">经复核，主控项目检验点100%合格，一般项目逐项检验点的合格率　　　%，且不合格点不集中分布。
工序质量等级评定为：
（签字，加盖公章）　　　年　月　日</td></tr>
</table>

表 A.0.1－2　单元工程施工质量验收评定表（划分工序）

<table>
<tr><td colspan="2">单位工程名称</td><td></td><td>单元工程量</td><td></td></tr>
<tr><td colspan="2">分部工程名称</td><td></td><td>施工单位</td><td></td></tr>
<tr><td colspan="2">单元工程名称、部位</td><td></td><td>施工日期</td><td>年　月　日～　年　月　日</td></tr>
<tr><td>项次</td><td colspan="2">工序编号</td><td colspan="2">工序质量验收评定等级</td></tr>
<tr><td>1</td><td colspan="2"></td><td colspan="2"></td></tr>
<tr><td>2</td><td colspan="2"></td><td colspan="2"></td></tr>
<tr><td>3</td><td colspan="2"></td><td colspan="2"></td></tr>
<tr><td></td><td colspan="2"></td><td colspan="2"></td></tr>
<tr><td></td><td colspan="2"></td><td colspan="2"></td></tr>
<tr><td></td><td colspan="2"></td><td colspan="2"></td></tr>
<tr><td></td><td colspan="2"></td><td colspan="2"></td></tr>
<tr><td></td><td colspan="2"></td><td colspan="2"></td></tr>
<tr><td></td><td colspan="2"></td><td colspan="2"></td></tr>
<tr><td></td><td colspan="2"></td><td colspan="2"></td></tr>
<tr><td>施工单位自评意见</td><td colspan="4">各工序施工质量全部合格，其中优良工序占　　%，且主要工序达到　　等级。
单元工程质量等级评定为：
（签字，加盖公章）　　年　月　日</td></tr>
<tr><td>监理单位复核意见</td><td colspan="4">经抽查并查验相关检验报告和检验资料，各工序施工质量全部合格，其中优良工序占　　%，且主要工序达到　　等级。
单元工程质量等级评定为：
（签字，加盖公章）　　年　月　日</td></tr>
<tr><td colspan="5">注 1：对重要隐蔽单元工程和关键部位单元工程的施工质量验收评定应有设计、建设等单位的代表签字，具体要求应满足 SL 176 的规定。
注 2：本表所填“单元工程量”不作为施工单位工程量结算计量的依据。</td></tr>
</table>

A. 0. 2 不划分工序的单元工程施工质量验收评定应采用表 A. 0. 2。

表 A. 0. 2 单元工程施工质量验收评定表（不划分工序）

<table>
<tr><td colspan="3">单位工程名称</td><td></td><td>单元工程量</td><td colspan="2"></td></tr>
<tr><td colspan="3">分部工程名称</td><td></td><td>施工单位</td><td colspan="2"></td></tr>
<tr><td colspan="3">单元工程部位</td><td></td><td>施工日期</td><td colspan="2">年　月　日～　年　月　日</td></tr>
<tr><td colspan="2">项次</td><td>检验项目</td><td>质量标准</td><td>检查（测）结果</td><td>合格数</td><td>合格率</td></tr>
<tr><td rowspan="5">主控项目</td><td>1</td><td></td><td></td><td></td><td></td><td></td></tr>
<tr><td>2</td><td></td><td></td><td></td><td></td><td></td></tr>
<tr><td>3</td><td></td><td></td><td></td><td></td><td></td></tr>
<tr><td>4</td><td></td><td></td><td></td><td></td><td></td></tr>
<tr><td></td><td></td><td></td><td></td><td></td><td></td></tr>
<tr><td rowspan="5">一般项目</td><td>1</td><td></td><td></td><td></td><td></td><td></td></tr>
<tr><td>2</td><td></td><td></td><td></td><td></td><td></td></tr>
<tr><td>3</td><td></td><td></td><td></td><td></td><td></td></tr>
<tr><td>4</td><td></td><td></td><td></td><td></td><td></td></tr>
<tr><td></td><td></td><td></td><td></td><td></td><td></td></tr>
<tr><td>施工单位自评意见</td><td colspan="6">主控项目检验点100%合格，一般项目逐项检验点的合格率　　　%，且不合格点不集中分布。
单元质量等级评定为：
（签字，加盖公章）　　　年　月　日</td></tr>
<tr><td>监理单位复核意见</td><td colspan="6">经抽检并查验相关检验报告和检验资料，主控项目检验点100%合格，一般项目逐项检验点的合格率　　　%，且不合格点不集中分布。
单元质量等级评定为：
（签字，加盖公章）　　　年　月　日</td></tr>
<tr><td colspan="7">注1：对关键部位单元工程和重要隐蔽单元工程的施工质量验收评定应有设计、建设等单位的代表签字，具体要求应满足 SL 176 的规定。
注2：本表所填“单元工程量”不作为施工单位工程量结算计量的依据。</td></tr>
</table>

附录B 原材料及中间产品检验备查表（样式）

表B-1 混凝土单元工程原材料检验备查表

<table>
<tr><td colspan="2">单位工程名称</td><td></td><td>单元工程量</td><td colspan="3"></td></tr>
<tr><td colspan="2">分部工程名称</td><td></td><td>施工单位</td><td colspan="3"></td></tr>
<tr><td colspan="2">单元工程名称、部位</td><td></td><td>施工日期</td><td colspan="3">年 月 日～ 年 月 日</td></tr>
<tr><td rowspan="2">项次</td><td colspan="6">原材料质量检验情况</td></tr>
<tr><td>材料名称</td><td colspan="2">生产厂家</td><td>产品批号</td><td>检验日期</td><td>检验结论</td></tr>
<tr><td>1</td><td>水泥</td><td colspan="2"></td><td></td><td></td><td></td></tr>
<tr><td>2</td><td>钢筋</td><td colspan="2"></td><td></td><td></td><td></td></tr>
<tr><td>3</td><td>掺合料</td><td colspan="2"></td><td></td><td></td><td></td></tr>
<tr><td>4</td><td>外加剂</td><td colspan="2"></td><td></td><td></td><td></td></tr>
<tr><td>5</td><td>止水片（带）</td><td colspan="2"></td><td></td><td></td><td></td></tr>
<tr><td></td><td></td><td colspan="2"></td><td></td><td></td><td></td></tr>
<tr><td></td><td></td><td colspan="2"></td><td></td><td></td><td></td></tr>
<tr><td></td><td></td><td colspan="2"></td><td></td><td></td><td></td></tr>
<tr><td></td><td></td><td colspan="2"></td><td></td><td></td><td></td></tr>
</table>

试验负责人： 质量负责人： 监理工程师：

表 B-2 混凝土单元工程骨料检验备查表

<table>
<tr><td colspan="2">单位工程名称</td><td></td><td>单元工程量</td><td colspan="2"></td></tr>
<tr><td colspan="2">分部工程名称</td><td></td><td>施工单位</td><td colspan="2"></td></tr>
<tr><td colspan="2">单元工程名称、部位</td><td></td><td>施工日期</td><td colspan="2">年 月 日～ 年 月 日</td></tr>
<tr><td rowspan="3">项次</td><td colspan="5">原材料质量检验情况</td></tr>
<tr><td rowspan="2">检验项目</td><td colspan="3">检验情况</td><td rowspan="2">检验结论</td></tr>
<tr><td colspan="2">检验时间</td><td>检验数据</td></tr>
<tr><td colspan="6">细 骨 料</td></tr>
<tr><td>1</td><td>含泥量</td><td colspan="2"></td><td></td><td></td></tr>
<tr><td>2</td><td>细度模数</td><td colspan="2"></td><td></td><td></td></tr>
<tr><td>3</td><td>人工砂石粉含量</td><td colspan="2"></td><td></td><td></td></tr>
<tr><td></td><td></td><td colspan="2"></td><td></td><td></td></tr>
<tr><td colspan="6">粗 骨 料</td></tr>
<tr><td>1</td><td>含泥量</td><td colspan="2"></td><td></td><td></td></tr>
<tr><td>2</td><td>超逊径</td><td colspan="2"></td><td></td><td></td></tr>
<tr><td></td><td></td><td colspan="2"></td><td></td><td></td></tr>
</table>

试验负责人： 质量负责人： 监理工程师：

表 B-3 混凝土拌和物性能检验备查表

<table>
<tr><td colspan="2">单位工程名称</td><td></td><td>单元工程量</td><td colspan="2"></td></tr>
<tr><td colspan="2">分部工程名称</td><td></td><td>施工单位</td><td colspan="2"></td></tr>
<tr><td colspan="2">单元工程名称、部位</td><td></td><td>施工日期</td><td colspan="2">年 月 日～ 年 月 日</td></tr>
<tr><td rowspan="2">项次</td><td rowspan="2">检验项目</td><td colspan="3">检验情况</td><td rowspan="2">检验结论</td></tr>
<tr><td>检验时间</td><td colspan="2">检验数据</td></tr>
<tr><td>1</td><td>最小拌和时间</td><td></td><td colspan="2"></td><td></td></tr>
<tr><td>2</td><td>称量</td><td></td><td colspan="2"></td><td></td></tr>
<tr><td>3</td><td>砂子、小石饱和面干含水率</td><td></td><td colspan="2"></td><td></td></tr>
<tr><td>4</td><td>坍落度（VC）值</td><td></td><td colspan="2"></td><td></td></tr>
<tr><td>5</td><td>含气量</td><td></td><td colspan="2"></td><td></td></tr>
<tr><td>6</td><td>出机口温度</td><td></td><td colspan="2"></td><td></td></tr>
<tr><td></td><td></td><td></td><td colspan="2"></td><td></td></tr>
</table>

试验负责人： 质量负责人： 监理工程师：

表 B-4　硬化混凝土性能检验备查表

<table>
<tr><td colspan="2">单位工程名称</td><td></td><td>单元工程量</td><td colspan="2"></td></tr>
<tr><td colspan="2">分部工程名称</td><td></td><td>施工单位</td><td colspan="2"></td></tr>
<tr><td colspan="2">单元工程名称、部位</td><td></td><td>施工日期</td><td colspan="2">年　月　日～　年　月　日</td></tr>
<tr><td rowspan="2">项次</td><td rowspan="2">检验项目</td><td colspan="3">检验情况</td><td rowspan="2">检验结论</td></tr>
<tr><td>检验时间</td><td colspan="2">检验数据</td></tr>
<tr><td>1</td><td>抗压强度</td><td></td><td colspan="2"></td><td></td></tr>
<tr><td>2</td><td>抗渗等级</td><td></td><td colspan="2"></td><td></td></tr>
<tr><td>3</td><td>抗冻等级</td><td></td><td colspan="2"></td><td></td></tr>
<tr><td>4</td><td>抗拉强度</td><td></td><td colspan="2"></td><td></td></tr>
<tr><td>5</td><td>极限拉伸值</td><td></td><td colspan="2"></td><td></td></tr>
<tr><td></td><td></td><td></td><td colspan="2"></td><td></td></tr>
<tr><td></td><td></td><td></td><td colspan="2"></td><td></td></tr>
<tr><td></td><td></td><td></td><td colspan="2"></td><td></td></tr>
</table>

试验负责人：　　　　　　　　质量负责人：　　　　　　　　监理工程师：

表 B-5　沥青混凝土单元工程原材料检验备查表

<table>
<tr><td colspan="2">单位工程名称</td><td></td><td>单元工程量</td><td colspan="2"></td></tr>
<tr><td colspan="2">分部工程名称</td><td></td><td>施工单位</td><td colspan="2"></td></tr>
<tr><td colspan="2">单元工程名称、部位</td><td></td><td>施工日期</td><td colspan="2">年　月　日～　年　月　日</td></tr>
<tr><td rowspan="3">项次</td><td colspan="5">原材料质量检验情况</td></tr>
<tr><td rowspan="2" colspan="2">检验项目</td><td colspan="2">检验情况</td><td rowspan="2">检验结论</td></tr>
<tr><td>检验时间</td><td>检验数据</td></tr>
<tr><td colspan="6">粗　骨　料</td></tr>
<tr><td>1</td><td colspan="2">含泥量</td><td></td><td></td><td></td></tr>
<tr><td>2</td><td colspan="2">超逊径</td><td></td><td></td><td></td></tr>
<tr><td>3</td><td colspan="2">表观密度</td><td></td><td></td><td></td></tr>
<tr><td></td><td colspan="2"></td><td></td><td></td><td></td></tr>
<tr><td colspan="6">细　骨　料</td></tr>
<tr><td>1</td><td colspan="2">含泥量</td><td></td><td></td><td></td></tr>
<tr><td>2</td><td colspan="2">超径率</td><td></td><td></td><td></td></tr>
<tr><td>3</td><td colspan="2">吸水率</td><td></td><td></td><td></td></tr>
<tr><td></td><td colspan="2"></td><td></td><td></td><td></td></tr>
<tr><td colspan="6">填　　料</td></tr>
<tr><td>1</td><td colspan="2">细度</td><td></td><td></td><td></td></tr>
<tr><td>2</td><td colspan="2">含水量</td><td></td><td></td><td></td></tr>
<tr><td>3</td><td colspan="2">亲水性</td><td></td><td></td><td></td></tr>
<tr><td></td><td colspan="2"></td><td></td><td></td><td></td></tr>
<tr><td colspan="6">掺　合　料</td></tr>
<tr><td>1</td><td colspan="2">按产品的质量标准
或规定的质量指标</td><td></td><td></td><td></td></tr>
<tr><td colspan="6">沥　　青</td></tr>
<tr><td colspan="3">生产厂家</td><td>产品批次</td><td>检验日期</td><td>检验结果</td></tr>
<tr><td colspan="3"></td><td></td><td></td><td></td></tr>
</table>

试验负责人：　　　　　　　　质量负责人：　　　　　　　　监理工程师：

附录C　普通混凝土中间产品质量标准

C.1　砂石骨料质量标准

表C.1-1　砂料质量标准

检验项目		质量要求		检验方法	检验数量
		天然砂	人工砂		
含泥量（%）	有抗冻要求或不小于C30	≤3	—	抽样、试验	检验1次/8h
	＜C30	≤5	—		
泥块含量		不允许		抽样、试验	≥2次/月
有机质含量		浅于标准色	不允许		
云母含量（%）		≤2			
石粉含量（%）		—	6～18（指颗粒小于0.16mm）	抽样、试验	检验1次/8h
表观密度（kg/m³）		≥2500		抽样、试验	≥2次/月
细度模数波动		±0.2		抽样、试验	检验2次/8h
坚固性（%）	有抗冻要求	≤8		抽样、试验	≥2次/月
	无抗冻要求	≤10			
硫化物及硫酸盐含量（%）		≤1（折算成SO_3，按质量计）			
轻物质含量（%）		≤1	—		

表C.1-2　粗骨料质量标准

检验项目		质量要求	检验方法	检验数量
含泥量（%）	D20、D40粒径级	≤1	抽样、试验	检验1次/8h
	D80、D150（D120）粒径级	≤0.5		

表 C.1-2（续）

检验项目		质量要求	检验方法	检验数量
泥块含量		不允许	抽样、试验	≥2 次/月
有机质含量		浅于标准色		
坚固性（%）	有抗冻要求	≤5		
	无抗冻要求	≤8		
硫化物及硫酸盐含量（按重量折算成 SO_3）（%）		≤0.5		
表观密度（kg/m^3）		≥2550		
吸水率（%）		≤2.5		
针片状颗粒含量（%）		≤15，经论证可以放宽至 25		
超逊径含量（%）	超径	原孔筛小于 5，超径筛余量为 0	抽样、试验	检验 1 次/8h
	逊径	原孔筛小于 10，逊径筛除量小于 2	抽样、试验	

C.2 混凝土拌和物性能质量标准

表 C.2 混凝土拌和质量标准

检 验 项 目	质量要求		检验方法	检验数量
	合格	优良		
最少拌和时间	符合规范要求		抽样、试验	检验 2 次/8h
原材料称量符合规范要求的频率（%）	≥70	≥85		
砂子表面含水率不大于 6%频率（%）	≥70	≥85	抽样、试验	检验 1 次/4h
坍落度合格率（%）	≥70	≥85	抽样、试验	检验 2 次/4h
含气量（有抗冻要求时）合格率（%）	≥70	≥85	抽样、试验	检验 2 次/4h
出机口温度（有温度要求时）合格率（%）	≥70	≥85		

注 1：坍落度以设计要求的中值为基准，变化范围以水工混凝土施工规范的允许偏差为准。
注 2：含气量以设计要求的中值为基准，允许偏差范围为±0.5%。
注 3：砂子、小石的含水率宜分别控制在±0.5%、±0.2%。

C.3 硬化混凝土性能质量标准

表 C.3 硬化混凝土性能质量标准

<table>
<tr><th colspan="2" rowspan="2">检验项目</th><th colspan="2">质量要求</th><th rowspan="2">检验方法</th><th rowspan="2">检验数量</th></tr>
<tr><th>合格</th><th>优良</th></tr>
<tr><td colspan="2">设计龄期抗渗性</td><td colspan="2">满足设计要求</td><td>抽样、试验</td><td>同一强度等级、抗渗等级的混凝土，每季度 1～2 组</td></tr>
<tr><td rowspan="2">抗压强度保证率（%）</td><td>无筋（或少筋）混凝土</td><td>$P \geqslant 80$</td><td>$P \geqslant 85$</td><td rowspan="7">抽样、试验</td><td rowspan="7">大体积混凝土：28d 龄期每 500m³ 1 组；设计龄期每 1000m³ 1 组。非大体积混凝土：28d 龄期每 100m³ 1 组；设计龄期每 200m³ 1 组</td></tr>
<tr><td>结构混凝土</td><td>$P \geqslant 90$</td><td>$P \geqslant 95$</td></tr>
<tr><td rowspan="2">混凝土强度最低值</td><td>≤C20</td><td colspan="2">≥0.85 设计龄期强度标准值</td></tr>
<tr><td>>C20</td><td colspan="2">≥0.90 设计龄期强度标准值</td></tr>
<tr><td rowspan="3">抗压强度标准差（MPa）</td><td>≤C20</td><td>≤4.5</td><td>≤3.5</td></tr>
<tr><td>C20～C35</td><td>≤5.0</td><td>≤4.0</td></tr>
<tr><td>>C35</td><td>≤5.5</td><td>≤4.5</td></tr>
<tr><td colspan="2">设计龄期抗拉项目</td><td colspan="2">满足设计要求</td><td>抽样、试验</td><td>28d 龄期每 2000m³ 1 组；设计龄期每 3000m³ 1 组</td></tr>
<tr><td colspan="2">设计龄期抗冻性合格率（%）</td><td>80</td><td>100</td><td>抽样、试验</td><td>同一强度等级、抗冻等级的混凝土，每季度 1～2 组</td></tr>
</table>

附录D 碾压混凝土中间产品质量标准

D.1 砂石骨料生产质量标准

表 D.1-1 砂料质量标准

<table>
<tr><td colspan="2" rowspan="2">检验项目</td><td colspan="2">质量要求</td><td rowspan="2">检验方法</td><td rowspan="2">检验数量</td></tr>
<tr><td>天然砂</td><td>人工砂</td></tr>
<tr><td rowspan="2">含泥量（%）</td><td>有抗冻、抗渗或其他特殊要求和不小于 $C_{90\sim180}30$</td><td>≤3</td><td>—</td><td rowspan="2">抽样、试验</td><td rowspan="2">检验
1次/8h</td></tr>
<tr><td><$C_{90\sim180}30$</td><td>≤5</td><td>—</td></tr>
<tr><td rowspan="2">泥块含量（%）</td><td>有抗冻、抗渗或其他特殊要求和不小于 $C_{90\sim180}30$</td><td>≤1</td><td>—</td><td rowspan="4">抽样、试验</td><td rowspan="4">≥3次/月</td></tr>
<tr><td><$C_{90\sim180}30$</td><td>≤2</td><td>—</td></tr>
<tr><td colspan="2">有机质含量</td><td>浅于标准色</td><td>不允许</td></tr>
<tr><td colspan="2">云母含量（%）</td><td colspan="2">≤2</td></tr>
<tr><td colspan="2">石粉含量（%）</td><td>—</td><td>宜
10～22</td><td>抽样、试验</td><td>检验
1次/8h</td></tr>
<tr><td colspan="2">表观密度（kg/m^3）</td><td colspan="2">≥2500</td><td>抽样、试验</td><td>≥3次/月</td></tr>
<tr><td colspan="2">细度模数波动</td><td colspan="2">±0.2</td><td>抽样、试验</td><td>检验
1次/8h</td></tr>
<tr><td rowspan="2">坚固性（%）</td><td>有抗冻要求</td><td colspan="2">≤8</td><td rowspan="4">抽样、试验</td><td rowspan="4">≥3次/月</td></tr>
<tr><td>无抗冻要求</td><td colspan="2">≤10</td></tr>
<tr><td colspan="2">硫化物及硫酸盐含量（%）</td><td colspan="2">≤1</td></tr>
<tr><td colspan="2">轻物质含量（%）</td><td>≤1</td><td>—</td></tr>
</table>

表 D.1-2　粗骨料质量标准

检验项目		质量要求	检验方法	检验数量
含泥量（%）	有抗冻、抗渗或其他特殊要求和不小于 $C_{90\sim180}30$	≤0.5	抽样、试验	检验1次/8h
	$<C_{90\sim180}30$	≤1.0		
泥块含量（%）	有抗冻、抗渗或其他特殊要求和不小于 $C_{90\sim180}30$	≤0.5	抽样、试验	≥3次/月
	$<C_{90\sim180}30$	≤0.7		
针、片状颗粒含量（%）		≤25		
软弱颗粒含量（%）		≤5		
有机质含量（%）		浅于标准色		
石粉含量（%）	有抗冻、抗渗或其他特殊要求和不小于 $C_{90\sim180}30$	≤1.5	抽样、试验	检验1次/8h
	$<C_{90\sim180}30$	≤3.0		
表观密度（kg/m^3）		≥2550	抽样、试验	≥3次/月
压碎指标值（%）	有抗冻、抗渗或其他特殊要求和不小于 $C_{90\sim180}30$	≤12		
	$<C_{90\sim180}30$	≤16		
硫化物及硫酸盐含量（%）		≤0.5		
吸水率（%）	D_{20}、D_{60}	≤2.5		
	D_{80}、D_{120}	≤1.5		
超逊径含量（%）	超径	原孔筛<5，超径筛余量为0	抽样、试验	检验1次/8h
	逊径	原孔筛<10，逊径筛除量<2		

D.2 混凝土拌和物性能质量标准

表 D.2 混凝土拌和物质量标准

检测项目	质量要求		检验方法	检验数量
	合格	优良		
拌和时间	符合规定要求		抽样、试验	2 次/工作班
砂子表面含水率不大于6%频率（%）	≥70	≥85	抽样、试验	检验 2 次/4h
出机口拌和物 V_c 值合格率（%）	≥70	≥85	抽样、试验	1 次/2h
拌和物均匀性（%）	≥70	≥85	抽样、试验	在配合比或拌和工艺改变、机具投产或检修后等情况分别检测 1 次
出机口混凝土温度合格率（%）	≥70	≥85	抽样、试验	1 次/2h
拌和物含气量合格率（%）	≥70	≥85	抽样、试验	1 次/工作班
水胶比合格率（%）	≥70	≥85	抽样、试验	1 次/工作班
拌和物外观	颜色均匀，砂石表面附浆均匀，无水泥粉煤灰团块（50%）；出机拌和物用手轻握能成团，松开后无过多灰浆粘附，石子表面有灰浆光亮感（50%）		观察	1 次/2h

D.3 硬化混凝土性能质量标准

表 D.3 硬化混凝土性能质量标准

<table>
<tr><th colspan="2" rowspan="2">检验项目</th><th colspan="2">质量要求</th><th rowspan="2">检验方法</th><th rowspan="2">检验数量</th></tr>
<tr><th>合格</th><th>优良</th></tr>
<tr><td colspan="2">设计龄期抗渗性</td><td colspan="2">100%不小于设计抗渗等级指标</td><td>抽样、试验</td><td>同一强度等级、抗渗等级的混凝土，每季度1～2组</td></tr>
<tr><td colspan="2" rowspan="2">抗压强度保证率（%）</td><td>$P\geqslant 80$</td><td>$P\geqslant 85$</td><td rowspan="7">抽样、试验</td><td rowspan="7">大体积混凝土：28d龄期每500m^3 1组；设计龄期每1000m^3 1组。非大体积混凝土：28d龄期每100m^3 1组；设计龄期每200m^3 1组</td></tr>
<tr><td>$P\geqslant 90$</td><td>$P\geqslant 95$</td></tr>
<tr><td rowspan="2">混凝土强度最低值</td><td>≤C20</td><td colspan="2">≥0.85设计龄期强度标准值</td></tr>
<tr><td>>C30</td><td colspan="2">≥0.90设计龄期强度标准值</td></tr>
<tr><td rowspan="3">抗压强度标准差（MPa）</td><td>≤C20</td><td>≤4.5</td><td>≤3.5</td></tr>
<tr><td>C20～C35</td><td>≤5.0</td><td>≤4.0</td></tr>
<tr><td>>C35</td><td>≤5.5</td><td>≤4.5</td></tr>
<tr><td colspan="2">设计龄期抗拉项目</td><td colspan="2">满足设计要求</td><td>抽样、试验</td><td>28d龄期每2000m^3 1组；设计龄期每3000m^3 1组</td></tr>
<tr><td colspan="2">设计龄期抗冻性合格率（%）</td><td>80</td><td>100</td><td>抽样、试验</td><td>同一强度等级、抗冻等级的混凝土，每季度检验1～2组</td></tr>
</table>

附录E 沥青和沥青混凝土质量标准

E.1 沥青性能质量标准

表E.1 沥青性能质量标准

检验项目	质量要求	检验方法	检验数量
针入度（25℃，5s，100g）	符合设计要求	抽样、试验	沥青以同一料源、同一批炼制进场的沥青为一“批”进场时应进行全部项目抽样检测。沥青工程现场存放超过60日应进行复检，高海拔或其他紫外线强烈地域应30日复检1次。复检检测项目为：针入度（25℃，5s，100g）、软化点（R和B）、延伸度、薄膜加热后质量变化、软化点升高、残留针入度比（25℃）、残留延伸度
针入度指数（PI）	符合设计要求	计算	
软化点（R和B）	符合设计要求	抽样、试验	
延伸度（按设计温度进行检测）	符合设计要求	抽样、试验	
蜡含量（蒸馏法）	符合设计要求	抽样、试验	
闪点	符合设计要求	抽样、试验	
溶解度	符合设计要求	抽样、试验	
密度（15℃）	符合设计要求	抽样、试验	
薄膜加热后			
质量变化	符合设计要求	抽样、试验	
软化点升高	符合设计要求	抽样、试验、计算	
残留针入度比（25℃）	符合设计要求	抽样、试验、计算	
残留延伸度（按设计温度进行检测）	符合设计要求	抽样、试验	

E.2 粗细骨料、掺料质量标准

表E.2 粗细骨料、掺料质量标准

检验项目		质量要求	检验方法	检验数量
粗骨料性能	含泥量	＜0.5%	抽样、试验	每100～200m³取样1组，同时超逊径应5～10工作日定期从拌和楼热料仓取样检测1次
	超逊径	超径小于5%、逊径小于10%	抽样、试验	
	表观密度	≥2.6	抽样、试验	

表 E.2（续）

检验项目		质量要求	检验方法	检验数量
粗骨料性能	压碎率	≤30	抽样、试验	每 100～200m³ 取样 1 组，同时超逊径应 5～10 工作日定期从拌和楼热料仓取样检测 1 次
	吸水率	≤2	抽样、试验	
	坚固性	硫酸钠溶液 5 次试验重量损失小于 12%	抽样、试验	
	与沥青的粘附性	＞4 级	抽样、试验	
	针片状颗粒	＜10%	抽样、试验	
细骨料性能	含泥量	符合设计要求，含泥量小于 2%	抽样、试验	每 100～200m³ 取样 1 组，超径、级配应 5～10 工作日，从拌和楼热料仓取料检测，阴雨天气应加大含水率检测频次
	超径率	≤5%	抽样、试验	
	吸水率	≤2%	抽样、试验	
	含水率	符合设计要求	抽样、试验	
	表观密度	≥2.55g/cm³	抽样、试验	
	有机质含量	浅于标准色	抽样、试验	
	级配	符合设计要求	抽样、试验	
	坚固性	硫酸钠溶液 5 次试验重量损失小于 15%	抽样、试验	
	水稳定等级	≥6 级	抽样、试验	
掺料	细度	符合设计要求	抽样、试验	掺料每 5～10t 为 1 个检验批次
	含水量	＜0.5%	抽样、试验	
	密度	≥2.5	抽样、试验	
	亲水系数	＜1.0	抽样、试验	

E.3 沥青混合料制备质量标准

表 E.3 沥青混合料和沥青混凝土质量标准

检验项目		质量要求	检验方法	检验数量
沥青	针入度	符合设计要求	抽样、试验	每班至少 1 次
	软化点	符合设计要求	抽样、试验	每班至少 1 次
	温度	符合设计要求	温度计量测	每班至少 2～3 次

表 E.3（续）

检验项目		质量要求	检验方法	检验数量
粗细骨料	级配	符合设计要求（测定值用于调整施工配料单）	抽样、试验	每班至少1次
	温度	符合设计要求	温度计量测	每班至少2～3次
填料	粒度范围	符合设计要求（测定值用于调整施工配料单）	抽样、试验	必要时检测
掺料	称量误差	符合设计要求（测定值用于调整施工配料单）	抽样、试验	随时检测
沥青混合料	密度和孔隙率	符合设计要求	抽样、试验	每班次1组
	马歇尔稳定度和流值	符合设计要求	抽样、试验	每班次1组
	沥青含量（抽提）	符合设计要求	抽样、试验	每班次1组
	矿料级配（抽提）	符合设计要求	抽样、试验	每班次1组
	其他指标（渗透系数、斜坡流淌值、圆盘试验、三轴试验、小梁弯曲等）	符合设计要求	抽样、试验	按设计要求进行
	外观	色泽均匀，稀稠一致，无花白料、无黄烟及其他异常形象	目测	随时检测
	温度	符合设计要求	温度计量测	每班至少2～3次
沥青混凝土性能	无损检测密度和孔隙率	符合设计要求	核子密度仪或无核密度仪检测、计算	每一施工单元每30m检测1个点
	渗透性无损检测	符合设计要求	抽样、试验	每一施工单元每50m检测1个点

表 E. 3（续）

<table>
<tr><th colspan="2">检验项目</th><th>质量要求</th><th>检验方法</th><th>检验数量</th></tr>
<tr><td rowspan="4">沥青混凝土性能</td><td>渗透试验（芯样）</td><td>符合设计要求</td><td>抽样、试验</td><td rowspan="4">按设计要求进行检测</td></tr>
<tr><td>密度（芯样）</td><td>符合设计要求</td><td>抽样、试验</td></tr>
<tr><td>孔隙率（芯样）</td><td>符合设计要求</td><td>抽样、试验、计算</td></tr>
<tr><td>三轴试验（芯样）</td><td>符合设计要求</td><td>抽样、试验</td></tr>
<tr><td colspan="5">注：沥青混合料性能所有检验项目均在拌和站或铺筑后未密实状态下取样成型测试；沥青混凝土性能检验项目包括施工后现场仓面或成墙后抽取的样品。</td></tr>
</table>

条 文 说 明

1 总 则

1.0.1 为统一混凝土工程单元工程施工质量验收评定方法和质量标准，按照严格过程控制、强化质量检验、规范验收评定工作、保证工程质量的原则，对原标准进行全面的修订。

本标准对单元工程划分原则、工序划分、施工质量检验项目（主控项目和一般项目）和检验标准以及验收评定条件和程序等进行了规定。

1.0.2 本标准是《水利水电工程施工质量检验与评定规程》（SL 176—2007）系列标准之一。结合当前国内水利工程建设施工质量管理水平，本标准只对大、中型水利水电工程单元工程施工质量的验收评定工作进行规范。小型水利水电工程可根据具体情况，有分析地参照本标准的规定执行。

SL 176—2007 主要规定了分部工程、单位工程和工程项目的检验与评定，本标准主要规定混凝土单元工程的验收评定。

1.0.3 本标准所规定的“混凝土单元工程”施工质量标准是单元工程施工质量应达到的基本要求，对于低于本标准要求的“混凝土单元工程”不应进行验收。

3 基 本 规 定

3.1 一 般 要 求

3.1.1 按照 SL 176—2007 的规定，水利水电工程质量检验与评定应进行项目划分，项目按级划分为单位工程、分部工程、单元工程等三级，其施工质量评定是从单元工程到分部工程再到单位工程逐级进行，分部工程的质量评定是在本分部工程所含的单元工程评定的基础上进行，因此，本标准规定，在分部工程开工前进行单元工程划分，划分工作更有针对性。

单元工程划分是一项重要工作，应由建设单位主持或授权监理单位组织设计、施工单位和相关技术人员，按本标准的要求划分单元工程。强调建设单位应对关键部位单元工程和重要隐蔽单元工程进行确定，并应由其负责。

3.1.2 单元工程施工质量验收评定，一般是在工序验收评定合格的基础上进行。当该单元工程未划分出工序时，按检验项目直接验收评定。

3.1.5 工序和单元工程施工质量验收评定表及其备查资料的制备应由工程施工单位负责，其规格应满足国家有关工程档案管理的有关规定，验收评定表和备查资料的份数除满足本标准要求外还应满足合同要求，本标准所指的备查资料也应含影像资料。

3.2 工序施工质量验收评定

3.2.1 本标准中，根据工序对单元工程施工质量的影响程度不同，规定了每个单元工程的主要工序和一般工序，以便验收评定时抓住重点。

3.2.2～3.2.4 规定了工序施工质量验收评定的条件、程序和应提交的资料。需要强调的有：一是工序完成后，应由施工单位自评合格后才能申请验收评定，否则监理单位可以不予受理；二是工序验收评定合格后，监理单位应及时签署结论，不能在事后补签（特殊情况下除外），相关责任人均应当场履行签认手续，这样做是防止漏签或造假。

3.2.5 规定了工序施工质量验收评定合格和优良的标准。

在工序施工质量验收评定时，强调主控项目所包含的检验点应全部合格，一般项目的每个检验项目中所包含的检验点应有70%及以上合格，不合格的检验点不是集中在一个区域时可以评定为合格工序；当一般项目的每个检验项目中所包含的检验点达到90%及以上合格，不合格的检验点也不集中在一个区域时可以评定为优良工序。对不划分工序的单元工程施工质量可根据上述原则直接进行合格或优良单元工程的验收评定工作。

需要重点说明的是，主控项目是对单元工程的基本质量起决定性影响的检验项目，因此应全部符合本标准的规定，这意味着主控项目不允许有不符合要求的检验结果，即这种项目的检查具有否决权。一般项目指对施工质量不起决定性作用的检验项目，本条70%及以上的规定是参照原验收标准及工程实际情况确定的；70%及以上合格的规定是一般性规定，不同单元工程的工序对验收的要求不尽一致，文中对合格率另有规定的，应按具体条文的规定执行。

3.3 单元工程施工质量验收评定

3.3.1～3.3.3 规定了单元工程施工质量验收评定的条件、程序、内容和应提交的资料。

需要强调的有：一是单元工程完成后，应由施工单位自评合格后才能申请验收评定，否则监理单位可以不予受理；二是关键部位单元工程和重要隐蔽单元工程的验收评定，应由建设单位组织参建单位进行联合验收评定，并在此之前通知该工程施工质量监督机构，以便质量监督机构根据情况决定是否参加；三是单元工程验收评定合格后，监理单位应及时签署结论，不能在事后补签（特殊情况下除外），责任单位、责任人及相关责任人均应当场履行签认手续，这样做是防止漏签或造假。

关于施工检验记录资料，需要说明的是：一是施工记录一定要完整、齐全，叙事要清楚，时间、地点、施工部位、工序内容、质量情况（或问题）、施工方法、措施、施工结果、现场参加人员等，均应记录清楚，不应追记或造假。责任单位和责任人应当场签认；二是提供的资料应真实，因为虚假材料将造成判断失真，甚至不合格工程被验收评定为合格工程，危害极大，一旦发现将追究其责任单位、责任人及相关当事人的责任；三是所有检验项目包括原材料和机电产品进场检验，施工质量项目（主控和一般）及抽样（或见证）检验的重要质量指标和效果检验，均应依据相关标准和规定判定该项目检验结果是否符合标准和设计要求，以便验收评定得出合理结论。

3.3.4、3.3.5 规定了划分工序单元工程和不划分工序单元工程施工质量验收评定合格或优良的标准。

对已划分成多工序的单元工程，其单元工程的施工质量是在各工序验收评定合格的基础上进行评定的，由于每个工序对单元工程施工质量的影响程度不同，为体现这一因素，在单元工程施工质量的优良标准中，除本条所列对施工单位提交资料和单元工程效果检验的要求外，还针对不同的单元工程提出该单元工程中重要工序应达到优良的要求。

3.3.6 本条给出了当单元工程施工质量不符合要求时的处理办法。一般情况下，不符合要求的现象在单元工程验收评定时就应发现并及时处理，否则将影响后续单元工程、分部工程的验收。因此，所有质量隐患应尽快消灭在萌芽状态，这也是施工质量"过程控制"原则的体现。

4 普通混凝土工程

4.2 基础面、施工缝处理

本标准是从混凝土仓面进行评定。建基面上部的土、石开挖（含保护层）的质量评定标准，以及建基面不良土质处理、地质坑孔处理、基面不平整度、高程及其建基面外轮廓尺寸的质量评定标准，详见《水利水电工程单元工程施工质量验收评定标准——土石方工程》（SL 631—2012）。

本标准强调基础面或施工缝处理应具备的基本条件。基础面或施工缝处理应经过检查验收，其质量应满足设计要求，且应有截、排水措施。对水下混凝土宜应控制水不流动或采取保护措施，水流不应把混凝土灰浆带走。对首层仓面、重要或设计特殊要求、或重要预埋件等重要隐蔽部位单元工程，应按设计要求进行处理，并应进行联合验收。联合验收小组成员及其职责应满足

SL 176—2007 的规定要求。

4.3 模板制作及安装

随着科技水平的提高和技术进步，应采用能保证混凝土成型质量的模板。为保证混凝土外观质量，使用脱模剂是一项有效措施，为此，增加了脱模剂的内容和标准。“检测数量”将原标准中模板面积在 $100m^2$ 以上的检查点数“不少于 30 个”改为“每增加 $100m^2$，检查点数增加不少于 10 个”。

4.4 钢筋制作及安装

目前，钢筋连接除了焊接外，还有绑扎连接、机械连接等，并已颁布有国家或行业技术标准和施工规范，因此将原标准中强调焊接的内容去掉，改为“钢筋连接施工质量标准（点焊及电弧焊、对焊及熔槽焊、绑扎连接、机械连接）”，并要求其机械性能应符合国家或行业有关规定。

对于通过机械加工后钢筋连接性能，应分别对应国家或行业有关规定执行。如《钢筋机械连接通用技术规程》（JGJ 107—86)、《带肋钢筋套筒挤压连接技术规范》(JGJ 108—96)、《钢筋锥螺纹接头技术规程》(JGJ 109—96）等。

4.5 预埋件制作及安装

明确了水工混凝土中的预埋件包括止水、伸缩缝（填充材料)、排水系统、冷却及灌浆管路、铁件、安全监测设施等。将预埋件所包括内容分别按主控项目和一般项目列出检查内容和质量要求。对于每一个项目均应按检查内容进行认真检查，并增加了检查点数。

原标准中部分内容的修改及新增的“冷却及接缝灌浆管路”、“铁件”等内容参照了《水工混凝土施工规范》（SDJ 207—82），《水工混凝土施工规范》（DL/T 5144—2001）中相应的内容。

明确了一般项目的检查点数量。与原标准相比，对单元工程中预埋件的总检查点数没有作规定。强调了对每一项目的检查，并增加了检查点数。

4.6 混凝土浇筑

混凝土浇筑质量主要是通过对施工工艺的控制来实现的，对施工人员进行技术交底，使其明确质量要求与重点，对保证混凝土的施工质量是必需的。

对“混凝土振捣”提出无超振的要求，因超振对混凝土质量也是不利的。同时取消了“无架空”的质量要求，因浇筑过程中无法检查。

增加了“混凝土浇筑温度”的检查内容和质量要求。混凝土的浇筑温度应满足设计要求，在实际施工过程中由于受各种因素的影响，总会有个别点超温，但要求不能连续超温，且单点超温不大于3℃，80％以上的测点满足设计要求，可视为合格。

混凝土养护对混凝土性能有很大影响，是一项很重要的施工内容，因此将“混凝土养护”列为主控项目，并增加“连续养护时间符合设计要求”的质量要求。除对混凝土要进行养护外，还要对其表面进行保护，因此增加“混凝土表面保护”的检查内容和质量标准，要求保护用材料及质量符合设计要求。

将原标准中有关表面质量的检查内容单独另列于4.7节“外观质量检查”中。

“检测数量”中没有作具体数量的规定。在浇筑过程中，对要检查的内容必须随时随地进行检查，必要时应根据混凝土浇筑量和预计浇筑时间，制定取样检查的原则和数量计划。

4.7 外观质量检查

本条为新增条文。混凝土外观质量检查和评定在原标准中列在“混凝土浇筑”中，因混凝土外观质量也是混凝土质量中一个重要组成部分，此次将其分离出来，作为一个独立的检查内容来对待。

强调混凝土拆模后应检查其外观质量，发现有裂缝、蜂窝麻面、错台和变形等质量问题时，应及时处理。

混凝土外观质量和评定，可分两个时段进行：一个时段是在拆模后就进行检查和评定；另一个时段是经消缺处理后在单元工程质量评定期内进行。在拆模后经检查不合格的，要及时进行处理，然后再进行检查和评定。最终评定结果以消缺处理后评定为准，经消缺处理后满足要求的，可评为合格。

如果对内部质量有怀疑，应进行检查，采取的方法一般有无损检查法或钻孔取芯、压水试验等。采用钻孔取芯、压水试验等方法对实体质量进行检查评定时，应严格按设计要求进行，其检查结果应作为最终评判合格与否的标准。

“质量检查内容和质量标准”基本上参照原标准，只是增加了经处理后的质量标准，应满足设计要求；“检测数量”要求对混凝土外观进行全面检查。对非永久外露面的表面平整度、外形尺寸、错台和变形等非内在质量问题可按设计要求适当放宽。

5　碾压混凝土工程

本章为新增内容。

5.1　一 般 规 定

本章材料质量，应按种类及其料源情况进行抽验，根据料源及其用量，通常应在现场抽验 1～3 组，但每一料源至少抽验 1 组。

本章砂石骨料、混凝土拌和物性能、硬化混凝土性能的质量标准，详见附录 D.1 节～附录 D.3 节。

5.2　基础面、层面处理

本标准是从混凝土仓面进行评定。建基面上部的土、石开挖（含保护层）的质量评定标准，以及建基面不良土质处理、地质坑孔处理、基面不平整度、高程及其建基面外轮廓尺寸的质量评定标准，详见 SL 631—2012。

本标准强调基础面或施工缝处理应具备的基本条件。基础面或施工缝处理应经过检查验收，其质量要满足设计要求，且应有截、排水措施。对首层仓面、重要或设计特殊要求、或重要预埋件等重要隐蔽部位单元工程，应按设计要求进行处理，并应进行联合验收。联合验收小组成员及其职责应满足 SL 176—2007 的规定要求。

5.3 模板、预埋件制作及安装

参见条文说明 4.3、条文说明 4.5。

5.4 混凝土浇筑

5.4.4 混凝土铺筑碾压施工质量标准应注意以下几条：

（1）强调现场碾压试验确定参数的必要性。通过碾压试验可以验证混凝土配合比的合理性；检验施工过程中原材料生产系统、运输系统和平仓、碾压机具的运行可靠性和配套性；确定合理的施工工艺参数，选择优化的材料投料顺序、拌和时间以及质量控制措施，如平仓厚度、碾压厚度、碾压遍数等。

（2）对于压实厚度，可通过现场碾压试验并结合生产系统的综合能力确定。

（3）压实密度的数值是碾压混凝土压实与否的主要参数，故施工过程中应随碾压作业进行检测。

（4）为确保碾压混凝土层间结合良好，应控制施工层间的间隔时间。拌和物初凝时间可在仓面测定。对拌和物自拌和到碾压完毕的时间应有具体的限制条件。施工缝及冷缝是个薄弱环节，往往形成渗漏通道，影响抗滑稳定，应认真处理。

（5）碾压混凝土的浇筑温度应满足设计要求，在实际施工过程中由于受各种因素的影响，总会有个别点超温，但要求不能连续超温，且单点超温不大于 3℃，80％以上的测点满足设计要求，可视为合格。

（6）碾压混凝土养护对混凝土性能有很大影响，也是一项很重要的施工内容，因此也将此列为质量评定的内容；除对碾压混凝土要进行养护外，还要对其表面进行保护，要求保护用材料及质量符合设计要求。

（7）“检测数量”中没有作具体数量的规定。在浇筑过程中，对要检查的内容应随时随地进行检查，必要时应根据混凝土浇筑量和预计浇筑时间，制定取样检查的原则和数量计划。

（8）如果对内部质量有怀疑，应进行检查，采取的方法一般有无损检查法或钻孔取芯、压水试验等。采用钻孔取芯、压水试验等方法对实体质量进行检查评定时，应严格按设计要求进行，其检查结果应作为最终评判合格与否的标准。

5.4.5 对变态混凝土提出了评定质量要求。变态混凝土就是为了不产生两种混凝土搭接时的干扰，在碾压混凝土中加一定比例的水泥粉煤灰净浆，然后用振捣器振实，根据实际工程的应用，效果很好。

其他有关条文说明参见条文说明4.6、条文说明5.4.4。

5.5 成缝及外观质量

参考《碾压混凝土坝设计规范》（SL 314—2004）、《水工碾压混凝土施工规范》（DL/T 5112—2009）、《水工碾压混凝土试验规程》（SL 53—94）的内容，对碾压混凝土成缝明确了质量要求。

6 混凝土面板工程

6.1 一般规定

将原标准中的“止水及伸缩缝”工序根据SDJ 207—82、DL/T 5144—2001；改为“预埋件（止水、伸缩缝等）制作及安装”，并增加“混凝土外观”质量标准。

本章材料质量，应按种类及其料源情况进行抽验，根据料源及其用量，通常应在现场抽验1～3组，但每一料源至少抽验1组。

本章砂石骨料、混凝土拌和物性能、硬化混凝土性能的质量标准，详见附录C.1节～附录C.3节。

6.2 基面清理

本标准是从混凝土仓面进行评定。建基面上部的土、石开挖（含保护层）的质量评定标准，以及建基面不良土质处理、地质坑孔处理、基面不平整度、高程及其建基面外轮廓尺寸的质量评定标准，详见SL 631—2012。

本标准强调基面清理应具备的基本条件。基面清理应经过检查验收，其质量应满足设计要求，且应有截、排水措施。基面清理属重要隐蔽部位单元工程，应按设计要求进行处理，并应进行联合验收。联合验收小组成员及其职责应满足SL 176—2007的规定要求。

6.3 模板、钢筋制作及安装

本节仅适用于混凝土模板滑模制作及安装、滑模轨道安装工序质量评定，对于其他模板应符合4.3节的相关规定。

滑模安装施工质量按《水工建筑物滑动模板施工技术规范》(SL 32—92)、《混凝土面板堆石坝施工规范》(SL 49—94）中的内容，对滑模安装施工明确了质量要求。

与SL 38—92相比，增加了脱模剂、轨道接头处轨面错位的检验项目及其相应质量标准，轨道安装中心线允许偏差由原标准的±2mm，调整为±10mm。

6.4 预埋件制作及安装

本节主要参照SL 49—94、SDJ 207—82、DL/T 5144—2001中的内容，对止水片（带）、伸缩缝（嵌缝材料）施工明确了质量要求。

其他参见条文说明4.5。

7 沥青混凝土工程

7.1 一 般 规 定

本章适用于碾压式沥青混凝土心墙、沥青混凝土面板工程施工质量的验收与评定。与原标准比较，本标准结合沥青混凝土施工工艺的技术进步和发展，在文字上或内容上进行了较大调整。

7.2 沥青混凝土心墙

原标准由基础面处理与沥青混凝土结合层面处理、模板、沥青混凝土制备、沥青混凝土的摊铺与碾压等 4 个工序。本标准分为基座结合面处理及沥青混凝土结合层面处理、模板制作及安装（心墙底部及两岸接坡扩宽部分采用人工铺筑时有模板制作及安装）、沥青混凝土的铺筑 3 个工序。将沥青混凝土制备内容一部分纳入附录 E.3 节，一部分纳入沥青混凝土铺筑中验收评定。

心墙与基座（基础）连接面的处理很重要，质量要求和施工工序同面板与混凝土建筑物的连接：①清除灰皮；②喷涂涂底材料；③涂底材料干燥后敷设 1～2cm 后的沥青胶或沥青砂浆，使心墙与基座（基础）结合紧密。沥青胶或沥青砂浆的配合比，应通过试验确定。

编写沥青混凝土心墙的质量标准、检验方法、检验数量等相关内容时，参考了《土石坝碾压式沥青混凝土防渗墙施工规范（试行）》（SD 220—87）中“沥青混凝土制备”、“施工技术管理”的有关内容。

7.3 沥青混凝土面板

沥青混凝土面板工程的有关质量标准、检验方法、检验数量，参考 SD 220—87 中“沥青混凝土制备”、“施工技术管理”的有关内容编写而成。

8 预应力混凝土工程

本章为新增内容。

8.1 一般规定

20世纪80年代以来，预应力技术广泛地应用于水利水电工程，为适应工程验收评定要求，本标准增加了预应力混凝土工程的验收评定质量标准。本标准主要针对使用较多的闸墩、梁板、隧洞衬砌等预应力工程设定检验项目、质量要求及检测数量。

另外，预应力混凝土工程施工工序很多，每一环节都很重要，不同工程对预应力筋的技术要求也不尽相同，使用本标准是可根据工程实际情况，结合设计的具体要求进行必要的补充或删减。

9 混凝土预制构件安装工程

本章为新增内容。

9.1 一般规定

混凝土预制构件安装工程单元工程的划分方法较多，除按9.1.1条划分外还可按生产台班或者是由监理工程师现场确定，目的是方便混凝土预制构件安装工程单元施工的验收评定，达到合理控制施工质量的目的。

混凝土预制构件质量应满足设计要求。从场外购买的混凝土预制构件，则应提供构件性能检验等质量合格的相关证明资料。不合格构件不应使用。

9.2 混凝土预制构件安装

9.2.1 预制构件外观质量应无缺陷，安装前应对构件的型号、尺寸、制作质量按设计要求进行检验。

9.2.2 将《混凝土结构工程施工质量验收规范》（GB 50204）中“吊车梁”改为“梁或吊车梁”；根据规范和施工实际，将“柱”、“牛腿上表面和柱顶标高”由原“±8”改为“－8～0”；将原“吊车梁”中的“梁顶面标高”，“＋10～－5”改为“－5～0”，删除了“＋”偏差；增加了“板”项目及所有项目的检测方法。

9.2.3 根据 GB 50204，本标准增加了对承受内力接缝、接头的质量要求标准和检验方法，加强了安装质量的可靠性和安全性。

10 混凝土坝坝体接缝灌浆工程

10.1 一 般 规 定

原标准中混凝土坝接缝灌浆与混凝土坝回填灌浆合并在一起，本次修订时将两者分开修编，并对适用范围作出规定。有关回填灌浆施工质量验收评定标准，参见《水利水电工程单元工程施工质量验收评定标准——地基处理与基础工程》（SL 633—2012）。

10.2 混凝土坝坝体接缝灌浆

10.2.1、10.2.2 强调了坝体接缝灌浆应在各灌浆区混凝土的龄期、灌区两侧及压重混凝土的温度、接缝张开度均符合设计要求的条件下进行。

10.2.3 增加了排气管出浆密度、有无串漏浆现象、中断等特殊处理等。其他项目进行了文字上或内容上的调整，增加了检测方法。

灌浆工程通常需要进行效果检查，如钻孔取芯及压水试验等。当实施钻孔取芯、压水试验等方法对实体质量进行检查评定时，应严格按设计要求进行，其检查结果应作为最终评判合格与否的标准。

11　安全监测设施安装工程

本章为新增内容。

11.1　一般规定

安全监测是一项非常重要的工作，为及时发现问题并采取有效措施，保证工程安全，本标准修订时增加了安全监测设施埋设、安装、质量检查等方面的内容，并提出了相应的控制标准。

本章仅适用水利水电工程建设过程中安全监测设施的安装要求，不适用于工程运行中的安全监测要求。

11.3　观测孔（井）工程

11.3.1　观测孔（井）工程施工包括造孔、测压管制作与安装、率定等3个工序，其中把率定作为主要工序，其目的就是提高观测孔（井）的成活率，注重最终效果。

11.3.2　本条规定了观测孔（井）造孔的施工质量标准。在砂卵石、壤（黏）土内的观测孔（井）造孔一般采用岩芯管冲击法干钻，套管跟进，严禁用泥浆固壁。岩石内观测孔（井）应采用清水钻孔，如遇岩石破碎可能造成塌孔的孔段，应采用套管护壁，并事先在监测部位套管壁上钻好透水孔。钻孔过程中应连续取芯，并对芯样编录、描述、记录初见水位、终孔水位。终孔时，测量孔斜，并提出钻孔柱状图。

11.3.3　测压管安装埋设前，应对钻孔深度、孔底高程、有无塌孔以及测压管的加工质量、各管段长度、接头、管帽情况等进行全面检查并做好记录。下管前应先在孔底填约10cm厚的反滤料。反滤料应能够防止细颗粒进入管内，且具有透水性，渗透系数大于周围土体的100倍。反滤料应先洗净，风干，备用。下管过程中，应连接紧密，吊系牢固，保持管身顺直，就位后，应立即测量管底高程和管水位。在管外回填反滤料，应缓慢入孔，逐层夯实，直到本测点的设计进水段高度。测压管埋设过程中，套管应随回填反滤料而逐段拔出。

测压管进水段以上孔段应进行封孔，封孔材料常采用膨润土球。土球潮解后的渗透系数小于周围土体的渗透系数。土球应由直径 5～10mm 的不同粒径组成，土球应风干，严禁日晒、烘烤。封孔时，逐粒投入孔内，并逐层捣实。回填膨润土球段长度宜应大于 4m，以上回填与孔周围相同的土料，地面以下 2m 内范围应用夯实法回填黏土。

11.4 外部变形观测设施

11.4.3 垂线安装分为正垂线安装和倒垂线安装。正垂线最高悬挂点应设在坝顶附近，且能保证换线前后位置不变，并考虑到换线及调正的方便。测线宜采用强度较高的不锈钢丝或不锈因钢丝，一般直径为 1.0～2.0mm，其极限拉力大于重锤重量的两倍。若设计为三维垂线，则应采用温度膨胀系数比钢丝约小一个数量级的不锈因钢丝。重锤阻尼箱内设防锈抗冻液体，其内径和高度应比重锤（包括阻尼叶片）直径和高度大 15～20cm。在竖井、宽缝和直径较大的垂线井中，应设垂线防风管，管内径视变形幅度而定，但不应小于 10cm。

倒垂线钻孔深度应达到变形可忽略不计处，对混凝土坝可取坝高的 1/4～1/2，对土石坝一般深入稳定基岩或坚硬上层，但最小不宜小于 10m。倒垂孔内岩石完好且无腐蚀性地下水时可不设保护管，仅在孔口部位设置保护装置即可，当需设置保护管时，其保护管内径一般不小于 10cm。倒垂线防风管内径也一般不小于 10cm。保护管和防风管的有效孔径不应小于 5～10cm。浮体组一般采用恒定浮力式，其结构型式应符合设计要求，浮子的浮力应符合设计规定。测线的强度应与正垂线相同，当正、倒垂线结合布设或采用倒垂组时，宜在同一观测墩上进行衔接。倒垂孔钻孔的垂直度要求较高，一般为 1‰左右，其值主要取决于钻孔直径和要求的有效孔径。

11.4.4 引张线是观测水平位移的重要方法，观测精度较高，可达0.1～0.3mm。引张线的设备包括端点装置、测点装置、测线及保护管。有浮托的引张线测点装置包括水箱、浮船、读数设备及保护箱，无浮托的引张线则无水箱及浮船（盒）。通常水箱长、宽、高为浮船的1.5～2倍，读数设备范围应大于变形变幅，一般不少于50mm。

测线一般采用直径为0.8～1.2mm的高强不锈钢丝，要求其极限强度不少于1500N/mm^2，钢丝直径选择宜使其极限拉力为所受拉力的2倍。

表11.4.4引张线安装质量标准是按照端点装置、测点装置、测线及保护管评定的，也可根据具体工程实际和设计要求，编制更为详细和具体的质量评定标准。

11.4.5 视准线法观测设施包括：工作基点、位移标点和视准线觇牌。按其使用工具和作业观测方法的不同分为活动觇牌法和小角度法两种。

视准线的工作基点宜设置在大坝两端的廊道内或山坡上，距大坝一定距离处，埋设在新鲜的岩石或稳定土层内。视线俯角不宜太大也不宜太低，并应布设在靠近下游面与坝轴线平行处，视线离开周围栏杆等障碍物1m以上。工作基点的观测墩应采用钢筋混凝土浇筑。顶部埋没固定的强制对中设备，精度不低于0.2mm。视准线的位移标点采用钢筋混凝土设置在结构物上，与视准线的偏离值不应超过2cm，距地面高度不小于1m及旁离障碍物不小于1m，标点顶部同样埋设上述强制对中设备。视准线觇牌的形状、结构、尺寸、颜色应满足图案对称、没有相位差、反差大、便于安装，且具有适当参考面积等条件。

水利水电工程单元工程施工质量验收评定标准——地基处理与基础工程

SL 633—2012　替代 SDJ 249.1—88

2012-09-19 发布　2012-12-19 实施

前　言

根据水利部2004年水利行业标准制修订计划，按照《水利技术标准编写规定》（SL 1—2002）的要求，对《水利水电基本建设工程单元工程质量等级评定标准（一）（试行）》（SDJ 249.1—88）进行修订，按专业类别重新划分，编制成“土石方工程”、“混凝土工程”、“地基处理与基础工程”3项标准。修订后的标准名称为《水利水电工程单元工程施工质量验收评定标准——地基处理与基础工程》。

本标准共9章20节120条1个附录，主要技术内容包括：

——本标准的适用范围；

——单元工程划分的原则以及划分的组织和程序；

——单元工程质量验收评定的组织、条件、方法；

——地基处理与基础工程的施工质量检验项目、质量要求、检验方法及检验数量。

本次修订的主要内容有：

——将原标准的“说明”修改为“总则”，并增加和修改了部分内容；
——增加了术语；
——增加了基本规定，明确了验收评定的程序，强化了在验收评定中对施工过程检验资料、施工记录的要求；
——较原标准增加了划分工序的单元工程；
——改变了原标准中质量检验项目分类。将原标准中的“保证项目”、“基本项目”、“主要项目”、“一般项目”等统一规定为“主控项目”和“一般项目”两类；
——增加了覆盖层地基灌浆、劈裂灌浆、钢衬接触灌浆、高压喷射灌浆防渗墙、水泥土搅拌防渗墙、管（槽）网排水、预应力锚索加固和强夯法地基加固等工程施工质量的验收评定标准；
——增加了条文说明。

本标准为全文推荐。

本标准所替代标准的历次版本为：

——SDJ 249.1—88

本标准批准部门：**中华人民共和国水利部**

本标准主持机构：**水利部建设与管理司**

本标准解释单位：**水利部建设与管理司**

本标准主编单位：**水利部水利建设与管理总站**

本标准参编单位：**水利部小浪底水利枢纽建设管理局**
中国水电基础局有限公司

本标准出版、发行单位：**中国水利水电出版社**

本标准主要起草人：**张严明　张忠生　李振连　贺永利**
肖　强　姚立新　薛喜文　袁全义
张东升　傅长锋　张宏先　赵永涛
栗保山　窦宝松

本标准审查会议技术负责人：**曹征齐　李允中**

本标准体例格式审查人：**陈登毅**

目　　次

1 总　　则

1.0.1 为加强水利水电单元工程施工质量管理，统一地基处理与基础工程的单元工程施工质量验收评定标准，规范单元工程质量验收评定工作，制定本标准。

1.0.2 本标准适用于大中型水利水电工程的地基处理与基础工程的单元工程施工质量验收评定。小型水利水电工程可参照执行。

1.0.3 地基处理与基础工程施工质量不符合本标准合格要求的单元工程，不应通过验收。

1.0.4 本标准的引用标准主要有以下标准：

《水利水电工程质量检验与评定规程》（SL 176）

1.0.5 地基处理与基础工程的单元工程施工质量验收评定除应符合本标准外，尚应符合国家现行有关标准的规定。

2 术　语

2.0.1 单元工程 separated item project

依据建筑物设计结构、施工部署和质量考核要求，将分部工程划分为若干个层、块、区、段，每一层、块、区、段为一个单元工程，通常是由若干工序完成的综合体，是施工质量考核的基本单位。

2.0.2 工序 working procedure

按施工的先后顺序将单元工程划分成的若干个具体施工过程或施工步骤。对单元工程质量影响较大的工序称为主要工序。

2.0.3 主控项目 dominant item

对单元工程的功能起决定作用或对安全、卫生、环境保护有重大影响的检验项目。

2.0.4 一般项目 general item

除主控项目外的检验项目。

3 基 本 规 定

3.1 一 般 要 求

3.1.1 单元工程划分应符合下列要求：

1 分部工程开工前应由建设单位或监理单位组织设计、施工等单位，根据本标准要求，共同划分单元工程。

2 建设单位应根据工程性质和部位确定重要隐蔽单元工程和关键部位单元工程。

3 单元工程划分结果应书面报送质量监督机构备案。

3.1.2 根据施工过程质量控制的需要，单元工程以及单元工程中的孔（桩、槽），分为划分工序和不划分工序两种，其施工质量评定应按照本标准相关章节规定执行。

3.1.3 检验项目分为主控项目和一般项目。

3.1.4 工序和单元工程施工质量各类项目的检验，应采用随机布点和监理工程师现场指定区位相结合的方式进行。检验方法及数量应符合本标准和相关标准的规定。

3.1.5 工序和单元工程施工质量验收评定表及其备查资料的制备应由工程施工单位负责，其规格宜采用 A4（210mm × 297mm）国际纸张标准。验收评定表一式 4 份，备查资料一式 2 份，其中验收评定表及其备查资料各 1 份应由监理单位保存，其余应由施工单位保存。

3.2 工序施工质量验收评定

3.2.1 工序施工质量验收评定应具备下列条件：

1 工序中所有施工项目（或施工内容）已完成，现场具备验收条件。

2 工序中所包含的施工质量检验项目经施工单位自检全部合格。

3.2.2 工序施工质量验收评定应按下列工作程序进行：

1 施工单位应首先对已经完成的工序施工质量进行自检，并做好检验记录。

2 施工单位自检合格后，应填写工序施工质量验收评定表（附录 A），质量责任人履行相应签认手续后，向监理单位申请复核。

3 监理单位收到申请后，应在 4h 内进行复核。复核应包括下列内容：

1） 核查施工单位报验资料是否真实、齐全。

2） 结合平行检测和跟踪检测结果等，复核工序施工质量检验项目是否符合本标准的要求。

3） 在施工单位提交的工序施工质量验收评定表中填写复核记录，并签署工序施工质量核定意见，评定工序施工质量等级，相关责任人履行相应签认手续。

3.2.3 工序施工质量验收评定应包括下列资料：

1 施工单位报验时，应提交下列资料：

1） 各班、组的初检记录、施工队复检记录、施工单位专职质检员终验记录。

2） 工序中各施工质量检验项目的检验资料。

3） 施工中的见证取样检验及记录结果资料。

4） 施工单位自检完成后，填写的工序施工质量验收评定表。

2 监理单位应形成下列资料：

1） 监理单位对工序中施工质量检验项目的平行检验资料。

2） 监理工程师签署质量复核意见的工序施工质量验收评定表。

3.2.4 工序施工质量评定分为合格和优良两个等级，其标准应符合下列规定：

1 合格等级标准应符合下列规定：

1） 主控项目，检验结果应全部符合本标准的要求。

2） 一般项目，应逐项有 70%及以上的检验点合格，不合格点不应集中分布，且不合格点的质量不应超出有关规范或设计要求的限值。

3）各项报验资料应符合本标准要求。

2 优良等级标准应符合下列规定：

1）主控项目，检验结果应全部符合本标准的要求。

2）一般项目，应逐项有90%及以上的检验点合格，不合格点不应集中分布，且不合格点的质量不应超出有关规范或设计要求的限值。

3）各项报验资料应符合本标准要求。

3.3 单元工程施工质量验收评定

3.3.1 单元工程施工质量验收评定应具备下列条件：

1 单元工程所含工序（或所有施工项目）已完成，施工现场具备验收的条件。

2 已完工序施工质量经验收评定全部合格，有关质量缺陷已处理完毕或有监理单位批准的处理意见。

3.3.2 单元工程施工质量验收评定应按下列工作程序进行：

1 施工单位的专职质检部门应首先对已经完成的单元工程施工质量按本标准进行自检，并做好检验记录。

2 施工单位自检合格后，填写单元工程施工质量验收评定表（附录A），质量责任人履行相应签认手续后，向监理单位申请复核。

3 监理单位收到申报后，应在8h内进行复核。复核应包括下列内容：

1）核查施工单位报验资料是否真实、齐全。

2）对照施工图纸及施工技术要求，结合平行检测和跟踪检测结果等，复核单元工程质量是否达到本标准要求。

3）检查已完单元工程遗留问题的处理情况，在施工单位提交的单元工程施工质量验收评定表中填写复核记录，并签署单元工程施工质量评定意见，核定单元工程施工质量等级，相关责任人履行相应签认手续。

4）对验收中发现的问题提出处理意见。

4 重要隐蔽单元工程和关键部位单元工程施工质量的验收评定应由建设单位（或委托监理单位）主持，应由建设、设计、监理、施工等单位的代表组成联合小组，共同验收评定，并应在验收前通知工程质量监督机构。

3.3.3 单元工程施工质量验收评定应包括下列资料：

1 施工单位申请验收评定时，应提交下列资料：

1）单元工程中所含工序（或检验项目）验收评定的检验资料。

2）各项实体检验项目的检验记录资料。

3）施工中的见证取样检验及记录结果资料。

4）施工单位自检完成后，填写的单元工程施工质量验收评定表。

2 监理单位应提交下列资料：

1）监理单位对单元工程施工质量的平行检测资料。

2）监理工程师签署质量复核意见的单元工程施工质量验收评定表。

3.3.4 单元工程施工质量评定分为合格、优良两个等级，其标准详见有关章节。

3.3.5 单元工程施工质量验收评定未达到合格标准时，应及时进行处理，处理后应按下列规定进行验收评定：

1 全部返工重做的，重新进行验收评定。

2 经加固补强并经设计和监理单位鉴定能达到设计要求时，其质量评定为合格。

3 处理后的单元工程部分质量指标仍未达到设计要求时，经原设计单位复核，建设单位及监理单位确认能满足安全和使用功能要求，可不再进行处理；或经加固补强后，改变了建筑物外形尺寸或造成工程永久缺陷的，经建设单位、设计单位及监理单位确认能基本满足设计要求，其质量可评定为合格，并按规定进行质量缺陷备案。

4 灌浆工程

4.1 一般规定

4.1.1 灌浆工程的各类钻孔应分类统一编号。

4.1.2 灌浆工程宜使用测记灌浆压力、注入率等施工参数的自动记录仪。

4.1.3 灌浆单元工程施工质量验收评定，应在单孔施工质量验收评定合格的基础上进行；单孔施工质量验收评定应在工序施工质量验收评定合格的基础上进行。

4.2 岩石地基帷幕灌浆

4.2.1 岩石地基帷幕灌浆宜按一个坝段（块）或相邻的10～20个孔划分为一个单元工程；对于3排以上帷幕，宜沿轴线相邻不超过30个孔划分为一个单元工程。

4.2.2 岩石帷幕灌浆单孔施工工序宜分为钻孔（包括冲洗和压水试验）、灌浆（包括封孔）2个工序，其中灌浆为主要工序。

4.2.3 岩石地基帷幕灌浆单孔施工质量标准见表4.2.3。

表4.2.3 岩石地基帷幕灌浆单孔施工质量标准

工序	项次		检验项目	质量要求	检验方法	检验数量
钻孔	主控项目	1	孔深	不小于设计孔深	测绳或钢尺测钻杆、钻具	逐孔
		2	孔底偏差	符合设计要求	测斜仪量测	
		3	孔序	符合设计要求	现场查看	逐段
		4	施工记录	齐全、准确、清晰	查看	抽查
	一般项目	1	孔位偏差	≤100mm	钢尺量测	逐孔
		2	终孔孔径	≥46mm	测量钻头直径	

表 4.2.3（续）

工序	项次		检验项目	质量要求	检验方法	检验数量
钻孔	一般项目	3	冲洗	沉积厚度小于200mm	测绳量测孔深	逐段
		4	裂隙冲洗和压水试验	符合设计要求	目测和检查记录	
灌浆	主控项目	1	压力	符合设计要求	压力表或记录仪检测	逐段
		2	浆液及变换	符合设计要求	比重秤、记录仪等检测	
		3	结束标准	符合设计要求	体积法或记录仪检测	
		4	施工记录	齐全、准确、清晰	查看	抽查
	一般项目	1	灌浆段位置及段长	符合设计要求	测绳或钢尺测钻杆、钻具	抽检
		2	灌浆管口距灌浆段底距离（仅用于循环式灌浆）	≤0.5m	钻杆、钻具、灌浆管量测或钢尺、测绳量测	逐段
		3	特殊情况处理	处理后不影响质量	现场查看、记录检查	逐项
		4	抬动观测值	符合设计要求	千分表等量测	逐段
		5	封孔	符合设计要求	现场查看或探测	逐孔
注：本质量标准适用于自上而下循环式灌浆和孔口封闭灌浆法，其他灌浆方法可参照执行。						

4.2.4 岩石地基帷幕灌浆单孔施工质量验收评定标准应符合下列规定：

1 工序施工质量验收评定全部合格，该孔评定合格。

2 工序施工质量验收评定全部合格，其中灌浆工序达到优良，该孔评定优良。

4.2.5 岩石地基帷幕灌浆单元工程施工质量验收评定标准应符

合下列规定：

1　在单元工程帷幕灌浆效果检查符合设计和规范要求的前提下，灌浆孔100%合格，优良率小于70%，单元工程评为合格。

2　在单元工程帷幕灌浆效果检查符合设计和规范要求的前提下，灌浆孔100%合格，优良率不小于70%，单元工程评为优良。

4.3　岩石地基固结灌浆

4.3.1　岩石地基固结灌浆宜按混凝土浇筑块（段）划分，或按施工分区划分为一个单元工程。

4.3.2　岩石地基固结灌浆单孔施工工序宜分为钻孔（包括冲洗）、灌浆（包括封孔）2个工序，其中灌浆为主要工序。

4.3.3　岩石地基固结灌浆单孔施工质量标准见表4.3.3。

表4.3.3　岩石地基固结灌浆单孔施工质量标准

工序	项次		检验项目	质量要求	检验方法	检验数量
钻孔	主控项目	1	孔深	不小于设计孔深	测绳或钢尺测钻杆、钻具	逐孔
		2	孔序	符合设计要求	现场查看	
		3	施工记录	齐全、准确、清晰	查看	抽查
	一般项目	1	终孔孔径	符合设计要求	卡尺或钢尺测量钻头	逐孔
		2	孔位偏差	符合设计要求	现场钢尺量测	
		3	钻孔冲洗	沉积厚度小于200mm	测绳量测	
		4	裂隙冲洗和压水试验	回水变清或符合设计要求	目测或计时	
灌浆	主控项目	1	压力	符合设计要求	记录仪或压力表检测	逐孔
		2	浆液及变换	符合设计要求	比重秤或重量配比等检测	
		3	结束标准	符合设计要求	体积法或记录仪检测	
		4	抬动观测值	符合设计要求	千分表等量测	
		5	施工记录	齐全、准确、清晰	查看	抽查

表 4.3.3（续）

工序	项次		检验项目	质量要求	检验方法	检验数量
灌浆	一般项目	1	特殊情况处理	处理后符合设计要求	现场查看、记录检查分析	逐项
		2	封孔	符合设计要求	现场查看	逐孔
注：本质量标准适用于全孔一次灌浆，分段灌浆可按表 4.2.3 执行。						

4.3.4 岩石地基固结灌浆单孔施工质量验收评定标准应符合下列规定：

1 工序施工质量验收评定全部合格，该孔评定合格。

2 工序施工质量验收评定全部合格，其中灌浆工序达到优良，该孔评定优良。

4.3.5 岩石地基固结灌浆单元工程施工质量验收评定标准应符合下列规定：

1 在单元工程固结灌浆效果检查符合设计和规范要求的前提下，灌浆孔 100%合格，优良率小于 70%，单元工程评为合格。

2 在单元工程固结灌浆效果检查符合设计和规范要求的前提下，灌浆孔 100%合格，优良率不小于 70%，单元工程评为优良。

4.4 覆盖层地基灌浆

4.4.1 本节适用于采用循环钻灌法和预埋花管法在砂、砾（卵）石等覆盖层地基中的灌浆工程。

4.4.2 覆盖层地基灌浆宜按一个坝段（块）或相邻的 20～30 个灌浆孔划分为一个单元工程。

4.4.3 循环钻灌法单孔施工工序宜分为钻孔（包括冲洗）、灌浆（包括灌浆准备、封孔）2 个工序，其中灌浆为主要工序。

4.4.4 预埋花管法单孔施工工序宜分为钻孔（包括清孔）、花管下设（包括花管加工、花管下设及填料）、灌浆（包括注入填料、冲洗钻孔、封孔）3 个工序，其中灌浆为主要工序。

4.4.5 循环钻灌法灌浆单孔施工质量标准见表 4.4.5。

表 4.4.5　循环钻灌法灌浆单孔施工质量标准

工序	项次		检验项目	质量要求	检验方法	检验数量
钻孔	主控项目	1	孔序	符合设计要求	现场查看	逐孔
		2	孔底偏差	符合设计要求	测斜仪量测	
		3	孔深	不小于设计孔深	测绳或钢尺测钻杆、钻具	
		4	施工记录	齐全、准确、清晰	查看	抽查
	一般项目	1	孔位偏差	≤100mm	钢尺量测	逐孔
		2	终孔孔径	符合设计要求	测量钻头直径	
		3	护壁泥浆密度、黏度、含砂量、失水量	符合设计要求	比重秤、漏斗、含砂量测量仪、失水量仪量测	逐段或定时
灌浆	主控项目	1	灌浆压力	符合设计要求	压力表、记录仪检测	逐段
		2	灌浆结束标准	符合设计要求	体积法或记录仪检测	
		3	施工记录	齐全、准确、清晰	查看	抽查
	一般项目	1	灌浆段位置及段长	符合设计要求	测绳或钻杆、钻具量测	逐段
		2	灌浆管口距灌浆段底距离	符合设计要求	钻杆、钻具量测	
		3	灌浆浆液及变换	符合设计要求	比重秤或记录仪检测	
		4	灌浆特殊情况处理	处理后符合设计要求	现场查看、记录检查	逐项
		5	灌浆封孔	符合设计要求	现场查看或探测	逐孔

4.4.6 预埋花管法灌浆单孔施工质量标准见表 4.4.6。

4.4.7 覆盖层地基灌浆单孔施工质量验收评定标准应符合下列规定：

1 工序施工质量验收评定全部合格，该孔评定合格。

2 工序施工质量验收评定全部合格，其中灌浆工序达到优良，该孔评定优良。

4.4.8 覆盖层地基灌浆单元工程施工质量验收评定标准应符合下列规定：

1 在单元工程灌浆效果检查符合设计要求的前提下，灌浆孔 100%合格，优良率小于 70%，单元工程评为合格。

2 在单元工程灌浆效果检查符合设计要求的前提下，灌浆孔 100%合格，优良率不小于 70%，单元工程评为优良。

表 4.4.6 预埋花管法灌浆单孔施工质量标准

工序	项次		检验项目	质量要求	检验方法	检验数量
钻孔	主控项目	1	孔序	符合设计要求	现场查看	逐孔
		2	孔深	不小于设计孔深	测绳或钢尺测钻杆、钻具	
		3	孔底偏差	符合设计要求	测斜仪量测	
		4	施工记录	齐全、准确、清晰	查看	抽查
	一般项目	1	孔位偏差	不大于孔排距的3%～5%	钢尺量测	逐孔
		2	终孔孔径	≥110mm	测量钻头直径	
		3	护壁泥浆密度	符合设计要求	比重秤检测	逐段或定时
		4	洗孔	孔内泥浆黏度20～22s，沉积厚度小于 200mm	量测孔内泥浆黏度和孔深	逐孔
花管下设	主控项目	1	花管下设	符合设计要求	钢尺量测、现场查看	逐孔
		2	施工记录	齐全、准确、清晰	查看	抽查
	一般项目	1	花管加工	符合设计要求	钢尺量测、现场查看	逐孔
		2	周边填料	符合设计要求	检查配合比	

表 4.4.6（续）

工序	项次		检验项目	质量要求	检验方法	检验数量
灌浆	主控项目	1	开环	符合设计要求	压力表、比重秤、计时表或记录仪检测	逐段
		2	灌浆压力	符合设计要求	记录仪、压力表检测	
		3	灌浆结束标准	符合设计要求	体积法或记录仪检测	
		4	施工记录	齐全、准确、清晰	查看	抽查
	一般项目	1	灌浆塞位置及灌浆段长	符合设计要求	量测钻杆、钻具和灌浆塞	逐段
		2	灌浆浆液及变换	符合设计要求	比重秤或记录仪检测	
		3	灌浆特殊情况处理	处理后符合设计要求	现场查看、记录检查	逐项
		4	灌浆封孔	符合设计要求	现场查看或探测	逐孔

4.5 隧洞回填灌浆

4.5.1 隧洞回填灌浆单元工程以施工形成的区段划分，宜按50m一个区段划分为一个单元工程。

4.5.2 隧洞回填灌浆单孔施工工序宜分为灌浆区（段）封堵与钻孔（或对预埋管进行扫孔）、灌浆（包括封孔）2个工序，其中灌浆为主要工序。

4.5.3 隧洞回填灌浆单孔施工质量标准见表4.5.3。

4.5.4 隧洞回填灌浆单孔施工质量验收评定标准应符合下列规定：

1 工序施工质量验收评定全部合格，该孔评定合格。

2 工序施工质量验收评定全部合格，其中灌浆工序达到优良，该孔评定优良。

表 4.5.3　隧洞回填灌浆单孔施工质量标准

工序	项次		检验项目	质量要求	检验方法	检验数量
封堵与钻孔	主控项目	1	灌区封堵	密实不漏浆	通气检查、观测	分区
		2	钻孔或扫孔深度	进入基岩不小于 100mm	观察岩屑	逐孔
		3	孔序	符合设计要求	现场查看	
	一般项目	1	孔径	符合设计要求	量测钻头直径	逐孔
		2	孔位偏差	≤100mm	钢尺	
灌浆	主控项目	1	灌浆压力	符合设计要求	现场查看压力记录仪记录	逐孔
		2	浆液水灰比	符合设计要求	比重秤检测	抽查
		3	结束标准	符合规范要求	现场查看、查看记录仪记录	逐孔
		4	施工记录	齐全、准确、清晰	查看	抽查
	一般项目	1	特殊情况处理	处理后不影响质量	现场查看、记录检查	逐项
		2	变形观测	符合设计要求	千分表等量测	逐孔
		3	封孔	符合设计要求	目测或探测	

注：本质量标准适用于钻孔回填灌浆施工法，预埋管路灌浆施工法可参照执行。

4.5.5　隧洞回填灌浆单元工程施工质量验收评定标准应符合下列规定：

1　在单元工程回填灌浆效果检查符合设计和规范要求，灌区封堵密实不漏浆的前提下，灌浆孔 100%合格，优良率小于 70%，单元工程评为合格。

2　在单元工程回填灌浆效果检查符合设计和规范要求，灌区封堵密实不漏浆的前提下，灌浆孔 100%合格，优良率不小于 70%，单元工程评为优良。

4.6　钢衬接触灌浆

4.6.1　钢衬接触灌浆宜按 50m 一段钢管划分为一个单元工程。

4.6.2　钢衬接触灌浆单孔施工工序宜分为钻（扫）孔（包括清

洗)、灌浆2个工序，其中灌浆为主要工序。

4.6.3 钢衬接触灌浆单孔施工质量标准见表4.6.3。

表4.6.3 钢衬接触灌浆单孔施工质量标准

工序	项次		检验项目	质量要求	检验方法	检验数量
钻孔	主控项目	1	孔深	穿过钢衬进入脱空区	用卡尺测量脱空间隙	逐孔
		2	施工记录	齐全、准确、清晰	查看	抽查
	一般项目	1	孔径	≥12mm	卡尺量测钻头	逐孔
		2	清洗	使用清洁压缩空气检查缝隙串通情况，吹除空隙内的污物和积水	压力表检测风压、现场查看	
灌浆	主控项目	1	灌浆顺序	自低处孔开始	现场查看	逐孔
		2	钢衬变形	符合设计要求	千分表等量测	
		3	灌注和排出的浆液浓度	符合设计要求	比重秤或记录仪检测	
		4	施工记录	齐全、准确、清晰	查看	抽查
	一般项目	1	灌浆压力	≤0.1MPa，或符合设计要求	压力表或记录仪检测	逐孔
		2	结束标准	在设计灌浆压力下停止吸浆，并延续灌注5min	体积法或记录仪检测	
		3	封孔	丝堵加焊或焊补法，焊后磨平	现场查看	

4.6.4 钢衬接触灌浆单孔施工质量验收评定标准应符合下列规定：

1 工序施工质量验收评定全部合格，该孔评定合格。

2 工序施工质量验收评定全部合格，其中灌浆工序达到优良，该孔评定优良。

4.6.5 钢衬接触灌浆单元工程施工质量验收评定标准应符合下列规定：

1　在单元工程接触灌浆效果检查符合设计和规范要求的前提下，灌浆孔 100%合格，优良率小于 70%，单元工程评为合格。

2　在单元工程接触灌浆效果检查符合设计和规范要求的前提下，灌浆孔 100%合格，优良率不小于 70%，单元工程评为优良。

4.7　劈裂灌浆

4.7.1　劈裂灌浆主要用于土坝与土堤的灌浆。

4.7.2　劈裂灌浆宜按沿坝（堤）轴线相邻的 10～20 个灌浆孔划分为一个单元工程。

4.7.3　劈裂灌浆单孔施工工序宜分为钻孔、灌浆（包括多次复灌、封孔）2 个工序，其中灌浆为主要工序。

4.7.4　劈裂灌浆单孔施工质量标准见表 4.7.4。

4.7.5　劈裂灌浆单孔施工质量验收评定标准应符合下列规定：

1　工序施工质量验收评定全部合格，该孔评定合格。

2　工序施工质量验收评定全部合格，其中灌浆工序达到优良，该孔评定优良。

4.7.6　劈裂灌浆单元工程施工质量验收评定标准应符合下列规定：

1　在单元工程劈裂灌浆效果检查符合设计要求的前提下，灌浆孔 100%合格，优良率小于 70%，单元工程评为合格。

2　在单元工程劈裂灌浆效果检查符合设计要求的前提下，灌浆孔 100%合格，优良率不小于 70%，单元工程评为优良。

表 4.7.4　劈裂灌浆单孔施工质量标准

<table>
<tr><th>工序</th><th colspan="2">项次</th><th>检验项目</th><th>质量要求</th><th>检验方法</th><th>检验数量</th></tr>
<tr><td rowspan="5">钻孔</td><td rowspan="3">主控项目</td><td>1</td><td>孔序</td><td>按先后排序和孔序施工</td><td>现场查看</td><td rowspan="2">逐孔</td></tr>
<tr><td>2</td><td>孔深</td><td>符合设计要求</td><td>钢尺量测钻杆或测绳量测</td></tr>
<tr><td>3</td><td>施工记录</td><td>齐全、准确、清晰</td><td>查看</td><td>抽查</td></tr>
<tr><td rowspan="2">一般项目</td><td>1</td><td>孔位偏差</td><td>≤100mm</td><td>钢尺量测</td><td rowspan="2">逐孔</td></tr>
<tr><td>2</td><td>孔底偏差</td><td>不大于孔深的 2%</td><td>测斜仪量测</td></tr>
</table>

表 4.7.4（续）

工序	项次		检验项目	质量要求	检验方法	检验数量
灌浆	主控项目	1	灌浆压力	符合设计要求	压力表或记录仪检测	逐孔
		2	浆液浓度	符合设计要求	比重秤或记录仪检测	
		3	灌浆量	符合设计要求	体积法或记录仪检测	每孔每次
		4	灌浆间隔时间	≥5d	现场查看时间	
		5	施工记录	齐全、准确、清晰	查看	抽查
	一般项目	1	结束标准	符合设计要求	压力表、钢尺或记录仪检测	逐孔
		2	横向水平位移与裂缝开展宽度	允许量均小于30mm，且停灌后能基本复原	钢尺量测	每天
		3	泥墙厚度	符合设计要求	钢尺量测或体积计算	抽查
		4	泥墙干密度	1.4～1.6g/cm^3	取样检验	
		5	封孔	符合设计要求	现场查看、比重秤	逐孔

5 防渗墙工程

5.1 混凝土防渗墙

5.1.1 本节适用于松散透水地基或土石坝坝体内以泥浆护壁连续造孔成槽和浇筑混凝土形成的混凝土地下连续墙，其他成槽方法形成的混凝土防渗墙可参照执行。

5.1.2 混凝土防渗墙宜以每一个槽孔划分为一个单元工程。

5.1.3 混凝土防渗墙施工工序宜分为造孔、清孔（包括接头处理）、混凝土浇筑（包括钢筋笼、预埋件、观测仪器安装埋设）3个工序，其中混凝土浇筑为主要工序。

5.1.4 混凝土防渗墙单元工程施工质量验收评定，应在工序施工质量验收评定合格的基础上进行。

5.1.5 混凝土防渗墙施工质量标准见表5.1.5。

5.1.6 混凝土防渗墙单元工程施工质量验收评定标准应符合下列规定：

1 如果进行了墙体钻孔取芯和其他无损检测等方式检查，则在其检查结果符合设计要求的前提下，工序施工质量验收评定全部合格，该单元工程评定合格。

表 5.1.5 混凝土防渗墙施工质量标准

工序	项次		检验项目	质量要求	检验方法	检验数量
造孔	主控项目	1	槽孔孔深	不小于设计孔深	钢尺或测绳量测	逐槽
		2	孔斜率	符合设计要求	重锤法或测井法量测	逐孔
		3	施工记录	齐全、准确、清晰	查看	抽查
	一般项目	1	槽孔中心偏差	≤30mm	钢尺量测	逐孔
		2	槽孔宽度	符合设计要求（包括接头搭接厚度）	测井仪或量测钻头	逐槽

表 5.1.5（续）

工序	项次		检验项目		质量要求	检验方法	检验数量
清孔	主控项目	1	接头刷洗		符合设计要求，孔底淤积不再增加	查看、测绳量测	逐槽
		2	孔底淤积		≤100mm	测绳量测	
		3	施工记录		齐全、准确、清晰	查看	
	一般项目	1	孔内泥浆密度	黏土	$\leq 1.30 g/cm^3$	比重秤量测	逐槽
				膨润土	根据地层情况或现场试验确定		
		2	孔内泥浆黏度	黏土	≤30s	500mL/700mL漏斗量测	
				膨润土	根据地层情况或现场试验确定	马氏漏斗量测	
		3	孔内泥浆含砂量	黏土	≤10%	含砂量测量仪量测	
				膨润土	根据地层情况或现场试验确定		
混凝土浇筑	主控项目	1	导管埋深		≥1m，不宜大于6m	测绳量测	逐槽
		2	混凝土上升速度		≥2m/h	测绳量测	
		3	施工记录		齐全、准确、清晰	查看	
	一般项目	1	钢筋笼、预埋件、仪器安装埋设		符合设计要求	钢尺量测	逐项
		2	导管布置		符合规范或设计要求	钢尺或测绳量测	逐槽
		3	混凝土面高差		≤0.5m	测绳量测	
		4	混凝土最终高度		不小于设计高程0.5m	测绳量测	
		5	混凝土配合比		符合设计要求	现场检验	逐批

表 5.1.5（续）

工序	项次		检验项目	质量要求	检验方法	检验数量
混凝土浇筑	一般项目	6	混凝土扩散度	34～40cm	现场试验	逐槽或逐批
		7	混凝土坍落度	18～22cm，或符合设计要求	现场试验	
		8	混凝土抗压强度、抗渗等级、弹性模量等	符合抗压、抗渗、弹模等设计指标	室内试验	
		9	特殊情况处理	处理后符合设计要求	现场查看、记录检查	逐项

2　如果进行了墙体钻孔取芯和其他无损检测等方式检查，则在其检查结果符合设计要求的前提下，工序施工质量验收评定全部合格，其中2个及以上工序达到优良，并且混凝土浇筑工序达到优良，该单元工程评定优良。

5.2　高压喷射灌浆防渗墙

5.2.1　高压喷射灌浆防渗墙宜以相邻的30～50个高喷孔或连续600～1000m^{2}的防渗墙体划分为一个单元工程。

5.2.2　高压喷射灌浆防渗墙单元工程施工质量验收评定，应在单孔施工质量验收评定合格的基础上进行。

5.2.3　高压喷射灌浆防渗墙工程单孔施工质量标准见表5.2.3。

5.2.4　高压喷射灌浆防渗墙单孔施工质量验收评定标准应符合下列规定：

1　主控项目检验点100%合格，一般项目逐项70%及以上的检验点合格，不合格点不集中分布，且不合格点的质量不超出有关规范或设计要求的限值，该孔评定合格。

2　主控项目检验点100%合格，一般项目逐项90%及以上的检验点合格，不合格点不集中分布，且不合格点的质量不超出有关规范或设计要求的限值，该孔评定优良。

5.2.5 高压喷射灌浆防渗墙单元工程施工质量验收评定标准应符合下列规定：

1 在单元工程效果检查符合设计要求的前提下，高喷孔100%合格，优良率小于70%，单元工程评定合格。

2 在单元工程效果检查符合设计要求的前提下，高喷孔100%合格，优良率不小于70%，单元工程评定优良。

表 5.2.3 高压喷射灌浆防渗墙工程单孔施工质量标准

项次		检验项目	质量要求	检验方法	检验数量
主控项目	1	孔位偏差	≤50mm	钢尺量测	逐孔
	2	钻孔深度	大于设计墙体深度	测绳或钻杆、钻具量测	
	3	喷射管下入深度	符合设计要求	钢尺或测绳量测喷管	
	4	喷射方向	符合设计要求	罗盘量测	
	5	提升速度	符合设计要求	钢尺、秒表量测	
	6	浆液压力	符合设计要求	压力表量测	
	7	浆液流量	符合设计要求	体积法	
	8	进浆密度	符合设计要求	比重秤量测	
	9	摆动角度	符合设计要求	角度尺或罗盘量测	
	10	施工记录	齐全、准确、清晰	查看	抽查
一般项目	1	孔序	按设计要求	现场查看	逐孔
	2	孔斜率	≤1%，或符合设计要求	测斜仪、吊线等量测	
	3	摆动速度	符合设计要求	秒表量测	
	4	气压力	符合设计要求	压力表量测	
	5	气流量	符合设计要求	流量计量测	
	6	水压力	符合设计要求	压力表量测	
	7	水流量	符合设计要求	流量表量测	
	8	回浆密度	符合规范要求	比重秤量测	
	9	特殊情况处理	符合设计要求	根据实际情况定	

注1：本质量标准适用于摆喷施工法，其他施工法可调整检验项目。

注2：使用低压浆液时，“浆液压力”为一般项目。

5.3 水泥土搅拌防渗墙

5.3.1 水泥土搅拌防渗墙宜按沿轴线每 20m 划分为一个单元工程。

5.3.2 水泥土搅拌防渗墙单元工程施工质量验收评定，应在单桩施工质量验收评定合格的基础上进行。

5.3.3 水泥土搅拌防渗墙工程单桩施工质量标准见表 5.3.3。

表 5.3.3 水泥土搅拌防渗墙工程单桩施工质量标准

项次		检验项目	质量要求	检验方法	检验数量
主控项目	1	孔位偏差	≤20mm	钢尺量测	逐桩
	2	孔深	符合设计要求	量测钻杆	
	3	孔斜率	符合设计要求	钢尺或测绳量测	
	4	输浆量	符合设计要求	体积法	
	5	桩径	符合设计要求	钢尺量测搅拌头	
	6	施工记录	齐全、准确、清晰	查看	抽查
一般项目	1	水灰比	符合设计要求	比重秤量测或体积法	逐桩
	2	搅拌速度	符合设计要求	秒表量测	
	3	提升速度	符合设计要求	秒表、钢尺等	
	4	重复搅拌次数和深度	符合设计要求	查看	
	5	桩顶标高	超出设计桩顶 0.3～0.5m	钢尺量测	
	6	特殊情况处理	不影响质量	现场查看	

注 1：本质量标准适用于单头搅拌机施工法，多头搅拌机施工法可参照执行。
注 2：本表适用于湿法施工工艺，干法施工工艺的检验项目可适当调整。

5.3.4 水泥土搅拌防渗墙单桩施工质量验收评定标准应符合下列规定：

1 主控项目检验点 100%合格，一般项目逐项 70%及以上的检验点合格，不合格点不集中分布，且不合格点的质量不超出有关规范或设计要求的限值，该桩评定合格。

2 主控项目检验点100%合格，一般项目逐项90%及以上的检验点合格，不合格点不集中分布，且不合格点的质量不超出有关规范或设计要求的限值，该桩评定优良。

5.3.5 水泥土搅拌防渗墙单元工程施工质量验收评定标准应符合下列规定：

1 在单元工程效果检查符合设计要求的前提下，水泥搅拌桩100%合格，优良率小于70%，单元工程评定合格。

2 在单元工程效果检查符合设计要求的前提下，水泥搅拌桩100%合格，优良率不小于70%，单元工程评定优良。

6 地基排水工程

6.1 排水孔排水

6.1.1 排水孔排水主要用于坝肩、坝基、隧洞及需要降低渗透水压力工程部位的岩体排水。

6.1.2 单元工程宜按排水工程的施工区（段）划分，每一区（段）或20个孔左右划分为一个单元工程。

6.1.3 排水孔单孔施工工序宜分为钻孔（包括清洗）、孔内及孔口装置安装（需设置孔内、孔口保护和需孔口测试时）、孔口测试（需孔口测试时）3个工序，其中钻孔为主要工序。

6.1.4 排水孔排水单元工程施工质量验收评定，应在单孔施工质量验收评定合格的基础上进行；单孔施工质量验收评定应在工序施工质量验收合格的基础上进行。

6.1.5 地基排水孔单孔施工质量标准见表6.1.5。

6.1.6 排水孔单孔施工质量验收评定标准应符合下列规定：

1 工序施工质量验收评定全部合格，该孔评定合格。

2 工序施工质量验收评定全部合格，其中2个及以上工序达到优良，并且钻孔工序施工质量达到优良，该孔评定优良。

表6.1.5 地基排水孔单孔施工质量标准

<table>
<tr><th>工序</th><th colspan="2">项次</th><th>检验项目</th><th>质量要求</th><th>检验方法</th><th>检验数量</th></tr>
<tr><td rowspan="7">钻孔</td><td rowspan="4">主控项目</td><td>1</td><td>孔径</td><td>符合设计要求</td><td>钢尺量测</td><td rowspan="3">逐孔</td></tr>
<tr><td>2</td><td>孔深</td><td>符合设计要求</td><td>测绳量测或量测钻杆</td></tr>
<tr><td>3</td><td>孔位偏差</td><td>≤100mm</td><td>钢尺量测</td></tr>
<tr><td>4</td><td>施工记录</td><td>齐全、准确、清晰</td><td>查看</td><td>抽查</td></tr>
<tr><td rowspan="3">一般项目</td><td>1</td><td>钻孔孔斜</td><td>符合设计要求</td><td>测斜仪量测</td><td rowspan="3">逐孔</td></tr>
<tr><td>2</td><td>钻孔清洗</td><td>回水清净，孔底沉淀小于200mm</td><td>测绳量测，查看施工记录</td></tr>
<tr><td>3</td><td>地质编录</td><td>符合设计要求</td><td>查看资料、图纸</td></tr>
</table>

表 6.1.5（续）

工序	项次		检验项目	质量要求	检验方法	检验数量
孔内及孔口装置安装	主控项目	1	孔内保护结构材质、规格	符合设计要求	查对设计图纸，对照地质编录图，查看施工记录	逐孔
		2	孔内保护结构	符合设计要求		
		3	孔内保护结构安放位置	符合设计要求		
		4	孔口保护结构	符合设计要求		
		5	施工记录	齐全、准确、清晰	查看	抽查
	一般项目	1	测渗系统设备安装位置	符合设计要求	现场检测	指定孔
孔口测试	主控项目	1	排水孔渗压、渗流量观测	具有渗压、渗流量初始值，验收移交前的观测资料准确、齐全	现场检查、检查观测记录	逐孔或指定孔

6.1.7 排水孔排水单元工程施工质量验收评定标准应符合下列规定：

1 排水孔100%合格，优良率小于70%，单元工程评定合格。

2 排水孔100%合格，优良率不小于70%，单元工程评定优良。

6.2 管（槽）网排水

6.2.1 管（槽）网排水主要用于透水性较好的覆盖层地基、岩石地基的排水工程。

6.2.2 管（槽）网排水宜按每一施工区（段）划分为一个单元工程。

6.2.3 管（槽）网排水施工工序宜分为铺设基面处理、管（槽）网铺设及保护2个工序，其中管（槽）网铺设及保护为主要工序。

6.2.4 管（槽）网排水单元工程施工质量验收评定，应在工序施工质量验收合格的基础上进行。

6.2.5 地基管（槽）网排水施工质量标准见表6.2.5。

表6.2.5 地基管（槽）网排水施工质量标准

工序	项次		检验项目	质量要求	检验方法	检验数量
铺设基面处理	主控项目	1	铺设基础面平面布置	符合设计要求	对照图纸、测量	全面检查
		2	铺设基础面高程	符合设计要求	对照图纸、测量	
	一般项目	1	铺设基面平整度、压实度	符合设计要求	现场检测	抽查
		2	施工记录	齐全、准确、清晰	查看	
管(槽)网铺设及保护	主控项目	1	排水管（槽）网材质、规格	符合设计要求	检查合格证、现场测试	抽查
		2	排水管（槽）网接头连接	严密、不漏水	现场通水检查	逐个检查
		3	保护排水管（槽）网的材料材质	耐久性、透水性、防淤堵性能满足设计要求	检查合格证、现场测试	抽查
		4	管（槽）与基岩接触	严密、不漏水，管（槽）内干净	现场检查	全面检查
		5	施工记录	齐全、准确、清晰	查看	抽查
	一般项目	1	排水管网的固定	符合设计要求	现场检查	全面检查
		2	排水系统引出	符合设计要求	现场检查	

6.2.6 地基管（槽）网排水单元工程施工质量验收评定标准应符合下列规定：

1 在地基管（槽）网排水系统通水检验合格的前提下，工序施工质量验收评定全部合格，单元工程评定合格。

2 在地基管（槽）网排水系统通水检验合格的前提下，工序施工质量验收评定全部合格，其中管（槽）网铺设及保护工序达到优良，单元工程评定优良。

7 锚喷支护和预应力锚索加固工程

7.1 一般规定

7.1.1 注浆锚杆安装后72h内，不应敲击、碰撞或悬挂重物，使用速凝材料而有特殊说明的除外。

7.1.2 预应力锚束制作完成应进行外观检验，验收合格且签发合格证、编号挂牌后，方可使用。

7.1.3 预应力锚杆施加预应力设备、锚索张拉设备应由有资质的检定机构按期检定，并应经过监理和建设单位的认可。

7.2 锚喷支护

7.2.1 锚喷支护主要用于锚杆、喷射混凝土以及锚杆与喷射混凝土组合的支护工程。

7.2.2 锚喷支护工程宜以每一施工区（段）划分为一个单元工程。

7.2.3 锚喷支护单元工程施工工序宜分为锚杆（包括钻孔）、喷混凝土（包括钢筋网制安）2个工序，其中锚杆为主要工序。

7.2.4 锚喷支护单元工程施工质量验收评定，应在工序施工质量验收评定合格的基础上进行。

7.2.5 锚喷支护施工质量标准见表7.2.5。

7.2.6 锚喷支护单元工程施工质量验收评定标准应符合下列规定：

1 工序施工质量验收评定全部合格，该单元工程评定合格。

2 工序施工质量验收评定全部合格，其中锚杆工序施工质量达到优良，该单元工程评定优良。

3 当只有一个工序时，工序施工质量即为单元工程质量。

表 7.2.5　锚喷支护施工质量标准

工序	项次		检验项目	质量要求	检验方法	检验数量
锚杆	主控项目	1	锚杆材质和胶结材料性能	符合设计要求	抽检，查看试验资料	按批抽查
		2	孔深偏差	≤50mm	钢尺、测杆量测	抽查10%～15%
		3	锚孔清理	孔内无岩粉、无积水	观察检查	
		4	锚杆抗拔力(或无损检测)	符合设计和规范要求	查看试验记录	每300根抽查3根
			预应力锚杆张拉力	符合设计和规范要求	查看试验记录	
	一般项目	1	锚杆孔位偏差	≤150mm（预应力锚杆：≤200mm）	钢尺、仪器量测	抽查10%～15%
		2	锚杆钻孔方向偏差	符合设计要求（预应力锚杆：≤3%）	罗盘仪、仪器量测	
		3	锚杆钻孔孔径	符合设计要求	钢尺量测	
		4	锚杆长度偏差	≤5mm	钢尺量测	
		5	锚杆孔注浆	符合设计和规范要求	现场检查	
		6	施工记录	齐全、准确、清晰	查看	抽查
喷混凝土	主控项目	1	喷混凝土性能	符合设计要求	抽检，查看试验资料	每100m³不小于2组
		2	喷层均匀性	个别处有夹层、包沙	现场取样	按规范要求抽查
		3	喷层密实性	无滴水、个别点渗水	现场观察	全面检查
		4	喷层厚度	符合设计和规范要求	针探、钻孔	按规范要求抽查

表 7.2.5（续）

工序	项次		检验项目	质量要求	检验方法	检验数量
喷混凝土	一般项目	1	喷混凝土配合比	满足规范要求	查看试验资料	每个作业班检查2次
		2	受喷面清理	符合设计及规范要求	现场观察	全面检查
		3	喷层表面整体性	个别处有微细裂缝	观察检查	
		4	喷层养护	符合设计及规范要求	观察，查施工记录	
		5	钢筋（丝）网格间距偏差	≤20mm	钢尺量测	按批抽查
		6	钢筋（丝）网安装	符合设计和规范要求	现场检查，钢尺量测	全面检查
		7	施工记录	齐全、准确、清晰	查看	

7.3 预应力锚索加固

7.3.1 本节适用于预应力锚索加固岩土边坡或洞室围岩，加固混凝土结构物工程可参照使用。

7.3.2 单根预应力锚索设计张拉力大于或等于500kN的，应每根锚索划分为一个单元工程；单根预应力锚索设计张拉力小于500kN的，宜以3～5根锚索划分为一个单元工程。

7.3.3 预应力锚索单根锚索施工工序宜分为钻孔、锚束制作安装、外锚头制作和锚索张拉锁定（包括防护）4个工序，其中锚索张拉锁定为主要工序。

7.3.4 预应力锚索加固单元工程施工质量验收评定，应在单根锚索施工质量验收评定合格的基础上进行，单根锚索施工质量验收评定应在工序验收合格的基础上进行。

7.3.5 预应力锚索单根施工质量标准见表7.3.5。

表 7.3.5 预应力锚索单根施工质量标准

工序	项次		检验项目	质量要求	检验方法	检验数量
钻孔	主控项目	1	孔径	不小于设计值	钢尺量测	逐孔
		2	孔深	不小于设计值，有效孔深的超深不大于200mm	钢尺配合钻杆量测	
		3	机械式锚固段超径	不大于孔径的3%，且不大于5mm	钢尺配合钻杆量测	
		4	孔斜率	不大于3%，有特殊要求的不大于0.8%	测斜仪	
		5	钻孔围岩灌浆	符合设计和规范要求	压水试验等	
		6	孔轴方向	符合设计要求	罗盘仪、测量仪器检测	
		7	内锚头扩孔	符合设计及规范要求	查看施工记录	
	一般项目	1	孔位偏差	≤100mm	钢尺量测	
		2	钻孔清洗	孔内不应残留废渣、岩芯	观察	
		3	施工记录	齐全、准确、清晰	查看	
锚束制作安装	主控项目	1	锚束材质、规格	符合设计和规范要求	室内试验、现场查看	抽样
		2	注浆浆液性能	符合设计和规范要求	现场检查、室内试验	
		3	编束	符合设计和工艺操作要求	钢尺量测	逐根
		4	锚束进浆管、排气管	通畅，阻塞器完好	现场观察、检查	逐项
		5	锚束安放	锚束应顺直，无弯曲、扭转现象	现场观察、检查	逐根
		6	锚固端注浆	符合设计要求	现场观察、检查	

表 7.3.5（续）

工序	项次		检验项目	质量要求	检验方法	检验数量
锚束制作安装	一般项目	1	锚束外观	无锈、无油污、无残缺、防护涂层无损伤	现场观察、检查	逐根
		2	锚束堆放	符合设计要求	现场观察、检查	
		3	锚束运输	符合设计要求	现场观察、检查	
		4	施工记录	齐全、准确、清晰	查看	
外锚头制作	主控项目	1	垫板承压面与锚孔轴线夹角	90°±0.5°	测量仪器量测	逐孔
	一般项目	1	混凝土性能	符合设计要求	现场取样试验	逐根
		2	基面清理	符合设计要求	现场检查	
		3	结构与体形	符合设计要求	现场检查，查看资料	
锚索张拉锁定	主控项目	1	锚索张拉程序、标准	符合设计及规范要求	查看施工方案和记录	逐根
		2	锚索张拉	符合设计要求、符合张拉程序	现场观察	
		3	索体伸长值	符合设计要求	现场检查、查看资料	
		4	锚索锁定	符合设计及规范要求	现场检查	
		5	施工记录	齐全、准确、清晰	查看	
	一般项目	1	锚具外索体切割	符合设计要求	现场检查	
		2	封孔灌浆	密实、无连通气泡、无脱空	现场检查，查看资料	
		3	锚头防护措施	符合设计要求	现场检查	

7.3.6 预应力锚索加固单根锚索施工质量验收评定标准应符合下列规定：

1 工序施工质量验收评定全部合格，该锚索评定合格。

2 工序施工质量验收评定全部合格，其中3个及以上工序施工质量达到优良，并且锚索张拉锁定工序施工质量达到优良，该锚索评定优良。

7.3.7 预应力锚索加固工程的单元工程施工质量验收评定标准应符合下列规定：

1 对于单根锚索为一个单元工程的，按单根锚索施工质量验收评定结果作为单元工程验收评定结果。

2 对多根锚索划分为一个单元工程的，应按下列标准进行验收评定：

1） 锚索100%合格，优良率小于70%，单元工程评定合格。

2） 锚索100%合格，优良率不小于70%，单元工程评定优良。

8 钻孔灌注桩工程

8.0.1 本节适用于采用泥浆护壁钻孔施工方法的灌注桩，其他成孔施工方法的灌注桩可参照执行。

8.0.2 钻孔灌注桩单元工程宜按柱（墩）基础划分，每一柱（墩）下的灌注桩基础划分为一个单元工程。不同桩径的灌注桩不宜划分为同一单元。

8.0.3 单孔灌注桩单桩施工工序宜分为：钻孔（包括清孔和检查）、钢筋笼制造安装、混凝土浇筑 3 个工序，其中混凝土浇筑为主要工序。

8.0.4 钻孔灌注桩单元工程施工质量验收评定，应在单桩施工质量验收评定合格的基础上进行；单桩施工质量验收评定应在工序验收合格的基础上进行。

8.0.5 钻孔灌注桩单桩施工质量标准见表 8.0.5。

表 8.0.5 钻孔灌注桩单桩施工质量标准

工序	项次		检验项目	质量要求	检验方法	检验数量
钻孔	主控项目	1	孔位偏差	符合设计和规范要求	钢尺量测	逐桩
		2	孔深	符合设计要求	核定钻杆、钻具长度，或测绳量测	逐桩
		3	孔底沉渣厚度	端承桩不大于 50mm，摩擦桩不大于 150mm，摩擦端承桩、端承摩擦桩不大于 100mm	测锤或沉渣仪测定	
		4	垂直度偏差	<1%	同径测斜工具或钻杆内小口径测斜仪或测井仪测定	
		5	施工记录	齐全、准确、清晰	查看	抽查

表 8.0.5（续）

工序	项次		检验项目	质量要求	检验方法	检验数量
钻孔	一般项目	1	孔径偏差	≤50mm	测井仪测定或钻头量测	逐桩
		2	孔内泥浆密度	≤1.25g/cm^3（黏土泥浆）；＜1.15g/cm^3（膨润土泥浆）	比重秤量测	
		3	孔内泥浆含砂率	≤8%（黏土泥浆）；＜6%（膨润土泥浆）	含砂量测定仪量测	
		4	孔内泥浆黏度	≤28s（黏土泥浆）	500mL/700mL漏斗量测	
				＜22s（膨润土泥浆）	马氏漏斗量测	
钢筋笼制安	主控项目	1	主筋间距偏差	≤10mm	钢尺量测	逐桩
		2	钢筋笼长度偏差	≤100mm	钢尺量测	
		3	施工记录	齐全、准确、清晰	查看	抽查
	一般项目	1	箍筋间距或螺旋筋螺距偏差	≤20mm	钢尺量测	逐桩
		2	钢筋笼直径偏差	≤10mm	钢尺量测	
		3	钢筋笼安放偏差	符合设计或规范要求	钢尺量测	
混凝土浇筑	主控项目	1	导管埋深	≥1m，且不大于6m	测绳量测	逐桩
		2	混凝土上升速度	≥2m/h，或符合设计要求	测绳量测	
		3	混凝土抗压强度等	符合设计要求	室内试验	
		4	施工记录	齐全、准确、清晰	查看	抽查
	一般项目	1	混凝土坍落度	18～22cm	坍落度筒和钢尺量测	逐桩
		2	混凝土扩散度	34～38cm	钢尺量测	
		3	浇筑最终高度	符合设计要求	水准仪量测，需扣除桩顶浮浆层	
		4	充盈系数	＞1	检查实际灌注量	

8.0.6 钻孔灌注桩单桩施工质量验收评定标准应符合下列规定：

1 工序施工质量验收评定全部合格，该桩质量评定合格。

2 工序施工质量验收评定全部合格，其中2个及以上工序达到优良，并且混凝土浇筑工序达到优良，该桩质量评定优良。

8.0.7 钻孔灌注桩单元工程质量验收评定标准应符合下列规定：

1 在单元工程实体质量检验符合设计要求的前提下，灌注桩100%合格，优良率小于70%，单元工程质量评定合格。

2 在单元工程实体质量检验符合设计要求的前提下，灌注桩100%合格，优良率不小于70%，单元工程质量评定优良。

9 其他地基加固工程

9.1 振冲法地基加固工程

9.1.1 振冲法地基加固单元工程宜按一个独立基础、一个坝段或不同要求地基区（段）划分为一个单元工程。

9.1.2 振冲法地基加固单元工程施工质量验收评定，应在单桩施工质量验收评定合格的基础上进行。

9.1.3 振冲法地基加固单桩施工质量标准见表9.1.3。

表9.1.3 振冲法地基加固单桩施工质量标准

项次		检验项目	质量要求	检验方法	检验数量
主控项目	1	填料质量	符合设计要求	现场检查、试验	按规定的检验批抽检
	2	填料数量	符合设计要求	现场计量、施工记录	逐桩
	3	有效加密电流	符合设计要求	电流表读数、施工记录	
	4	留振时间	符合设计要求	现场检查、施工记录	
	5	施工记录	齐全、准确、清晰	查看	抽查
一般项目	1	孔深	符合设计要求	量测振冲器导杆	逐桩
	2	造孔水压	符合设计要求	压力表量测	
	3	桩径偏差	符合设计要求	钢尺量测	
	4	填料水压	符合设计要求	压力表量测	
	5	加密段长度	符合设计要求	现场检查	
	6	桩中心位置偏差	符合设计和规范要求	钢尺量测	

9.1.4 振冲法地基加固工程单桩施工质量验收评定标准应符合下列规定：

1 主控项目检验点100%合格，一般项目逐项70%及以上的检验点合格，不合格点不集中分布，且不合格点的质量不超出有关规范或设计要求的限值，该桩评定合格。

2 主控项目检验点100%合格，一般项目逐项90%及以上的检验点合格，不合格点不集中分布，且不合格点的质量不超出有关规范或设计要求的限值，该桩评定优良。

9.1.5 振冲法地基加固单元工程施工质量验收评定标准应符合下列规定：

1 在单元工程效果检查符合设计要求的前提下，振冲桩100%合格，优良率小于70%，单元工程评定合格。

2 在单元工程效果检查符合设计要求的前提下，振冲桩100%合格，优良率不小于70%，单元工程评定优良。

9.2 强夯法地基加固工程

9.2.1 强夯法地基加固宜按1000～2000m² 加固面积划分为一个单元工程。

9.2.2 强夯法地基加固施工质量标准见表9.2.2。

表9.2.2 强夯法地基加固施工质量标准

项次		检验项目	质量要求	检验方法	检验数量
主控项目	1	锤底面积、锤重	符合设计要求、锤重误差为±100kg	查产品说明书、称重	全数
	2	夯锤落距	符合设计要求，误差为±300mm	钢索设标志	抽查
	3	最后两击的平均夯沉量	符合设计要求	水准仪量测	逐点
	4	地基强度	符合设计要求	原位测试，室内土工试验	按设计要求
	5	地基承载力	符合设计要求	原位测试	
	6	施工记录	齐全、准确、清晰	查看	抽查

表 9.2.2（续）

项次		检验项目	质量要求	检验方法	检验数量
一般项目	1	夯点的夯击次数	符合设计要求	计数法	逐点
	2	夯击遍数及顺序	符合设计要求	计数法	
	3	夯点布置及夯点间距偏差	≤500mm	钢尺量测	
	4	夯击范围	符合设计要求	钢尺量测	逐遍
	5	前后两遍间歇时间	符合设计要求	检查施工记录	

9.2.3 强夯法加固地基单元工程施工质量验收评定标准应符合下列规定：

1 主控项目检验点100%合格，一般项目逐项70%及以上的检验点合格，不合格点不集中分布，且不合格点的质量不超出有关规范或设计要求的限值，单元工程评定合格。

2 主控项目检验点100%合格，一般项目逐项90%及以上的检验点合格，不合格点不集中分布，且不合格点的质量不超出有关规范或设计要求的限值，单元工程评定优良。

附录A 工序施工质量及单元工程施工质量验收评定表（样式）

A.0.1 当单元工程由若干个孔（桩、槽）组成，并且每个单孔（桩、槽）又划分出工序时，单元工程、单孔（桩、槽）、工序的施工质量验收评定应分别采用表A.0.1－1、表A.0.1－2。本表格式适用于本标准第4章、第6.1节、第7.3节和第8章。

表A.0.1－1 单孔（桩、槽）及单元工程施工质量验收评定表

<table>
<tr><td colspan="2">单位工程名称</td><td colspan="4"></td><td colspan="2">单元工程量</td><td colspan="4"></td></tr>
<tr><td colspan="2">分部工程名称</td><td colspan="4"></td><td colspan="2">施工单位</td><td colspan="4"></td></tr>
<tr><td colspan="2">单元工程名称、部位</td><td colspan="4"></td><td colspan="2">施工日期</td><td colspan="4">年 月 日～ 年 月 日</td></tr>
<tr><td colspan="2">孔 号</td><td>1</td><td>2</td><td>3</td><td>4</td><td>5</td><td>6</td><td>7</td><td>8</td><td>9</td><td>…</td></tr>
<tr><td rowspan="4">工序质量评定结果</td><td>1</td><td></td><td></td><td></td><td></td><td></td><td></td><td></td><td></td><td></td><td></td></tr>
<tr><td>2</td><td></td><td></td><td></td><td></td><td></td><td></td><td></td><td></td><td></td><td></td></tr>
<tr><td></td><td></td><td></td><td></td><td></td><td></td><td></td><td></td><td></td><td></td><td></td></tr>
<tr><td>其中：×××工序质量等级为优良</td><td></td><td></td><td></td><td></td><td></td><td></td><td></td><td></td><td></td><td></td></tr>
<tr><td rowspan="2">单孔（桩、槽）质量验收评定</td><td>施工单位自评意见</td><td></td><td></td><td></td><td></td><td></td><td></td><td></td><td></td><td></td><td></td></tr>
<tr><td>监理单位评定意见</td><td></td><td></td><td></td><td></td><td></td><td></td><td></td><td></td><td></td><td></td></tr>
<tr><td colspan="12">本单元工程内共有 孔（桩、槽），其中优良 孔（桩、槽），优良率 %</td></tr>
<tr><td colspan="2" rowspan="3">单元工程效果（或实体质量）检查</td><td>1</td><td colspan="9"></td></tr>
<tr><td>2</td><td colspan="9"></td></tr>
<tr><td></td><td colspan="9"></td></tr>
<tr><td colspan="2">施工单位自评意见</td><td colspan="10">单元工程效果（或实体质量）检查符合______要求，______孔（桩、槽）100%合格，其中优良孔占 %。
单元工程质量等级评定为：
（签字，加盖公章） 年 月 日</td></tr>
<tr><td colspan="2">监理单位复核评定意见</td><td colspan="10">经进行单元工程效果（或实体质量）检查，符合______要求，______孔（桩、槽）100%合格，其中优良孔占 %。
单元工程质量等级评定为：
（签字，加盖公章） 年 月 日</td></tr>
<tr><td colspan="12">注1：对关键部位单元工程和重要隐蔽单元工程的施工质量验收评定应有设计、建设等单位的代表签字，具体要求应满足SL 176的规定。
注2：本表所填“单元工程量”不作为施工单位工程量结算计量的依据。</td></tr>
</table>

表 A.0.1-2　单孔（桩、槽）工序施工质量验收评定表

<table>
<tr><td colspan="2">单位工程名称</td><td colspan="2"></td><td>孔（桩、槽）号
及工序名称</td><td colspan="2"></td></tr>
<tr><td colspan="2">分部工程名称</td><td colspan="2"></td><td>施工单位</td><td colspan="2"></td></tr>
<tr><td colspan="2">单元工程名称、部位</td><td colspan="2"></td><td>施工日期</td><td colspan="2">年　月　日～　　年　月　日</td></tr>
<tr><td colspan="2">项次</td><td>检验项目</td><td>质量要求</td><td>检查（测）记录</td><td>合格数</td><td>合格率</td></tr>
<tr><td rowspan="5">主控项目</td><td>1</td><td></td><td></td><td></td><td></td><td></td></tr>
<tr><td>2</td><td></td><td></td><td></td><td></td><td></td></tr>
<tr><td>3</td><td></td><td></td><td></td><td></td><td></td></tr>
<tr><td>4</td><td></td><td></td><td></td><td></td><td></td></tr>
<tr><td></td><td></td><td></td><td></td><td></td><td></td></tr>
<tr><td rowspan="5">一般项目</td><td>1</td><td></td><td></td><td></td><td></td><td></td></tr>
<tr><td>2</td><td></td><td></td><td></td><td></td><td></td></tr>
<tr><td>3</td><td></td><td></td><td></td><td></td><td></td></tr>
<tr><td>4</td><td></td><td></td><td></td><td></td><td></td></tr>
<tr><td></td><td></td><td></td><td></td><td></td><td></td></tr>
<tr><td colspan="2">施工单位自评意见</td><td colspan="5">主控项目检验点100%合格，一般项目逐项检验点的合格率不低于______，且不合格点不集中分布。
工序质量等级评定为：
（签字，加盖公章）　　年　月　日</td></tr>
<tr><td colspan="2">监理单位复核评定意见</td><td colspan="5">经复核，主控项目检验点100%合格，一般项目逐项检验点的合格率不低于______，且不合格点不集中分布。
工序质量等级评定为：
（签字，加盖公章）　　年　月　日</td></tr>
</table>

A.0.2 当单元工程由若干个孔（桩、槽）组成，而每个单孔（桩、槽）未划分出工序时，单元工程、单孔（桩、槽）的施工

质量验收评定应分别采用表 A.0.2－1、表 A.0.2－2。本表格式适用于本标准第 5.2 节、第 5.3 节和第 9.1 节。

表 A.0.2－1 单元工程施工质量验收评定表

<table>
<tr><td colspan="2">单位工程名称</td><td colspan="4"></td><td colspan="2">单元工程量</td><td colspan="4"></td></tr>
<tr><td colspan="2">分部工程名称</td><td colspan="4"></td><td colspan="2">施工单位</td><td colspan="4"></td></tr>
<tr><td colspan="2">单元工程名称、部位</td><td colspan="4"></td><td colspan="2">施工日期</td><td colspan="4">年 月 日～ 年 月 日</td></tr>
<tr><td colspan="2">孔 号</td><td>1</td><td>2</td><td>3</td><td>4</td><td>5</td><td>6</td><td>7</td><td>8</td><td>9</td><td>…</td></tr>
<tr><td colspan="2">单孔（桩、槽）质量验收评定等级</td><td></td><td></td><td></td><td></td><td></td><td></td><td></td><td></td><td></td><td></td></tr>
<tr><td colspan="12">本单元工程内共有　　孔，其中优良　　孔，优良率　　%</td></tr>
<tr><td colspan="2" rowspan="3">单元工程效果（或实体质量）检查</td><td>1</td><td colspan="9"></td></tr>
<tr><td>2</td><td colspan="9"></td></tr>
<tr><td></td><td colspan="9"></td></tr>
<tr><td>施工单位自评意见</td><td colspan="11">单元工程效果（或实体质量）检查符合____要求，____孔（桩、槽）100%合格，其中优良孔占　　%。
单元工程质量等级评定为：
（签字，加盖公章）　　年　月　日</td></tr>
<tr><td>监理单位复核评定意见</td><td colspan="11">经进行单元工程效果（或实体质量）检查，符合______要求，______孔（桩、槽）100%合格，其中优良孔占　　%。
单元工程质量等级评定为：
（签字，加盖公章）　　年　月　日</td></tr>
<tr><td colspan="12">注 1：对关键部位单元工程和重要隐蔽单元工程的施工质量验收评定应有设计、建设等单位的代表签字，具体要求应满足 SL 176 的规定。
注 2：本表所填“单元工程量”不作为施工单位工程量结算计量的依据。</td></tr>
</table>

表 A.0.2-2　单孔（桩、槽）施工质量验收评定表

单位工程名称			孔（桩、槽）号		
分部工程名称			施工单位		
单元工程名称、部位			施工日期	年 月 日～　年 月 日	
项次		检验项目	质量要求	检查（测）记录	合格数	合格率
主控项目	1					
	2					
	3					
一般项目	1					
	2					
	3					
	4					
施工单位自评意见	主控项目检验点100%合格，一般项目逐项检验点的合格率不低于______，且不合格点不集中分布。 工序质量等级评定为： （签字，加盖公章）　年　月　日					
监理单位复核评定意见	经复核，主控项目检验点100%合格，一般项目逐项检验点的合格率不低于______，且不合格点不集中分布。 工序质量等级评定为： （签字，加盖公章）　年　月　日					

A.0.3　当单元工程由若干工序组成时，单元工程、工序的施工质量验收评定应分别采用表 A.0.3-1、表 A.0.3-2。本表格式适用于本标准第 5.1 节、第 6.2 节和第 7.2 节。

表 A.0.3-1 单元工程施工质量验收评定表

<table>
<tr><td colspan="2">单位工程名称</td><td colspan="2"></td><td>单元工程量</td><td></td></tr>
<tr><td colspan="2">分部工程名称</td><td colspan="2"></td><td>施工单位</td><td></td></tr>
<tr><td colspan="2">单元工程名称、部位</td><td colspan="2"></td><td>施工日期</td><td>年 月 日～ 年 月 日</td></tr>
<tr><td>项次</td><td colspan="3">工序名称</td><td colspan="2">工序质量验收评定等级</td></tr>
<tr><td>1</td><td colspan="3"></td><td colspan="2"></td></tr>
<tr><td>2</td><td colspan="3"></td><td colspan="2"></td></tr>
<tr><td></td><td colspan="3"></td><td colspan="2"></td></tr>
<tr><td colspan="2" rowspan="3">单元工程（或实体质量）效果检查</td><td>1</td><td colspan="3"></td></tr>
<tr><td>2</td><td colspan="3"></td></tr>
<tr><td></td><td colspan="3"></td></tr>
<tr><td colspan="2">施工单位自评意见</td><td colspan="4">单元工程效果（或实体质量）检查符合______要求，工序100%合格，其中优良占 %，______工序达到优良。
单元工程质量等级评定为：
（签字，加盖公章） 年 月 日</td></tr>
<tr><td colspan="2">监理单位复核评定意见</td><td colspan="4">经进行单元工程效果（或实体质量）检查，符合______要求，工序100%合格，其中优良占 %，______工序达到优良。
单元工程质量等级评定为：
（签字，加盖公章） 年 月 日</td></tr>
<tr><td colspan="6">注1：对关键部位单元工程和重要隐蔽单元工程的施工质量验收评定应有设计、建设等单位的代表签字，具体要求应满足 SL 176 的规定。
注2：本表所填“单元工程量”不作为施工单位工程量结算计量的依据。</td></tr>
</table>

表 A.0.3-2　工序施工质量验收评定表

<table>
<tr><td colspan="3">单位工程名称</td><td></td><td>工序名称</td><td colspan="2"></td></tr>
<tr><td colspan="3">分部工程名称</td><td></td><td>施工单位</td><td colspan="2"></td></tr>
<tr><td colspan="3">单元工程名称、部位</td><td></td><td>施工日期</td><td colspan="2">年　月　日～　　年　月　日</td></tr>
<tr><td colspan="2">项次</td><td>检验项目</td><td>质量要求</td><td>检查（测）记录</td><td>合格数</td><td>合格率</td></tr>
<tr><td rowspan="3">主控项目</td><td>1</td><td></td><td></td><td></td><td></td><td></td></tr>
<tr><td>2</td><td></td><td></td><td></td><td></td><td></td></tr>
<tr><td></td><td></td><td></td><td></td><td></td><td></td></tr>
<tr><td rowspan="4">一般项目</td><td>1</td><td></td><td></td><td></td><td></td><td></td></tr>
<tr><td>2</td><td></td><td></td><td></td><td></td><td></td></tr>
<tr><td>3</td><td></td><td></td><td></td><td></td><td></td></tr>
<tr><td></td><td></td><td></td><td></td><td></td><td></td></tr>
<tr><td colspan="2">施工单位自评意见</td><td colspan="5">主控项目检验点100%合格，一般项目逐项检验点的合格率不低于______，且不合格点不集中分布。
工序质量等级评定为：
（签字，加盖公章）　　年　月　日</td></tr>
<tr><td colspan="2">监理单位复核评定意见</td><td colspan="5">经复核，主控项目检验点100%合格，一般项目逐项检验点的合格率不低于______，且不合格点不集中分布。
工序质量等级评定为：
（签字，加盖公章）　　年　月　日</td></tr>
</table>

A.0.4 当单元工程未划分出单孔（桩、槽），也未划分出工序时，单元工程的施工质量验收评定应采用表 A.0.4。本表格式适用于本标准第 9.2 节。

表 A.0.4 单元工程施工质量验收评定表

<table>
<tr><td colspan="3">单位工程名称</td><td></td><td>单元工程量</td><td colspan="2"></td></tr>
<tr><td colspan="3">分部工程名称</td><td></td><td>施工单位</td><td colspan="2"></td></tr>
<tr><td colspan="3">单元工程部位</td><td></td><td>施工日期</td><td colspan="2">年 月 日～ 年 月 日</td></tr>
<tr><td colspan="2">项次</td><td>检验项目</td><td>质量要求</td><td>检查（测）记录</td><td>合格数</td><td>合格率</td></tr>
<tr><td rowspan="5">主控项目</td><td>1</td><td></td><td></td><td></td><td></td><td></td></tr>
<tr><td>2</td><td></td><td></td><td></td><td></td><td></td></tr>
<tr><td>3</td><td></td><td></td><td></td><td></td><td></td></tr>
<tr><td>4</td><td></td><td></td><td></td><td></td><td></td></tr>
<tr><td></td><td></td><td></td><td></td><td></td><td></td></tr>
<tr><td rowspan="5">一般项目</td><td>1</td><td></td><td></td><td></td><td></td><td></td></tr>
<tr><td>2</td><td></td><td></td><td></td><td></td><td></td></tr>
<tr><td>3</td><td></td><td></td><td></td><td></td><td></td></tr>
<tr><td>4</td><td></td><td></td><td></td><td></td><td></td></tr>
<tr><td></td><td></td><td></td><td></td><td></td><td></td></tr>
<tr><td colspan="2" rowspan="3">单元工程效果（或实体质量）检查</td><td>1</td><td colspan="4"></td></tr>
<tr><td>2</td><td colspan="4"></td></tr>
<tr><td></td><td colspan="4"></td></tr>
<tr><td>施工单位自评意见</td><td colspan="6">单元工程效果（或实体质量）检查符合______要求，主控项目检验点 100%合格，一般项目逐项检验点的合格率不低于______，且不合格点不集中分布。
单元工程质量等级评定为：
（签字，加盖公章） 年 月 日</td></tr>
<tr><td>监理单位复核评定意见</td><td colspan="6">经进行单元工程效果（或实体质量）检查，符合______要求，主控项目检验点 100%合格，一般项目逐项检验点的合格率不低于______，且不合格点不集中分布。
单元工程质量等级评定为：
（签字，加盖公章） 年 月 日</td></tr>
<tr><td colspan="7">注 1：对关键部位单元工程和重要隐蔽单元工程的施工质量验收评定应有设计、建设等单位的代表签字，具体要求应满足 SL 176 的规定。
注 2：本表所填“单元工程量”不作为施工单位工程量结算计量的依据。</td></tr>
</table>

条 文 说 明

1 总　　则

1.0.1 为进一步统一地基处理与基础单元工程施工质量验收评定方法和质量标准，按照严格过程控制、强化质量检验、规范验收评定工作、保证工程质量的原则，对原标准进行全面的修订。

本标准对单元工程划分原则、工序划分、施工质量检验项目（主控项目和一般项目）和检验标准以及验收评定条件和程序等进行了规定。

1.0.2 本标准是《水利水电工程施工质量检验与评定规程》（SL 176—2007）系列标准之一。结合当前国内水利工程建设施工质量管理水平，本标准只对大、中型水利水电工程单元工程施工质量的验收评定工作进行规范。小型水利水电工程可根据具体情况，有分析地参照本标准的规定执行。

SL 176—2007 主要规定了分部工程、单位工程和工程项目的检验与评定，本标准主要规定地基处理与基础单元工程的验收评定。

1.0.3 本标准所规定的地基处理与基础工程施工质量标准是单元工程施工质量应达到的基本要求，对于低于本标准要求的地基处理与基础单元工程不应进行验收。

3 基 本 规 定

3.1 一 般 要 求

3.1.1 按照 SL 176—2007 的规定，水利水电工程质量检验与评定应进行项目划分，项目按级划分为单位工程、分部工程、单元（工序）工程等 3 级，其施工质量评定是从单元工程到分部工程再到单位工程逐级进行，分部工程的质量评定是在本分部工程所含的单元工程评定的基础上进行，因此，本标准规定，在分部工程开工前应进行单元工程划分，划分工作更有针对性。

单元工程划分是一项重要工作，应由建设单位主持或授权监理单位组织设计、施工单位和相关技术人员，按本标准的要求划分单元工程。强调建设单位应对重要单元工程进行确定，并由其负责。

3.1.2 地基与基础处理单元工程施工质量验收评定，分以下几种情况进行。一是一个单元工程中包含一定数量的单孔（桩、槽），应先进行单孔（桩、槽）的施工质量进行评定，而单孔（桩、槽）的施工质量又是在工序验收评定合格的基础上进行；未划分出工序的单孔（桩、槽），按检验项目直接进行单孔（桩、槽）的验收评定。二是单元工程直接在工序验收评定合格的基础上进行。三是单元工程未划分工序，按检验项目直接验收评定。因此，在进行验收评定工作时要注意区分不同对象，采用相应的验收评定程序。

单孔（桩、槽）施工质量评定是地基处理与基础工程中所特有的一个验收评定内容，其验收评定与单元工程类似。

3.1.3 原标准中质量检验项目分类不太统一，有“保证项目”、“基本项目”、“主要项目”、“一般项目”等，不适应单元工程评定要求，因此，本标准统一改为“主控项目”和“一般项目”。

3.1.5 工序和单元工程施工质量验收评定表及其备查资料的制备应由工程施工单位负责，其规格应满足国家相关工程档案管理的相关规定，验收评定表和备查资料的份数除满足本标准要求外还应满足合同要求，本标准所指的备查资料也含影像资料。

3.2 工序施工质量验收评定

3.2.1～3.2.3 规定了工序施工质量验收评定的条件、程序、内容和应提交的资料。需要强调的有：一是工序完成后，应由施工单位自评合格才能申请验收评定，否则监理单位不予受理；二是工序验收评定合格后，监理单位应及时签署结论，不能在事后补签（特殊情况下除外），相关责任人均应当场履行签认手续，这样做是防止漏签或造假。

关于施工检验记录资料，需要说明的是：一是施工记录一定要完整、齐全，叙事要清楚，时间、地点、施工部位、工序内容、质量情况（或问题）、施工方法、措施、施工结果、现场参加人员等，均应记录清楚，不应追记或造假。责任单位和责任人应当场签认；二是提供的资料应真实，因为虚假材料将造成判断失真，甚至不合格工程被验收评定为合格工程，危害极大，一旦发现将追究其责任单位、责任人及相关当事人的责任；三是所有检验项目包括原材料和机电产品进场检验，施工质量项目（主控和一般）及抽样（或见证）检验的重要质量指标和效果检验，均应依据相关标准和规定判定该项目检验结果是否符合标准和设计要求，以便验收评定得出合理结论。

3.2.4 规定了工序施工质量验收评定合格和优良的标准。

在工序施工质量验收评定时，强调主控项目所包含的检验点应全部合格，一般项目的每个检验项目中所包含的检验点应有70%及以上合格，不合格的检验点不集中在一个区域，且不合格点的质量不应超出有关规范和设计要求的限值时可以评定为合格工序；当一般项目的每个检验项目中所包含的检验点达到90%及以上合格，不合格的检验点也不集中在一个区域，且不合格点的质量不超出有关规范或设计要求的限值时可以评定为优良工序。

不合格点不应集中分布，且不合格点的质量不应超出有关规范或设计要求的限值是为了保证局部小区域的施工质量，应遵守。

需要重点说明的是，主控项目是对单元工程的基本质量起决定性影响的检验项目，因此应全部符合本规范的规定，这意味着主控项目不允许有不符合要求的检验结果，即这种项目的检验具有否决权。一般项目指对施工质量不起决定性作用的检验项目，本条70%及以上的规定是参照原验收标准及工程实际情况确定的；70%及以上合格的规定是一般性规定，如合同或设计文件中对合格率另有规定的，应按合同或设计文件的规定执行。

各类工程检验项目质量要求的“符合设计要求”包括设计单位的设计文件和经监理批准的施工单位的设计文件。

对于有些工序的检验项目，需要检验的点数较少，有些甚至只有1个，如灌浆和排水孔单元工程，其合格的百分率按实际计算，如检验项目只有1个检验点，其合格时，该检验项目的合格率为100%，如其不合格，则该检验项目的合格率为0。

3.3 单元工程施工质量验收评定

3.3.1～3.3.3 规定了单元工程施工质量验收评定的条件、程序、内容和应提交的资料。

需要强调的有：一是单元工程完成后，应由施工单位自评合格后才能申请验收评定，否则监理单位不予受理；二是重要单元工程的验收评定，应由建设单位组织参建单位进行联合验收评定，并在此之前通知该工程施工质量监督机构，以便质量监督机构根据情况决定是否参加；三是单元工程验收评定合格后，监理单位应及时签署结论，不能在事后补签（特殊情况下除外），责任单位、责任人及相关责任人均应当场履行签认手续，这样做是防止漏签或造假。

单元工程施工质量验收评定时关于施工检验记录资料的要求同工序施工质量验收评定的要求。

3.3.4 由于地基处理与基础工程各单元工程质量评定方式不同，不宜在本条完全统一规定优良标准，而在相关章节中分别规定。

按照SL 176—2007的规定，优良标准为推荐性标准，是为鼓励工程项目质量创优或执行合同约定而设置。

3.3.5 本条给出了当单元工程施工质量不符合要求时的处理办法。一般情况下，不符合要求的现象在单元工程验收评定时就应发现并及时处理，否则将影响后续单元工程、分部工程的验收。因此，所有质量隐患应及时消灭在萌芽状态，这也是本规范以

"强化验收"促进"过程控制"原则的体现。

4 灌 浆 工 程

4.1 一 般 规 定

4.1.2 目前，测记灌浆压力、注入率等施工参数的自动记录仪在灌浆工程中广泛应用，使用效果很好，有条件的工程应尽量采用。

4.1.3 指明灌浆单元工程施工质量验收评定，应经过工序和单孔的施工质量验收评定两个层次。

按照工序进行质量检验，目的是强调施工过程质量控制。凡单孔分段灌浆，进行工序施工质量验收评定时，应分段进行检查，将整孔各段检验点的合格数累加，统一计算合格率，一次验收评定。

灌浆单元工程包括多个灌浆孔，应在工序施工质量验收评定的基础上再对每一个灌浆孔进行验收评定，最后进行单元工程的施工质量验收评定。

4.2 岩石地基帷幕灌浆

4.2.1 原标准以同序相邻的灌浆孔划分单元工程，考虑到帷幕是几序孔全部完成后形成的整体，为反映帷幕整体质量，本次修订将一段帷幕所有各排、各次序孔和检查孔划分为一个单元。

4.2.3 检查内容、质量要求在原标准的基础上依据《水工建筑物水泥灌浆施工技术规范》（SL 62—94）修改而成，增加了若干检验项目及各检验项目的检验数量和方法，调整了部分项目的质量指标。补充的检验项目有：钻孔孔序、施工记录、钻孔孔径、抬动观测、灌浆管口距灌浆段底距离，其他项目进行了文字和内容上的调整。

4.2.5 单元工程验收评定强调对单元工程效果检查的要求。帷幕灌浆工程质量最终应以灌浆效果来衡量，灌浆效果检查主要采用检查孔压水试验和钻孔取岩芯的方法进行。

4.3 岩石地基固结灌浆

4.3.3 考虑到固结灌浆和帷幕灌浆某些质量控制项目不同，将原标准岩石地基水泥灌浆分为岩石地基帷幕灌浆和固结灌浆，根据 SL 62—94 对检验项目和质量要求做了补充和修改，同时增加了检验数量和方法。补充的检验项目有：钻孔孔序、钻孔孔径、抬动观测，其他项目进行了文字和内容上的调整。

4.3.5 单元工程验收评定条件强调对单元工程效果检查的要求。固结灌浆工程质量最终应以灌浆效果来衡量，灌浆效果检查主要采用波速测试或检查孔压水试验等方法进行。

4.4 覆盖层地基灌浆

本节为新增内容。

4.4.1 近年来砂（砾）卵石地基上帷幕和固结灌浆技术的应用较多，发展较快，为满足工程质量验收评定需要，本节针对常用的循环钻灌法和预埋花管法两种工艺，制定了验收评定标准。

4.4.2 单元工程划分按照一段帷幕或一个坝段内所有各排、各序灌浆孔和检查孔为一个单元。

4.4.8 灌浆工程质量最终应以灌浆效果来衡量，灌浆效果检查主要采用检查孔压（注）水试验等方法进行。

4.5 隧洞回填灌浆

4.5.1 原标准中混凝土坝接缝和回填水泥灌浆工程为一章内容，本次修订将两者分开编写，混凝土坝接缝灌浆放在《水利水电工程单元工程施工质量验收评定标准——混凝土工程》（SL 632—2012）中。

本标准主要适用于隧洞顶拱空腔的钻孔回填灌浆，并对每一个灌浆孔分别进行验收评定，再进行单元工程的施工质量验收评定。单元工程划分按照 SL 62—94 施工要求的灌浆区（段）长度进行。

4.5.5 灌浆工程质量最终应以灌浆效果来衡量，灌浆效果检查主要采用钻孔注浆试验等方法进行。

4.6 钢衬接触灌浆

本节为新增内容。

4.6.1 钢衬接触灌浆施工，SL 62—94 是针对每一个独立脱空区处理。本标准规定按 50m 控制，可根据实际脱空区情况适当增减，各单元工程长度不要求相同。

4.6.2 钢衬接触灌浆施工的脱空区清洗列入钻孔工序，有的工程，钢衬上预留有接触灌浆孔，其钻孔工序应为扫孔，质量应满足设计要求。

4.6.5 单元工程灌浆效果主要检查灌浆后钢衬脱空范围和脱空程度，处理效果达不到设计和规范要求的区域，应重新处理。

4.7 劈裂灌浆

本节为新增内容。

4.7.1 劈裂灌浆一般用于土坝（堤）的防渗修复、补强，近年来土坝（堤）体上劈裂灌浆技术的应用较多，发展较快，为满足工程质量评定需要而制定本节施工质量验收标准。

4.7.2 本条所规定一个单元内 10～20 个孔，包括该单元各序灌浆孔和检查孔。

4.7.6 单元工程施工质量效果检查主要采用检查孔注（压）水试验、检查孔（探井）取样检查。

5 防渗墙工程

5.1 混凝土防渗墙

5.1.5 检查内容、质量要求在原标准的基础上依据《水利水电工程混凝土防渗墙施工技术规范》（SL 174—96）修改而成，增加了若干检验项目及各检验项目的检验数量和方法，调整了部分项目的质量指标。增加的检验项目有：预埋件和仪器安装埋设，槽内混凝土面高差，混凝土配合比、抗压强度、抗渗等级、弹性模量、施工记录等。

5.1.6 SL 174—96 未对混凝土防渗墙作出用钻孔方法进行质量检验的强制性规定，也不是每个单元都要进行钻孔检查。若采用钻孔进行墙体实体质量检验，则其检查结果应满足设计要求，方可评定为合格或优良单元工程。

5.2 高压喷射灌浆防渗墙

本节为新增内容。

5.2.1 近年来用高压喷射灌浆工艺做成防渗墙的工程较多，为满足工程质量评定需要而制定本节施工质量验收标准。其他用途的高压喷射灌浆工程，如高压喷射灌浆桩加固地基工程等可参照使用。

高压喷射灌浆防渗墙是由多个高喷桩形成连续墙体作为防渗体，对孔深小于 20m 的防渗墙，宜以 30～50 个高喷孔划分为一个单元工程，对孔深大于 20m 的防渗墙，宜按成墙面积划分单元工程。

5.2.2 由于防渗墙是由多个高喷桩连接而成，桩的施工质量是防渗墙施工质量最基本的评定单元，防渗墙应以单桩施工质量验收评定为基础。

5.2.3 根据《建筑地基基础工程施工质量验收规范》(GB 50202—2002)、《水电水利工程高压喷射灌浆技术规范》(DL/T 5200—2004)，依据高压喷射灌浆最新施工工艺，对高压喷射灌浆防渗墙工程施工质量检验项目、质量要求、检验数量和方法做了规定，质量检验项目是针对摆喷施工工艺作出的规定，对其他施工工艺，质量检验项目可适当调整，但应经建设、监理和设计单位的同意。

5.2.5 本条强调防渗效果检查，目前常用的有效方法有开挖、钻孔和围井检查。

5.3 水泥土搅拌防渗墙

本节为新增内容。

5.3.1 水泥土搅拌技术为近年发展起来的加固地基新技术，当前在许多水利水电工程上用作防渗墙，为满足工程施工质量评定需要，根据 GB 50202—2002 制定本节验收标准。本评定标准适用于防渗工程，其他如用于加固地基工程等可参照使用。

5.3.2 由于防渗墙是由多个搅拌桩连接而成，桩的施工质量是防渗墙施工质量最基本的评定单元，防渗墙应以单桩施工质量验收评定为基础。

5.3.5 本条强调了防渗效果检查，目前常用的有效方法是开挖、钻孔和围井检查。

6 地基排水工程

6.1 排水孔排水

6.1.1 本标准对原标准进行了修改，将原标准中基岩水平排水管（槽）归纳到地基管（槽）网排水工程内。

6.1.3 岩体排水孔钻孔及清洗是必需的工序，孔内及孔口装置安装、孔口测试则视工程需要而定。

6.1.5 根据工程实际情况，增加了若干检验项目及各检验项目的检验数量和方法，调整了部分项目的质量指标。增加的检验项目有：孔径、钻孔清洗、钻孔地质编录、施工记录、孔内及孔口装置安装工序和孔口测试工序的检验项目等。

6.2 管（槽）网排水

本节为新增内容。

6.2.1 目前，管（槽）网排水在工程中应用较多，原标准无该项内容，随着新排水材料在工程中的应用，有必要制定施工质量评定标准。

6.2.6 单元工程效果检查主要方法是系统通水检验，通水应通畅。

7 锚喷支护和预应力锚索加固工程

7.1 一般规定

7.1.1 不掺加速凝剂的水泥砂浆，72h内，强度很低，锚杆遭受敲击碰撞或悬挂重物后，易遭到破坏，影响锚杆质量。

7.1.3 预应力锚杆施加预应力设备、锚索张拉设备不仅是施力设备，而且还是量测施加预应力大小的设备，其质量及精度直接影响施力的准确性，这些设备必须经过相应资质部门的检定。

7.2 锚喷支护

7.2.1 锚杆（包括预应力锚杆）型式有砂浆锚杆、树脂锚杆、快硬水泥药卷锚杆、自钻式锚杆和其他型式的锚杆。

喷射混凝土包括喷射素混凝土、钢纤维混凝土、聚丙乙烯纤维混凝土、钢筋（丝）网混凝土等。

7.2.5 根据《锚杆喷射混凝土支护技术规范》（GB 50086—2001）对原标准的检验项目和质量要求进行了补充和调整，并增加了检验方法，对锚杆工序：增加了锚杆长度偏差、锚杆钻孔孔径、锚杆注浆、施工记录等项目；对喷混凝土工序：增加了喷混凝土配合比、受喷面清理、钢筋（丝）网格间距偏差、钢筋（丝）网片安放、施工记录等项目。

7.2.6 由于喷锚支护工程有时是锚杆和喷混凝土单独使用，有时两者同时使用，单独使用时，该工序施工质量即为单元工程施工质量。

7.3 预应力锚索加固

本节为新增内容。近年来，预应力锚索加固岩土边坡、洞室应用较多，预应力的吨位也越来越大，为满足工程质量评定的需要增加这一内容。参照《水工预应力锚固施工规范》（SL 46—94）的要求，制定岩体预应力锚索加固工程的检验项目、质量要求及检验方法。

8 钻孔灌注桩工程

8.0.1 钻孔灌注桩工程在各个建筑领域应用十分广泛，GB 50202—2002 对灌注桩的质量要求有统一规定，水利水电行业没有钻孔灌注桩工程的行业标准，本节规定按照 GB 50202—2002、《建筑桩基技术规范》（JGJ 94—94）和工程实践经验制定。

8.0.5 在原标准的基础上，根据 GB 50202—2002、参照 JGJ 94—94 和工程实践经验修改补充而成，增加检验项目有：钻孔泥浆含砂率及黏度、钢筋笼制作要求、混凝土抗压强度、充盈系数等，以及各项目的检验方法。

8.0.7 单元工程实体质量检验按照设计要求的方法和数量进行，其检验结果作为单元工程验收评定的前提条件。

9 其他地基加固工程

9.1 振冲法地基加固工程

9.1.1 当按不同要求地基区（段）划分单元工程时，如果面积太大，单元内桩数较多，可根据实际情况划分为几个单元工程。

9.1.3 在原标准的基础上，根据 GB 50202—2002、参照《建筑地基处理技术规范》（JGJ 79—2002）及工程实践经验修改补充而成，增加的检验项目有：留振时间、造孔水压、加密段长度等，这些项目对于振冲法地基加固的质量具有重要的影响；原标准提升高度以加密段长度代替。

9.1.5 振冲法地基加固的效果主要有桩间土密实度、桩体密实度检查，检验数量、方法和达到的指标应符合设计要求。

9.2 强夯法地基加固工程

本节为新增内容。强夯法加固地基技术在工民建领域采用较多，并有技术规范，水利工程近几年也有采用，还没有水利水电行业标准。根据 GB 50202—2002、参照 JGJ 79—2002 及工程实践经验制定本标准；地基强度、地基承载力的检验数量、方法和达到的指标应符合设计要求。

水利水电工程单元工程施工质量验收评定标准——堤防工程

SL 634—2012　　替代 SL 239—1999

2012-09-19 发布　　2012-12-19 实施

前　言

根据水利部 2004 年水利行业标准制修订计划，按照《水利技术标准编写规定》(SL 1—2002) 的要求，修订《堤防工程施工质量评定与验收规程》(试行) (SL 239—1999)，修订后的标准名称为《水利水电工程单元工程施工质量验收评定标准——堤防工程》。

本标准共 11 章 3 节 76 条 1 个附录，主要技术内容包括：

——本标准的适用范围；

——单元工程划分的原则以及划分的组织和程序；

——单元工程质量验收评定的组织、条件、方法；

——堤防工程施工质量检验项目、质量要求、检验方法和检验数量。

本次修订的主要内容有：

——增加了术语；

——增加了基本规定。明确了验收评定的程序，强化了在验收评定中对施工过程检验资料、施工记录的要求；

——增加堤身与建筑物结合部填筑、沉排护脚、石笼护坡、现浇混凝土护坡、模袋混凝土护坡、灌砌石护坡、植草护坡、防浪护堤林、河道疏浚等单元工程的施工质量验收评定标准；

——将原规程施工质量检验项目的“检查项目”和“检测项目”，统一修订为“主控项目”和“一般项目”；

——将原规程土料碾压筑堤、黏土防渗体填筑、砂质土堤堤坡堤顶填筑（包边盖顶）合并到土料碾压筑堤；护坡垫层、毛石粗排护坡、干砌石护坡、浆砌石护坡、混凝土预制块护坡合并到护坡工程；

——删减了工程项目划分、施工质量评定和工程验收3章。其中涉及分部工程和单位工程方面的内容并入《水利水电工程施工质量检验与评定规程》（SL 176—2007）、《水利水电建设工程验收规程》（SL 223—2008）的相关章节中；涉及单元工程的内容并入本标准第3章以及相关章节的条文中；

——本标准不再列入砌石堤、混凝土防洪墙，验收评定时可分别参照《水利水电工程单元工程施工质量验收评定标准——土石方工程》（SL 631—2012）、《水利水电工程单元工程施工质量验收评定标准——混凝土工程》（SL 632—2012）；

——删减了附录A、附录C，相关内容已纳入SL 176—2007和SL 223—2008；

——进行堤防工程施工质量验收评定时，本标准应与SL 176—2007和SL 223—2008配套使用。

本标准为全文推荐。

本标准所替代标准的历次版本为：

——SL 239—1999

本标准批准部门：**中华人民共和国水利部**

本标准主持机构：**水利部建设与管理司**

本标准解释单位：**水利部建设与管理司**

本标准主编单位：水利部水利建设与管理总站
本标准参编单位：黄河水利委员会黄河水利科学研究院
河南省中原水利水电工程集团有限公司
惠州市水电建筑工程有限公司
本标准出版、发行单位：中国水利水电出版社
本标准主要起草人：张严明　张忠生　汪　强　李　信
栗保山　耿明全　郭朝文　薛占群
庞晓岚　傅长锋　高劲松　张永伟
黄　玮
本标准审查会议技术负责人：曹征齐　李良义
本标准体例格式审查人：陈登毅

目　次

1 总　　则

1.0.1 为加强堤防工程施工质量管理，统一堤防工程单元工程施工质量验收评定标准，规范单元工程验收评定工作，制定本标准。

1.0.2 本标准适用于1级、2级、3级堤防工程的单元工程施工质量验收评定，4级、5级堤防工程可参照执行。

1.0.3 堤防工程施工质量不符合本标准合格要求的单元工程，不应通过验收。

1.0.4 本标准的引用标准主要有以下标准：

《水利水电工程施工质量检验与评定规程》（SL 176）

《堤防工程施工规范》（SL 260）

《水利水电工程单元工程施工质量验收评定标准——混凝土工程》（SL 632）

1.0.5 堤防工程单元工程施工质量验收评定除应符合本标准外，尚应符合国家现行相关标准的规定。

2 术　语

2.0.1 单元工程　separated item project

依据设计结构、施工部署和质量考核要求，将堤防工程的分部工程划分成若干个层、块、区、段，每一层、块、区、段为一个单元工程，通常是由若干工序组成的综合体，是施工质量考核的基本单位。

2.0.2 工序　working procedure

按施工的先后顺序将单元工程划分成的具体施工过程或施工步骤。对单元工程质量影响较大的工序称为主要工序。

2.0.3 主控项目　dominant item

对堤防单元工程功能起决定作用或对工程安全、卫生、环境保护有重大影响的检验项目。

2.0.4 一般项目　general item

除主控项目以外的检验项目。

2.0.5 沉排　mattress

铺筑在堤岸或丁坝脚的河床部位，防止水流冲刷河床或工程基础的护底工程。

2.0.6 护坡　slope protection

铺筑在堤坡、坝坡表面用以防止或减小波浪及水流冲刷、雨水侵蚀、冰冻等破坏作用的保护层。

3 基本规定

3.1 一般要求

3.1.1 单元工程划分应符合下列要求：

1 分部工程开工前应由建设单位或监理单位组织设计、施工等单位，根据本标准要求，共同划分单元工程。

2 建设单位应根据工程性质和部位确定重要隐蔽单元工程和关键部位单元工程。

3 单元工程划分结果应书面报送质量监督机构备案。

3.1.2 单元工程按工序划分情况，分为划分工序单元工程和不划分工序单元工程。

1 划分工序单元工程应先进行工序施工质量验收评定。在工序验收评定合格和施工项目实体质量检验合格的基础上，进行单元工程施工质量验收评定。

2 不划分工序单元工程的施工质量验收评定，在单元工程中所包含的检验项目检验合格和施工项目实体质量检验合格的基础上，进行单元工程施工质量验收评定。

3.1.3 检验项目分为主控项目和一般项目。

3.1.4 工序和单元工程施工质量等各类项目的检验，应采用随机布点和监理工程师现场指定区位相结合的方式进行。检验方法及数量应符合本标准和相关标准的规定。

3.1.5 工序和单元工程施工质量验收评定表及其备查资料的制备应由工程施工单位负责，其规格宜采用国际标准 A4（210mm×297mm），验收评定表一式 4 份，备查资料一式 2 份，其中验收评定表及其备查资料各 1 份应由监理单位保存，其余应由施工单位保存。

3.2 工序施工质量验收评定

3.2.1 划分工序单元工程中的工序分为主要工序和一般工序。

主要工序和一般工序的划分应按本标准的规定执行。

3.2.2 工序施工质量验收评定应具备下列条件：

1 工序中所有施工内容已完成，现场具备验收条件。

2 工序中所包含的施工质量检验项目经施工单位自检全部合格。

3.2.3 工序施工质量验收评定应按下列程序进行：

1 施工单位应首先对已经完成的工序施工质量按本标准进行自检，并做好检验记录。

2 施工单位自检合格后，应填写工序施工质量验收评定表（附录A），质量责任人履行相应签认手续后，向监理单位申请复核。

3 监理单位收到表格后，应在4h内进行复核。复核应包括下列内容：

1） 核查施工单位报验资料是否真实、齐全。

2） 结合平行检测和跟踪检测结果等，复核工序施工质量检验项目是否符合本标准的要求。

3） 在施工单位提交的工序施工质量验收评定表中填写复核记录，并签署工序施工质量评定意见，评定工序施工质量等级，相关责任人履行相应签认手续。

3.2.4 工序施工质量验收评定应包括下列资料：

1 施工单位报验时，应提交下列资料：

1） 各班、组的初检记录、施工队复检记录、施工单位专职质检员终验记录。

2） 工序中各施工质量检验项目的检验资料。

3） 施工中的见证取样检验及记录结果资料。

4） 施工单位自检完成后，填写的工序施工质量验收评定表。

2 监理单位应提交下列资料：

1） 工序中施工质量检验项目的平行检测资料。

2） 监理工程师签署质量复核意见的工序施工质量验收评

定表。

3.2.5 工序施工质量评定等级分为合格和优良两个等级，其标准应符合下列规定：

1 合格等级标准应符合下列规定：

1） 主控项目检验结果应全部符合本标准的要求。

2） 一般项目逐项应有70%及以上的检验点合格，且不合格点不应集中分布。

3） 各项报验资料应符合本标准要求。

2 优良等级标准应符合下列规定：

1） 主控项目检验结果应全部符合本标准的要求。

2） 一般项目逐项应有90%及以上的检验点合格，且不合格点不应集中分布。

3） 各项报验资料应符合本标准要求。

3.3 单元工程施工质量验收评定

3.3.1 单元工程施工质量验收评定应具备下列条件：

1 单元工程所含工序（或所有施工项目）已完成，并具备验收的条件。

2 工序施工质量经验收评定全部合格，有关质量缺陷已处理完毕或有监理单位批准的处理意见。

3.3.2 单元工程施工质量验收评定应按以下程序进行：

1 施工单位应首先对已经完成的单元工程施工质量进行自检，并填写检验记录。

2 施工单位自检合格后，应填写单元工程施工质量验收评定表（附录A)，向监理单位申请复核。

3 监理单位收到申请后，应在8h内进行复核。复核应包括下列内容：

1） 核查施工单位报验资料是否真实、齐全。

2） 对照施工图纸及施工技术要求，结合平行检测和跟踪检测结果等，复核单元工程质量是否达到本标准要求。

3）检查已完单元遗留问题的处理情况，在施工单位提交的单元工程施工质量验收评定表中填写复核记录，并签署单元工程施工质量评定意见，核定单元工程施工质量等级，相关责任人履行相应签认手续。

4）对验收中发现的问题提出处理意见。

4 重要隐蔽单元工程和关键部位单元工程施工质量的验收评定应由建设单位（或委托监理单位）主持，应由建设、设计、监理、施工等单位的代表组成联合小组，共同验收评定，并应在验收前通知工程质量监督机构。

3.3.3 单元工程施工质量验收评定应包括下列资料：

1 施工单位申请验收评定时，应提交下列资料：

1）单元工程中所含工序（或检验项目）验收评定的检验资料。

2）各项实体检验项目的检验记录资料。

3）施工单位自检完成后，填写的单元工程施工质量验收评定表。

2 监理单位应提交的下列资料：

1）监理单位对单元工程施工质量的平行检测资料。

2）监理工程师签署质量复核意见的单元工程施工质量验收评定表。

3.3.4 划分工序单元工程施工质量评定等级分为合格和优良两个等级，其标准应符合下列规定：

1 合格等级标准应符合下列规定：

1）各工序施工质量验收评定应全部合格。

2）各项报验资料应符合本标准的要求。

2 优良等级标准应符合下列规定：

1）各工序施工质量验收评定应全部合格，其中优良工序应达到50%及以上，且主要工序应达到优良等级。

2）各项报验资料应符合本标准的要求。

3.3.5 不划分工序单元工程施工质量评定等级分为合格和优良

两个等级，其标准应符合下列规定：

1　合格等级标准应符合下列规定：

1）主控项目检验结果应全部符合本标准的要求。

2）一般项目逐项应有70％及以上的检验点合格，其中河道疏浚工程，一般项目逐项应有90％及以上的检验点合格；不合格点不应集中分布。

3）各项报验资料应符合本标准要求。

2　优良等级标准应符合下列规定：

1）主控项目检验结果应全部符合本标准的要求。

2）一般项目逐项应有90％及以上的检验点合格，其中河道疏浚工程，一般项目逐项应有95％及以上的检验点合格；不合格点不应集中分布。

3）各项报验资料应符合本标准要求。

3.3.6　单元工程施工质量验收评定未达到合格标准时，应及时进行处理，处理后应按下列规定进行验收评定：

1　全部返工重做的，重新进行验收评定。

2　经加固补强并经设计和监理单位鉴定能达到设计要求时，其质量评定为合格。

3　处理后的工程部分质量指标仍未达到设计要求时，经原设计单位复核，建设单位及监理单位确认能满足安全和使用功能要求，可不再进行处理；或经加固补强后，改变了建筑物外形尺寸或造成工程永久缺陷的，经建设单位、设计单位及监理单位确认能基本满足设计要求，其质量可评定为合格，并按规定进行质量缺陷备案。

4 堤基清理

4.0.1 堤基清理宜沿堤轴线方向将施工段长 100～500m 划分为一个单元工程。

4.0.2 堤基清理单元工程宜分为基面清理和基面平整压实两个工序，其中基面平整压实工序为主要工序。

4.0.3 堤基内坑、槽、沟、穴等的回填土料土质及压实指标应符合设计和本标准 5.0.3 条的要求。

4.0.4 基面清理施工质量标准见表 4.0.4。

表 4.0.4 基面清理施工质量标准

项次		检验项目	质量要求	检验方法	检验数量
主控项目	1	表层清理	堤基表层的淤泥、腐殖土、泥炭土、草皮、树根、建筑垃圾等应清理干净	观察	全面检查
	2	堤基内坑、槽、沟、穴等处理	按设计要求清理后回填、压实，并符合本标准 5.0.7 条的要求	土工试验	每处、每层、每层超过 $400m^2$ 时每 $400m^2$ 取样 1 个
	3	结合部处理	清除结合部表面杂物，并将结合部挖成台阶状	观察	全面检查
一般项目	1	清理范围	基面清理包括堤身、戗台、铺盖、盖重、堤岸防护工程的基面，其边界应在设计边线外 0.3～0.5m。老堤加高培厚的清理尚应包括堤坡及堤顶等	量测	按施工段堤轴线长 20～50m 量测 1 次

4.0.5 基面平整压实施工质量标准见表4.0.5。

表4.0.5 基面平整压实施工质量标准

项次		检验项目	质量要求	检验方法	检验数量
主控项目	1	堤基表面压实	堤基清理后应按堤身填筑要求压实，无松土、无弹簧土等，并符合5.0.7条要求	土工试验	每400～800m^2取样1个
一般项目	1	基面平整	基面应无明显凹凸	观察	全面检查

5 土料碾压筑堤

5.0.1 土料碾压筑堤单元工程宜按施工的层、段来划分。新堤填筑宜按堤轴线施工段长100～500m划分为一个单元工程；老堤加高培厚宜按填筑工程量500～2000m^3划分为一个单元工程。

5.0.2 土料碾压筑堤单元工程宜分为土料摊铺和土料碾压两个工序，其中土料碾压工序为主要工序。

5.0.3 土料碾压筑堤单元工程施工前，应在料场采集代表性土样复核上堤土料的土质，确定压实控制指标，并应符合下列规定：

1 上堤土料的颗粒组成、液限、塑限和塑性指数等指标应符合设计要求。

2 上堤土料为黏性土或少黏性土的，应通过轻型击实试验，确定其最大干密度和最优含水率。

3 上堤土料为无黏性土的，应通过相对密度试验，确定其最大干密度和最小干密度。

4 当上堤土料的土质发生变化或填筑量达到3万m^3及以上时，应重新进行上述试验，并及时调整相应控制指标。

5.0.4 铺土厚度、压实遍数、含水率等压实参数宜通过碾压试验确定。

5.0.5 土料摊铺施工质量标准见表5.0.5-1和表5.0.5-2。

表5.0.5-1 土料摊铺施工质量标准

项次		检验项目	质量要求	检验方法	检验数量
主控项目	1	土块直径	符合表5.0.5-2的要求	观察、量测	全数检查
	2	铺土厚度	符合碾压试验或表5.0.5-2的要求；允许偏差为-5.0～0cm	量测	按作业面积每100～200m^2检测1个点

表 5.0.5-1（续）

项次		检验项目	质量要求	检验方法	检验数量
一般项目	1	作业面分段长度	人工作业不小于50m；机械作业不小于100m	量测	全数检查
	2	铺填边线超宽值	人工铺料大于10cm；机械铺料大于30cm	量测	按堤轴线方向每20～50m检测1个点
			防渗体：0～10cm		按堤轴线方向每20～30m或按填筑面积每100～400m^2检测1个点
			包边盖顶：0～10cm		

表 5.0.5-2　铺料厚度和土块限制直径表

压实功能类型	压实机具种类	铺料厚度（cm）	土块限制直径（cm）
轻型	人工夯、机械夯	15～20	≤5
	5～10t平碾	20～25	≤8
中型	12～15t平碾、斗容2.5m^3铲运机、5～8t振动碾	25～30	≤10
重型	斗容大于7m^3铲运机、10～16t振动碾、加载气胎碾	30～50	≤15

5.0.6　土料碾压施工质量标准见表5.0.6。

5.0.7　土料碾压筑堤的压实质量控制指标应符合下列规定：

1　上堤土料为黏性土或少黏性土时应以压实度来控制压实质量；上堤土料为无黏性土时应以相对密度来控制压实质量。

2　堤坡与堤顶填筑（包边盖顶），应按表5.0.7中老堤加高培厚的要求控制压实质量。

表 5.0.6　土料碾压施工质量标准

项次		检验项目	质量要求	检验方法	检验数量
主控项目	1	压实度或相对密度	符合设计要求和5.0.7条的规定	土工试验	每填筑100～200m³取样1个，堤防加固按堤轴线方向每20～50m取样1个
一般项目	1	搭接碾压宽度	平行堤轴线方向不小于0.5m；垂直堤轴线方向不小于1.5m	观察、量测	全数检查
	2	碾压作业程序	应符合SL 260的规定	检查	每台班2～3次

3　不合格样的压实度或相对密度不应低于设计值的96%，且不合格样不应集中分布。

4　合格工序的压实度或相对密度等压实指标合格率应符合表5.0.7的规定；优良工序的压实指标合格率应超过表5.0.7规定数值的5个百分点或以上。

表 5.0.7　土料填筑压实度或相对密度合格标准

序号	上堤土料	堤防级别	压实度（%）	相对密度	压实度或相对密度合格率（%）		
					新筑堤	老堤加高培厚	防渗体
1	黏性土	1级	≥94	—	≥85	≥85	≥90
		2级和高度超过6m的3级堤防	≥92	—	≥85	≥85	≥90
		3级以下及低于6m的3级堤防	≥90	—	≥80	≥80	≥85

表 5.0.7（续）

序号	上堤土料	堤防级别	压实度（%）	相对密度	压实度或相对密度合格率（%）		
					新筑堤	老堤加高培厚	防渗体
2	少黏性土	1级	≥94	—	≥90	≥85	—
		2级和高度超过6m的3级堤防	≥92	—	≥90	≥85	—
		3级以下及低于6m的3级堤防	≥90	—	≥85	≥80	—
3	无黏性土	1级	—	≥0.65	≥85	≥85	—
		2级和高度超过6m的3级堤防	—	≥0.65	≥85	≥85	—
		3级以下及低于6m的3级堤防	—	≥0.60	≥80	≥80	—

6 土料吹填筑堤

6.0.1 土料吹填筑堤宜按一个吹填围堰区段（仓）或按堤轴线施工段长 100～500m 划分为一个单元工程。

6.0.2 土料吹填筑堤单元工程宜分为围堰修筑和土料吹填两个工序，其中土料吹填工序为主要工序。

6.0.3 土料吹填筑堤单元工程施工前，应采集代表性土样复核围堰土质、确定压实控制指标以及吹填土料的土质，并符合 5.0.3 条的规定。

6.0.4 围堰修筑施工质量标准见表 6.0.4。

表 6.0.4 围堰修筑施工质量标准

项次		检验项目	质量要求	检验方法	检验数量
主控项目	1	铺土厚度	符合表 5.0.5-2 的要求；允许偏差为 −5.0～0cm	量测	按作业面积每 100～200m² 检测 1 点
	2	围堰压实	符合设计要求和 5.0.7 条中老堤加高培厚合格率要求	土工试验	按堰长每 20～50m 量测 1 个点
一般项目	1	铺填边线超宽值	人工铺料大于 10cm；机械铺料大于 30cm	量测	按堰长每 50～100m 量测 1 断面
	2	围堰取土坑距堰、堤脚距离	不小于 3m	量测	按堰长每 50～100m 量测 1 个点

6.0.5 土料吹填施工质量标准见表 6.0.5。

表 6.0.5 土料吹填施工质量标准

项次		检验项目	质量要求	检验方法	检验数量
主控项目	1	吹填干密度[a]	符合设计要求	土工试验	每 200～400m^2取样 1 个
	2	吹填高程	允许偏差为 0～+0.3m	测量	按堤轴线方向每 50～100m 测 1 断面，每断面 10～20m 测 1 个点
一般项目	1	输泥管出口位置	合理安放、适时调整，吹填区沿程沉积的泥沙颗粒无显著差异	观察	全面检查
a：除吹填筑新堤外，可不作要求。					

7 堤身与建筑物结合部填筑

7.0.1 单元工程划分宜按填筑工程量相近的原则，可将 5 个以下填筑层划分为一个单元工程。

7.0.2 堤身与建筑物结合部填筑单元工程宜分为建筑物表面涂浆和结合部填筑两个工序，其中结合部填筑工序为主要工序。

7.0.3 堤身与建筑物结合部填筑单元工程施工前，应采集代表性土样复核填筑土料的土质、确定压实指标，并符合 5.0.3 条的规定。

7.0.4 建筑物表面涂浆施工质量标准见表 7.0.4。

表 7.0.4 建筑物表面涂浆施工质量标准

项次		检验项目	质量要求	检验方法	检验数量
主控项目	1	制浆土料	符合设计要求；塑性指数 $I_p>17$	土工试验	每料源取样1个
一般项目	1	建筑物表面清理	清除建筑物表面乳皮、粉尘及附着杂物	观察	全数检查
	2	涂层泥浆浓度	水土重量比为：1∶2.5～1∶3.0	试验	每班测 1 次
	3	涂浆操作	建筑物表面洒水，涂浆高度与铺土厚度一致，且保持涂浆层湿润	观察	全数检查
	4	涂层厚度	3～5mm	观察	

7.0.5 结合部填筑施工质量标准见表 7.0.5。

表 7.0.5 结合部填筑施工质量标准

项次		检验项目	质量要求	检验方法	检验数量
主控项目	1	土块直径	<5cm	观察	全数检查
	2	铺土厚度	15～20cm	量测	每层测1个点
	3	土料填筑压实度	符合设计和本标准表5.0.7中新筑堤的要求	试验	每层至少取样1个
一般项目	1	铺填边线超宽值	人工铺料大于10cm；机械铺料大于30cm	量测	每层测1个点

8 防冲体护脚

8.0.1 防冲体护脚工程宜按平顺护岸的施工段长60～80m或以每个丁坝、垛的护脚工程为一个单元工程。

8.0.2 单元工程宜分为防冲体制备和防冲体抛投两个工序，其中防冲体抛投工序为主要工序。

8.0.3 不同防冲体制备施工质量标准见表8.0.3－1～表8.0.3－5。

表8.0.3－1 散抛石质量标准

项次	检验项目	质量要求	检验方法	检验数量
一般项目	石料的块径、块重	符合设计要求	检查	全数检查

表8.0.3－2 石笼防冲体制备施工质量标准

项次	检验项目	质量要求	检验方法	检验数量
主控项目	钢筋（丝）笼网目尺寸	不大于填充块石的最小块径	观察	全数检查
一般项目	防冲体体积	符合设计要求；允许偏差为0～+10%	检测	

表8.0.3－3 预制防冲体制备施工质量标准

项次	检验项目	质量要求	检验方法	检验数量
主控项目	预制防冲体尺寸	不小于设计值	量测	每50块至少检测1块
一般项目	预制防冲体外观	无断裂、无严重破损	检查	全数检查

表 8.0.3-4 土工袋（包）防冲体制备施工质量标准

项次	检验项目	质量要求	检验方法	检验数量
主控项目	土工袋（包）封口	封口应牢固	检查	全数检查
一般项目	土工袋（包）充填度	70%～80%	观察	

表 8.0.3-5 柴枕防冲体制备施工质量标准

项次		检验项目	质量要求	检验方法	检验数量
主控项目	1	柴枕的长度和直径	不小于设计值	检验	全数检查
	2	石料用量	符合设计要求	检验	
一般项目	1	捆枕工艺	符合 SL 260 的要求	观察	

8.0.4 防冲体抛投施工质量标准见表 8.0.4。

表 8.0.4 防冲体抛投施工质量标准

项次		检验项目	质量要求	检验方法	检验数量
主控项目	1	抛投数量	符合设计要求，允许偏差为 0～+10%	量测	全数检查
	2	抛投程序	符合 SL 260 或抛投试验的要求	检查	
一般项目	1	抛投断面	符合设计要求	量测	抛投前、后每 20～50m 测 1 个横断面，每横断面 5～10m 测 1 个点

9 沉排护脚

9.0.1 沉排护脚工程宜按平顺护岸的施工段长60～80m或以每个丁坝、垛的护脚工程为一个单元工程。

9.0.2 沉排护脚单元工程宜分为沉排锚定和沉排铺设两个工序，其中沉排铺设工序为主要工序。

9.0.3 沉排锚定施工质量标准见表9.0.3的规定。

表9.0.3 沉排锚定施工质量标准

项次		检验项目	质量要求	检验方法	检验数量
主控项目	1	系排梁、锚桩等锚定系统的制作	符合设计要求	参照SL 632	
一般项目	1	锚定系统平面位置及高程	允许偏差为±10cm	量测	全数检查
	2	系排梁或锚桩尺寸	允许偏差为±3cm	量测	每5m长系排梁或每5根锚桩检测1处（点）

9.0.4 旱地或冰上铺设铰链混凝土块沉排铺设施工质量标准见表9.0.4。

表9.0.4 旱地或冰上铺设铰链混凝土块沉排铺设施工质量标准

项次		检验项目	质量要求	检验方法	检验数量
主控项目	1	铰链混凝土块沉排制作与安装	符合设计要求	观察	全数检查
	2	沉排搭接宽度	不小于设计值	量测	每条搭接缝或每30m搭接缝长检查1个点

表 9.0.4（续）

项次		检验项目	质量要求	检验方法	检验数量
一般项目	1	旱地沉排保护层厚度	不小于设计值	量测	每 40～80m² 检测 1 个点
	2	旱地沉排铺放高程	允许偏差为±0.2m	量测	

9.0.5 水下铰链混凝土块沉排铺设施工质量标准见表 9.0.5。

表 9.0.5 水下铰链混凝土块沉排铺设施工质量标准

项次		检验项目	质量要求	检验方法	检验数量
主控项目	1	铰链混凝土块沉排制作与安装	符合设计要求	观察	全数检查
	2	沉排搭接宽度	不小于设计值	量测	每条搭接缝或每 30m 搭接缝长检查 1 个点
一般项目	1	沉排船定位	符合设计和 SL 260 的要求	观察	全数检查
	2	铺排程序	符合 SL 260 的要求	检查	

9.0.6 旱地或冰上土工织物软体沉排铺设施工质量标准见表 9.0.6。

表 9.0.6 旱地或冰上土工织物软体沉排铺设施工质量标准

项次		检验项目	质量要求	检验方法	检验数量
主控项目	1	沉排搭接宽度	不小于设计值	量测	每条搭接缝或每 30m 搭接缝长检查 1 个点
	2	软体排厚度	允许偏差为±5%设计值	量测	每 10～20m² 检测 1 个点

表 9.0.6（续）

项次		检验项目	质量要求	检验方法	检验数量
一般项目	1	旱地沉排铺放高程	允许偏差为±0.2m	量测	每 40～80m² 检测 1 个点
	2	旱地沉排保护层厚度	不小于设计值	量测	

9.0.7 水下土工织物软体沉排铺设施工质量标准见表 9.0.7。

表 9.0.7 水下土工织物软体沉排铺设施工质量标准

项次		检验项目	质量要求	检验方法	检验数量
主控项目	1	沉排搭接宽度	不小于设计值	量测	每条搭接缝或每 30m 搭接缝长检测 1 个点
	2	软体排厚度	允许偏差为±5%设计值	量测	每 20～40m² 检测 1 个点
一般项目	1	沉排船定位	符合设计和 SL 260 的要求	观察	全数检查
	2	铺排程序	符合 SL 260 的要求	观察	

10 护坡工程

10.0.1 平顺护岸的护坡工程宜按施工段长60～100m划分为一个单元工程，现浇混凝土护坡宜按施工段长30～50m划分为一个单元工程；丁坝、垛的护坡工程宜按每个坝、垛划分为一个单元工程。

10.0.2 砂（石）垫层单元工程施工质量标准见表10.0.2。

表10.0.2 砂（石）垫层单元工程施工质量标准

项次		检验项目	质量要求	检验方法	检验数量
主控项目	1	砂、石级配	符合设计要求	土工试验	每单元工程取样1个
	2	砂、石垫层厚度	允许偏差为±15%设计厚度	量测	每20m² 检测1个点
一般项目	1	垫层基面表面平整度	符合设计要求	量测	每20m² 检测1处
	2	垫层基面坡度	符合设计要求	坡度尺量测	

10.0.3 土工织物铺设单元工程施工质量标准见表10.0.3。

表10.0.3 土工织物铺设单元工程施工质量标准

项次		检验项目	质量要求	检验方法	检验数量
主控项目	1	土工织物锚固	符合设计要求	检查	全面检查
一般项目	1	垫层基面表面平整度		量测	每20m² 检测1个点
	2	垫层基面坡度		坡度尺量测	
	3	土工织物垫层连接方式和搭接长度		观察、量测	全数检查

10.0.4 毛石粗排护坡单元工程施工质量标准见表10.0.4。

表10.0.4 毛石粗排护坡单元工程施工质量标准

项次		检验项目	质量要求	检验方法	检验数量
主控项目	1	护坡厚度	厚度小于50cm，允许偏差为±5cm；厚度大于50cm，允许偏差为±10%	量测	每50～100m² 检测1处
一般项目	1	坡面平整度	坡度平顺，允许偏差为±10cm	量测	每50～100m² 检测1处
	2	石料块重	符合设计要求	量测	沿护坡长度方向每20m检查1m²
	3	粗排质量	石块稳固、无松动	观察	全数检查

10.0.5 石笼护坡单元工程施工质量标准见表10.0.5。

表10.0.5 石笼护坡单元工程施工质量标准

项次		检验项目	质量要求	检验方法	检验数量
主控项目	1	护坡厚度	允许偏差为±5cm	量测	每50～100m² 检测1处
	2	绑扎点间距	允许偏差为±5cm	量测	每30～60m² 检测1处
一般项目	1	坡面平整度	允许偏差为±8cm	量测	每50～100m² 检测1处
	2	有间隔网的网片间距	允许偏差为±10cm	量测	每幅网材检查2处

10.0.6 干砌石护坡单元工程施工质量标准见表10.0.6。

10.0.7 浆砌石护坡单元工程施工质量标准见表10.0.7。

10.0.8 混凝土预制块护坡单元工程施工质量标准见表10.0.8。

10.0.9 现浇混凝土护坡单元工程施工质量标准见表10.0.9。

表 10.0.6 干砌石护坡单元工程施工质量标准

项次		检验项目	质量要求	检验方法	检验数量
主控项目	1	护坡厚度	厚度小于 50cm，允许偏差为±5cm；厚度大于 50cm，允许偏差为±10%	量测	每 50～100m^2 测 1 次
	2	坡面平整度	允许偏差为±8cm	量测	每 50～100m^2 检测 1 处
	3	石料块重[a]	除腹石和嵌缝石外，面石用料符合设计要求	量测	沿护坡长度方向每 20m 检查 1m^2
一般项目	1	砌石坡度	不陡于设计坡度	量测	沿护坡长度方向每 20m 检测 1 处
	2	砌筑质量	石块稳固、无松动，无宽度在 1.5cm 以上、长度在 50cm 以上的连续缝	检查	沿护坡长度方向每 20m 检查 1 处
a：1 级、2 级、3 级堤防石料块重的合格率分别不应小于 90%、85%、80%。					

表 10.0.7 浆砌石护坡单元工程施工质量标准

项次		检验项目	质量要求	检验方法	检验数量
主控项目	1	护坡厚度	允许偏差为±5cm	量测	每 50～100m^2 检测 1 处
	2	坡面平整度	允许偏差为±5cm	量测	每 50～100m^2 检测 1 处
	3	排水孔反滤	符合设计要求	检查	每 10 孔检查 1 孔
	4	坐浆饱满度	大于 80%	检查	每层每 10m 至少检查 1 处

表 10.0.7（续）

项次		检验项目	质量要求	检验方法	检验数量
一般项目	1	排水孔设置	连续贯通，孔径、孔距允许偏差为±5%设计值	量测	每10孔检查1孔
	2	变形缝结构与填充质量	符合设计要求	检查	全面检查
	3	勾缝	应按平缝勾填，无开裂、脱皮现象	检查	全面检查

表 10.0.8 混凝土预制块护坡单元工程施工质量标准

项次		检验项目	质量要求	检验方法	检验数量
主控项目	1	混凝土预制块外观及尺寸	符合设计要求，允许偏差为±5mm，表面平整，无掉角、断裂	观察、量测	每50～100块检测1块
	2	坡面平整度	允许偏差为±1cm	量测	每50～100m² 检测1处
一般项目	1	混凝土块铺筑	应平整、稳固、缝线规则	检查	全数检查

表 10.0.9 现浇混凝土护坡单元工程施工质量标准

项次		检验项目	质量要求	检验方法	检验数量
主控项目	1	护坡厚度	允许偏差为±1cm	量测	每50～100m² 检测1处
	2	排水孔反滤层	符合设计要求	检查	每10孔检查1孔
一般项目	1	坡面平整度	允许偏差为±1cm	量测	每50～100m² 检测1次
	2	排水孔设置	连续贯通，孔径、孔距允许偏差为±5%设计值	量测	每10孔检查1孔
	3	变形缝结构与填充质量	符合设计要求	检查	全面检查

10.0.10 模袋混凝土护坡单元工程施工质量标准见表10.0.10。

表10.0.10 模袋混凝土护坡单元工程施工质量标准

项次		检验项目	质量要求	检验方法	检验数量
主控项目	1	模袋搭接和固定方式	符合设计要求	检验	全数检验
	2	护坡厚度	允许偏差为±5%设计值	检验	每10～50m² 检查1点
	3	排水孔反滤层	符合设计要求	检查	每10孔检查1孔
一般项目	1	排水孔设置	连续贯通，孔径、孔距允许偏差为±5%设计值	量测	每10孔检查1孔

10.0.11 灌砌石护坡单元工程施工质量标准见表10.0.11。

表10.0.11 灌砌石护坡单元工程施工质量标准

项次		检验项目	质量要求	检验方法	检验数量
主控项目	1	细石混凝土填灌	均匀密实、饱满	检查	每10m² 检查1次
	2	排水孔反滤	符合设计要求	检查	每10孔检查1孔
	3	护坡厚度	允许偏差为±5cm	量测	每50～100m² 检测1次
一般项目	1	坡面平整度	允许偏差为±8cm	量测	每50～100m² 检测1处
	2	排水孔设置	连续贯通，孔径、孔距允许偏差为±5%设计值	量测	每10孔检查1孔
	3	变形缝结构与填充质量	符合设计要求	检查	全面检查

10.0.12 植草护坡单元工程施工质量标准见表10.0.12。

表10.0.12 植草护坡单元工程施工质量标准

项次		检验项目	质量要求	检验方法	检验数量
主控项目	1	坡面清理	符合设计要求	观察	全面检查
一般项目	1	铺植密度	符合设计要求	观察	全面检查
	2	铺植范围	长度允许偏差为±30cm，宽度允许偏差为±20cm	量测	每20m检查1处
	3	排水沟	符合设计要求	检查	全面检查

10.0.13 防浪护堤林单元工程施工质量标准见表10.0.13。

表10.0.13 防浪护堤林单元工程施工质量标准

项次		检验项目	质量要求	检验方法	检验数量
主控项目	1	苗木规格与品质	符合设计要求	检查	全面检查
	2	株距、行距	允许偏差为±10%设计值	量测	每300～500m² 检测1处
一般项目	1	树坑尺寸	符合设计要求	检查	全面检查
	2	种植范围	允许偏差：不大于株距	量测	每20～50m检查1处
	3	树坑回填	符合设计要求	观察	全数检查

11　河 道 疏 浚

11.0.1　河道疏浚按设计、施工控制质量要求，每一疏浚河段划分为一个单元工程。当设计无特殊要求时，河道疏浚施工宜以200～500m疏浚河段划分为一单元工程。

11.0.2　河道疏浚单元工程施工质量标准见表11.0.2。

表11.0.2　河道疏浚单元工程施工质量标准

<table>
<tr><th colspan="2">项　次</th><th>检验项目</th><th>质量要求</th><th>检验方法</th><th>检验数量</th></tr>
<tr><td rowspan="2">主控项目</td><td>1</td><td>河道过水断面面积</td><td>不小于设计断面面积</td><td>测量</td><td rowspan="4">检测疏浚河道的横断面，横断面间距为50m，检测点间距2～7m，必要时可检测河道纵断面进行复核</td></tr>
<tr><td>2</td><td>宽阔水域平均底高程</td><td>达到设计规定高程</td><td>测量</td></tr>
<tr><td rowspan="4">一般项目</td><td>1</td><td>局部欠挖</td><td>深度小于0.3m，面积小于5.0m²</td><td>测量</td></tr>
<tr><td>2</td><td>开挖横断面每边最大允许超宽值、最大允许超深值[a]</td><td>符合设计和表11.0.3要求，超深、超宽不应危及堤防、护坡及岸边建筑物的安全</td><td>测量</td></tr>
<tr><td>3</td><td>开挖轴线位置</td><td>符合设计要求</td><td>测量</td><td>全数检查</td></tr>
<tr><td>4</td><td>弃土处置</td><td>符合设计要求</td><td>检查</td><td>全面检查</td></tr>
<tr><td colspan="6">a：边坡如按梯形断面开挖时，可允许下超上欠，其断面超、欠面积比应大于1，并控制在1.5以内。</td></tr>
</table>

11.0.3　不同类型挖泥船开挖横断面每边最大允许超宽值和最大允许超深值见表11.0.3。

表 11.0.3 开挖横断面每边最大允许超宽值和最大允许超深值

挖泥船类型	机具规格		最大允许超宽值（m）	最大允许超深值（m）
绞吸式	绞刀直径	＞2.0m	1.5	0.6
		1.5～2.0m	1.0	0.5
		＜1.5m	0.5	0.4
链斗式	斗容量	＞0.5m^3	1.5	0.4
		≤0.5m^3	1.0	0.3
铲扬式	斗容量	＞2.0m^3	1.5	0.5
		≤2.0m^3	1.0	0.4
抓斗式	斗容量	＞4m^3	1.5	0.8
		2.0～4.0m^3	1.0	0.6
		≤2.0m^3	0.5	0.4

附录A　工序施工质量验收及单元工程施工质量评定表（样式）

A.0.1　划分工序的单元工程，其工序、单元工程的施工质量验收评定，应分别采用表A.0.1-1、表A.0.1-2。

表A.0.1-1　工序施工质量验收评定表

<table>
<tr><td colspan="2">单位工程名称</td><td colspan="2"></td><td>工序名称、编号</td><td colspan="2"></td></tr>
<tr><td colspan="2">分部工程名称</td><td colspan="2"></td><td>施工单位</td><td colspan="2"></td></tr>
<tr><td colspan="2">单元工程名称、编号</td><td colspan="2"></td><td>施工日期</td><td colspan="2">年　月　日～　年　月　日</td></tr>
<tr><td colspan="2">项次</td><td>检验项目</td><td>质量标准</td><td>检查（测）记录或备查资料名称</td><td>合格数</td><td>合格率</td></tr>
<tr><td rowspan="4">主控项目</td><td>1</td><td></td><td></td><td></td><td></td><td></td></tr>
<tr><td>2</td><td></td><td></td><td></td><td></td><td></td></tr>
<tr><td>3</td><td></td><td></td><td></td><td></td><td></td></tr>
<tr><td></td><td></td><td></td><td></td><td></td><td></td></tr>
<tr><td rowspan="4">一般项目</td><td>1</td><td></td><td></td><td></td><td></td><td></td></tr>
<tr><td>2</td><td></td><td></td><td></td><td></td><td></td></tr>
<tr><td>3</td><td></td><td></td><td></td><td></td><td></td></tr>
<tr><td></td><td></td><td></td><td></td><td></td><td></td></tr>
<tr><td colspan="2">施工单位自评意见</td><td colspan="5">主控项目检验点100%合格，一般项目逐项检验点的合格率　　%，且不合格点不集中分布。
工序质量等级评定为：
（签字，加盖公章）　　　年　月　日</td></tr>
<tr><td colspan="2">监理机构复核评定意见</td><td colspan="5">经复核，主控项目检验点100%合格，一般项目逐项检验点的合格率　　%，且不合格点不集中分布。
工序质量等级评定为：
（签字，加盖公章）　　　年　月　日</td></tr>
</table>

表 A. 0. 1 - 2　单元工程施工质量验收评定表（划分工序）

<table>
<tr><td colspan="2">单位工程名称</td><td></td><td>单元工程量</td><td></td></tr>
<tr><td colspan="2">分部工程名称</td><td></td><td>施工单位</td><td></td></tr>
<tr><td colspan="2">单元工程名称、部位</td><td></td><td>施工日期</td><td>年　月　日～　年　月　日</td></tr>
<tr><td colspan="2">项次</td><td>工序名称、编号</td><td colspan="2">工序质量验收评定等级</td></tr>
<tr><td rowspan="3">主要工序</td><td>1</td><td></td><td colspan="2"></td></tr>
<tr><td>2</td><td></td><td colspan="2"></td></tr>
<tr><td></td><td></td><td colspan="2"></td></tr>
<tr><td rowspan="3">一般工序</td><td>1</td><td></td><td colspan="2"></td></tr>
<tr><td>2</td><td></td><td colspan="2"></td></tr>
<tr><td></td><td></td><td colspan="2"></td></tr>
<tr><td colspan="2">施工单位自评意见</td><td colspan="3">各工序施工质量全部合格，其中优良工序占　　%，主要工序达到　　等级。
单元工程质量等级评定为：
（签字，加盖公章）　　年　月　日</td></tr>
<tr><td colspan="2">监理机构复核评定意见</td><td colspan="3">经抽检并查验相关检验报告和检验资料，各工序施工质量全部合格，其中优良工序占　　%，主要工序达到　　等级。
单元工程质量等级评定为：
（签字，加盖公章）　　年　月　日</td></tr>
<tr><td colspan="5">注 1：重要隐蔽单元工程和关键部位单元工程质量验收评定应有设计、建设等单位的代表签字，具体要求应满足 SL 176 的规定。
注 2：本表所填“单元工程量”不作为施工单位工程量结算计量的依据。</td></tr>
</table>

A.0.2 不划分工序的单元工程施工质量验收评定应采用表A.0.2。

表 A.0.2 单元工程施工质量验收评定表（不划分工序）

<table>
<tr><td colspan="3">单位工程名称</td><td colspan="1"></td><td>单元工程量</td><td colspan="2"></td></tr>
<tr><td colspan="3">分部工程名称</td><td colspan="1"></td><td>施工单位</td><td colspan="2"></td></tr>
<tr><td colspan="3">单元工程名称、编号</td><td colspan="1"></td><td>施工日期</td><td colspan="2">年 月 日～ 年 月 日</td></tr>
<tr><td colspan="2">项次</td><td>检验项目</td><td>质量标准</td><td>检查（测）记录或
备查资料名称</td><td>合格数</td><td>合格率</td></tr>
<tr><td rowspan="5">主控
项目</td><td>1</td><td></td><td></td><td></td><td></td><td></td></tr>
<tr><td>2</td><td></td><td></td><td></td><td></td><td></td></tr>
<tr><td>3</td><td></td><td></td><td></td><td></td><td></td></tr>
<tr><td>4</td><td></td><td></td><td></td><td></td><td></td></tr>
<tr><td></td><td></td><td></td><td></td><td></td><td></td></tr>
<tr><td rowspan="6">一般
项目</td><td>1</td><td></td><td></td><td></td><td></td><td></td></tr>
<tr><td>2</td><td></td><td></td><td></td><td></td><td></td></tr>
<tr><td>3</td><td></td><td></td><td></td><td></td><td></td></tr>
<tr><td>4</td><td></td><td></td><td></td><td></td><td></td></tr>
<tr><td>5</td><td></td><td></td><td></td><td></td><td></td></tr>
<tr><td></td><td></td><td></td><td></td><td></td><td></td></tr>
<tr><td colspan="2">施工单位
自评意见</td><td colspan="5">主控项目检验结果全部符合验收评定标准，一般项目逐项检验点的合格率为 %。
单元工程质量等级评定为：
（签字，加盖公章） 年 月 日</td></tr>
<tr><td colspan="2">监理机构
复核评定
意见</td><td colspan="5">经抽检并查验相关检验报告和检验资料，主控项目检验结果全部符合验收评定标准，一般项目逐项检验点的合格率为 %。
单元工程质量等级评定为：
（签字，加盖公章） 年 月 日</td></tr>
<tr><td colspan="7">注1：关键部位单元工程和重要隐蔽单元工程的施工质量验收评定应有设计、建设等单位的代表签字，具体要求应满足 SL 176 的规定。
注2：本表所填“单元工程量”不作为施工单位工程量结算计量的依据。</td></tr>
</table>

条文说明

1 总 则

1.0.1 本标准是在调研、总结原规程实施情况的基础上，为进一步统一堤防工程单元工程施工质量验收评定方法和质量标准，按照严格过程控制、强化质量检验、规范验收评定工作、保证工程质量的原则，对原规程进行全面的修订。

本标准仅对堤防工程单元工程划分原则、工序划分、验收评定条件和程序、施工质量检验项目（主控项目和一般项目）和质量要求、检验方法和检验数量等进行了规定。堤防工程分部工程、单位工程的验收评定应按照《水利水电工程施工质量检验与评定规程》（SL 176—2007）和《水利水电建设工程验收工程》（SL 223—2008）进行。

1.0.2 本标准是针对我国1级、2级、3级堤防新建、扩建、加固的施工质量验收评定要求修订编制的。1级、2级、3级堤防多属我国大江大河干流和主要支流重要河段的堤防，工程结构复杂，保护范围大，是保护人民生命财产安全和国民经济与社会发展的重要基础设施。因此，1级、2级、3级堤防均按国家基本建设要求组织项目法人、设计、施工、监理等单位联合监管，建设项目的各项经济技术指标要求相对严格。对于4级、5级堤防建设，各地各单位在参照执行中，应根据堤防的实际情况，科学选用合理的施工质量验收评定指标。

1.0.3 本标准是堤防工程施工质量的基本要求，因此，条文规定低于本标准合格要求的堤防工程单元工程，不应验收。

2 术 语

2.0.1 单元工程是按照 SL 176—2007 第 2.0.6 条，从堤防工程施工质量验收评定角度给予定义。

2.0.2 工序是单元工程施工过程中的环节，是单元工程乃至整个堤防工程质量验收评定的基础。工序的质量取决于对主控项目和一般项目的检验结果。本标准所指工序与实际施工中的工序有一定的差别，是根据堤防工程单元工程验收评定的需要，结合施工的具体情况将某些施工工序进行组合而确定的。

3 基本规定

3.1 一般要求

3.1.5 条文中的备查资料是指施工单位的施工质量检测记录，监理机构对施工质量检验项目的检测资料。

3.2 工序施工质量验收评定

3.2.2～3.2.4 这3条规定了工序施工质量验收评定的条件、程序和应提交的资料。工序完成、施工单位自评合格后方能申请验收评定，否则监理单位可以不予受理；工序验收评定后，监理单位应及时签署结论，相关责任人均应当场履行签认手续。除特殊情况外不能在事后补签。

3.2.5 本条规定了工序施工质量验收评定合格和优良的标准。

主控项目是对单元工程的基本质量起决定性影响的检验项目，不应有不符合要求的检验结果，应全部符合本规范的规定。对于合格率另有规定的，如土料碾压筑堤的压实指标等，应按具体条文的规定执行。

一般项目逐项有70%及以上的检验点合格的规定是参照原验收标准及工程实际情况确定的。

3.3 单元工程施工质量验收评定

3.3.1～3.3.3 这3条规定了单元工程施工质量验收评定的条件、程序和应提交的资料。单元工程完成、施工单位自评合格后方能申请验收评定，否则监理单位可以不予受理。单元工程验收评定后，监理单位应及时签署结论，相关责任人均应当场履行签认手续。除特殊情况外不能在事后补签。同一单元工程的报验单、质量评定表、备查资料应集中装订成册。

3.3.6 本条是根据 SL 176—2007 第 5.1.2 条编写。

4 堤 基 清 理

4.0.1 本条是根据 SL 239—1999 附录 A 进行修订的。堤基清理单元工程按具体施工时的堤段划分，是为了便于施工管理和检查验收，并尽量与堤身填筑单元工程划分相一致。

4.0.2 堤基清理是保证堤基与堤身结合面满足抗渗、抗滑要求的关键施工措施，属于隐蔽工程，施工中宜从严要求，加强过程控制。因此，堤基清理单元工程按基面清理、基面平整压实两道工序进行验收评定。

4.0.4、4.0.5 这两条是根据 SL 239—1999 第 3.1 节，并参照《堤防工程施工规范》（SL 260）而修订的。

堤基表面的不合格土清理以及堤基内的井窖、墓穴、树坑、坑塘及动物巢穴的回填处理不彻底，易造成堤防隐患，应认真处理。

新、老堤结合部位是堤防加固工程重要的部位，老堤面上的各种杂物和疏松土层清除不彻底，老堤坡开挖形状不符合要求，易造成堤防隐患，应认真处理。

堤基清理后进行平整压实，是为了保证堤身和堤基结合面的施工质量。

5 土 料 碾 压 筑 堤

5.0.1 本条是根据 SL 239—1999 附录 A 进行修订的。对于新筑堤是按层、堤段划分单元工程；对于老堤加高培厚，由于其层、段的工程量较小，规定按施工的堤段填筑量每 500～2000m^3 为一个单元工程。

5.0.3 土料碾压筑堤是堤防建设中最常用的施工方法，多年来积累了丰富经验。对1级、2级、3级堤防筑堤，选用填筑土料时，一般采取就地取材。施工前应对料场进行现场核查，采集代表性土样按《土工试验规程》（SL/T 237—1999）的要求，复核上堤土料的土质，确定压实控制指标。为避免土质的不均匀性对填筑质量的影响，规定填筑一定数量土方后，应对土料的压实控制指标进行复测。

对于黏性土或少黏性土筑堤时，用压实度来控制压实质量。压实度与干密度的关系为：

$$P_{ds}=\frac{\rho_{ds}}{\rho_{dmax}}\times 100\% \quad (1)$$

式中 P_{ds}——压实度；

ρ_{ds}——实测干密度，g/cm³；

ρ_{dmax}——土料的最大干密度，g/cm³，筑堤土料的最大干密度按SL/T 237—1999中规定的轻型击实试验方法测得。

对于无黏性土筑堤时，用相对密度来控制压实质量。相对密度应按SL/T 237—1999规定的方法求得。其定义为：

$$D_{\gamma ds}=\frac{e_{max}-e_{ds}}{e_{max}-e_{min}} \quad (2)$$

或

$$D_{\gamma ds}=\frac{(\rho_{ds}-\rho_{dmin})\rho_{dmax}}{(\rho_{dmax}-\rho_{dmin})\rho_{ds}} \quad (3)$$

式中 $D_{\gamma ds}$——相对密度；

e_{ds}——实测孔隙比；

e_{max}、e_{min}——土料的最大、最小孔隙比；

ρ_{dmax}、ρ_{dmin}——土料的最大、最小干密度，g/cm³；

ρ_{ds}——实测干密度，g/cm³。

5.0.4 碾压试验是为了检查压实机具的性能是否满足施工要求，进而选定合理的压实参数，如：铺土厚度、土块限制直径、含水率的适宜范围、压实方法和压实遍数等。对于缺乏碾压试验资料时，可根据压实机具参照表5.0.5-2选用铺土厚度和土块限制直径。

5.0.5～5.0.7 是根据 SL 239—1999 第 3.2 节、第 3.5 节和第 3.6 节，并参照 SL 260 和《堤防工程设计规范》（GB 50286—98）标准而修订的。

值得注意的是压实指标合格率应按表 5.0.7 中的规定，对不同土料、不同工程类型、不同工程部位的碾压质量采用相应的合格标准进行验收评定。

6 土料吹填筑堤

6.0.1 本条是根据 SL 239—1999 附录 A 进行修订的。

6.0.2 土料吹填筑堤的施工工序较多，如：围堰修筑、输泥管布设、土料吹填、吹填区排水等，有些工序对工程质量不构成直接影响。因此，规定按围堰修筑和土料吹填两道工序进行验收。

6.0.3 吹填筑堤中围堰是堤防工程的一部分，为避免土质的不均匀性对填筑质量的影响，选用围堰填筑和吹填土料时，应按 SL/T 237 的要求，复核围堰及吹填土料的土质，确定围堰压实控制指标。

6.0.4 本条是在原规程的基础上，新增围堰施工质量验收评定标准。

在条件许可的情况下，筑堰土料采用就近取土或在吹填面上取土时，为保证围堰或原堤的稳定，规定取土坑边缘距堰脚或原堤脚的取土最小距离。

6.0.5 本次修订将 SL 239—1999 第 3.3 节、第 3.4 节合并。

采用吹填法施工时，为了防止水流对围堰堰脚或堤脚的冲（淘）刷，输泥管出口的位置应适时调整，并与围堰堰脚或堤脚保持一定距离；输送泥浆中的土粒沿吹填面沉积，且有近粗远细的分选沉降的情况，施工中应注意输泥管口位置的调整，以使吹填区土质尽量均匀。

相对于吹填筑新堤，其他吹填工程的质量标准较低，故对表 6.0.5 中吹填干密度项目增加注释，除吹填筑新堤外，可不作要求。

7　堤身与建筑物结合部填筑

本章是新增内容。

7.0.1　考虑到堤身与建筑物结合部填筑工程量较小，因此可将建筑物按填筑工程量相近的原则，两侧分别将5个以下若干填筑层划分成一个单元工程进行验收评定。

7.0.2　堤身与建筑物结合部是堤防工程中薄弱的部位，施工中必须严格操作。为控制施工质量，将该单元工程划分成表面涂浆和结合部填筑两个工序进行验收评定。

7.0.4、7.0.5　这两条是根据SL 260和GB 50286而编写的。

在老堤上修建穿堤建筑物时，考虑老堤开挖至结合部填筑有一定的施工间隔，且受施工等因素的影响，新填筑体与老堤结合面处理应符合表4.0.4主控项目3的要求。本条对此不再另行规定。

8　防冲体护脚

8.0.1　本条系根据SL 239—1999附录A进行修订。每个丁坝、垛的施工较为独立，其护脚工程划分为一个单元工程。

8.0.3　本条是在SL 239—1999第3.12节的基础上，参考SL 260和《水利水电工程土工合成材料应用技术规范》（SL/T 225），结合各地实际情况和施工经验而修订的。本条规定了散抛石、石笼、预制防冲体、土工袋（包）和柴枕等防冲体备料或制备工序的施工质量标准。制备防冲体的原材料和中间产品应在材料进场时进行检验，检验合格后，才能在单元工程施工中使用。因此，在工序施工质量评定标准中，没有列入原材料和中间产品性能的检验项目。

8.0.4　本条是在SL 239—1999第3.12节的基础上，参考SL 260，结合近几年各地堤防建设经验而修订的。

9　沉排护脚

本章为新增内容。

9.0.1 沉排护脚工程单元工程划分与防冲体护脚工程单元工程划分相同。

9.0.2 当前应用较多的沉排护脚主要有铰链混凝土块沉排、充沙模袋软体沉排、模袋混凝土沉排等结构形式，本标准将充沙模袋软体沉排、模袋混凝土沉排归纳为土工织物软体沉排。根据沉排铺设时的施工条件分为旱地或冰上铺设和水下铺设两种。根据施工程序将沉排护脚分为沉排锚定和沉排铺设两个工序，其中，沉排铺设为主要工序。

9.0.3 本条是根据 SL 260、GB 50286—98 而编写的。

系排梁、锚桩等锚定系统的现浇或预制及安装施工质量验收评定应按照《水利水电工程单元工程施工质量验收评定标准——混凝土工程》（SL 632—2012）的规定执行。沉排锚固是使沉排护脚与堤坡连为一体的关键，其锚固形式及强度应符合设计要求。

9.0.4～9.0.7 这 4 条是根据 SL 260、GB 50286 和 SL/T 225 等编写的。

沉排应用实践表明，沉排搭接部位是影响沉排护底效果的敏感因素，搭接宽度不够，水流常常淘刷接缝处的河床造成沉排险情，因此要求铺放搭接宽度不小于设计要求。

为生态环境保护和便于管理，将旱地铺设的沉排保护层厚度作为检验项目。同时应保证模袋充填厚度，以保持模袋在动水中的稳定性。

10 护 坡 工 程

10.0.1 本条系根据 SL 239—1999 附录 A 进行修订。现浇混凝土护坡一般厚度较小，为加强质量控制，每单元的长度单独作了规定。每个丁坝、垛的施工较为独立，其护坡工程划分为一个单元工程。

本章的单元工程按不划分工序单元工程来进行质量验收评定。

10.0.2、10.0.3 这两条是根据 SL 239—1999 第 3.7 节和 SL/T 225 修订的。

垫层施工质量控制的项目中，砂、碎石及土工织物等垫层材料应符合设计要求。由于垫层和护坡的原材料及中间产品应在材料进场时进行检验，检验合格后，才能在单元工程施工中使用。因此，在工序施工质量评定标准中，没有列入原材料和中间产品性能的检验项目。

为保证垫层施工质量，堤坡基面整修和砂、碎石垫层厚度应按设计要求进行控制。

采用土工织物作为垫层时，土工织物坡顶锚固、坡趾压稳的处理方法不当，会造成土工织物反滤层的滑移、脱落，从而使反滤作用失效，破坏岸坡稳定，故本条规定土工织物锚固为主控项目。施工中应防止土工织物折叠、刺破现象的发生，并按要求做好缝接或焊接。

10.0.4 本条是根据 SL 239—1999 第 3.8 节，参考 SL 260 和 GB 50286 等修订的。

石料块重是通过设计计算确定的，是保证岸坡加固效果的基本要求，原规程对于石料曾要求单块重量不小于 25kg，且厚度不小于 15cm，但由于各地护坡设计和石料供应条件存在较大差异，并且考虑到毛块石形状极不规则，难以量测其厚度等因素，修订时进行了简化。石料块重检验数量的要求是沿护坡长度方向每 20m 检查 $1m^2$，即在 $1m^2$ 的范围内 70%的石料块重符合设计要求，就算合格石料。

10.0.5 “石笼”包括铅丝笼填石、钢筋笼填石、土工合成材料笼填石等类似结构。

石笼护坡施工中应十分注重笼体的选材、加工和制作。充填的石料块径应大于网目，安放施工应保证石笼护坡达到设计要求。

10.0.6 本条系根据 SL 239—1999 第 3.9 节修订。干砌石砌筑可分为面石和腹石，面石是指护坡表面的砌石层，嵌缝石是紧固面石的辅助石料，腹石是填充在面石后面的石料。

面石的块重和厚度是通过设计计算确定的，其块重应符合设计要求。原规程对于干砌石护坡面石石料曾要求单块重量不小于25kg、最小边长不小于20cm，考虑各地护坡设计和石料供应条件存在较大差异等因素，修订时进行了简化。

护坡厚度是指面石和腹石加起来的厚度。

10.0.7 本条是根据SL 239—1999第3.10节，参考SL 260和GB 50286，结合近几年各地应用实际情况修订的。护坡砌石厚度和砂浆饱满度是保证工程质量的关键，排水孔对结构的稳定有重要作用，故增加对排水孔的质量控制，将砌石厚度、砂浆饱满度、排水孔反滤等定为主控项目。

10.0.8 本条是根据SL 239—1999第3.11节修订的。

10.0.9～10.0.11 这3条是新增内容。是根据SL 260、GB 50286、SL/T 225等及其他专业标准编写的。

10.0.12、10.0.13 这两条是新增内容。是依据GB 50286和SL 260等编写的。

11 河道疏浚

本章为新增内容。参考《水利水电基本建设工程单元工程质量等级评定标准（一）》（试行）（SDJ 249.1—88）中的有关内容修订编写。

本章的单元工程按不划分工序单元工程进行质量验收评定。

11.0.2 本条参考SDJ 249.1—88标准中的14.0.2～14.0.4条修订编写。

11.0.3 本条将SDJ 249.1—88标准中的14.0.2中的表14.0.2-1和表14.0.2-2合并编写。